DIE EMERGENZ DES BEWUSSTSEINS
IST IHR GEHIRN BEREIT, SICH SELBST ZU VERSTEHEN?

Vorschlag für ein konsistentes System zur Definition von Daten, Information und Wissen sowie Intelligenz und Bewusstsein zum Zwecke der Beschreibung des menschlichen Verstandes, sowie einer Theorie zur Emergenz von Bewusstsein aus zellulären Systemen mit sechsschichtigen neuralen Netzen.

ISBN: 978-1-326-65207-4

Inhalt

1 Vorwort

Diese Arbeit versucht Antworten auf ein paar Grundfragen über das Bewusstsein und den menschlichen Verstand zu ergründen. Dazu kommen wir aber erst im zweiten Teil. Der erste Teil schafft die Grundlagen dafür, und ist zu einem großen Teil der Philosophie und den Informationswissenschaften (und in diesem Rahmen auch der Kognitionswissenschaft) zuzuordnen. Erst im zweiten Teil gehen wir auch verstärkt auf neurowissenschaftliche Themen ein. Dennoch rate ich sehr davon ab, den ersten Teil zu überspringen, da die Gründe, warum das menschliche Bewusstsein, das Gehirn, und die Intelligenz in der Regel nicht verstanden werden, nicht durch die richtigen Antworten alleine aufgehoben werden können, sondern nur durch das Verstehen der „Blockaden", die uns daran hindern wollen. Erst wenn diese Blockaden verstanden und beseitigt sind, ist der menschliche Geist bereit sich selbst ehrlich zu analysieren, und eine logische, nicht-mystische Erklärung seiner eigenen Existenz und Beschaffenheit zu akzeptieren, was im zweiten Teil dieses Buches versucht werden soll. Wenn Sie also religiös gläubig sind, dann sollte ihr Glaube nicht davon abhängig sein, dass ihr Gehirn oder ihr Bewusstsein etwas Geheimnisvolles, Unergründliches ist, ansonsten legen Sie dieses Buch besser wieder beiseite.

Obwohl ich es mehr als zehn Jahre sehr gut ausgehalten habe, dieses Wissen nur mit einer Handvoll Personen zu teilen, hoffe ich trotzdem insgeheim, dass dieses Werk Beachtung in der Fachwelt finden wird. Allerdings ist das Beste was ich mir erhoffen kann vehemente Kritik, denn was ich hier erkläre widerspricht in einigen Teilen den etablierten Modellen des menschlichen Geistes, und diese sind ja nicht gerade leichtfertig aufgestellt worden. Ein gewisses Misstrauen ist außerdem von vorne herein zu erwarten, wenn ein einzelner Biomedizin-Informatiker daherkommt, der solche Erkenntnisse „nur" durch eigenständige Literaturrecherchen, sowie durch Nachdenken, Diskutieren, Rechnen und Programmieren erlangt haben will.

Matthias Gruber
Feldkirch, am 7. September 2014

2 Einleitung

Es geht in diesem Werk vor allem darum, dem Leser einen intuitiven, plastischen Zugang zu einem der schwierigsten Themen überhaupt, nämlich der Funktionsweise des menschlichen Gehirnes anzubieten. Diese wird in Kapitel 12 anhand einer neuen Theorie beschrieben. Alles andere sind Grundlagen, die zur Erschaffung dieser Theorie genutzt wurden, und zum vollständigen Verstehen der Theorie erforderlich sein dürften.

Grob gesagt gibt es zwei Fachrichtungen, die sich mit diesem Thema beschäftigen. Das sind zum einen die den „**Lebenswissenschaften**" nahestehenden Fächer (Medizin, Neurologie, Psychiatrie, Psychologie, Neurobiologie, Neurophysiologie und andere so genannte Neurowissenschaften) und zum anderen die der „**Technik**" nahestehenden (Informatik, Neurioinformatik, Bioinformatik, Medizininformatik, Künstliche Intelligenz und in Einzelfällen sogar die Physik).

Die „Kognitionswissenschaft" ist ein Sonderfall, sie definiert sich gezielt als interdisziplinäres Fach zwischen Anthropologie, Neurowissenschaften und Psychologie auf der einen Seite, und Linguistik, Künstliche Intelligenz (KI) sowie Philosophie auf der anderen Seite. Ähnliches gilt auch für die Bioinformatik und die Medizininformatik, in welchen ich selbst meinen universitären Abschluss geleistet habe. Im Zweifel zähle ich diese Fächer aber eher zur „technischen" Seite, da üblicherweise der Anteil an medizinischen Themen im Vergleich zu einer klassischen Arztausbildung sogar in der Medizininformatik eher gering ist, zugunsten von technischen Themen wie Informatik, Mathematik und Signalverarbeitung.

Ein weiterer Sonderfall ist die Philosophie, welche in diesem Zusammenhang sicherlich als Metawissenschaft bezeichnet werden darf, da sie sich in Fragestellungen zum menschlichen Bewusstsein unabhängig von den einzelnen Fachwissenschaften bewegt.

Über die Funktionsweise des Gehirnes gibt es mindestens so viele Ansichten wie es Fächer gibt, die sich damit beschäftigen, aber wie in den meisten forschungslastigen Fächern sogar deutlich mehr, denn oft sind sogar Kollegen, die im selben Institut, in derselben Fachgruppe und mitunter sogar im selben Forschungsprojekt und an derselben Publikation arbeiten völlig gegensätzlicher Meinung über ihr Forschungsthema, was ja durchaus nicht schlecht ist. Im Gegenteil; das ist sogar sehr gut, denn solange die absolute Wahrheit in Bezug auf eine Sache nicht ergründet wurde, ist es gerade diese Vielfalt der Ansätze, welche am ehesten eine Chance bietet, bisher unbekanntes aufzudecken.

Daher sollte man also eher stutzig werden, wenn sich bei einer unklaren Sache über bestimmte Aspekte alle einig sind, und solche Dinge nie „glauben", solange nicht der gesamte Sachverhalt aufgeklärt ist. Aus diesem

Grund behalten in den ernsthaften Wissenschaften solche Dinge auch oft den Zusatz „-Theorie", wie das zum Beispiel bei der Inflationstheorie (davor die Urknalltheorie), der Relativitätstheorie und sogar bei der Evolutionstheorie der Fall ist, obwohl sich bei manchen dieser Theorien eigentlich schon längst alle Fachleute einig sind, dass es sich zumindest in den Grundzügen um bewiesene Wahrheiten handelt.

Überhaupt ist „Glauben" ein ganz schlechter Ratgeber in Wissenschaft und Forschung, wie man gerade auch in der Physik (man denke an Galileo und die Inquisition) und in neuerer Zeit in der Quantenphysik (eine Sammlung von Theorien und Hypothesen, welche unter anderem auf die Quantenhypothese von Max Planck aufbauen) oftmals schmerzhaft hat eingestehen müssen. Gerade die Quantenphysik ist in einigen Aspekten dermaßen kontraintuitiv, dass es selbst erfahrenen Forschern oft schwerfällt, die scheinbar offensichtlichsten und völlig logischen, aber leider doch falschen Ansichten und Dogmen über unser Universum immer wieder über Bord zu werfen. Auch die berühmte Aussage von Albert Einstein „Gott würfelt nicht" ist ein vortreffliches Beispiel dafür.

> *Ich rate übrigens stark davon ab, sich physikalischen Themen mit Hilfe von populärwissenschaftlicher Literatur ohne mathematische und physikalische Grundlagen anzunähern, denn hierbei wird die Wahrheit nur allzu gerne zugunsten der Attraktivität von besonders haarsträubenden, spektakulären Darstellungen geopfert. Dem interessierten nicht-Physiker oder mathematisch untalentierten würde ich diesbezüglich am ehesten die frei verfügbaren, öffentlichen Vorträge von Leonard Susskind nahelegen, welcher es schafft solche Themen ohne billige Effekthascherei anschaulich und einfach zu erklären.*

In den Informations-, Kognitions- und Neurowissenschaften haben wir leider ebenfalls mit Dogmen zu kämpfen. Insbesondere zwei davon sind äußerst hartnäckig und sitzen leider wesentlich tiefer als die von anderen Fächer. Dies habe ich nicht nur in der Fachliteratur, sondern leider auch in persönlichen Gesprächen mit hochrangigen Forschern zur Kenntnis nehmen müssen, und genau diese Dogmen waren es auch, die mich und andere davon abgehalten haben, meine Interessen auf den Gebieten der künstliche Intelligenz und der Kognition auf einer „ordentlichen wissenschaftlichen Laufbahn" weiter zu verfolgen – eine Entscheidung die ich schon bald danach nie wieder bereut habe.

Das eine Dogma ist der Erwartungshaltung und den nachfolgenden Enttäuschungen der frühen Informatik geschuldet. Basierend auf den bahnbrechenden Erkenntnissen von Alan Turing und anderen, fühlten sich bereits in der Mitte des zwanzigsten Jahrhunderts einige Pioniere der Informationswissenschaften (in besonders prominenter und ungeschickter Weise Herbert A. Simon im Jahr 1957) dazu verleitet, sehr mutige

Prognosen zur Entwicklung einer starken künstlichen Intelligenz aufzustellen, die sich weder in dem prognostizierten Zeitrahmen, noch heute auch nur annähernd bewahrheitet haben.

Die Idee einer starken künstlichen Intelligenz beruht einfach ausgedrückt auf der Theorie, dass „Denken" nichts anderes als Informationsverarbeitung ist, und daher in Form eines Computerprogrammes nachgebaut werden kann. Dass also die menschliche Intelligenz, und das menschliche Bewusstsein sozusagen unabhängig vom Trägermedium sind. Dies würde zugleich auch bedeuten, dass man im Prinzip den Menschen nach seinem Tode in einem Roboterkörper mit Computergehirn weiter leben lassen könnte, indem man sein Gehirn in geeigneter Weise in ein Computermodell übersetzt. Oder auch, dass man das lebende Gehirn schrittweise durch silikonbasierte Chips oder ähnliches ersetzen könnte.

Solche Ideen werden wir am Ende des Buches noch einmal aufgreifen, wenn wir die nötigen Grundlagen dazu erarbeitet haben. Im Moment ist nur wichtig zu wissen, dass die damaligen Ansätze auf weiter Front gescheitert sind, und zu einem nachhaltigen, bis heute andauernden, überzogenen Pessimismus geführt haben, sowie zu dem weit verbreiteten Dogma, dass „starke künstliche Intelligenz" unmöglich sei. In weiterer Folge werde ich dieses Dogma als nSAI für „no strong artificial intelligence" abkürzen.

Das heißt nicht, dass niemand mehr an die prinzipielle Möglichkeit einer starken künstlichen Intelligenz glaubt. Aber wer daran glaubt tut gut daran, dies absolut für sich zu behalten, wenn er in der Forschung ernstgenommen werden will. Erst wenn sein Stand in der Forschung nachhaltig gesichert ist, kann er es vielleicht wieder wagen, in diese Richtung optimistische Aussagen zu tätigen, solange er sie deutlich als Spekulation kennzeichnet.

So froh ich bin in diese Falle in meinem Leben nicht hineingetappt zu sein, so sehr tut mir jeder angehende junge Forscher leid, der dies auf die harte Weise erfahren muss. Ohne an dieser Stelle schon darüber zu spekulieren, ob das Dogma nun wirklich wahr ist oder nicht, muss zumindest gesagt werden, dass es nicht im geringsten bewiesen ist (darum ist es ja ein Dogma), und dass es sehr schade ist, dass deswegen wohl die meisten entgegengesetzten Versuche unterbleiben, oder viel zu früh wieder eingestellt werden.

Das nSAI Dogma beruht zum Teil auf einem weiteren Dogma, welches noch viel tiefer in den Menschen verwurzelt ist, und zwar auch außerhalb der Forschungsgemeinde. Es besagt, dass das menschliche Gehirn, der menschliche Verstand beziehungsweise (vor allem) das menschliche Bewusstsein in seiner unterstellten Einmaligkeit nicht verstanden werden können. Ich werde dieses Dogma in weiterer Folge als nSU für „no self-understanding" abkürzen.

Unter den wissenschaftlichen Laien ist dieser Glaube scheinbar weniger verbreitet als bei den Forschern. In diesen Fällen wird er oft darauf zurückgeführt, dass die Menschen aus der Vielzahl an unverständlichen Phänomenen (wie zum Beispiel Träume, Vorahnungen, Geistesblitze, verschollen geglaubte Erinnerungen, seltsame Zufälle, ungewöhnliche Fähigkeiten aber auch psychische Erkrankungen), mit denen sie ihr eigener Verstand und ihre Psyche konfrontieren, nur sehr wenige verstehen und nachvollziehen können, und ihnen auf Nachfrage (oder Nachlese) von Experten nur allzu gerne bestätigt wird, dass dies oder jenes „wohl niemand jemals abschließend verstehen können wird", und sei es nur um sich vor einer ungemütlichen Antwort zu drücken. Aber auch vermutete religiöse Gefühle fürchten viele Experten zu verletzen, wenn sie die Welt in ihren Beschreibungen zu deterministisch und nachvollziehbar darstellen.

Die Wissenschaftler selbst haben oft nur marginal besser fundierte Gründe, wieso sie an dem nSU Dogma festhalten. Ein häufiges Argument ist ähnlich der pessimistischen Sicht auf die Kosmologie, welche recht verbreitet ist: Analog zu der Befürchtung, dass das Universum nicht von innen heraus vollständig ergründet werden kann, und analog zu der von Alfred Tarski 1936 bewiesenen Tatsache, dass ein logisches System nur von „außen" abschließend entschieden werden kann, glauben manche auch, dass das Gehirn „von innen heraus" nicht vollständig verstanden werden kann – ungeachtet dessen, dass die Situation eine andere ist, da wir ja die Gehirne anderer Menschen sehr wohl „von außen" analysieren können.

Ein weiteres häufiges Argument ist die Behauptung, dass das menschliche Gehirn das „komplexeste Ding überhaupt" sei, welches wir kennen, und wir ja schon in der Erklärung weniger komplexer Dinge scheitern. Dieses Argument verblüfft mich am meisten, wenn es von Informatikern bemüht wird, da Informatiker heutzutage in der Regel ein differenziertes Bild von Komplexität haben sollten. Sie haben ja sogar eine allgemein anerkannte Norm (eine offizielle Notation), die besagt wie Komplexität mathematisch zu behandeln ist. Und da stellt sich schnell heraus, dass eine solche Aussage zu verallgemeinernd ist, und – je nach Betrachtungsweise – sehr wohl Dinge existieren, die komplexer sind, und dennoch verstanden werden.

Dafür sollte ich wohl ein Beispiel angeben: Allein schon die Bewegung einer Zeltplane im Wind ist in einer gewissen Betrachtungsweise komplexer als die Funktion des menschlichen Gehirns, da ihre detaillierte Bewegung von jedem einzelnen Atom und Quantenzustand im Material, im Wind, im Klima der Erde, in der Erde selbst, im Sonnensystem und letzten Endes im schlimmstmöglichen Fall sogar vom gesamten Universum abhängt, inklusive dem Gehirn des Menschen, der daneben steht und die Zeltplane verzweifelt unter Kontrolle zu bringen versucht – was ihm manchmal nur sehr schwer gelingt, weil er mit all seiner Intelligenz doch nicht perfekt vorhersagen kann, in welcher exakten Art und Weise der Wind ihm das Zelt um die Ohren fegen wird.

Dennoch verstehen wir (oder zumindest die Physiker) die scheinbar chaotischen Bewegungen einer Zeltplane im Wind sehr genau, weil wir die Beziehung der Einzelteile zueinander verstehen, und für das makroskopische Zusammenspiel sehr gute mathematische und informatische Werkzeuge besitzen, auch wenn wir sie nicht perfekt vorhersagen können. Zumindest würde wohl niemand auf die Idee kommen zu sagen, dass eine Zeltplane zu komplex ist, um jemals verstanden werden zu können.

Die Funktionsweise des menschlichen Gehirnes ist aber etwas, das wir „nur" bis auf die Ebene der einzelnen Neuronen (und ein klein wenig weiter, aber keinesfalls bis auf den atomaren Level oder weiter hinunter) betrachten müssen, da kleinere Effekte für die prinzipielle Funktionsweise des Gehirnes in Bezug auf dessen Denktätigkeit keine signifikante Rolle spielen. Die Anzahl der Neuronen in einem menschlichen Gehirn ist um ein vielfaches geringer als die Anzahl der Quantenzustände in einer typischen Zeltplane. Die Verbindungen zwischen den Neuronen sind in der Zahl viel geringer, als die Abhängigkeiten der einzelnen Atome in der Zeltplane. Dazu kommt noch, dass zur Erklärung der Funktionsweise des menschlichen Gehirnes möglicherweise ein beachtlicher Teil desselben vernachlässigt werden kann, da er grob ausgedrückt nur der Filterung von Sinnesinformationen dient, wie wir später noch detaillierter besprechen werden.

Das Gehirn ist aber zweifelsohne kompliziert, da kein Neuron genau dem anderen gleicht, und da mehrere überlagerte Phänomene wechselwirken (zum Beispiel zytoarchitektonische, biochemische und elektrische). Wie auch immer, es ist weder die Komplexität noch die „Kompliziertheit" einer Sache ein gutes Argument dagegen, dass sie verstanden werden kann.

Diese und weitere einfache Argumente können in der Regel relativ schnell entkräftet werden. Andere dagegen sind hartnäckig und fast unmöglich zu bekämpfen. Solchen werden wir in späteren Kapiteln noch begegnen.

Vorläufig genügt es festzuhalten, dass genau wie die KI Forschung auch die Kognitionswissenschaften durch ein starkes Dogma gehemmt werden. Fast alle Publikationen und Experten sind sich einig darüber, oder geben dies zumindest an, um ihren wissenschaftlichen Ruf nicht zu gefährden. Zumindest in einer abgeschwächten Form: *„es kann sein*, dass wir das menschliche Bewusstsein nie verstehen werden".

Es gibt aber noch ein weiteres, sehr grundlegendes Problem, nämlich das Fehlen von allgemein anerkannten Begriffsdefinitionen. Und das betrifft nicht nur Begriffe wie „Intelligenz" oder „Bewusstsein", sondern bereits so grundlegende Dinge wie „Daten", „Information" und „Wissen". Dieses Problem müssen wir nun zumindest im Rahmen dieser Arbeit lösen.

3 Begriffsdefinitionen

Das Problem, welches in diesem Kapitel behandelt wird, wird hier zugleich auch im Kontext dieses Buches gelöst. Diese Lösung ist essentiell für das Verstehen des menschlichen Verstandes. Es geht darum, dass es nach meinem besten Wissen derzeit in keiner Forschungsrichtung eine eindeutige und übergreifend konsistente Definition für alle Begriffe, die hier besprochen werden, gibt.

Dies mag vielleicht daran liegen, dass manche der betroffenen Forschungsgebiete (vor allem die Kognitionswissenschaft und die kognitive Neurowissenschaft) noch jung sind. Man muss aber auch akzeptieren, dass manchmal ein Begriff erst dann wirklich klar definiert werden kann, wenn der zugrunde liegende Sachverhalt vollständig verstanden wurde, und von daher ist es vielleicht gar nicht so verwunderlich, dass es zum Beispiel für die scheinbar trivialen Begriffe „Wissen", und „Information" so viele widersprüchliche und verwirrende Beschreibungen gibt.

Wir werden in diesem Kapitel einfach unsere eigenen, so einfach wie möglich gehaltenen Definitionen aufstellen, damit wir uns wenigstens im Rahmen dieses Buches konsistent über die entsprechenden Themen unterhalten können.

Definiert werden in diesem Kapitel unter anderem die folgenden Begriffe:

- Daten
- Information
- Wissen
- Interpretation (von Informationen)
- Bedeutung (von Wissen)
- Eindeutigkeit (von Wissen)
- Wahrheitsgehalt (von Wissen)
- Zuverlässigkeit (von Wissen)
- Vermutung
- Meinung
- Glaube
- Verstand, verstehen
- Vernunft
- Intelligenz
- Bewusstsein

- Unterbewusstsein
- Wahrnehmung
- Intuition
- Das „Ich"

Zudem führen wir eine Unterscheidung zwischen „subjektivem" und „objektivem Wissen" ein, und definieren auch die Begriffe des „impliziten" und „expliziten Wissens" neu. Eine Warnung gleich voraus: Einiges davon widerspricht im ersten Moment scheinbar der Intuition – es dauert eine Weile, bis man sich zum Beispiel daran gewöhnen kann, dass Wissen ein relativer Begriff ist und kein absoluter – was ich „weiß" kann falsch sein, aber daran denken wir in der Regel nicht, sonst würden wir nicht sagen „ich weiß, dass...", sondern „ich vermute, dass...".

Diese Definitionen habe ich bis ungefähr Anfang 2004 entwickelt, und sie waren für mich essentiell um überhaupt erst konsistent über das Problem des menschlichen Verstandes nachdenken zu können. Einige Dinge hat die Forschung seitdem aufgeholt, und ich versuche diese so gut wie möglich hier zu integrieren. Da ich aber nicht in allen betroffenen Disziplinen zugleich ständig am aktuellsten Stand bleiben kann, muss ich vorab schon um Verzeihung bitten, wenn ich das eine oder andere übergehe, oder Quellenangaben für Sachverhalte unterlasse, für die es inzwischen Quellen gäbe. Auch ist es gut möglich, dass ich schon ältere Forschungsergebnisse übergangen habe. Dass ich keinen regelmäßigen Zugang zu den betreffenden Instituten und Konferenzen gesucht habe, und auch das Internet erst gegen Ende dieses Teiles meiner privaten Forschung als Werkzeug zur Literaturrecherche genügend ausgereift war, ist eine Ausrede. Tatsächlich ist es einfach so, dass von diesem Thema so viele Forschungsrichtungen betroffen sind, dass ein Einzelner schlicht und einfach keine Chance hat, alle relevanten Dinge im Auge zu behalten. Dazu müsste es ein ganzes Institut geben. Das gibt es aber so nicht, und wir haben weiter oben schon herausgefunden, warum nicht.

3.1 Daten – Information – Wissen

Die am weitgehendsten systematischen, nachvollziehbaren und verständlichen Definitionen dieser drei Begriffe, und ihrer Relation zueinander, findet man meiner Meinung nach im so genannten „Wissensmanagement", einer Fachrichtung in der Überschneidung zwischen Organisationstheorie und Informatik. (Auch das semiotische Dreieck ist in manchen Zusammenhängen bis zu einem gewissen Grad nützlich, aber für unsere Zwecke ist darin der Begriff „Begriff" zu schwammig.) Dort werden sie in der so genannten Wissenspyramide zueinander in Bezug gesetzt, und in einer für unsere Zwecke beinahe brauchbaren Art und Weise definiert. Aber leider nur beinahe. In der Regel wird dies vereinfacht ungefähr so dargestellt:

Daten = Rohmaterial
Informationen = strukturierte Daten
Wissen = benutzbare / vernetzte Informationen

Dies erscheint im ersten Moment einleuchtend, und mag im Rahmen des Wissensmanagements auch nützlich und ausreichend sein. Die Sache hat nur einen Haken: sie widerspricht ausgerechnet im einfachsten Teil – bei den Daten – fast allen anderen Disziplinen, in welchen Daten lustiger Weise als „strukturierte Informationen" bezeichnet werden. Dennoch gehen wir hier sehr ähnlich vor.

3.1.1 Daten

Recht einfach können wir es uns mit dem Begriff „Daten" machen, welcher vom lateinischen Datum („das Gegebene") stammt. Dieser wird zum Glück auch in den meisten Fachdisziplinen halbwegs einheitlich verstanden. Trotzdem werden wir eine eigene Definition benötigen, denn obwohl es für den Begriff ein halbwegs einheitliches Verständnis gibt, sind die bestehenden Definitionsversuche nicht mit denen der anderen benötigten Begriffe konsistent in Einklang zu bringen.

Daten sind physikalische Erscheinungen (wie zum Beispiel Zahlen auf einem Stück Papier)**, die von einer Lesevorrichtung** (zum Beispiel einem Lebewesen oder einer Maschine) **differenziert aufgenommen werden können.**

Diese Definition ist teilweise sehr ähnlich mit den oben erwähnten „strukturierten Informationen", aber sie kommt zum Glück ohne den wesentlich schwerer zu definierenden Begriff „Information" aus. Implizit sagt diese Definition aus, dass Daten relativ zur „Lesevorrichtung" sind, welche die einzelnen Bestandteile differenziert aufnehmen kann. Nicht-Daten sind nach dieser Definition ausschließlich Dinge, die nicht unterschieden („differenziert aufgenommen") werden können (bzw. „strukturlos" sind), also zum Beispiel in Bezug auf die menschliche Wahrnehmung die Umgebungsluft, oder der Inhalt eines völlig weißen Blattes Papier, wobei die Umgebungsluft selbst wie auch das weiße Blatt Papier sehr wohl Daten *sind*, aber für den Menschen ohne Hilfsmittel keine weiteren Daten *enthalten*.

Für eine Maschine ist es recht schwer etwas zu finden, das keine Daten enthält, wenn wir der Maschine beliebige Sensoren zur Verfügung stellen. Und wenn wir dem Menschen eine entsprechende Maschine geben, gilt dies auch für ihn. Somit sind auch die Sterne am Himmel Daten, und auch sonst so ziemlich alles – schlimmstenfalls sogar ein perfektes Vakuum, welches ja nicht leer ist, wie wir aufgrund der Quantenphysik wissen.

Diese Definition hat gegenüber anderen einen gewaltigen Vorteil: nicht nur, dass sie mit den meisten anderen gängigen Definitionen zumindest unidirektional kompatibel ist, sie verträgt sich im Gegensatz zu den meisten anderen Definitionen auch sehr gut mit dem Informationsbegriff der Physik und dem „Informationsgehalt" der Informatik.

3.1.2 Information

Dieser Informationsbegriff ist unsere nächste „Haltestelle". Lustiger Weise gelingt es ausgerechnet den Informationswissenschaften im Gegensatz zu den Physikern nicht, diesen Begriff vernünftig zu definieren, schon gar nicht ohne das Wort „Wissen" dabei zu verwenden, welches man scheinbar ebenfalls nicht sauber zu definieren vermag. Auf die verschiedenen etablierten Ansätze in der Informatik und den angrenzenden Wissenschaften möchte ich hier lieber gar nicht eingehen, da ich befürchte dem Leser damit mehr Schaden zuzufügen, als es nützen würde. Wie schon beim Begriff „Daten" hilft uns aber der lateinische Ursprung durchaus weiter: „informieren" kann man einfach als „formen" übersetzen. Ich würde in diesem Kontext die Übersetzung „eine Form ausbilden" bevorzugen.

Informationen sind differenzierbare physikalische Erscheinungen, denen eine bestimmte Kodierung zugeordnet werden kann.

Ich hätte es mir auch einfach machen können und Information einfach als „kodierbare Daten" definieren können, aber es ist mir wichtig zu zeigen, dass die Begriffe „Daten", „Information" und „Wissen" unabhängig voneinander beschrieben werden können. Diese Definition ist aber dennoch keinesfalls eine triviale Erweiterung des oben angegebenen Daten-Begriffes. Zuerst muss klargestellt werden, dass es sich auch bei der Information implizit wieder um etwas Relatives handelt, was hier nur durch den Begriff „differenzierbar" zum Ausdruck gelang.

Dann muss noch der Begriff „Kodierung" geklärt werden, denn wir verwenden ihn hier etwas abweichend von der in der Informatik üblichen Definition:

Die Kodierung einer Information ist ein Vorgang, bei welchem diese Information reversibel in einen anderen Zustand transformiert wird.

Kurz könnte man auch sagen „Kodierung ist eine reversible Transformation". Der „**Code**" ist dann nicht zwangsläufig eine „Vereinbarung" zwischen „Sender" und „Empfänger", wie in der Informatik, sondern etwas weiter gefasst einfach ein System (oder ein Mechanismus oder eine Vorschrift), das dazu geeignet ist Information zu transformieren, also zum Bespiel „ABC" in „123" zu verwandeln.

Das Schlüsselwort ist hier „reversibel". Nur wenn ich einen Zustand in einen anderen Zustand überführen kann, und ihn dann zumindest theoretisch auch wieder zurück überführen kann, liegt Information vor. Wenn dies nicht möglich ist, handelt es sich höchstens um Daten. Ein Beispiel wäre hier hilfreich; am besten zuerst ein sehr einfaches, das wir im Alltagsgebrauch nachvollziehen können, auch wenn der Vergleich dann etwas hinken wird:

Wie schon gesagt würden wir nach den hier angegebenen Definitionen eine völlig zufällige Kritzelei auf einem Blatt Papier zumindest als „Daten" bezeichnen. Nun stellen wir uns vor, jemand hält uns eine solche beliebige, zufällige Kritzelei für eine Viertelsekunde vor die Nase und entfernt sie wieder. Im herkömmlichen Sprachgebrauch können wir so etwas mit Sicherheit „irgendwie interpretieren", man denke zum Beispiel an einen Rorschach-Test. Die Zeichnung aber im Anschluss wieder genau zu rekonstruieren wird uns wahrscheinlich schwer fallen. (Das wird aber von der obigen Definition zum Glück nicht verlangt, es muss nur theoretisch möglich sein, aus dem was wir in die Zeichnung hinein interpretiert haben, die Zeichnung wieder zu rekonstruieren.)

Wenn auf dem Blatt Papier hingegen „ABC" geschrieben steht, wird uns nicht nur die Interpretation, sondern auch die Rekonstruktion relativ leicht fallen.

In beiden Fällen haben wir Information vorliegen, da wir das Gesehene durch Interpretation zu einem Schmetterling beziehungsweise zu den ersten drei Buchstaben des Alphabetes interpretieren konnten.

Ich habe hier übrigens den Begriff „Interpretation" benutzt, der später noch definiert wird, da es unnatürlich klingt zu behaupten, der Mensch kodiere Daten. Tatsächlich tut er das aber implizit, wie wir bei den neuralen Netzwerken lernen werden. Die Kodierung ist ein Teil der Interpretation.

Ein Gegenbeispiel wäre das Hintergrundrauschen eines Fernsehers, welches wir in Österreich scherzhalber auch als „Ameisenkrieg" bezeichnen. Man muss dieses Rauschen schon sehr lange (eventuell unter Drogeneinfluss?) anstarren, um etwas hineininterpretieren zu können, und was auch immer man dann „sieht" kommt aus dem eigenen Gehirn, und nicht aus dem Fernseher, und wird sich nie und nimmer zu dem in diesem Moment gesehenen Chaos aus weißen und schwarzen Punkten rekonstruieren lassen, höchstens vielleicht wenn man das Rauschen irgendwie anhalten könnte, und es Punkt für Punkt auswendig lernen würde. Es handelt sich also um Daten (da sehr wohl eine Struktur vorliegt), aber für uns Menschen nicht um Information, da wir den Inhalt nicht interpretieren können.

Für eine entsprechend konstruierte Maschine wäre die Situation eine andere. Eine Maschine kann die schwarzen und weißen Punkte als Folge von binären Zahlen abbilden (kodieren) und das Originalbild daraus auch wieder rekonstruieren. Am einfachsten lässt sich dies mit einem digitalen Fotoapparat bewerkstelligen.

Mit einer Maschine, die mit allen nur erdenklichen Sensoren ausgestattet ist, kann man wieder so gut wie alles als Informationen betrachten, was zumindest auch als Daten durchgehen würde. Aber nicht gar alles: Ein Vakuum mit den darin vorkommenden Quantenfluktuationen wird man nach derzeitigem Wissensstand der Physik wohl kaum originalgetreu wiederherstellen können. Das gilt aber in der Praxis eigentlich für jeden physikalischen Gleichgewichtszustand – es nimmt zwar jedes abgeschlossene System über kurz oder lang irgendwann den Zustand maximaler Entropie (entspricht minimaler Information oder umgangssprachlich maximaler „Unordnung") ganz von selbst ein, aber gerade einen solchen wird man eben nicht genau einlesen und dann genau wieder rekonstruieren können, während das bei einem Zustand geringer Entropie mit einem gewissen Aufwand bis zu einem gewissen Grad sehr wohl theoretisch möglich wäre.

Aber sogar dem Einlesen eines Zustandes von extrem geringer Entropie sind durch die Heisenbergsche Unschärferelation bestimmte Grenzen gesetzt: Auf der Ebene der Elementarteilchen ist uns nicht möglich, auch nur ein einzelnes Quantum vollständig einzulesen. Wir können zum Beispiel nur entweder Impuls, oder Position mit maximaler Genauigkeit bestimmen, aber nie beides zugleich.

Damit passt unsere Definition der „Information" sehr gut zu dem Informationsbegriff der Quantenphysik (die kleinste mögliche lesbare und wiederherstellbare Einheit von Information ist hier ein so genanntes Qbit), und zu dem Begriff des „Informationsgehaltes", welcher sowohl in der Physik, als auch in der Informatik (eigentlich Kybernetik) allgemein anerkannt und definiert ist. Zugleich ist dieser Informationsbegriff auch mit den meisten anderen Informationsbegriffen der Informationswissenschaften zumindest unidirektional kompatibel.

Sollten die Physiker irgendwann wider erwarten herausfinden, dass sie die Heisenbergsche Unschärferelation doch umgehen können, würde das unsere Definition praktischer Weise nicht beeinflussen.

3.1.3 Wahrheit und Wissen

Nun wird es sozusagen „haarig", denn wir versuchen den Begriff „Wissen" zu definieren, welcher sich vom indogermanischen „ich habe gesehen" ableitet. Wir sollten hier nicht in Versuchung kommen, Wissen mit „Wahrheit" oder „Meinung" zu vermischen, oder unsere Definition mit diesen mindestens genauso schwammigen Begriffen zu belasten, wie dies leider bei den meisten „wissenschaftlichen" Definitionen passiert ist. Für den allgemeinen Sprachgebrauch ist die recht gängige Definition „wahre und gerechtfertigte Meinung" sicher ausreichend, aber für unsere Zwecke ist dies untragbar. Hier geht es nicht um den Alltagsgebrauch des Wortes, sondern um ein Konzept, welches wir so spezifisch wie nötig und zugleich so generisch wie möglich festhalten müssen, um einerseits sehr präzise Aussagen machen zu können, und andererseits eine gewisse „Intuitivität", sowie eine gewisse Kompatibilität mit anderen Disziplinen zu erhalten.

Von dem Begriff und dem Konzept der „Wahrheit" sollten wir uns außerdem völlig verabschieden. Wahrheit ist ein platonisches Konzept, das nur in unserer Vorstellungswelt existiert. Schon der Volksmund weiß zu berichten „Wahrheit liegt im Auge des Betrachters", was sehr wahr ist.

Scherz beiseite, das was wir als Wahrheit bezeichnen, sind in Wirklichkeit allgemein anerkannte Meinungen, und das was wir für Beweise halten, können wir in Wirklichkeit nicht abschließend von lediglich sehr überzeugenden Argumenten unterscheiden.

Diese kontraintuitiven Aussagen werde ich aber wohl oder übel ein wenig begründen müssen. Ich beginne wieder mit ein paar einfachen Beispielen.

Folgende Sachverhalte würden wohl die meisten schnell als Wahrheiten akzeptieren:

1. Wasser ist nass.
2. Dieser Satz steht hier geschrieben.
3. Wenn ich eine Münze habe, und mir eine weitere Münze gegeben wird, habe ich in Folge zwei Münzen.
4. Ein Elefant kann nicht einfach aus dem Nichts erscheinen, oder sich in Nichts auflösen.
5. Wenn ich einen schweren Gegenstand fallen lasse, so fällt er stets nach unten.
6. Wirkung folgt immer auf Ursache, nie umgekehrt.
7. Wenn ich die Augen schließe, ist die Welt trotzdem immer noch da.
8. Es gibt keinen Regenwurm, der Deutsch sprechen kann.

Jede einzelne dieser Aussagen kann aber unter Umständen demontiert werden, und sich als falsch herausstellen. Ich will damit nicht sagen, dass diese Sätze unwahr sind, aber ich werde anhand der folgenden Argumente aufzeigen, dass Wahrheit relativ ist, und nicht absolut.

Beginnen wir mit **Nummer 1**: Wasser ist nass. Dies würde man klassischer Weise als semantisches, deklaratives Wissen bezeichnen, oder nach Kant auch als „apriorisches Wissen", da es sich allein schon durch die Begriffsdefinitionen unserer Sprache ergibt. Man muss Wasser nicht zwangsläufig jemals berührt oder gesehen haben, um dies akzeptieren zu können. Es ist sozusagen eine sprachliche Vereinbarungssache, dass Wasser nass ist. Genau für Wasser haben wir ursprünglich den Begriff nass überhaupt erst erfunden.

Es ist ähnlich wie die Aussage „Der Junggeselle ist nicht verheiratet". Die Begriffe sind in unserer Gesellschaft und Kultur so definiert, und können von jedem intelligenten Mitglied unserer Kultur sofort und ohne weitere Informationen als wahr erkannt werden. Der Satz sagt auch nicht aus, das Wasser *immer* nass ist, was ja mit einem tiefgefrorenen Eisklotz leicht zu widerlegen wäre. (Man könnte höchstens noch eine Präzisierung verlangen, der Vollständigkeit halber: Flüssiges Wasser ist nass.)

Aber semantisches Wissen hat einen riesigen Haken: es gilt meist nur in der Zeitepoche und Kultur, in welcher auch die entsprechende semantische Regelung gilt und allgemein akzeptiert wird. Stellen wir uns vor, dass sich unsere Sprache in ferner Zukunft enorm verfeinert, und wir viel genauer zu differenzieren beginnen. Wasser ist eine sehr untypische Flüssigkeit, im Vergleich zu anderen Flüssigkeiten. Es mit denselben Adjektiven (und Verben) zu behandeln, wie wir es mit anderen Flüssigkeiten tun, könnte irgendwann aus der Mode geraten, und sich dann so anhören wie wenn heute ein Kind sagt „Die Mama isst eine Milch".

Sogleich werden wir das Kind korrigieren und sagen „Milch isst man nicht, Milch trinkt man!". Und noch ein paar Jahrhunderte später könnte es sein, dass wir nur noch verständnislose Blicke ernten, wenn wir behaupten Wasser wäre nass, weil dies dann vielleicht nur noch für lipophile Flüssigkeiten wie Öl gilt, während für Wasser ein neues „nass-Wort" erfunden wurde. Somit ist die Aussage „Wasser ist nass" nur von temporärem Wert, und nur von temporärer, eben semantischer Wahrheit. Man könnte sagen, die Wahrheit dieser Aussage ist relativ zum Sprachgebrauch. Es handelt sich also um eine semantische Vereinbarung, und dies würde ich gerne von dem Begriff Wahrheit abtrennen.

Ich weiß, ihr Gehirn rebelliert jetzt gerade und ruft mir zu: „WASSER IST ABER TROTZDEM NASS!!!". Um das noch deutlicher zu veranschaulichen, nehmen wir an, dass bis zu dem Zeitpunkt, zu welchem sich die Sprachgewohnheiten dermaßen geändert haben, auch unsere Weltbevölkerung wie bisher zunimmt. Dann steht also eines Tages vielleicht die Aussage von 7 Milliarden Menschen des 21. Jahrhunderts, dass Wasser nass sei, der Aussage von 14 Milliarden Menschen des 23. Jahrhunderts entgegen, die sich ganz sicher sind, dass dies falsch ist, oder zumindest eine völlig falsche Verwendung des Begriffes „nass". Wem glauben wir nun? Nachdem die 14 Milliarden Menschen des 23. Jahrhunderts hoffentlich wesentlich fortschrittlicher sind als die des 21. Jahrhunderts, wird man wohl zumindest einsehen müssen, dass semantische Wahrheiten Vereinbarungssache, und somit relativ sind.

Nummer 2 sollte aber vor diesem Angriff sicher sein, denn dies könnte man auch in 100.000 Jahren noch irgendwie formulieren und niederschreiben, und dann wäre es sicher genauso wahr wie heute. Praktischerweise ändert sich auch nichts, wenn ich den Satz einfach weglösche, denn dann steht er ja auch nicht als Lüge da. Er hat als „Wahrheit" aber leider eine andere, fatale Schwäche: er gilt nur für all jene Personen, die ihn zugleich sehen können und hat darüber hinaus keinerlei Wert. Wenn ich nun ein Telefon in die Hand nehme und eine zufällige Telefonnummer irgendwo auf der Welt anrufe, und dann denjenigen der abhebt (sofern er meine Sprache spricht) darum bitte den Wahrheitsgehalt des obigen Satzes zu beurteilen, wird er – wenn er nicht einfach irritiert auflegt – so etwas ähnliches sagen wie: „Woher soll ich denn das wissen, ich kann ja nicht sehen, ob Du das vorliest oder nur aufsagst, und überhaupt, was macht das denn für einen Unterschied?".

Und falls er mich als notorischen Lügner kennt, kann es auch sein, dass er einfach sagt: „So wie ich dich kenne, ist das eine glatte Lüge, und nun lass mich mit diesem Blödsinn in Ruhe!". Es handelt sich bei diesem Satz nach klassischer Definition um einen Spezialfall von episodischem, deklarativem Wissen. Wie alles episodische Wissen hat es eine Schwäche: der Wahrheitsgehalt hängt von unserem Gedächtnis ab. Dabei kann es sich stets auch um eine (in diesem Falle wohl ziemlich hartnäckige) Illusion handeln.

Nun zu **Nummer 3**: zumindest was die natürlichen Zahlen betrifft, dürfte diese Addition korrekt sein, auch wenn ich zugegebenermaßen noch keinen professionellen Mathematiker dazu befragt habe. Aber es soll hier nicht um den niedergeschriebenen Satz gehen, den man zumindest wieder als semantisches Wissen angreifen könnte – auch die Mathematik ist im Grunde eine Sprache, wenn auch eine sehr streng geregelte, und in der Algebra kann es durchaus sein, dass eins und eins null ergibt, oder zehn oder etwas anderes, je nachdem von welchem Zahlensystem und von welcher Algebra wir sprechen.

Nein, wir stellen uns vor, dass wir die beschriebene Situation tatsächlich erleben. Jemand gibt uns eine Münze. Zur Sicherheit stecken wir sie nicht ein, sondern lassen sie vorerst auf der offenen Hand, damit uns der Autor dieses Buches nicht schon wieder irgendwie austricksen kann. Im Anschluss lassen wir uns die zweite Münze auf dieselbe Hand geben, und zählen sofort nach. Es sind nun zwei, wie erwartet.

Dieses Experiment wiederholen wir hundert Mal, und es funktioniert immer wieder. Wenn wir jetzt die Aussage Nummer 3 tätigen, würden wir sie klassischer Weise als empirisches Wissen bezeichnen, da wir den Umstand, über den wir so kühne Behauptungen aufstellen, ja empirisch mehrfach überprüft haben.

Der Autor fordert sie aber auf, dies nun noch einmal zu beweisen. Er gibt ihnen wie schon in den hundert Versuchen davor eine erste Münze, und dann eine zweite. Aber seltsamer Weise befindet sich nun trotzdem nur eine

Münze auf der Hand, oder gar keine, oder gar drei. Wie kann das passiert sein? Es spielt zwar im Prinzip gar keine Rolle, aber folgende Dinge könnten eingetreten sein:

- Die zweite Münze war aus Antimaterie und hat sich mit der ersten Münze annihiliert (in reine Energie verwandelt). Die äußerst volatile Reaktion hinterlässt natürlich einen riesigen Krater und wirft gar die Erde aus ihrer Umlaufbahn, daher können wir leider niemandem mehr davon berichten.

- Die zweite Münze hat sich beim hinlegen spontan verdoppelt, oder in nichts aufgelöst; beides ist aufgrund von quantenphysikalischen Prinzipien durchaus möglich, wenn auch äußerst unwahrscheinlich.

- Die erste Münze wurde beim Hinlegen der zweiten Münze unbemerkt gestohlen (wie langweilig).

- Sie haben während dem Hinlegen der ersten Münze einen Schlaganfall erlitten, und können nicht mehr zählen, sind aber ansonsten zum Glück ohne weitere Schäden davongekommen. Sie sollten nun dringend und umgehend einen Arzt aufsuchen.

Dies ist die inhärente Schwäche von empirischem Wissen. Man weiß nie, ob es auch beim Drölfzig Millionsten Versuch noch immer klappt.

Genau auf dieselbe Art lassen sich auch **Nummer 4** (der Elefant) **und 5** (die Schwerkraft) demontieren, allerdings sträubt sich der Verstand in diesen Fällen bei den meisten Menschen sicher noch deutlich stärker dagegen. Diese Aussagen können aber auch mit einigen der nachfolgenden Ideen angegriffen werden. Was die Schwerkraft betrifft, so ist man sich in der Physik sowieso noch nicht ganz sicher, wie sie funktioniert; Man räumt aber ein, dass unter bestimmten Bedingungen (extrem schnell rotierende schwarze Löcher) die Gravitation wahrscheinlich tatsächlich abstoßend wirken kann.

Nummer 6 beschreibt ein sehr allgemeines Wissen, welches uns im Laufe unseres Lebens immer und immer wieder empirisch bestätigt wird. Aber auch das für uns so beruhigend nachvollziehbare Prinzip von Ursache und Wirkung kann in der Quantenwelt auf den Kopf gestellt werden. Nach momentanem Forschungsstand wissen wir schlicht und einfach nicht, ob die Aussage Nummer 6 richtig ist. In der Theorie von Einstein sind „closed timelike loops" (also Zeitreisen in die Vergangenheit) jedenfalls nicht ausgeschlossen. Also ist der Wahrheitsgehalt zweifelhaft.

Nummer 7 ist leicht zu demontieren. Niemand von uns weiß wirklich, ob die Welt und unser Leben echt ist, oder ein besonders realistischer Traum, oder gar eine Wahnvorstellung. Ein Schizophrener weiß oft nicht, dass er schizophren ist, und lebt womöglich in einer Traumwelt, in der die Gesetze der Logik nicht so gelten wie für uns. Wer schon einmal einen Traum in einem Traum hatte, der kann sich die Verwirrung beim Aufwachen vorstellen, die uns allen irgendwann eventuell blühen könnte.

Diese Argumentationsrichtung kann übrigens alle „Wahrheiten" demontieren, aber so einfach wollte ich es mir nicht machen. Es könnte also sein, dass Sie dieses Buch erträumen; dass es alles ihre eigenen Erkenntnisse im Traum sind, und dass es leider alles Quatsch ist, ihnen dies aber erst beim Aufwachen bewusst wird. Oder sie halten es jetzt für Quatsch, aber beim Aufwachen stellen sie schockiert fest, dass dies alles völlig wahr ist.

Und was **Nummer 8,** den sprechenden Regenwurm betrifft, so wird es nicht nur möglich sein, zumindest in einer der Psychiatrien dieser Welt einen Patienten zu finden, der vom Gegenteil überzeugt ist. Es könnte auch durchaus möglich sein, dass durch eine äußerst ungewöhnliche Mutation ein einzelner Regenwurm so etwas ähnliches wie Stimmbänder erhalten hat, und durch eine unglaublich seltsame Laune der Natur uns wie ein Papagei plötzlich als Idioten beschimpft, weil wir so naiv waren, nicht an seine Existenz zu glauben.

Die Biologen werden dies eher anzweifeln, und Ihnen erklären, dass ein Wurm ein zu primitives Lebewesen für so eine abstruse Mutation sei. Aber die Biologen rechnen normalerweise auch nicht mit den Tücken der Quantenphysik. Wer sagt denn, dass nicht durch einen eigentümlichen, quantenphysikalischen Zufall die Erbinformation eines Wurmes mit der eines Papageis vermischt werden kann? Oder, dass irgendein völlig verrückter Forscher dies heimlich in seinem privaten Labor vollbracht hat, weil ihm sein Arbeitskollege immer die Äpfel klaut?

Zugegeben, das Beispiel ist äußerst abstrus. Es ist eine der am schwersten zu demontierende Arten von Wissen, um die es hier geht, nämlich die in der Form von „Es gibt nicht...". Sie legt die ganze Beweislast auf den, der die Aussage angreifen will, und kann dies dank der menschlichen Phantasie sehr schwierig machen. Wir haben im Alltag aber ständig damit zu tun, nämlich beim religiösen Glauben. Dort werden in der Regel auch Dinge postuliert, die nach unserem momentanen Wissen über das Universum unmöglich sind. Und so wie man die Existenz eines Gottes nicht abschließend beweisen oder widerlegen kann, so kann man dies auch mit dem sprechenden Regenwurm nicht machen. Abgesehen davon könnte man ganze Bibliotheken mit Dingen füllen, die möglich sind, aber bis zum Gegenbeweis für völlig undenkbar gehalten wurden.

Nun haben wir zwar erst die absolute Wahrheit von ein paar wenigen Beispielen mehr oder weniger schlimm „angekratzt", aber wir können uns nun vielleicht darauf einigen, dass Wahrheit eine relative

Vereinbarungssache zwischen den Menschen ist (und in manchen Fällen sogar eine rein subjektive Sache). Nur wenn, und solange wie die meisten Menschen zustimmen, wird eine Wahrheit als solche akzeptiert. Wahrheit ist also ein flüchtiges Konzept, und daher möchte ich „Wissen" in diesem Kontext unter völligem Verzicht auf den Begriff der „Wahrheit" definieren.

Um nun also Wissen zu definieren, könnte man ganz einfach eine rekursive Definition verwenden: Wissen ist Information, welche bereits bestehendem Wissen zugeordnet werden kann. Das ist zwar lustig, und wie wir gleich sehen werden auch richtig (im Kontext unserer Definitionen), aber genügt meinen persönlichen Anforderungen an eine saubere Begriffsdefinition nicht. Oder man könnte sagen, „Wissen ist Information, welche verstanden werden kann". Auch das klingt plausibel und ist richtig, aber wir geraten in sehr große Schwierigkeiten, wenn wir den Begriff des „Verstehens" definieren müssen (das machen wir später). Nein, wir nehmen stattdessen wieder die Physik zu Hilfe, welche nützlicher Weise einen sehr klar definierten Begriff bietet, mit welchem wir die ausstehende Definition sauber bewerkstelligen können:

Wissen ist Information, die einem Bezugssystem zugeordnet ist.

Und damit können wir wie oben angekündigt den Begriff „interpretieren" für unsere Zwecke wie folgt definieren:

Die Interpretation ist ein Vorgang, bei welchem Information einem Bezugssystem zugeordnet wird.

Somit ist Interpretation der Vorgang, bei dem Information zu Wissen gemacht wird. Ein Bezugssystem ist in der Physik ein „raum-zeitliches Gebilde", an welchem der Physiker ein (in der Regel gedachtes) Koordinatensystem fixieren kann, um zum Beispiel die Position eines Gegenstandes angeben zu können. Das heißt, dass Wissen eine *Abbildung* von Information ist. Somit können wir die Begriffe Bezugssystem und Modell zumindest für unsere Zwecke gleichsetzen, auch wenn der Begriff „Bezugssystem" in der Physik wesentlich spezifischer verwendet wird.

Wir können somit das physikalische Konzept eines Bezugssystems ohne weiteres auch als Informatiker akzeptieren. Und auch als Kognitionsforscher, denn auch die Information in unserem Gehirn lässt sich dem Bezugssystem Gehirn zumindest theoretisch in eindeutiger Weise zuordnen. Wir fassen hier also den Begriff „Bezugsystem" absichtlich etwas weiter, und akzeptieren als Bezugssystem auch ein Modell oder ein virtuelles System, denn auch ein solches lässt sich letzten Endes wieder auf ein physikalisches Bezugssystem zurückführen.

Übrigens muss dieses Bezugssystem keinesfalls bewusst sein; darin unterscheidet sich **implizites** *von* **explizitem Wissen**. *Diese*

Begriffe können wir aber erst als wohldefiniert betrachten, wenn wir das Bewusstsein definiert haben.

Implizites Wissen kann auf zwei verschiedene Arten zustande kommen:

- *Durch „Vergessen" des Bezugssystems und den Übergang der Anwendung des Wissens in einen Automatismus, wie zum Beispiel beim unbewussten Anwenden der Grammatikregeln einer Fremdsprache, wenn man diese lange genug geübt hat.*

- *Dadurch, dass man das Wissen von vorne herein nie bewusst einem expliziten Bezugssystem zugeordnet hat, so wie beim Anwenden der Grammatikregeln der eigenen Muttersprache. Das Bezugssystem ist sehr wohl im Gehirn vorhanden, war aber von vorne herein nie dem Bewusstsein verfügbar.*

Wie wir aus dem Beispiel mit den Sprachen außerdem schließen können, kann implizites Wissen auch wieder in explizites Wissen verwandelt werden, indem einem das Bezugssystem wieder einfällt, es durch Analyse selbst erkannt oder erfunden wird, oder es uns vom Deutschlehrer vorgekaut wird.

Ohne also die physikalische Definition eines Bezugssystems wirklich zu hintergehen, können wir es vorläufig zum Zwecke der einfacheren Kommunikation mehr oder weniger vernachlässigen, und folgendes einfaches Beispiel angeben:

Das Blatt Papier, auf welchem die Information „ABC" steht, ist für uns Menschen in mehrerlei Hinsicht Wissen: Zum einen wissen wir (empirisch), während wir dieses Blatt Papier sehen, dass auf ebendiesem „ABC" steht. Zudem wissen wir (episodisch), dass wir auf diesem Blatt Papier die Information „ABC" wahrgenommen haben. Und darüber hinaus wissen wir (semantisch), dass auf dem Blatt Papier die ersten drei Buchstaben des Alphabetes vorgekommen sind. Auch wissen wir, *wo* auf dem Blatt Papier „ABC" steht, und so weiter; der Mensch kann diese simple physikalische Gegebenheit auf tausenderlei Arten interpretieren und verschiedenen Bezugssystemen zuordnen.

Das Bezugssystem ist einmal das Blatt Papier, einmal unser Wissen um das Alphabet (so dass in diesem Fall die rekursive Aussage „Wissen ist Information, die bereits bestehendem Wissen zugeordnet werden kann" vortrefflich passt), und ein andermal ist unser Bezugssystem vielleicht unsere Erinnerung an die Mutter, die uns als kleines Kind erstmals in unserem Leben diese bedeutungsvollen Zeichen in riesig großer Schrift aufgemalt hat.

Wir haben uns hier übrigens der Einfachheit halber vorübergehend einen Rückgriff auf den schon definierten Informationsbegriff erlaubt, um die Angelegenheit nicht unnötig kompliziert zu gestalten. Aber man könnte ohne Schwierigkeiten das Wort Information in der obigen Definition durch unsere Definition der Information ersetzen. Der Satz wird dann etwas holprig, aber es ist uns somit gelungen, die Begriffe „Daten", „Information" und „Wissen" unabhängig voneinander zu definieren, ohne die Verwendung weiterer schwammige, undefinierter Begriffe.

Zwei Dinge müssen aber noch klargestellt werden. Zum einen habe ich behauptet, „Daten", „Information" und „Wissen" unabhängig voneinander definiert zu haben, zugleich haben wir aber eigentlich folgendes ausgesagt: Wissen sind einem Bezugssystem zugeordnete Informationen, welches wiederum reversibel transformierbare Daten sind. Wo ist da die Unabhängigkeit geblieben? Ganz einfach: die Definitionen kommen jeweils ohne einander aus. Aber die Konzepte selbst stehen sehr wohl in einer starken Beziehung zueinander. Wenn dies nicht der Fall wäre, wäre es auch äußerst seltsam.

Die zweite Sache ist die folgende: wir haben Information als Daten definiert, welche wir kodieren können, und Wissen als Informationen, welche wir interpretieren können (einem Bezugssystem zugeordnet haben). Man sollte sehr genau mit der Grammatik dieser Sätze umgehen, denn durch den Vorgang des Kodierens von Daten ordnen wir Menschen sie zugleich bereits einem Bezugssystem zu. Der Unterschied zwischen Informationen und Wissen ist für uns also lediglich der, dass wir die Interpretation oder Zuordnung zu einem Bezugssystem (was sich zumindest beim Menschen *scheinbar* nicht von der Kodierung trennen lässt) beim Vorliegen von Wissen schon geleistet haben, beim Vorliegen von Information aber lediglich die Möglichkeit besteht dies zu tun. (Tatsächlich gibt es im menschlichen Gehirn viele Stufen der Informationsverarbeitung, wobei die Kodierung sehr wohl von der Interpretation getrennt betrachtet werden kann, aber darüber mehr im zweiten Teil des Buches.)

Als einfaches Beispiel für eine Kodierung ohne Interpretation kann man an ein Fernglas denken, welches einfach nur faul herumliegt. Es transformiert die einfallenden Lichtstrahlen (theoretisch reversibel) ohne diese irgendeinem Bezugssystem zuzuordnen. Der Informatiker würde diesem Beispiel widersprechen, denn für ihn ist eine Kodierung mehr als nur eine potentiell reversible Transformation, aber er kann sich der Einfachheit halber auch eine laufende, digitale Videokamera vorstellen.

Somit ist die Beziehung zwischen Wissen und Information eine einseitige: Wissen ist von Information abhängig, die Umkehrung gilt aber nicht.

Genauso verhält es sich bei Daten und Information. Information ist von Daten abhängig, die Umkehrung trifft aber nicht zu. Die drei Begriffe stehen also in einer hierarchischen Beziehung zueinander, wie die folgende Abbildung veranschaulicht.

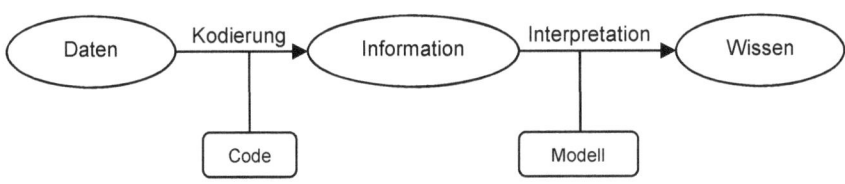

Dieses Bild vernachlässigt aber ein kleines Detail: Information sind Daten, die kodiert werden *können,* aber Wissen ist Information, die interpretiert *ist.* Somit ist Information eine **Teilmenge** von Daten (da wir nach momentanem Stand der Physik annehmen müssen, dass es irreversible Transformationen geben könnte), aber Wissen ist eine **echte Teilmenge** von Information (da nicht alle Informationen dieses Universums einem Bezugssystem zugeordnet sind). Das mag einem haarspalterisch vorkommen, ist aber zumindest für Physiker und Mathematiker ein signifikanter Unterschied.

Nun wollen wir aber noch ein paar Missverständnisse aufklären, die für unsere Definitionen zwar bedeutungslos sind, die den institutionalisierten Wissenschaften aber nach wie vor Schwierigkeiten bereiten. Zuallererst ist dies die unglückliche Verknüpfung mit dem Konzept der Wahrheit, von der die Menschen nicht gerne ablassen wollen. Dadurch, dass wir den Wahrheitsgehalt von Wissen in unserer Definition ausgeblendet haben, beseitigen wir ein großes philosophisches Problem, denn das heißt es gibt wahres und falsches Wissen – ein Umstand, den die Philosophen großteils abstreiten würden. Aber vor Kopernikus „wusste" sicher jedermann, dass die Erde flach ist. Und dies – so behaupte ich kühn – war damals genauso falsch wie es heute ist.

Abgesehen davon gibt es noch eine Reihe von irreführenden Konzepten zum Thema „Wissen" in der wissenschaftlichen Literatur. Insbesondere das Konzept des „impliziten Wissens" von Michael Polanyi stiftet etwas Verwirrung und ist meiner Ansicht nach unnütz, solange wir das menschliche Gehirn nicht vollständig „entschlüsselt" haben. Denn mit implizitem Wissen ist hier ein Wissen gemeint, über welches das „wissende" Individuum nicht bewusst verfügt. Man sollte meinen, dass es wichtiger wäre, das Phänomen des Bewusstseins zu entschlüsseln, bevor man irgendwelche Dinge definiert, die davon abhängig sind. Vielleicht tue ich Herrn Polanyi hier unrecht, und er weiß ganz genau, was das Bewusstsein ist. Aber dann sollte ihm klar sein, dass er einen instabilen Begriff definiert hat, denn etwas was ich heute noch bewusst weiß, kann ich morgen schon nur noch „unbewusst wissen", und übermorgen kann es mir wieder „explizit" einfallen. Zudem überschneidet sich seine Definition von „implizitem Wissen" extrem stark mit dem Begriff der „Intuition", auf die wir später zu sprechen kommen werden. In unsere Definition von Wissen passt dies jedenfalls nicht. Denn entweder kann ich eine Information einem Bezugssystem zuordnen, oder eben nicht. In der Zeit in der ich es nicht kann, ist es für mich auch kein Wissen, sondern eine latente Information, auf die ich vorübergehend oder dauerhaft nicht explizit zugreifen kann.

Das „Problem" welches Edmund Gettier 1963 aufgezeigt hat, nämlich dass man „mit Recht und guter Begründung" glauben kann etwas zu wissen und sich dabei dennoch irren kann, ohne es zu wissen, oder man aber zugleich sich irrt in seiner Begründung und dennoch richtig liegen kann, können wir getrost ignorieren, denn das umgehen wir damit, dass wir akzeptieren, dass es auch „falsches Wissen" geben kann.

Das Beispiel das er dazu benutzt hat ist aber aller Sinnlosigkeit zu trotz sehr intelligent und unterhaltsam: Smith und Jones bewerben sich um eine Stelle. Der Arbeitgeber deutet Smith gegenüber an, dass Jones die Stelle bekommen wird, und nicht er. Smith weiß außerdem ganz sicher, dass Jones zehn Dollar in seiner Geldtasche herumträgt. Während er enttäuscht nach Hause geht denkt er missgünstig: „Der Mann, der den Job bekommen wird, hat zehn Dollar in seiner Geldtasche".

Smith hat aber die Andeutung des Arbeitgebers entweder falsch interpretiert, oder der Arbeitgeber hat es sich im letzten Moment noch einmal anders überlegt. Jedenfalls bekommt Smith den Job und nicht Jones. Außerdem hat Smith selbst zehn Dollar in seiner Geldtasche, weiß das aber gar nicht mehr. Somit ist es tatsächlich wahr, dass „der Mann der den Job bekommen wird zehn Dollar in der Geldtasche hat" aber eben nicht auf die Art und Weise wie Smith sich das vorgestellt hat.

Bertrand Russell hingegen trifft schon 1912 eine geschickte Unterscheidung zwischen „intuitivem Wissen" (gemeint ist aber empirisch episodisches, genau jetzt vorliegendes Wissen, ganz im Sinne von „ich sehe jetzt...", weswegen ich den Begriff „intuitiv" hier etwas schwach gewählt finde) und „abgeleitetem Wissen", die ebenfalls das Gettier Problem, welches kein wirkliches Problem ist, mehr oder weniger umgeht. Leider verknüpft er aber den Begriff Wissen wie so viele andere mit Wahrheit; schlimmer noch in diesem Fall: mit einem „absoluten Garant für Wahrheit". Das ist vielleicht naheliegend oder gar typisch für einen Mathematiker, ich weiß es nicht. Unser österreichischer Landsmann Gödel hat dann ein riesiges Logik-Loch in sein Lebenswerk (die „Principia Mathematica") gebohrt und ihm damit den „absoluten Garant für Wahrheit" sogar in der abstrakten Welt der Mathematik unter den Füßen herausgezogen; das war dann vielleicht die gerechte Strafe dafür, abstrakte Ideen aus der Mathematik zu direkt auf das echte Leben übertragen zu wollen. Aber auf Gödel's Theoreme werden wir später noch zu sprechen kommen.

Zuletzt sollte man vielleicht noch auf Alvin Goldmans Gedankenexperiment eingehen, welches ebenfalls ein Phänomen der Schwierigkeiten darstellt, auf welches die meisten Menschen beim Trennen der Begriffe Wissen, Meinung und Wahrheit immer wieder stoßen. Goldman beschreibt eine Region oder Ortschaft, in welcher überall täuschend echte Scheunenattrappen am Straßenrand aufgestellt wurden. Nun bleibt ein Tourist auf der Durchreise ausgerechnet vor der einzigen echten Scheune der gesamten Region stehen. Der Tourist hat nun die wahre aber eigentlich nicht gänzlich gerechtfertigte Meinung, vor einer Scheune zu stehen. Goldman meint, dass der Tourist nicht weiß, sondern nur glaubt zu wissen, vor einer echten Scheune zu stehen; dass es sich also zwar um eine wahre und in irgend einer Form vielleicht sogar gerechtfertigte Meinung handelt, aber dennoch nicht um Wissen. Wenn man aber akzeptieren kann – und zumindest als Wissenschaftler und erst recht als Philosoph sollte man das können – dass man nie wissen kann ob irgendetwas wirklich wahr ist, muss man entweder die Verknüpfung von Wissen und Wahrheit aufgeben, oder aber akzeptieren, dass es absolutes Wissen in Wirklichkeit genauso wenig gibt wie absolute Wahrheit.

Auch hier sind wir mit unserer Definition fein heraus. Denn das Wissen des Touristen ist echt in seinem Bezugssystem, unabhängig davon ob es wahr ist oder nicht. Wenn man das nicht akzeptieren kann, so muss man stattdessen die Idee von Ludwig Wittgenstein akzeptieren, der den Begriff Wissen auf eine genauso schwammige Basis hebt wie den der Wahrheit, indem er „Wissen" als einen alltagssprachlichen Begriff ohne scharfe Grenzen interpretiert, und damit auch akzeptiert, dass man den Begriff Wissen gar nicht exakt definieren kann. Aber damit können wir uns zumindest im Kontext dieses Buches nicht abfinden und müssen es zum Glück auch nicht. Dennoch werden wir in späterer Folge im Zusammenhang mit Glauben und Überzeugungen einen Begriff des „subjektiven Wissens" einführen, der die alltagssprachliche Auffassung von „Wissen" besser abdeckt. Und wir werden auch den Begriff der Wahrheit im Folgenden recht klar definieren.

Mit diesem bisher angegebenen informationswissenschaftlichen Grundgerüst können wir dann über weitere, komplexere Begriffe nachdenken, ohne ständig mit Inkonsistenzen konfrontiert zu sein. Eng mit den bisher definierten Begriffen verknüpft ist der Begriff „Bedeutung", den wir nun auch gut definieren können. Das werden wir ebenfalls sogleich angehen; es soll aber vorab noch darauf hingewiesen werden, dass bei intuitiver Betrachtungsweise von den Daten über die Information bis zum Wissen die Menge an Bedeutung zunehmend ist (wobei hier eher ein Alltagsbegriff von Bedeutung zur Anwendung gelangt).

Wir haben schon weiter oben festgestellt, dass Wahrheit eine etwas unscharfe Vereinbarungssache ist. Wahr ist, wovon wir glauben, dass es wahr ist, könnte man sagen. Oder umgekehrt, Glaube ist etwas, wovon wir annehmen, dass es wahr ist. Wir sind uns auf jeden Fall völlig sicher.

Das sind aber keine brauchbaren Definitionen. Stattdessen können wir auch sagen, dass wir an jedes Wissen an einen Maßstab für seine Wahrscheinlichkeit der Realität zu entsprechen anlegen können. Man könnte also sagen: Der Wahrheitsgehalt ist eine Dimension von Wissensinhalten, die angibt in welchem Ausmaß oder mit welcher Wahrscheinlichkeit der betreffende Wissensinhalt mit der Realität übereinstimmt. Das ist aber immer noch wenig zufriedenstellend, da wir nun Wahrheit mit Realität definieren, und wie die Realität in Wahrheit aussieht, wissen wir ja vielleicht gar nicht.

Man möge mir diesen semantischen Schabernack verzeihen, es soll nur aufzeigen, wie schwierig diese Begriffe voneinander abzugrenzen sind. Aber es gibt eine Möglichkeit, dies systematisch anzugehen. Zuerst müssen wir wahres und falsches Wissen unterscheiden. Als wahres Wissen wollen wir solches Wissen definieren, welches einer bestimmten Art von Überprüfung standhält, möglichst weitgehend unabhängig davon, wer es überprüft. Dazu ist wichtig sich daran zu erinnern, dass Wissen eine Abbildung von Information in einem Bezugssystem ist. Um hier weiter zu gelangen, müssen wir nun noch kurz den Begriff „Bedeutung" definieren, der sich indirekt auf Daten und Information, direkt aber nur auf Wissen beziehen kann. (Bedeutung ist hier natürlich nicht im Sinne einer Wertung gedacht, sondern im Sinne von „deuten".)

Falsch wäre: „Die Bedeutung einer Information entspricht einer gewählten Kodierung der zugrundeliegenden Daten." Würden wir das so stehen lassen, wäre „Bedeutung" gleichbedeutend mit dem weiter oben definierten Begriff „Kodierung". Dann wäre Bedeutung nur eine reversible Transformation einer Information und somit das Ausgangssignal des faul und einsam herumliegenden Fernglases eine „Bedeutung". Dieses Ausgangssignal (das vergrößerte Bild) *ist* offensichtlich keine Bedeutung, es kann aber eine Bedeutung *haben*. Es wäre also auch falsch zu sagen, Information hat keine Bedeutung. Information hat *per se* keine Bedeutung. Wenn wir aber eine Information zu Wissen machen, indem wir sie in ein Bezugssystem einordnen, dann hat dieses Wissen bereits eine Bedeutung, zumindest für uns.

Die Bedeutung einer Information ist dessen Beziehung zu einem gewählten Bezugssystem.

Wenn wir also einen Punkt im leeren Raum betrachten, und diesem ein gedachtes metrisches Koordinatensystem beiseite stellen, so ist die

Bedeutung dieser leeren Stelle im Raum seine Position auf den gewählten Achsen, nicht mehr und nicht weniger. Ob wir nun sagen, Wissen hat eine Bedeutung, oder Information hat eine Bedeutung, oder gar „diese Daten haben folgende Bedeutung..." spielt keine große Rolle. Dies ist alles zulässig. Könnten wir die angesprochenen Daten nicht differenziert wahrnehmen, reversibel transformieren und einem Bezugssystem zuordnen, würden wir sowieso auch niemals auf die Idee kommen, diesen eine Bedeutung zuzumessen, außer wir versuchen die Zukunft der Menschheit aus den Eingeweiden eines überfahrenen Eichhörnchens abzulesen.

Damit wird offensichtlich, dass ein und dieselbe Information nicht nur eine Vielzahl an Wissen liefern kann, sondern dass dieses Wissen auch durchaus mehrere verschiedene Bedeutungen haben kann. Damit können wir nun wahres Wissen von falschem unterscheiden, und anschließend sogar den Begriff „Wahrheit" widerspruchsfrei definieren. Aber zuerst zwei Beispiele:

Der Rorschach Test bei dem Psychologen unserer Wahl: Demselben abstrakten Bild wird von verschiedenen Patienten eine völlig verschiedene Bedeutung zugemessen, und es ist gut möglich, dass auch derselbe Patient dem Bild an einem Tag eine andere Bedeutung zumisst, als an einem anderen Tag. Wenn man nun zwei äußerst schwierige Patienten zugleich befragt, und sie beide auf demselben falschen Fuß erwischt, könnte es leicht passieren, dass die beiden sich zu streiten anfangen, was denn nun auf dem Bild zu sehen sei. Umgangssprachlich würde man sagen: „das Bild lässt sich auf sehr vielfältige Art und Weise interpretieren."

Zeigen wir aber 100 Patienten ein Blatt Papier, auf welchem einfach nur „A" steht, so wird hoffentlich die Mehrheit zu derselben Interpretation gelangen, und eines der ersten Bezugssysteme, welchem es die meisten zuordnen werden ist das Alphabet, in welchem das A den ersten Buchstaben darstellt.

Daraus können wir ganz schnell die „Eindeutigkeit" definieren:

Die Eindeutigkeit einer Information ist der Grad der Übereinstimmung der gewählten Bezugssysteme.

Ein schön geschriebenes A ist also recht eindeutig, ein O nicht so sehr, da es leicht mit einer 0 verwechselt werden kann. Es wird übrigens hier wieder impliziert, dass mehrere Personen oder Maschinen die Information in ein Bezugssystem einordnen.

Aber jetzt zur Wahrheit: Um uns in der nachfolgenden Definition nicht die Zunge zu brechen, beginnen wir mit dem Begriff „Wahrheitsgehalt" und nicht mit „Wahrheit". Dann können wir sagen:

Der Wahrheitsgehalt von Wissen ist eine Abbildung des Grades der Übereinstimmung der Bedeutungen (in übereinstimmenden Bezugssystemen, in welche sie eingeordnet wird) **die ihm zugemessen werden.**

Oder einfacher, dafür aber etwas schwammiger: Der Wahrheitsgehalt einer Information ist eine Abbildung der Übereinstimmung der Bedeutungen, die ihr zugemessen werden. Implizit wird hier davon ausgegangen, dass mehrere verschiedene Individuen oder Apparate diese Information in ein Bezugssystem einordnen und die Bedeutung (also die Art wie die Information in das Bezugssystem eingeordnet ist) zwischen diesen verglichen wird. Außerdem wird eine Abbildung impliziert, die geeignet ist den Grad der Übereinstimmung in eine Zahl von null bis eins zu verwandeln, wobei eins einen Wahrheitsgehalt von 100% bedeutet.

Mathematisch könnte man das wesentlich konkreter so ausdrücken:

$$W = (\Sigma w_i) / i$$

wobei W der Wahrheitsgehalt ist, i die Anzahl der Individuen und w entweder eine Null für unwahr, oder eine Eins für wahr. Dies entspricht nicht direkt der obigen Formulierung, sondern eher der Folgenden:

Der Wahrheitsgehalt ist die Summe der einzelnen Wahr-Entscheidungen dividiert durch die gesamte Anzahl der Entscheidungen über den zu entscheidenden Sachverhalt.

Das ist zwar intuitiv leichter zu begreifen, setzt aber voraus, dass jeder einzelne Entscheider zwei Wissensinhalte benutzt: zum einen das Wissen, über das entschieden werden soll und zum anderen die Frage, die mit wahr oder falsch beantwortet werden soll. Um richtig zu antworten muss über die vorgelegte Information richtig entschieden werden (die zu überprüfende Information muss in ein Bezugssystem gestellt werden, erste Fehlerquelle), zudem muss die Fragestellung verstanden werden (die Frage muss in ein Bezugssystem gestellt werden, zweite Fehlerquelle) und dann über die Beziehung zwischen der vorgelegten Information und der Frage entschieden werden (das zu prüfende Wissen muss in das Bezugssystem gestellt werden, welches sich aus dem Wissen über die Fragestellung ergibt, dritte Fehlerquelle).

Somit gibt es bei dieser mathematischen Formulierungsweise eine Fehlerquelle mehr als bei der semantischen, da die erstere keine eigentliche Frage impliziert.

Als Beispiel versuche ich ein eher alltagstaugliches zu wählen, das aber dennoch mit einer möglichst atomaren Wissenseinheit auskommt, da bei komplexeren Wahrheitsfragen diese zuerst umständlich in eine beinahe mathematische Form zerlegt werden müssen, um mit diesen die obige Definition von Wahrheit benutzen zu können.

Wir stellen uns also wieder ein Blatt Papier vor, auf welchem nur ein „A" geschrieben steht. Wie schon besprochen leitet ein Mensch daraus in der Regel eine Vielzahl von „Wissenseinheiten" ab, unter anderem die Art des Zeichens, die Position des Zeichens auf dem Papier und vieles mehr. Um unsere Definition zu testen, müssen wir uns für eine einzige Aussage entscheiden, über welche anhand von einer einzigen Wissenseinheit deren Wahrheitsgehalt entschieden werden soll.

Wir wählen die folgende Aussage: „Auf diesem Blatt Papier steht der Buchstabe A geschrieben."

Parallel zu den zwei verschiedenen Ansätzen der Definition des Wahrheitsgehaltes gibt es hier theoretisch zwei verschiedene Ansätze, die entweder mit zwei oder mit drei Fehlerquellen zu einem Ergebnis führen. Die im Alltagsleben offensichtlichere Vorgehensweise ist mit drei Fehlerquellen behaftet. Diese beschreiben wir zuerst, da sie einfacher und anschaulicher ist:

Wir stellen uns nun also vor, dass das Papier zwei Personen zugleich vorgeführt wird und die zu prüfende Aussage beiden zugleich mitgeteilt wird, aber ohne dass sie aufeinander Einfluss nehmen können. Wir instruieren die beiden Personen mit Eins zu antworten, wenn sie ein A sehen (also implizit zum Ergebnis kommen, dass die Aussage wahr ist) und mit Null zu antworten, wenn sie kein A sehen (also implizit zu einem unwahren Ergebnis kommen). Beim Verstehen dieser Instruktion kann es zu einem Fehler kommen, welches nach der obigen Zählweise die zweite Fehlerquelle wäre.

Wir müssen aber noch zusätzliche Vereinfachungen vornehmen, um das in dieser Situation theoretische Ideal von drei Fehlerquellen erreichen zu können: Zuallererst müssen beide Personen in der Lage sein, das vorliegende Zeichen so zu interpretieren, dass es überhaupt mit Buchstaben verglichen werden kann. Dies setzen wir voraus; wir gehen in diesem Beispiel der Einfachheit halber sogar davon aus, dass beide Personen das Zeichen als Buchstaben erkennen (interpretieren).

Beide Personen müssen nun ein Bezugssystem auswählen, mit welchem Sie die Identität eines Buchstaben bestimmen können, und den Buchstaben in diesem einordnen. Hier liegt eine weitere Fehlerquelle, die erste nach obiger Zählweise. Dieses Bezugssystem ist das Alphabet. Wenn beide Personen nun eine Übereinstimmung an der ersten Stelle des Alphabetes finden, haben sie beide das Zeichen (die Information) an derselben Stelle in ihrem Bezugssystem eingeordnet – sie haben die Information in dieselbe Beziehung zu dem gewählten, übereinstimmenden Bezugssystem gebracht.

Somit ist der Grad der Übereinstimmung 100%. Bevor wir das feststellen können, müssen die beiden Personen aber noch antworten. Dazu müssen sie das Wissen, dass hier ein A vorliegt mit dem Wissen, dass A mit Eins zu beantworten ist verbinden, die dritte Fehlerquelle.

Wenn alles ohne Fehler abläuft steht es zwei zu null für die Wahrheit. Interpretiert jedoch einer die Information nicht als Zeichen, oder benutzt er ein anderes Bezugssystem, oder setzt es an eine andere Stelle des Bezugssystems, weil er es für ein H hält, so gibt es keine Mehrheit mehr, und man wird nicht entscheiden können, ob ein A vorliegt oder nicht. Sollten sogar beide einen Fehler machen, oder das A tatsächlich so schlampig geschrieben sein, dass es die meisten für ein H halten, so wird herauskommen, dass unsere zu überprüfende Aussage unwahr ist.

Diese Vorgehensweise war wie gesagt von der mathematischen Schreibweise unserer Wahrheitsdefinition inspiriert. Nun möchte ich aber noch beschreiben, wie wir ausgehend von der nicht-mathematischen Definition das Verfahren mit einer Fehlerquelle weniger durchführen können. Wir müssen aber dennoch dieselben Vereinfachungen vornehmen, wie schon zuvor. Wir gehen also wieder davon aus, dass beide Testpersonen das A als Buchstaben interpretieren, und nicht etwa als ein Piktogramm für einen Zirkel.

Diesmal verlangen wir aber nur, dass sie den Buchstaben vorlesen. Somit gibt es einfach ausgedrückt eine Fehlerquelle beim Erkennen des Zeichens und eine beim Aussprechen des Vokales. Wir, die wir die Ergebnisse auswerten, zählen nun einfach die Anzahl der A-Laute, die wir hören, anstelle der Anzahl der Einsen.

Dies mag dem Leser vielleicht wie eine unglaubliche Haarspalterei vorkommen, aber zum einen ist für die Philosophen, und eventuell auch für die Physiker unter der Leserschaft eine solche Genauigkeit üblich und erforderlich, und zum anderen kann ich hiermit aufzeigen, dass entgegen der Intuition hier eine konkretere Definition schwächer ist als eine weniger konkrete. Zusätzlich wird dadurch aufgezeigt, dass man eine Definition nicht mit einer Rechenanweisung verwechseln sollte. Die Definition der Wahrheit, wie wir sie oben in natürlicher Sprache angegeben haben, müsste man korrekt wie folgt mathematisch anschreiben:

$$W => f(w)$$

wobei W wiederum der Wahrheitsgehalt ist, f eine Abbildung und w ein frei wählbarer Wahrheitsparameter. Der Pfeil bedeutet, dass W sich aus f(w) ergibt.

Wahres Wissen ist somit umgangssprachlich ausgedrückt ein Wissen, das von der Mehrheit der Menschen (oder künstlicher Systeme) auf dieselbe Art interpretiert wird, falsches Wissen ist dagegen ein Wissen, welches von der Mehrheit anders interpretiert wird. Und Wahrheit ist somit etwas sehr relatives, wie wir intuitiv schon weiter oben erkannt haben sollten.

Auf das Konzept einer absoluten Wahrheit verzichten wir, zugunsten einer Konvention von Wahrheit. Vor Kopernikus galt das Wissen, dass die Erde flach ist, als wahres Wissen, und jeder hätte dies anhand unserer Definition und den verfügbaren Menschen nachvollziehen können. Heute lässt sich diese Ansicht nicht mehr aufrecht erhalten – es sind inzwischen andere Menschen „dafür zuständig" zu entscheiden, was wahr ist – und wir würden dasselbe somit als falsches Wissen identifizieren, was ebenfalls in konsistenter Weise aus den hier gegebenen Definitionen abgeleitet werden kann. Zudem hat unsere Definition von Wahrheit eine wundervolle Eigenschaft, welche andere Definitionen wohl eher nicht leisten können: Wir können den Wahrheitsgehalt eines Paradoxons bestimmen:

„Ich als Österreicher sage Ihnen: Alle Österreicher lügen immer!"

Dieser Satz stellt ein einfaches sprachliches Paradoxon dar. Sowohl Philosophen als auch Mathematiker geraten regelmäßig aufgrund solcher trivialer semantischer Spielereien an den Rande der Verzweiflung, und beginnen in Endlosschleifen zu denken, aufgrund ihrer sich selbst auferlegten definitionsgemäßen Einschränkungen, so dass sie dann tagtäglich durch einen starken Schlag auf den Hinterkopf wieder in ihren Werkszustand zurückgesetzt werden müssen. (Verzeihung, aber der Leser sollte inzwischen schon langsam wissen, dass der Autor manchmal zu scherzen beliebt. In Wirklichkeit gibt es zumindest für die Mathematiker gute Gründe, solchen Konstrukten mit besonderer Aufmerksamkeit zu begegnen, aber das würde hier zu weit führen.)

Insgesamt wird der globale Wahrheitsgehalt dieser paradoxen Aussage vermutlich mit einer knappen Mehrheit dem falschen Wissen zugeordnet werden, da die meisten Menschen nicht wissen, was für Schlitzaugen die Österreicher sind, und die Österreicher selbst das nicht zugeben werden. Wenn wir das zu Lasten nationaler Vorurteile auf Marsbewohner umlegen, kommen wir bei Befragung der gesamten Weltbevölkerung voraussichtlich auf einen Wahrheitsgehalt von ungefähr 50%, was sich mit der Intuitiven Einschätzung deckt, dass die Aussage weder der Wahrheit, noch der Unwahrheit eindeutig zugeordnet werden kann.

Bei einem völlig zufälligen, abstrakten Bild (zum Beispiel bei einem Rorschach Test) werden wir, egal welchen konkreten Vorschlag wir machen, stets auf eine Unwahrheit stoßen. Es wird sich nie eine signifikante Mehrheit für eine bestimmte Interpretation finden und wenn doch, ist das Bild wohl doch nicht so zufällig. Ausgenommen sind da natürlich Aussagen der Art: „Dieses Bild enthält einen abstrakten Farbklecks.", für welche man wohl eine Mehrheit zugunsten der Wahrheit erhalten würde.

Dieser Wahrheitsbegriff lässt sich aufgrund der generischen Definition wohl auch in der Quantenphysik einsetzten; ich stelle ihn hiermit bei Bedarf zur freien Verfügung, sollte demnächst wieder einmal ein Physiker dem ausfernden Welle-Teilchen-Dualismus mit seinem Quantenradierer (so etwas gibt es wirklich!) nicht mehr Herr werden können. Angewandt auf diesen Dualismus könnte sich auf logischem Wege herausstellen, dass weder die Wellenanalogie, noch die Teilchenanalogie zutreffend ist, aber darüber lassen wir besser erst einmal die Physiker unter sich diskutieren.

3.2 Vermutung – Meinung – Glaube

Von David Coulthard stammt anscheinend das blumige Zitat „Meinungen sind wie Arschlöcher, jeder hat eins." Dies lässt sich umso mehr als Wahrheit akzeptieren, nachdem wir ausgerechnet den Wahrheitsbegriff selbst weiter oben mehr oder weniger vollständig demontiert haben, oder ihn zumindest stark „angekratzt" haben. Denn vieles, was wir für Wahrheiten halten, sind in Wirklichkeit Vermutungen, oder eben Meinungen. Da wir auch diese Begriffe in einer Beschreibung des menschlichen Verstandes nur recht schwer umschiffen können, sollen sie hier ebenfalls so klar wie möglich definiert werden. Allerdings wird uns das vorerst nicht auf einer so sauberen, sterilen und generischen Basis gelingen können, wie die Definitionen im vorigen Kapitel, da wir uns bei diesen Begriffen momentan noch ausschließlich auf die menschliche Version der Konzepte beziehen können, und der Verstand des Menschen erst gegen Ende dieser Lektüre so klar beschreibbar sein wird, dass die diesbezüglichen Begriffe für saubere Definitionen tragfähig genug sind.

3.2.1 Glaube

Zuallererst muss klar festgehalten werden, dass es hier nicht um das Konzept des religiösen Glaubens geht, sondern um Glauben im Sinne einer Wahrscheinlichkeitsvermutung. Der Begriff „Glaube" wird umgangssprachlich neben der religiösen Verwendung manchmal für eine starke, und manchmal für eine schwache Wahrscheinlichkeitsvermutung benutzt; streng genommen gibt es dazwischen einen fließenden Übergang. Glaube als starke Wahrscheinlichkeitsvermutung ist eher synonym zu dem Begriff „Überzeugung", während Glaube als schwache Wahrscheinlichkeitsvermutung eher synonym zu dem Begriff „Vermutung" ist.

Anhand der im vorigen Kapitel beschriebenen Wahrheitskonvention können wir nun auch den Begriff Glaube definieren, wobei wir, wie Eingangs schon erwähnt, uns zumindest vorläufig mit einer etwas schwammigeren Herangehensweise begnügen müssen, da wir nun den Menschen und damit implizit den menschlichen Verstand als Teil unserer Definition aufnehmen müssen. (Wir könnten uns stattdessen auch auf eine hypothetische starke künstliche Intelligenz beziehen, aber das würde die Situation nicht verbessern.)

Glaube ist Wissen, von dem ein Mensch angibt, dass es maximalen Wahrheitsgehalt hat.

„Glauben" ist also das, was wir eigentlich meinen, wenn wir sagen, dass wir etwas „wissen". Dies kann nun grundsätzlich auf zwei verschiedene Arten zustande kommen. Entweder der Mensch hat das Wissen überprüft, und nimmt deshalb einen maximalen Wahrheitsgehalt an, oder er hat es nicht überprüft, und nimmt einen maximalen Wahrheitsgehalt aus anderen Gründen an. Im ersten Fall kann man den Glauben, solange sich an den Ergebnissen der Überprüfung nichts ändert, und deren Richtigkeit von einer Mehrheit akzeptiert wird, mit wahrem Wissen gleichsetzen. Im zweiten Fall handelt es sich entweder um wahren Glauben oder um falschen Glauben und der „Glaubende" ist natürlich der Meinung, dass es sich um wahren Glauben handelt.

Glaube wird umgangssprachlich oft als etwas gesehen, das ein Mensch für Wahrheit hält, ohne es wirklich überprüft zu haben. Man denkt, hätte er es überprüft (was für gewisse Dinge aber einfach nicht möglich ist) so würde er es als (wahres) Wissen bezeichnen und nicht als Glaube. Ein Wissenschaftler kann aber auch so vorsichtig oder übervorsichtig sein zu sagen, er „glaube", dass Wasser nass sei, oder er „glaube" an die Evolutionstheorie, welche ja nur eine Theorie ist. Und auch wenn darüber ein globaler Konsens vorherrscht, kann es dennoch möglich sein, dass eine schon längst etablierte wissenschaftliche Theorie sich plötzlich doch als falsch herausstellt.

Im Falle von so ausgereiften Dingen wie der Evolutionstheorie ist zwar nicht anzunehmen, dass sie einem Kreationismus zu Opfer fallen wird, aber es wäre zumindest theoretisch denkbar, dass sie einer verfeinerten Theorie weichen muss, welche die bisherige Evolutionstheorie in einigen Punkten entscheidend korrigiert. So wie auch die Erde eben doch nicht ganz flach ist. (Deutlich wahrscheinlicher ist dies allerdings bei den derzeitigen physikalischen Theorien.)

3.2.2 Meinung

Eine Meinung ist einfach eine abgeschwächte Form von Glauben, genauso wie eine Überzeugung, und wir wollen uns damit nicht lange herumschlagen.

3.2.3 Vermutung

Eine Vermutung ist eine noch stärker abgeschwächte Form des Glaubens, als die Überzeugung und die Meinung. Insgesamt stellen wir fest, dass die deutsche Sprache uns einen schönen und nützlichen Verlauf von Vokabeln zwischen weniger sicherem und sicherem Wissen bietet.

Vermutung – Verdacht – Meinung – Überzeugung – Glauben – Wissen

Dies sind die feinen Abstufungen unserer subjektiven Sicherheit bezüglich des Wahrheitsgehaltes von Sachverhalten. Damit können wir in Abwandlung unserer konsensualen Wahrheitsdefinition ein Maß für die **Zuverlässigkeit von Wissen** definieren:

$$Z = (\Sigma s_i) / i$$

mit Z als Zuverlässigkeit, oder auch „Wahrheitswahrscheinlichkeit", s als Sicherheitsmaß (0..1) über den Wahrheitsgehalt des zu beurteilenden Sachverhaltes, und i als Anzahl der Informationsquellen oder befragter Individuen.

Mithilfe des Wahrheitsbegriffes und der obigen Abstufung von Sicherheit können wir nun auch Wissen in zwei weitere Kategorien einteilen, welche später noch benötigt werden: **subjektives Wissen**, welches wir für Wahrheit, oder sogar für „absolute Wahrheit" halten, und welches ungefähr dem Glauben im Sinne der starken Wahrscheinlichkeitsvermutung entspricht, und **objektives Wissen**, welches Meinungen und Vermutungen einschließt, oder eine *bewusste* Wahrscheinlichkeitsvermutung.

Subjektives Wissen ist also ein Wissen, dem der Mensch nicht neutral gegenüber steht, sondern dem er die Wahrheit unterstellt. Er baut es in sein Weltmodell ein, und hinterfragt es in der Regel nicht weiter. Wir bezeichnen es auch so wenn er dieses Wissen überprüft hat, und es im Konsens mit der restlichen Menschheit ist, der Mensch also gute Gründe für seine Wahrheitsannahme hat, oder dies zumindest glaubt, und unabhängig davon, ob es sich nach derzeitigem Kenntnisstand um wahres Wissen handelt, oder nicht.

Objektives Wissen ist dagegen Wissen, von dem der Mensch sich eingestehen kann, dass er die Wahrheit damit nicht unbedingt gepachtet hat; also Wissen, von dem der Mensch zwar annimmt, dass es wahr ist, dem er aber explizit eine gewisse Restunsicherheit zugesteht, und welches er daher nicht fest in sein inneres Weltmodell einbaut.

Dem aufmerksamen Leser wird vielleicht aufgefallen sein, dass es einen Begriff in diesem Dunstkreis gibt, den wir auch schon recht oft benutzt haben, der aber noch nicht definiert oder geklärt wurde: die Intuition. Das hat einen guten Grund: wir können die Phänomene, die wir hier besprechen, in drei Gruppen einteilen, von primär bis tertiär, anhand dessen, wie diese Phänomene in das physische Universum eigebettet sind:

36

Primäre Phänomene sind zum Beispiel Daten und Information, da sie grundsätzlich ohne die menschliche (oder eine starke künstliche) Intelligenz existieren können. Primäre Phänomene sind im Prinzip also reine Gegenstände der Physik. Wissen, Wahrheit, Glauben, Meinungen und dergleichen sind sekundäre Phänomene – sie existieren nur in Relation zu einem physischen System (in diesem Fall zu einem System mit einer gewissen menschenähnlichen Intelligenz, oder einer Teilmenge davon). Die Intelligenz, der Verstand, das Bewusstsein (wir werfen sie hier vorerst alle ganz unbedarft in einen Topf) sind ebenfalls sekundäre Phänomene, sie basieren ebenfalls auf primären, physikalischen Dingen, allerdings nicht so direkt wie die zuerst genannten, sondern auf etwas kompliziertere Art und Weise, nämlich – hier muss ich nun weit vorgreifen – durch Emergenz.

Intuition ist aber ein tertiäres Phänomen. Es emergiert aus dem sekundären Phänomen der menschenähnlichen Intelligenz, ist also ein emergentes Phänomen, das in einem anderen emergenten Phänomen auftritt. In dieselbe Klasse von tertiären Phänomenen gehören alle Aspekte der menschlichen Psyche, über die wir uns leider erst gegen Ende dieses Buches qualifiziert unterhalten werden können.

Daher kann der Begriff „Intuition" also erst nach den folgenden sekundären Begriffen halbwegs fundiert besprochen werden.

3.3   Verstand – Vernunft – Intelligenz

Genauso wie die Informationswissenschaften grobe Probleme bei der Definition von Information und Wissen haben, so hat die Psychologie massive Schwierigkeiten, die Intelligenz zu definieren. Die Psychologen haben dazu einen lustigen Spruch, der gerne als „Joker" benutzt wird, wenn sich ein Intelligenzforscher mit einer frechen Definitionsforderung zu sehr in die Ecke gedrängt fühlt: „Intelligenz ist, was der Intelligenztest misst."

Damit kommen wir natürlich nicht weiter. Aber bevor wir dieses Problem angehen, kümmern wir uns erst einmal um „Verstand" und „Vernunft".

3.3.1   Verstand

Verstand ist ein von der Philosophie vereinnahmter Begriff, und wird oft nach dem Vorbild von Immanuel Kant definiert, der Verstand allgemein mit „Denkvermögen" gleichsetzt, und konkret mit der Fähigkeit „Begriffe zu bilden". Manchmal wird auch die Fähigkeit, sich aus dem Begriffenen ein Urteil zu bilden dazugerechnet. Arthur Schopenhauer hingegen meint, Verstand wäre einzig und alleine die Fähigkeit Kausalität zu erkennen.

Sich aus Wissen „ein Urteil zu bilden" ist für unsere Zwecke hier zu unspezifisch, genauso wie das „Denkvermögen". Kausalität zu erkennen ist dagegen wieder viel zu spezifisch. Man kann ja manche Zusammenhänge und Sachverhalte auch dadurch verstehen, indem man eine Hierarchie, eine Korrelation, oder andere, nicht-kausale Beziehungen erkennt.

Die Fähigkeit sich „Begriffe zu bilden" wäre nach unseren bisherigen Definitionen am ehesten gleichzusetzen mit der Fähigkeit, Informationen in geeignete Bezugssysteme zu stellen, also Information zu Wissen zu verarbeiten (je nachdem wie weit man den Begriff „Begriff" fasst). Dies können wir also schon mit einfacheren, grundlegenderen Begriffen ausdrücken, und es ist – auch wenn es sich noch so dankbar anbietet – meiner Ansicht nach noch zu weit entfernt von der Bedeutung, die wir dem „Verstand" und dem „verstehen" zumessen, wenn wir einmal vom „akustischen Verstehen" und dem „optischen Erkennen" absehen. Denn meistens ist auch das Verstehen von Zusammenhängen zwischen verschiedenen Sachverhalten gemeint, und nicht nur das Zuordnen von Sinneseindrücken zu Gedächtnisinhalten oder Modellen.

„Verstand" als eine Fähigkeit Information in ein Bezugssystem zu setzen ist aber nicht nur zu wenig umfassend, sondern zugleich auch zu unspezifisch. Denn wir könnten natürlich das Verstehen eines Zusammenhanges zwischen zwei Sachverhalten genauso gut als das Einordnen eines Wissensinhaltes in ein Bezugssystem (beziehungsweise in diesem Fall das Einordnen von mehreren Wissensinhalten in ein gemeinsames, übergreifendes Bezugssystem) deuten.

Dafür möchte ich aber dennoch ein Beispiel anführen: Das Verstehen eines geschriebenen oder gesprochenen Satzes als Teil des Verstehens einer Sprache (deutlich ist hier zu sehen, wie der Begriff „Verstehen" zwei völlig unterschiedliche Ausprägungen annimmt).

Man könnte sagen, eine Sprache wird verstanden, wenn man beliebige Sätze der Sprache versteht (dass dies nicht nur von der Grammatik sondern auch vom Vokabular abhängig ist, lassen wir hier außen vor). Als nächstes könnte man sagen, dass das Verstehen eines Satzes dem Verstehen der Komponenten des Satzes und der Beziehungen dieser Komponenten zueinander entspricht. Auf diese Art können wir den Satz bis zu den einzelnen Wörtern und deren Beziehungen untereinander zerlegen und weiter behaupten: Das Verstehen eines Wortes entspricht dem Einordnen dieses Wortes in ein Bezugssystem, so dass diese Einordnung der Wahrheit (wie oben definiert, also einem Konsens) entspricht.

Dasselbe kann man für die Beziehungen zwischen zwei oder mehreren Wörtern behaupten. Daraus könnte man dann also schließen, dass eine Sprache verstanden wird, wenn man beliebige Sätze einer Sprache konsensual in das Bezugssystem der Sprache einordnen kann, welches sich wiederum auf Bezugssysteme für einzelne Wörter und Zusammenhänge zurückführen lässt.

Wenn das so einfach wäre, wie es klingt, hätten wir wahrscheinlich schon in den sechziger Jahren eine starke KI bauen können, aber so ästhetisch diese Zerlegung eines komplexen Denkvorganges dem einen oder anderen auch erscheinen mag, und ungeachtet dessen, inwieweit es zulässig sein könnte, die tatsächlichen kognitiven Vorgänge beim Verstehen von Sprache so zu untergliedern: es könnten diese Vorgänge auch völlig anders untergliedert werden, und es hilft uns dies beim Verstehen des Verstandes nicht weiter. Es zeigt nur auf, dass der Mensch in der Lage ist, Modelle für beinahe beliebige Vorgänge und Sachverhalte zu konstruieren, und diese in einen geschickten Bezug zu den tatsächlichen Vorgängen und Sachverhalten zu setzen, sowie dass der Mensch in der Lage ist, sich auf Basis eines solchen Modellierungserfolges einzureden, dass er den betreffenden Vorgang oder Sachverhalt nun verstanden habe.

Tatsächlich hängt der genaue Vorgang des Verstehens eines Sachverhaltes oder Zusammenhanges sehr stark von ebendiesem Sachverhalt ab. Da können wir also gleich beim Kantschen „Denkvermögen" bleiben. Dieses wird aber heutzutage besser mit dem Begriff der „Intelligenz" beschrieben.

Übrigens ist das „Verstehen" eines Zusammenhanges oder Sachverhaltes oft eine recht subjektive Sache, und nur selten können wir beweisen, dass wir etwas wirklich verstanden haben – manchmal glauben wir das nur. Dies hat auch eine psychologische Dimension: wir wollen ja oft etwas verstehen, und fühlen uns manchmal minderwertig, wenn wir etwas nicht verstehen, daher passiert es oft, dass Menschen bewusst oder unbewusst ein Verstehen eines Sachverhaltes simulieren, bevor der Sachverhalt wirklich verstanden ist. Dafür ist jedermann anfällig, und ganz besonders Personen, die der festen Überzeugung sind, dass sie dafür nicht anfällig wären.

Eine Möglichkeit das eigene Verstehen eines Sachverhaltes zu überprüfen ist, diesen einem in der Thematik unbedarften oder ungebildeten zu erklären, bis dieser zumindest ebenfalls glaubt es verstanden zu haben. Dies hat auch Albert Einstein schon so ähnlich vorgeschlagen. Das liefert zwar noch keine Garantie, die Sache selbst wirklich verstanden zu haben, aber wenn man die Sache selbst sehr schlecht bis gar nicht verstanden hat, wird man das zumindest in den meisten Fällen bei den Erklärungsversuchen sehr schnell und deutlich bemerken, wenn man nicht an einer malignen Form der Logorrhöe leidet.

Leider gibt es aber auch Sachverhalte, für die der folgende sarkastische Satz gilt: Für jede wissenschaftliche Frage gibt es eine elegante Antwort, die sehr einfach und völlig falsch ist. Damit ist gemeint, dass es Erklärungsmodelle gibt, die falsch sind, aber so gut passend, dass fast jeder sie für richtig hält.

Wer aufmerksam gelesen hat wird nun also feststellen, dass der Vorgang des Verstehens eng mit dem Konzept der Wahrheit verknüpft ist. Man könnte sich geneigt fühlen zu sagen: das Verstehen eines **Vorganges, Zusammenhanges oder Sachverhaltes (kurz: einer Sache)** ist die Fähigkeit ein „korrektes" (der Wahrheit entsprechend in den abzubildenden Aspekten) Modell (kurz: ein „wahres Modell") ebendieser Sache aufzustellen. Und zusätzlich ist es so, dass es einen Konsens zumindest zweier Personen benötigt, um eine gewisse Sicherheit zu erlangen, dass etwas verstanden wurde, da ein solcher Konsens für die geforderte Eigenschaft der „Wahrheit" erforderlich ist.

Also noch einmal einfacher: Das Verstehen einer Sache ist die Fähigkeit für diese ein „wahres Modell" aufzustellen und dieses in allen entscheidenden Punkten in einen „korrekten" Bezug zu dieser Sache zu stellen.

Oder man könnte sagen:

> Der Verstand ist die Unterfunktion der Intelligenz, welche zu einem konsensualen Verstehen von „Sachen" führt.

Diese Definition ist von der Intelligenz und von dem Verb „verstehen" abhängig, wobei die Sache mit dem „verstehen" (neben der Rekursion) wie schon angedeutet einen Haken hat: ein Modell kann nie der Wahrheit entsprechen, sonst wäre es kein Modell. Die ursprüngliche Formulierung („der Wahrheit entsprechend in den abzubildenden Aspekten") hilft uns in Wirklichkeit nicht darüber hinweg; es ist nur eine sprachliche Verschleierung der Tatsache, dass im Grunde jedes Modell zumindest in irgendeinem Aspekt nicht der Wahrheit entspricht, und wir nicht wissen können, ob nicht gerade dieser fehlerhafte Aspekt dazu führt, dass wir die modellierte Sache falsch verstehen.

Auch Alfred Tarski hilft uns darüber nicht hinweg. Dieser hat unter anderem vorgeschlagen, dass wir die absolute Wahrheit einer Aussage ergründen könnten, wenn wir die Begriffe einer Aussage durch ihre realen Entsprechungen ersetzen können, ohne die Bedeutung der Aussage dadurch zu verändern. So hätte theoretisch Kopernikus widerlegen können, dass die Erde flach ist, in dem er im Satz „Die Erde ist flach" das Wort „Erde" durch den realen Planeten Erde ersetzt, und dann überprüft ob der Satz immer noch stimmt. Dies erweist sich in der Praxis als recht schwierig und funktioniert nur mit ganz bestimmten Modellen.

Also müssen wir das „Verstehen" noch einmal eine Stufe vorsichtiger definieren:

> **Eine „Sache" gilt als verstanden, wenn sowohl über das erzeugte Modell** (dessen Übereinstimmung mit der Realität in allen entscheidenden Aspekten – die Wahrheitstreue) **dieser „Sache" ein Konsens vorherrscht,**

als auch für den Umstand, dass dieses Modell in einen wahrheitsgemäßen Bezug zu der modellierten Sache gesetzt wurde.

Einfacher ausgedrückt ist es also so, dass die Mehrheit einverstanden sein muss, dass das Modell richtig ist, und richtig interpretiert wird. Das Verb „**verstehen**" kann dann also definiert werden als die Fähigkeit (oder den Vorgang), (konsensual richtige) Modelle zu erstellen, und mit der Sache in (konsensual richtigen) Bezug zu setzen. Ein Modell ist wiederum ein Bezugssystem, welches besonders hilfreich bei der Einordnung (Abbildung) des Sachverhaltes ist, der verstanden werden soll, und diesen in Bezug zu bereits vorhandenem Wissen stellt. Dies ist aber wieder sehr elementar; nur annähernd atomare Dinge genügen dieser Definition. Je komplexer eine Sache ist, umso mehr und / oder umso komplexere Modelle sind erforderlich, bis ein Konsens über den Umstand des Verstehens zustande kommt.

Da die Allgemeinheit, wie auch die Fachwelt der Meinung ist, dass das menschliche Gehirn nicht verstanden wird, ist dies auch ein Hindernis für jeden, der behauptet das menschliche Gehirn doch verstanden zu haben, denn jeder, dem er das erzählt, nimmt auf gewisse Weise sogar zu Recht an (entsprechend der konsensualen Wahrheit), dass dies nicht sein kann, solange eben die Allgemeinheit davon ausgeht, dass die Erde flach ist.

Auch in der Physik gibt es diesbezüglich ein Problem: wenn nämlich zwei Modelle noch so gut sind, aber nicht zusammenpassen, so wie die Quantentheorie mit der Relativitätstheorie, dann kommt kein Konsens zustande, dass der gesamte Gegenstand verstanden wurde.

Wir werden in weiterer Folge noch sehen, dass dieses äußerst wackelige Konzept des „Verstehens" (ein stabileres halte ich aber für unrealistisch) uns wesentlich mehr nützt als der Begriff des „Verstandes", auf welchen wir theoretisch völlig verzichten könnten. Zumindest so, wie er hier definiert wurde, denn wenn wir umgangssprachlich vom „menschlichen Verstand" sprechen, meinen wir meistens so ziemlich alles, was das Gehirn machen kann, von der Intelligenz über das Bewusstsein bis zur Kreativität und so weiter. Aber wer bis hierher gekommen ist weiß wahrscheinlich ohnehin, dass es einen großen Unterschied zwischen umgangssprachlichen Begriffen, und deren Missbrauch durch sterile Umdeutungen in der Forschung gibt.

Es soll aber noch erwähnt werden, dass die Neurowissenschaften den „Verstand" mit der „fluiden Intelligenz" gleichsetzen und diesen im dorsolateralen präfrontalen Cortex (DLPFC) verorten. Darauf werden wir zum einen bei der „Intelligenz", und zum anderen im zweiten Teil des Buches zu sprechen kommen.

Der hochtrabende Begriff „Bildverstehen" welcher manchmal anstelle von „Maschinellem Sehen" eingesetzt wird, ist es eigentlich gar nicht wert hier erwähnt zu werden. Was die KI in diesem und ähnlichen Gebieten bisher leistet hat mit „verstehen" herzlich wenig zu tun (nicht einmal in der stark vereinfachten Version, die wir hier definieren), und es ist entweder eine unglaubliche Arroganz oder eine große Dummheit der Forscher, die ihren Algorithmen einen „Verstand" zuschreiben. Denn selbst die besten dieser Algorithmen erstellen keine Modelle aus dem Nichts, sondern parametrieren, befüllen und benutzen Modelle, die ihnen der Mensch vorgegeben hat.

3.3.2 Vernunft

Analog zu obiger Definition können wir gleich vorwegnehmen:

Die Vernunft ist eine Unterfunktion der Intelligenz, welche zu einem konsensual vernünftigen Handeln führt.

In der Philosophie wird teilweise zwischen theoretischer und praktischer Vernunft unterschieden. Der obige Satz bezieht sich nur auf die praktische Vernunft, und was „vernünftig" bedeutet bin ich noch schuldig geblieben.

Die theoretische Vernunft überschneidet sich sehr stark mit den Konzepten des Verstandes und der Intelligenz (Erkennen von Zusammenhängen und Prinzipien, Ableiten von Regeln, Mustererkennung, Verstehen der Bedeutung der genannten Dinge), und diese möchte ich daher als eigenständigen Begriff sogleich abschaffen. Das Einsetzen und Ausnützen von erkannten Prinzipien und Regeln wird wiederum der praktischen Vernunft zugeordnet.

Tatsächlich gibt es ein riesiges Sammelsurium von Konzepten und Handlungsweisen, die man der Vernunft zuordnet; von einfachen Berechnungen in Bezug auf das Abschätzen der Folgen von eigenen simplen Handlungen, bis hin zu moralischen Überlegungen, und verschiedenen Formen von Selbstkontrolle. Allen Dingen der praktischen Vernunft ist wenig überraschender Weise gemein, dass es sich um Fähigkeiten handelt, welche mit der Projektion von Wissen und Wahrnehmung in die Zukunft, also mit Formen der Vorausplanung zu tun haben.

In der Fachwelt ist es manchmal schwierig einen Konsens darüber zu finden, was nun im Detail dazugehört und was nicht, da hier subjektive moralische und ethische Überlegungen logischerweise einen Einfluss haben. Wofür man aber deutlich besser einen Konsens – auch in der Allgemeinheit – finden kann ist das Gegenteil: unvernünftige Handlungen werden in der Regel gut erkannt, und mit recht guter Übereinstimmung als solche eingestuft. Allerdings kommt man auch hier schnell zu einem

Problem: es lassen sich viele Beispiele finden, in welchen von zwei oder mehreren möglichen Handlungsweisen alle als unvernünftig betrachtet werden, oder in welchen sich die Bevölkerung mit einer gewissen Restunsicherheit in zwei oder mehrere Lager aufspaltet. Dies ist der Ursprung der Politik, und dies ist es, was idealistische Politiker, egal in welchem politischen System, in erster Linie durch Kompromisse aufzulösen versuchen.

„Ein perfekter Kompromiss ist einer, bei welchem alle beteiligten Parteien am Ende gleichermaßen unzufrieden sind." – so oder ähnlich hat es Aristide Briand ausgedrückt, und später in sehr ähnlicher Form auch Henry Kissinger.

Unzufriedenheit treibt wiederum die Menschen in den Fortschritt, da sie ungemütliches (manchmal auch unveränderliches) ändern wollen. Der Konservative verliert dabei auf Dauer immer gegen den Progressiven, denn hat dieser sich erst einmal einen Vorteil verschafft, ist der Konservative plötzlich alleine der Leidtragende, und kann seine Position nicht mehr ewig halten.

Zu sagen es war unvernünftig, jemals von den Bäumen herabzuklettern und Feuer zu machen würde den Fortschritt nicht aufhalten können, denn nur ein einziger, der Feuer macht, kann alle anderen für immer von ihren Bäumen herunter treiben.

In den Neurowissenschaften wird unter Vernunft ebenfalls eher die praktische Vernunft verstanden, und im orbifrontalen Kortex verortet. Wenn dieser beschädigt wird, gehen Patienten zum Beispiel häufiger Risiken wider besserem Wissen ein. So gut das in einigen Einzelfällen für den Fortschritt der Allgemeinheit sein könnte, so schlecht ist das meistens für den Betroffenen, denn in diesen Fällen ist es leider meistens eher so, dass eben „unvernünftige" Risiken eingegangen werden.

Wenn wir also „vernünftiges Handeln" als Konsens darüber, was „vernünftig" ist definieren würden, um unsere obige Definition der Vernunft zu vervollständigen, so stellt sich die Frage, was denn nun vernünftiger ist – demokratisch dem Konsens der Masse zu folgen, und es möglichst vielen recht zu machen, oder ein Feuer legen, und die eigene Wurst braten? Somit ist vernünftiges Handeln ein Kompromiss aus dem, was der Konsens fordert, und dem, was den eigenen Vorteil sicherstellt.

Die Begriffe „Vernunft" und „vernünftig" sind also enorm vielschichtig und komplex, aber wir müssen sie zum Glück nur selten belasten für das, was wir in weiterer Folge besprechen wollen.

3.3.3 Intelligenz

Dem Leser, der meinen Ausführungen bis hierher gefolgt ist, unterstelle ich, dass ihn das Thema dieses Kapitels auch betrifft: Die Intelligenz.

Oft liest man in Büchern zur Intelligenz Behauptungen wie: „Der Mensch nutzt nur einen kleinen Bruchteil seiner Gehirnkapazität". Diese Aussage ist gelinde gesagt unwissenschaftlicher Quatsch. Abgesehen davon, dass die „Kapazität" eines Gehirnes (noch) kein definiertes Maß ist, und das Verb „nutzen" in der Regel bei solchen Behauptungen auch nicht genauer spezifiziert wird, würde ich doch gerne wissen, welche Teile ihres Gehirns diejenigen als Beweis zu opfern bereit wären, die solche Dinge behaupten.

Scherz beiseite; auch wenn es durchaus möglich ist, signifikante Teile eines menschlichen Gehirnes zu entfernen, ohne dass man selbst den Unterschied bemerkt (was wenig überraschend ist, wie wir später sehen werden), heißt das noch lange nicht, dass diese Teile des Gehirnes ansonsten einfach nur brach herumliegen.

Manchmal kommt diese Auffassung daher, dass bei bestimmten Arten von Autismus, und bei manchen Menschen auch durch spezielles Training, Fähigkeiten zu Tage treten, die für „normale" Menschen beinahe unvorstellbar sind. Und dies, ohne dass man mit derzeit verfügbaren Methoden morphologische Abweichungen zum normalen Gehirn feststellen kann. Dann könnte man aber höchstens behaupten, dass diese Personen ihr Gehirn „anders verwenden", was allerdings immer noch eine unzulässige Vereinfachung des tatsächlichen Sachverhaltes wäre.

Die „wahren Spezialisten" beziehen sich aber auf noch etwas anderes, wenn sie behaupten, wir würden unsere Gehirnkapazität nicht vollständig nutzen: bei herkömmlichen fMRI Studien (eine Technik, mit welcher man dem Gehirn unter bestimmten Einschränkungen sozusagen bei der Arbeit zusehen kann) kann man leicht beobachten, wie zum Beispiel ein Musiker beim Hören von Musik wesentlich größere und weiter verteilte Anteile seines Gehirnes aktiviert, als ein Nicht-Musiker. Tatsächlich zeigt das moderne fMRI dreidimensional, und in recht guter zeitlicher Auflösung (aber im Verhältnis zur Größe von neuralen Arbeitseinheiten nur sehr geringer räumlicher Auflösung), in welchen Bereichen des Gehirnes der Sauerstoffverbrauch ansteigt, oder wieder abfällt. Dies lässt tatsächlich unter bestimmten Einschränkungen gewisse Rückschlüsse auf die Gehirntätigkeit zu.

Aber nur weil der Musiker sein in Bezug auf Musik gut trainiertes Gehirn beim Hören von Musik „großflächiger" aktiviert, genauso wie der Mathematiker beim Betrachten einer Formel sein Gehirn im Vergleich zum Durchschnitt „großflächiger" aktiviert, oder der Gärtner beim Betrachten einer Blume, kann man noch lange nicht behaupten, einer der drei würde deswegen ungenutztes Gehirnpotential brachliegen lassen; das ist schlicht und einfach falsch. Die drei „benutzen" ihr Gehirn einfach anders.

Es scheint offensichtlich zu sein, dass es dumme Menschen und kluge Menschen gibt. Nun könnte man wahrscheinlich in einer fMRI Studie zeigen, dass ein Kluger *insgesamt* über alle möglichen Fachbereiche sein Gehirn „großflächiger" aktiviert als ein Dummer – das wäre im Prinzip nichts anderes, als das, was man bei allgemeinen Intelligenztests versucht. Aber auch das würde nicht zwangsläufig bedeuten, dass der „Dumme" sein Gehirn zu einem geringeren Prozentsatz „benützt", sondern höchstens, dass er seine „Gehirnkapazität" vielleicht für Dinge braucht, die die moderne Gesellschaft momentan nicht für „nützlich" hält, und nach denen die Forscher deshalb einfach nicht gesucht oder gefragt haben.

In der Psychologie, also dem Forschungsgebiet, das sich traditionell am meisten mit dem Begriff der Intelligenz beschäftigt, wird heutzutage die „Intelligenz als solches" manchmal mit dem so genannten g-Faktor gleichgesetzt. Das ist aber eine irreführende Vereinfachung. Der g-Faktor ist lediglich ein Maß für die Korrelation der Ergebnisse von einzelnen Testmodulen innerhalb von Intelligenztests, die als erstes von Charles Spearman beschrieben wurde, und bedeutet nichts anderes, als dass es eine Eigenschaft (oder eine statistisch schwer aufzutrennende Kombination von Eigenschaften) des Menschen gibt, welche dafür sorgt, dass man in vielen verschiedenen Denkaufgaben zugleich besser oder schlechter abschneidet als andere Menschen.

Intelligenztests messen den so genannten Intelligenzquotienten (kurz IQ), welcher eine normalverteilte, und auf Lebensalter normierte Leistungskennzahl darstellt, wobei 100 der Durchschnittswert der jeweiligen Altersgruppe ist.

Tatsächlich lässt sich der Intelligenzquotient mithilfe von moderneren Methoden der explorativen Faktorenanalyse auf ein hierarchisches Modell abbilden. An oberster Stelle steht der erwähnte g-Faktor, darunter und abhängig davon die voneinander unidirektional abhängigen Gf- und Gc-Faktoren (fluide und kristalline Intelligenz, darauf gehen wir weiter unten noch ein) und darunter weitere, spezifischere Faktoren. Das erlaubt aber nicht im Umkehrschluss zu behaupten, die „Intelligenz selbst" sei so strukturiert, was leider häufig gemacht wird. Das bedeutet nur, dass die Leistungsdaten, die ein typischer IQ Test erheben kann, so strukturiert sind.

Außer man definiert die „Intelligenz" eben genau anhand dieser Struktur, was in der Psychologie leider auch manchmal gemacht wird. So kann man sich ein schönes, konsistentes und sogar zur Messung verwendbares Modell der Intelligenz zimmern, das allgemein akzeptiert wird (Konsens = Wahrheit) und eine gute Prognose erlaubt, wie erfolgreich jemand in der Schule sein wird, und wie hoch sein Einkommen später im Beruf sein wird.

Und genau das ist es, was der so genannte Intelligenztest wirklich misst – der IQ ist ein Zahlenwert, der vor allem mit dem potentiellen „Erfolg" in unserer Gesellschaft und Kultur korreliert (sowie mit dem sozialen Hintergrund des Subjektes, seiner Synapsendichte und – kein Scherz – mit seiner Kurzsichtigkeit). Dabei wird aber Erfolg nicht als das Erreichen persönlicher Ziele definiert, sondern eben als Erfolg in Schule, Studium und Beruf.

Achtung: der IQ korreliert nur mit dem „Erfolg". Auch mit einem IQ von 175 kann man leichtens als Obdachloser oder Heroinsüchtiger auf der Straße enden, und ich meine auch schon den einen oder anderen Universitätsprofessor kennengelernt zu haben, dessen mutmaßlicher IQ die hundert Punkte bestenfalls knapp erreicht. Und weil ich Albert Einstein schon lange nicht mehr erwähnt habe, so soll auch gesagt sein, dass sicher viele tausend Menschen in seiner Lebenszeit mit einem vergleichbaren oder höheren IQ die Relativitätstheorie NICHT entdeckt haben. Denn für den tatsächlichen Erfolg spielt in den meisten Bereichen unter anderem oft auch der Zufall eine entscheidende Rolle.

Was die oben erwähnte Korrelation mit der Synapsendichte betrifft, so stellen sich die Forscher hier berechtigter Weise die „Henne-Ei Frage" („Was war zuerst da, Henne oder Ei?"): Kommt die hohe Synapsendichte von der hohen „Intelligenz", oder umgekehrt? In diesem Falle dürfte die richtige Antwort lauten: „Beides" – dazu aber mehr im zweiten Teil des Buches.

Eine weitere interessante Korrelation sei noch erwähnt: Schizophrenie korreliert mit der Abweichung des IQ Wertes vom Durchschnitt. Das heißt Personen mit einem hohen und Personen mit einem niedrigen IQ leiden häufiger an Schizophrenie, als Personen mit durchschnittlichem IQ. Könnte das vielleicht daran liegen, dass diese unglücklicher sind und generell mehr Probleme in ihrem Leben haben? Ist ein IQ von hundert vielleicht auch ein Maß dafür, wie gut man sich in die Gesellschaft integrieren kann?

Natürlich ist es nicht zwangsläufig immer die Absicht der Psychologen, eine Prognose für schulischen Erfolg oder Einkommen zu liefern. Sie wollen es bei der Entwicklung von allgemeinen IQ Tests eigentlich schon darauf anlegen, einen möglichst unspezifischen Faktor für Intelligenz zu bestimmen – und sicher nicht für die Dioptrinzahl. Aber sie haben keine andere Wahl, als dies über eine Kombination von Testmodulen zu verschiedenen Arten von Leistungen des menschlichen Gehirnes zu machen, die sie nachvollziehen und vor allem auch testen können.

Vor genau derselben Schwierigkeit steht auch jedes Ausbildungssystem, welches den Schülern oder Studenten Noten zuweisen soll, oder ihnen den Erfolg oder Nicht-Erfolg bescheinigen soll. Daher ist die gute Korrelation zwischen IQ Wert und schulischer Leistung, und in direkter Folge auch die Korrelation mit den Karrierechancen – sowie indirekt mit dem späteren Einkommen – nur wenig überraschend, ganz egal wie sehr sich die Psychologen beim Erstellen der IQ-Tests darum bemühen, die Fragen so unspezifisch wie möglich zu gestalten. Denn sie sind immer in gewisser Weise eingeschränkt dadurch, dass ihre Tests durchführbar und die Ergebnisse reproduzierbar sein müssen, und genau nach diesen Maßgaben erstellen auch Professoren und Arbeitgeber ihre Prüfungen.

Daher ist es auch nicht verwunderlich, dass ein Einzelner seinen IQ Wert spielend leicht verbessern kann, indem er einfach nur das Absolvieren von IQ Tests trainiert, und ein Jobsuchender seine Chancen verbessern kann, indem er einfach nur Bewerbungsgespräche übt. Wenn der IQ Wert also tatsächlich die Intelligenz eines Menschen messen würde, hieße das wohl, dass man nur durch das Trainieren von IQ-Testaufgaben die persönliche Intelligenz steigern könnte.

Dennoch können es sich die Psychologen meiner Meinung nach als Erfolg anrechnen lassen, den g-Faktor mit ihren Tests zu erhalten. Man könnte sogar so weit gehen zu behaupten: je stärker der g-Faktor in einem IQ Test hervortritt, umso besser ist es dem Testentwickler gelungen, sein Ziel die „Intelligenz" unspezifisch zu messen, zu erreichen. Das Wort Intelligenz muss hier aber immer noch unter Anführungszeichen stehen, da wir gleich sehen werden, dass es trotzdem NICHT die Intelligenz ist, die hier gemessen wird.

Der Physiker Helmar Frank hat schon in den späten 1950ern eine Formel für einen sehr allgemeinen Teil der kognitiven Informationsverarbeitungskapazität aufgestellt (sie wird zum Zwecke der Übereinstimmung mit neurologischen Begriffen „Kurzspeicherkapazität" genannt), die einen absoluten Wert C in Bit definiert

$$C = S * D$$

wobei S die Verarbeitungsgeschwindigkeit in Bit pro Sekunde, und D die Gedächtnisspanne in Sekunden ist. Schon bald stellte sich heraus, dass dies im Prinzip der g-Faktor ist, oder zumindest einen Großteil des g-Faktors erklärt. Wäre ich ein Psychologe gewesen, der einen Intelligenztest mit einem hohen g-Faktor Anteil entwickelt hätte, ich wäre in Tränen ausgebrochen. Nicht nur, weil dieser Wert an sich sehr wenig mit Intelligenz als solches zu tun hat (wobei er sich natürlich auf alle Ebenen der Intelligenz direkt oder indirekt auswirkt), sondern auch weil man dazu nun wahrlich keinen komplizierten Test entwickeln muss.

Diesen Wert kann man auf extrem triviale Weise bestimmen: S wird berechnet, indem man die Zeit beim Lesen einer zufälligen Buchstabenfolge stoppt. D wird daraus berechnet, wieviele Zeichen man sich merken kann, wenn man zufällige Zeichenfolgen kurz präsentiert bekommt, und dann wiederholt.

Der Wert kann so in wenigen Minuten sehr genau bestimmt werden, und liegt bei der erwachsenen Normalbevölkerung bei 80±29 Bit. Im Gegensatz zum normalverteilten IQ Wert ist er erwartungsgemäß logarithmisch-normal verteilt.

Trotzdem werden neuere, nicht-hierarchische Modelle der Intelligenz (eigentlich alle, die stark vom Generalfaktorenmodell abweichen) in der Regel von der Forschungsgemeinde nicht gut aufgenommen. Diesbezüglich ist vor allem das Modell der „multiplen Intelligenzen" nach Howard Gardner zu erwähnen, welcher die Intelligenz nicht wie bei den meisten anderen Modellen (oft plump) in hierarchische Einheiten unterteilt, sondern von mehr oder weniger unabhängigen „Intelligenzmodulen" des menschlichen Gehirns ausgeht, was von der neurologischen Wahrheit ja gar nicht so weit entfernt zu sein scheint. Ein weiteres bemerkenswertes Beispiel ist das Modell von Joy Paul Guilford, das dieser später aufgrund der Kritik der Interkorrelation seiner ursprünglich als unabhängig postulierten Faktoren stark revidierte, und sich dabei wieder stark an hierarchische Modelle annäherte.

Ein typisches Faktorenmodell ist dagegen das von Louis Leon Thurstone, welches „Intelligenz" in räumlich-visuelle, objekt-relationale, mathematische, mnemonische, logische, sprachliche und semantische Faktoren einteilt. Auch dieses Modell wird von Vertretern der Generalfaktorenmodelle stark kritisiert, und zwar ebenfalls wegen einer Korrelation der einzelnen Faktoren – wenig überraschend, denn es wurde bei der Faktorenanalyse hier ja wohl bewusst eine oblique Transformation eingesetzt.

Aber bei aller Eleganz der nicht-hierarchischen Modelle, die g-Faktoren lassen sich natürlich dadurch nicht wegleugnen. Selbstverständlich existieren diese, und selbstverständlich stehen sie in einer Abhängigkeit zueinander.

Daher werden wir kurz auch über den Gf-Faktor und den Gc-Faktor sprechen, aber nicht unbedingt weil sie besonders gute Maßstäbe für Intelligenz sind, sondern weil sie sich besonders gut messen lassen, und weil sie eine hervorragende Dichotomie bilden. Und aufgrund dieser Dichotomie sind sie für das Verstehen der Intelligenz hilfreich. (Dichotomien sind sehr einfache Modelle / Bezugssysteme, und wir erinnern uns, dass „verstehen" mit dem Abbilden von Dingen in einem Modell zu tun hat.)

Mit der fluiden Intelligenz ist die Problemlösungsfähigkeit, und die Fähigkeit des logischen (deduktiven) Denkens gemeint, sowie die Lernfähigkeit, Mustererkennung (induktives Denken), „abstraktes Denken" und so weiter. Sie wird von den Neurobiologen hauptsächlich im dorsolateralen präfrontalen Kortex (DLPFC) verortet (mit starker Beteiligung des Gyrus Cinguli).

Im Gegensatz dazu sind mit der kristallinen Intelligenz Fähigkeiten gemeint, die eher mit Wissen und Erfahrung zusammenhängen, und sie wird von Neurobiologen hauptsächlich weit verteilt über den rechten Frontal-, und im Temporalkortex, sowie dem Temporallappen, und im Hippocampus verortet, so wie auch das deklarative Gedächtnis (warum dieses so nichtlokal auftritt werden wir im zweiten Teil noch ansprechen).

Dieses Generalfaktorensystem ist prinzipiell eine naheliegende und vernünftige Einteilung von Gehirnleistungen, und fast alles was Intelligenztests messen lässt sich irgendwie auf einen der beiden Faktoren zurückführen – manche Dinge aber auch aufgeteilt auf beide Faktoren.

Der g-Faktor ist also real, auch der Gf-Faktor und der Gc-Faktor. Sind die anderen Modelle falsch? Nein, im Gegenteil, je mehr ein Modell der Intelligenz von den bereits bestehenden abweicht, umso höher die Chance, dass es eine neue Erkenntnis liefern kann. Diese kühne Behauptung begründe ich wie folgt: Alle halbwegs nachvollziehbaren Faktoren der Intelligenz, die bisher identifiziert wurden, sind irgendwie real. Denn eine Denkleistung, die ein Mensch beschreiben und benennen kann, kann er bis zu einem gewissen Grad auch ausführen, und somit existiert sie. Natürlich könnte man jetzt versuchen, diesen Satz billig zu wiederlegen, indem man zum Beispiel die Fähigkeit „Unendlichkeiten abzählen" aufführt. Wobei bei genauerer Betrachtung der Mensch sogar dies – wie ich oben formuliert habe „bis zu einem gewissen Grad" – zumindest versuchen kann.

Der Mensch besitzt sogar einen Zufallsgenerator, inklusive neuronalem Korrelat! Man mag sich im ersten Moment vielleicht fragen, wofür das denn nun gut sein soll, und mag sogar geneigt sein, dies als Beispiel für eine Denkfähigkeit zu werten, die nicht zur Intelligenz gerechnet werden sollte. Aber im Gegenteil! Es geht der Evolution dabei nicht primär darum sinnlose Zahlen- oder Buchstabenfolgen aufsagen zu können. Es geht darum in einer Situation, in welcher man irgendwie feststeckt, und aus einer Menge von Möglichkeiten ohne erkennbares System wählen muss, eine Fallback-Strategie zu haben, nämlich in diesem Falle eben die Zufallsstrategie. Sie ist allemal besser als an so einer Stelle aufzugeben und zu verhungern. Immer dann, wenn Sie zwischen zwei haargenau gleich großen Stücken Kuchen entscheiden müssen, bleiben sie eben nicht 15 Stunden lang stehen und denken darüber nach, welches nun die intelligentere Entscheidung wäre.

Eine richtig in die Gesamtstrategie eingebettete Zufallsstrategie bewährt sich übrigens auch in allen möglichen zeitlimitierten multiple-choice-Tests bis zu einem gewissen Grad sehr gut, wie ihnen jeder Medizinstudent bestätigen wird: Es ist schlauer, Fragen, die man nicht sofort beantworten kann vorerst aufzuschieben. Am Ende, wenn die Zeit ausgeht, ist es logischerweise besser, diese Fragen zufällig zu beantworten, anstatt sie gar nicht zu bearbeiten. Immer dieselbe Position zu wählen ist auch nicht so schlau, denn ohne lange darüber nachzudenken verwenden die meisten Professoren annähernd eine Gleichverteilung, wenn sie die richtigen Antworten in einem multiple-choice-Test auf ihre Positionen verteilen.

Dies ist eine Fähigkeit, die in Intelligenztests gerne vergessen wird, weil sie für den schulischen Erfolg (noch) zu wenig ausschlaggebend ist. (Noch, denn das könnte sich ändern, wenn immer mehr multiple Choice Tests zum Einsatz gelangen. Außerdem hege ich den Verdacht, dass sie eine wichtige Komponente der Kreativität ist.)

Darin liegt die wahre Schwäche fast aller Intelligenztests: sie konzentrieren sich auf Hauptfaktoren und recht „normale" Fähigkeiten, dabei führen gerade selten vorhandene Fähigkeiten öfter zu bahnbrechenden Erkenntnissen, gerade weil diese Fähigkeiten eben selten sind. Erkenntnisse, die mit „normalen" Fähigkeiten erlangt werden können, wurden mit höherer Wahrscheinlichkeit schon in der Vergangenheit gemacht als solche, für die sehr seltene Fähigkeiten benötigt werden.

Zwei weitere Faktoren, die meistens vernachlässigt werden (in der Regel sogar absichtlich) sind Motivation und Kreativität. Demgegenüber werden die Leistungen des Kurzzeitgedächtnisses meiner Meinung nach massiv überbewertet.

Die Vernachlässigung der Motivation macht natürlich dann Sinn, wenn man kleine Kinder auf ihren zukünftigen Schulerfolg testen will: diese sind oft auch nicht motiviert, und müssen deswegen trotzdem in die Schule gehen. Aber die Motivation die Schule zu besuchen korreliert wahrscheinlich wenig mit der Motivation in einem IQ Test gut abzuschneiden, daher würde dadurch vielleicht das Testergebnis verfälscht.

Die Vernachlässigung der Kreativität ist hingegen für mich nur schwer nachzuvollziehen. Vielleicht liegt es daran, dass heutzutage anwendungsorientierte technische und naturwissenschaftliche Fähigkeiten als viel wichtiger betrachtet werden als kreative. Mit Kreativität lässt sich aber nicht nur in der Kunst und in der Forschung, sondern auch im Unternehmertum viel Geld machen. Ein Hauptgrund dürfte sein, dass die Kreativität schwer zu messen ist. Es wäre interessant herauszufinden, ob die Zufälligkeit (diese kann leicht berechnet werden) einer spontan aufzusagenden Buchstaben- oder Zahlenfolge ein Maß dafür ist.

Man kann aber sehr wohl Beispiele für „Fähigkeiten" konstruieren, die mit guten Grund nicht zur Intelligenz gerechnet werden, zum Beispiel die

„Fähigkeit" sich selbst so sehr in einen Angstzustand oder eine Depression hineinzusteigern, dass am Ende eine Psychose entsteht. Dies kann im Prinzip jeder Mensch relativ leicht machen, man würde es aber – so wie es formuliert ist – wohl kaum als „kognitive Fähigkeit" bezeichnen. Es ist aber im Prinzip eine. Nur ist es nicht vernünftig, sie dermaßen auf die Spitze zu treiben. Es kann sehr wohl nützlich und sinnvoll sein, Vorstellungsvermögen und Autosuggestion (letzteres normalerweise fast nur in Richtung positiver Emotionen) zu benutzen, obwohl dies sehr gefährlich ist, wenn es in die falsche Richtung geht, oder übertrieben wird.

Die Frage ob Intelligenz eine Sammlung von Einzelfähigkeiten, oder etwas einheitliches Ganzes ist, hat die Forschung meiner Meinung nach korrekt beantwortet, und es gibt über diesen Umstand eigentlich nichts mehr zu diskutieren: das was wir unter Intelligenz verstehen ist ganz eindeutig multifaktoriell und vielschichtig, denn das Gehirn „spult nicht einfach immer denselben Algorithmus ab", der alles zugleich abdeckt, um ausnahmsweise einmal auf eine plumpe Computeranalogie zurückzugreifen.

In der Psychologie wird die Intelligenz daher inzwischen meistens einfach als Sammelbegriff für kognitive Leistungsfähigkeit betrachtet, und dann durch Aufzählen möglichst vieler Faktoren spezifiziert. In den Fällen oder Modellen, in welchen bestimmte einzelne Faktoren bewusst nicht dazugerechnet werden, liegt meiner Meinung nach ein Denkfehler vor – beinahe ein systematischer Fehler im Falle der Motivation.

Dass Motivation und Intelligenz zusammenhängen wurde an sich richtig erkannt. Wie man aber die Intelligenz von der Motivation isoliert betrachten kann ist mir ein Rätsel – das ergibt für mich wenig Sinn. Wie intelligent kann eine grundsätzlich völlig unmotivierte Person jemals werden? So eine Person wird doch immer nur das Minimum leisten, und damit nie das Wissen erlangen, welches in Form der kristallinen Intelligenz einen so hohen Anteil an der Gesamtintelligenz ausmacht, in den Intelligenzmodellen derselben Forschungsrichtung, die diese Motivation aus ihren Modellen auszuschließen scheint. Vielleicht liegt es daran, dass man sie im Gegensatz zu den g-Faktoren nicht messen sondern nur erheben kann, durch freiwillige, wahrheitsgemäße Beantwortung von Fragen. Solche sollten aber meiner Meinung nach Teil eines Intelligenztests sein.

Tatsächlich wird die Intelligenz eines Menschen maßgeblich von der Motivation bestimmt, und zwar insbesondere von der (oft nicht expliziten) Motivation intelligent werden zu wollen. Wer gerne liest, gerne neues lernt, gerne Zusammenhänge versteht, also motiviert ist, diese Dinge zu tun, wird dadurch schnell schlauer. Wer zu solchen Dingen nicht motiviert ist wird nur in dem Maße und in dem Rahmen schlauer, in welchem ihm das Leben keine Wahl lässt, sowie in dem Maße und Rahmen, in welchem die Dinge die er eben gerne macht (zu welchen er motiviert ist) seine Intelligenz fördern – wie zum Beispiel Computerspielen und Fernsehen.

Computerspielen fördert vor allem die fluide Intelligenz (und ein wenig die kristalline, wenn dabei wahre Fakten eine Rolle spielen), Fernsehen ein klein wenig die kristalline (vor allem Dokumentationen) und ein klein wenig die fluide (zum Beispiel Krimis, die einen fordern selbst den Mörder zu finden). Auch in diesen Fällen ist es aber die Motivation, die ursächlich für die freiwillige Verwendung des Denkapparates ist.

Die Intelligenz von der ich spreche, beinhaltet also alle geistigen (kognitiven, mentalen) Fähigkeiten, die in irgendeiner Weise nützlich sein können.

Rein körperliche Fähigkeiten (zum Beispiel Balance, Koordination und taktiles Feingefühl) werden dabei aber ausgeblendet, obwohl sie auch in der heutigen Welt noch immer sehr nützlich sind. Wie unsere Vorfahren schon wussten: mens sana in corpore sana; Sport fördert die Leistung des Gehirnes nachhaltig. Auch dies kann mit moderner wissenschaftlicher Forschung heute bestätigt werden. Aber wenn wir auch die körperlichen Fähigkeiten einschließen, müssten wir sagen „Intelligenz sind alle potentiell nützlichen Fähigkeiten". Eine solche Definition würde den Begriff selbst überflüssig machen; dann brauchen wir kein Wort für Intelligenz mehr, und können einfach von Fähigkeiten sprechen.

Bestimmte Sinnesleistungen und prämotorische Fähigkeiten zähle ich aus demselben Grund im Zweifel ebenfalls eher nicht dazu. Diese können zwar nur durch motorische Tests gemessen werden, sind aber dennoch neurologische Leistungen, daher ist es nicht ganz selbstverständlich, sie von der Intelligenz abzutrennen. Hier verschwimmt plump ausgedrückt die Grenze zwischen Gehirn und Körper ein wenig. Eine perfekte Dichotomie zwischen Geist und Körper (beziehungsweise zwischen den Teilen des Gehirns, die für Kognition zuständig sind und denen, die für Motorik und Sensorik zuständig sind) ist einfach nicht möglich. Aber die hausverstandsgemäße Verwendung des Begriffes der Intelligenz dürfte uns diese Entscheidungen erleichtern.

Dennoch fließt der Körper und die nicht-geistige Welt indirekt über den Begriff „Verhalten" in meine Definition mit ein:

Die Intelligenz ist die Fähigkeit eines Lebewesens (oder einer Maschine), sein Verhalten so zu gestalten, dass es seine eigenen Ziele effizient erreicht.

Maße für die Intelligenz sind dabei der Grad der Zielerreichung sowie die Effizienz in der Ausführung, gemessen an der Schwierigkeit des Zieles. Diese können aber durch einen künstlichen Test nur in Bezug zu einem künstlich definierten Ziel gemessen werden – was dann mit dem Erfolg im echten Leben bestenfalls korreliert – oder eben durch den Erfolg im echten Leben nur abgeschätzt werden. Für eine zahlenmäßige Bestimmung der Intelligenz ist diese Definition nicht besonders hilfreich.

Wichtig ist, dass es dabei um die eigenen Ziele geht, und nicht um Ziele, die von der Gesellschaft oder Forschung definiert werden. Wenn sich nun einer das Ziel setzt, „Gangster" zu werden, wird ihm jeder sagen, dass er mit dieser Wahl alleine schon seine Dummheit bewiesen hat. Wenn er ein Jahr später im Knast sitzt, wird man sagen: das wußte ich doch gleich. Wenn er aber 20 Jahre später als Mafiaboss im Ruhestand millionenschwer auf einer Pazifikinsel sitzt (oder realistischer: an der Spitze eines korrupten Immobilien- oder Finanzdienstleistungskonzernes) sieht die Situation anders aus, und man wird sich schwer tun, ihm Dummheit anzuhängen.

Die so definierte Intelligenz ist also relativ zu den gesetzten Zielen. Ist das Ziel ein hohes Einkommen, wäre ein Test anders zu erstellen, als wenn das Ziel im möglichst schnellen Erlernen einer neuen Sprache liegt, oder darin im Leben möglichst glücklich zu sein. So wie die absolute Wahrheit ein Ideal ist, ist vielleicht die absolute Intelligenz ein Ideal, wobei wenn ich wählen müsste, ich im Leben lieber möglichst glücklich sein will, ungeachtet dessen ob ich dann als intelligent betrachtet werde oder nicht.

Da ich mich aber hier nicht gänzlich um all die kognitiven Fähigkeiten herum schwindeln will, die der Intelligenz zugrunde liegen können, muss ich diesmal nach der Definition des Begriffes noch einen Schritt weiter gehen, und eine vernünftige und nützliche (nicht zur Messung sondern zum Verstehen nützliche) Gruppierung, also ein einfaches Modell der Intelligenz anbieten:

Intelligenz kann betrachtet werden als eine Kombination aus Wissen, kognitiver Leistungsfähigkeit und Motivation. Die g-Faktoren sind nach meiner Ansicht eine seltsame Mischung aus diesen viel reineren Konzepten (vor allem aus den ersten beiden, der dritte wird ja gerne vernachlässigt).

Selbstverständlich gibt es Formen von Wissen, die die Leistungsfähigkeit steigern, die Leistungsfähigkeit verbessert wiederum die Wissensaufnahme und -speicherung, und die Motivation steigert ebenfalls beide anderen Faktoren. Dies wird in der folgenden Abbildung skizziert.

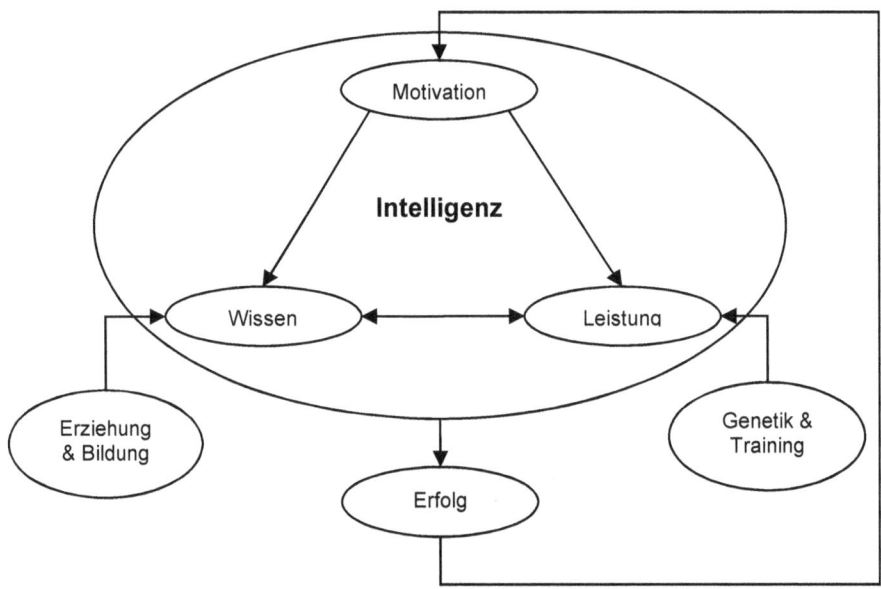

Das Diagramm erhebt aber keinen Anspruch auf Vollständigkeit. (Im Kapitel 8.3 werden wir ein etwas vollständigeres Modell unter stärkerer Berücksichtigung der neurologischen Grundlagen aufstellen.) Und die Pfeile sind nicht als monokausale Effekte zu interpretieren. Es handelt sich schlicht und einfach um ein grobes Modell von Zusammenhängen, welches nützlich ist, um sich den Begriff der Intelligenz plastisch vorzustellen.

Dass Erziehung und Bildung nicht nur indirekten, sondern auch direkten Einfluss auf die Leistung nehmen können, kommt hier nur durch den verwandten Begriff „Training" zum Ausdruck. (Außerdem korrelieren bestimmte Arten von implizitem Wissen, so wie sie von anderen definiert werden, mit genetischen Faktoren. Diese wären nach meinem Verständnis dann aber nicht als Wissen zu bezeichnen, sondern höchstens als Talent, Anlage oder vorgefertigter Bahnung im Gehirn, worüber wir uns im zweiten Teil des Buches unterhalten werden.)

Viele Fähigkeiten, die den Wissenserwerb beeinflussen, gehören natürlich zur „Leistung". Eine Auswirkung von Wissen und Leistung auf Motivation ist mit Sicherheit auch gegeben; sie soll durch die Art der Zeichnung nicht ausgeschlossen werden.

Die Aufgabe, einzelne kognitive Fähigkeiten in dieses Modell einzuordnen, überlasse ich dem motivierten Leser, es ist für uns im Zusammenhang dieses Buches aber nicht erforderlich.

Ich werde nur noch folgenden Hinweis geben: Den g-Faktor und die meisten Komponenten des Gf-Faktors würde ich mit einer gewissen Unschärfe der Leistung zuordnen. Die Komponenten des Gc-Faktors gehören großteils zum Wissen.

Wenn, dann muss dabei aber mit möglichst atomaren Bestanteilen gearbeitet werden, um die Dichotomie zwischen Wissen und Leistung einhalten zu können. So kann man zum Beispiel die „Kreativität", die „Empathie" oder die „Geduld" nicht eindeutig dem Wissen oder der Leistung zuordnen, denn sie haben Anteile in beiden Bereichen – man muss sie entweder in Einzelkomponenten zerlegen, oder sie als eigenständige Komponenten in das Modell eingliedern. Das würde allerdings das Modell enorm verkomplizieren, und ist für unsere Zwecke unnötig.

Daher ist dieses Modell auch nicht unbedingt geeignet, um mit dem Generalfaktorenmodell in Übereinstimmung gebracht zu werden, beziehungsweise um größere Unterfähigkeiten der Intelligenz mit zu modellieren. Diese Modelle sind selbstverständlich auch wichtig und nützlich, nur rate ich davon ab, diese mit Gewalt in ein Gesamtmodell der Intelligenz zu zwängen.

Was dieses Modell alleine auch nicht leisten kann, ist die zeitliche Dimension der Intelligenz zu veranschaulichen. Es sei hier zum Beispiel nur kurz darauf hingewiesen, dass sich das Wissen (sowie die Geduld) im Gegensatz zur kognitive Leistungsfähigkeit (sowie zur Kreativität) im Leben eines Menschen zeitlich sehr unterschiedlich entwickeln. Das Wissen, sowie der Gc-Faktor, nehmen meistens bis ins hohe Alter zu. Die kognitive Leistungsfähigkeit, sowie der Gf-Faktor, beginnen bei den meisten Menschen schon im frühen Erwachsenenalter zu stagnieren.

Übrigens: dass Verstand und Vernunft als Teil- oder Unterfunktionen der Intelligenz nach unserer Definition relativ irrelevant sind, sollte jetzt auch klar sein. Wir haben ja festgestellt (und werden dies im zweiten Teil des Buches noch genauer untersuchen): man kann beinahe beliebige Teil- oder Unterfunktionen der Intelligenz definieren, und sie in der Regel auch nachweisen und messen, oft sogar mit neuronalem Korrelat; Die Unterfunktionen des Denkens sind so vielfältig wie das Denken selbst. So wie die Intelligenz hier definiert wurde, sind Verstand und Vernunft jedenfalls Teile der Intelligenz, genauso wie Kreativität, Motivation, Empathie, Geduld und vieles mehr. Sicher ist für den Erfolg bei den meisten typischen Lebenszielen eine ausgewogene Kombination möglichst vieler mentaler Fähigkeiten nützlich, aber im Einzelfall hängt die Gewichtung vom Individuum und seiner Lebenssituation ab.

So gesehen müsste eine Messung der individuellen Intelligenz eigentlich eine Messung der persönlichen Zufriedenheit über die gesamte Lebensdauer sein. Und der IQ Test misst dann eigentlich nur eine Sammlung von mentalen Leistungsfähigkeiten, die je nach Test anders gewichtet sind, nach verschiedenen gesellschaftlichen, wirtschaftlichen, wissenschaftlichen und sonstigen Kriterien.

Und wenn heute jemand behauptet, Einstein und Mozart hätten einen IQ von ungefähr 160 gehabt, so kann es zwar durchaus sein, dass dies ungefähr ihrer Leistung bei einem IQ Test entsprochen hätte. Aber wenn sich Einstein als Musiker, und Mozart als Physiker versucht hätten, wären sie vielleicht dennoch kläglich gescheitert.

Zuletzt möchte ich noch festhalten, dass die Intelligenz in diesem Kapitel natürlich nicht erklärt, sondern nur beschrieben wird. Sie kann nicht wirklich verstanden werden, ohne dass man das gesamte Gehirn versteht. Daher mag es hilfreich sein, sich dieses Kapitel nach Lektüre des gesamten Buches noch einmal durchzulesen. Es werden dem Leser dann wahrscheinlich gänzlich andere Aspekte auffallen, als beim ersten Durchlesen. Man wird diesen Text dann vielleicht sogar als seichte Prosa empfinden, die wenig mit der Funktionsweise des menschlichen Gehirnes zu tun hat, und gar nichts davon erklärt. Aber man kann dann die Missverständnisse viel besser begreifen, denen der Intelligenzbegriff geschuldet ist, und noch immer unterliegt.

3.4 Das Bewusstsein und das „Ich"

In der englischen Sprache gibt es drei extrem unangenehm überlappende Begriffe für das Bewusstsein: Consciousness, awareness und sentience. Man kann sie aber durch ihren umgangssprachlichen Gebrauch eigentlich recht gut entwirren: „A sentient being can be unconscious, and a conscious being can be unaware (of almost anything, including its own consciousness)." Die Verwirrung steigert sich aber fast ins Unermessliche, wenn man dann zum Beispiel noch die Begriffe self-awareness und self-consciousness mit berücksichtigt.

Im Deutschen gibt es nur die Verwirrung zwischen Bewusstsein und Selbstbewusstsein, welche aber auch schon schlimm genug ist. Obwohl Bewusstsein aus dem lateinischen *coscientia* stammt, ist das Konzept im allgemeinen Sprachgebrauch näher verwandt mit dem englischen „sentience" und dem englischen „self-awareness". Der Begriff hat sich aus dem lateinischen Ursprung, der so etwas wie „Gewissen" bedeutet hat, unterschiedlich weiterentwickelt. Dennoch wird „Bewusstsein" in der Regel zu „consciousness" übersetzt, während aber self-awareness zu „Selbsterfahrung", und „sentience" zu „Empfindung" übersetzt wird. (Ein schöner Hinweis auf den Umstand der Relativität von semantischer Wahrheit!)

Alleine dadurch zeigt sich schon, um wie viel größer die Verwirrung in diesem Bereich ist, als zum Beispiel im Begriffsumfeld von Information und Wissen – und dort ist es eigentlich schon ziemlich schlimm.

Wenn wir auch nur den kleinsten Ansatz wagen wollen, diese Dinge zu erklären, müssen wir es erst einmal schaffen, die Begriffe konsistent zu definieren. Ansonsten ist jeder Ansatz von vorne herein zum Scheitern verurteilt.

Das übliche Vorgehen der Forschung ist, solche Probleme einfach *nicht* zu lösen, indem man neue Begriffe definiert, die noch nicht belastet sind, und besser zu den manchmal schon vorgefertigten Modellen passen. Damit kann aber der Einsteinsche (und auch mein) Anspruch nicht erfüllt werden, etwas einem Unbedarften erklären zu können. Was nützt es, jemandem, der das Bewusstsein verstehen will zu sagen: „Ich definiere erst mal den Begriff Maschendrahtzaunsystem und erkläre ihn Dir, dann wirst Du schon verstehen, dass der Begriff Bewusstsein viel zu schwammig ist, um wissenschaftlich korrekt erklärt zu werden." Wenn dann auch noch unterschiedliche Forschungsrichtungen unterschiedliche Definitionen für dieselben Begriffe, oder unterschiedliche Begriffe für dieselben Konzepte benutzen, ist die Verwirrung komplett, und man könnte genauso gut in Geheimsprachen kommunizieren.

Einer der Begriffe, auf welchen gerne ausgewichen wird, sind die „Qualia". Darin subsummieren sich in der Forschung einige der Unterkonzepte des Bewusstseins, welche man nicht zu erklären vermag. Diesem Begriff ist ein eigenes Kapitel gewidmet. Wir werden aber hauptsächlich mit dem Begriff Bewusstsein arbeiten, aus dem oben genannten Grund des Einsteinschen Verständnisanspruches.

Der Begriff Selbstbewusstsein muss aber zuerst auch noch „aus dem Weg geräumt werden", denn er stiftet ansonsten Verwirrung. Selbstbewusstsein wird auf zwei Arten verwendet. Umgangssprachlich wird „Selbstbewusstsein" fast nur im Sinne von „Selbstvertrauen" benutzt. In der Philosophie und anderen Wissenschaften gibt es aber eine zweite Bedeutung, die mehr in Richtung „Bewusstsein" geht; genau genommen entspricht sie sehr gut der englischen „self-awareness". Das „Selbstvertrauen" besprechen wir hier nicht. Den anderen Teil rechnen wir einfach dem Gesamtbegriff „Bewusstsein" zu; wir brauchen hier keine Unterscheidung zwischen all diesen stark überlappen Begriffen. Es genügt uns eine Definition zu finden, die uns später dabei hilft das Gesamtphänomen zu verstehen, wie schon bei der Intelligenz.

3.4.1 Bewusstsein

So wie die Intelligenz, den Verstand und die Vernunft, könnte man auch das Bewusstsein als ein rätselhaftes und komplexes Phänomen betrachten, welches alle möglichen (scheinbar) unerklärlichen Aspekte des menschlichen Gehirns in sich vereinen muss.

In der Philosophie wird unter anderem zwischen phänomenalem Bewusstsein, gedanklichem Bewusstsein, dem Bewusstsein des Selbst und dem Individualitätsbewusstsein unterschieden. Über das phänomenale Bewusstsein werden wir in Bezug auf die Qualia zu sprechen kommen. Das Bewusstsein des Selbst ist eine unscharfe Mischung aus mehreren dieser Begriffe und dem Wissen (grob ausgedrückt), ein solches Bewusstsein zu haben. Das Individualitätsbewusstsein ist grob ausgedrückt das bewusste Wissen, einzigartig zu sein. Und das gedankliche Bewusstsein beschreibt einfach ausgedrückt Lebewesen, die bewusst „denken". Diese Strukturierung ist für uns aber vorerst nicht wichtig.

Ich halte es für besser, zuerst ein Modell aus möglichst einfachen Grundbegriffen heraus zu erarbeiten, daher wird auch die Definition für das Bewusstsein unerwartet simpel erscheinen, wenn ich sie hier nun vorstelle, und sie nicht als Phänomen, sondern so wie auch die Intelligenz als „Fähigkeit" beschreibe.

Das Bewusstsein ist die Fähigkeit einer Entität (Lebewesen oder Maschine) **ein Modell seiner selbst** („Selbstmodell") **zu erzeugen, es auf sich selbst zu beziehen und damit zu interagieren.**

Und da manche Philosophen meinen, dass man besser den Begriff „Bewusstheit" verwenden sollte, hier noch eine entsprechende Umformulierung:

Die Bewusstheit ist die fortlaufende Interaktion mit einem Modell, welches eine Entität von sich selbst erzeugt und auf sich selbst bezieht.

In beiden Definitionen könnte man die Begriffe „Bewusstsein" und „Bewusstheit" gegeneinander austauschen, ohne dass sich an der Konsistenz der Definitionen etwas ändert. Daher können wir den Begriff „Bewusstheit" wieder aus unserem Gedächtnis streichen – er ist für unsere Zwecke völlig überflüssig.

Nur Vorgänge, die mit diesem **Selbstmodell** interagieren, können laut dieser Definition auch „bewusst" (als Adjektiv) werden.

Welche Interaktionen aber nun wirklich bewusst werden, und welche nicht, geht aus den bisherigen Definitionen noch nicht klar hervor, da es davon abhängt, wie wir das Adjektiv „bewusst" genau definieren. Es können allerdings nur solche Interaktionen sein, die zur Entstehung von Wissen führen, denn ein Selbstmodell impliziert Wissen über das „Selbst". Ein Beispiel für eine Interaktion, die nicht bewusst werden kann, wäre das Verschwinden von Wissen aus dem Selbstmodell – damit ist aber nicht das Vergessen einer Sache gemeint, deren Fehlen wir feststellen können; in den Kapiteln 7 und 8 werden wir konkrete Beispiele dafür kennenlernen.

Wenn wir vom Menschen ausgehen, stellen wir fest, dass es hier einen scheinbaren Widerspruch gibt: wir akzeptieren nur als bewusste Wahrnehmung, wovon wir nachher auch berichten können. Wahrnehmungen, die sich sofort nach dem Wahrnehmungsvorgang wieder verflüchtigen, bezeichnen wir als „unterbewusst" oder „unbewusst", und da wir über diese nicht berichten können, sehen wir sie nicht als bewusst an, selbst wenn sie während dem Wahrnehmungsvorgang vielleicht sehr wohl kurz bewusst waren. Das Adjektiv „bewusst" beschreibt ein Kontinuum von mehr oder weniger flüchtigen Vorgängen im Selbstmodell. Dieses Dilemma werden wir weiter unten lösen.

Das Bewusstsein ist nach dieser obigen Definition also die direkte Funktion des Selbstmodells. Ich bitte aber zu beachten, dass ich hier nicht behaupte, dass dies genau so für das menschliche Bewusstsein gilt, auch wenn ich in Folge bei Beispielen der Einfachheit halber auf das menschliche Bewusstsein zurückgreife.

Anstelle von „**erzeugen**" könnte man sich auch mit „**aufrechterhalten**" begnügen, falls dieses Selbstmodell bereits irgendwie angelegt wurde. (Achtung: das Selbstmodell wird nicht bewusst erzeugt oder aufrecht erhalten, das wäre ein Zirkelschluss!)

Mit „**interagieren**" ist hier im einfachsten Falle nur interpretieren (oder „beobachten") gemeint, also Informationen zu Wissen zu verarbeiten; dazu ist keinerlei Zauberei erforderlich – beobachten in diesem Sinne kann auch ein Fernglas ganz alleine. Ich hätte auch schon in der Definition den Begriff „interpretieren" wählen können, aber das macht den Satz deutlich holpriger, und schließt nachfolgende, erweiterte Definitionen aus.

Vereinfach ausgedrückt könnte man sagen: das Bewusstsein ist die Fähigkeit eines Systems sich selbst wahrzunehmen. Das ist aber nicht so sauber, weil das scheinbar harmlose Wörtchen „wahrnehmen" eigentlich schon wieder den Menschen mitsamt seinem Gehirn beinhaltet; denn Wahrnehmung impliziert Bewusstsein, oder im Falle von „unbewusster Wahrnehmung" vielleicht potentielles Bewusstsein (eine unbewusst wahrgenommene Sache kann dem Menschen jederzeit bewusst werden), und damit ist die vereinfachte Definition zwar intuitiv, aber leider auch zirkulär. Eine weitere Alternative wäre: Bewusstsein ist das Wissen eines Systems über sich selbst, welches das System benutzen kann, um sich selbst zu beschreiben. Aber auch hier gibt es Schwierigkeiten, da ein solches System völlig mechanisch, also ohne Bewusstsein konstruiert werden kann.

Und mit **„Modell"** ist an sich auch nur ein nicht-triviales Bezugssystem gemeint. Ein minimales, künstliches Bewusstsein lässt sich nach dieser Definition daher recht einfach erstellen (siehe Kapitel 13.5).

Allerdings sind die Implikationen dieser Definition doch schwerwiegender und komplexer, als man im ersten Moment vielleicht glauben würde.

Sich selbst im Spiegel zu betrachten verursacht kein Bewusstsein, das kann auch eine Kamera. Aber die Kamera *„betrachtet"* nur, sie *beobachtet (interpretiert)* nicht. Die Kamera arbeitet mit Information, nicht mir Wissen. Wissen könnte eine Kamera nur haben, wenn sie das, was sie „sieht" in ein Bezugssystem einordnen könnte. Dazu müsste sie das Bild, das sie „sieht" erst einmal in seine Inhalte („Wissensinhalte") zerlegen können, und das kann sie nun einmal noch nicht. Ein Bilderkennungssystem, also bestimmte machine learning Algorithmen, können das bis zu einem gewissen Grad. Daher könnte ein solches System mithilfe eines Spiegels grundsätzlich auch ein Modell seiner selbst erzeugen.

Dies führt aber bei weitem noch nicht zu Bewusstsein, denn zwei Elemente – und darunter das entscheidende – fehlen noch: Erstens: Das Selbstmodell muss laut obiger Definition interpretiert werden. Es muss mit dem System selbst in ein Bezugssystem gestellt werden, so dass eine Beziehung zwischen dem Modell und dem modellierten System entsteht. Es muss also implizit ein „Übermodell" geben, in welchem das Selbstmodell enthalten ist. Dieses Übermodell nennen wir ab sofort das **Metamodell**.

Zweitens: Das System muss sich selbst mit seinem Selbstmodell in irgendeiner Form in Bezug stellen (aber sich nicht unbedingt damit identifizieren, wie wir im zweiten Teil des Buches erkennen werden). Das heißt, Selbstmodell und Metamodell müssen so beschaffen sein, dass das System die Grenze zwischen „sich selbst und dem Rest der Welt", also zwischen den beiden Teilmodellen, erkennen kann. Diese Grenze muss aber nicht bewusst sein. Es genügt eine implizite Grenze, so dass das System auf Änderungen am Selbstmodell anders reagieren kann, als auf Änderungen am Metamodell.

In der künstlichen Intelligenz und im Machine Learning habe ich bisher noch kaum Ansätze in diese Richtung entdeckt. Kognitive Agenten und dergleichen führen zwar oft ein „Weltmodell", aber erstaunlicher Weise in der Regel kein Selbstmodell. Wahrscheinlich sind solche Systeme derzeit nicht mächtig genug, um Hoffnung auf eine industrielle Anwendung zu erwecken. Und vor allem sind sie sicher noch nicht mächtig genug, uns mitzuteilen, dass sie ein Bewusstsein haben. Dazu fehlen noch ein paar zusätzliche Dinge, die wir erst gegen Ende dieses Buches kennen lernen werden.

Ich sollte an dieser Stelle darauf hinweisen, dass ich damit nicht unterstellen will, dass der Mensch ein dauerhaftes, zusammenhängendes, konsistentes Modell (zum Beispiel im Sinne der Informatik) für sich selbst in sich trägt, und damit auch schon alles klar wäre. Das wäre eine sehr plumpe Computeranalogie. Die vielen Modelle, die der Mensch irgendwie in sich trägt sind flüchtig, oft stark fragmentiert, und nur selten wirklich konsistent (und manchmal sogar völlig inkonsistent und dennoch zugleich „aktiv" und als wahr empfunden, was dann auch zu kognitiver Dissonanz führen kann). Wir erklären hier noch lange nicht das Bewusstsein des Menschen, wir definieren vorerst nur ein einfachst mögliches Konzept eines Bewusstseins.

Die Beziehung zwischen dem Selbstmodell und dem Metamodell muss, wie schon gesagt, nicht bewusst wahrgenommen werden können; Kleinkinder können das nicht von vorne herein – der erwachsene Mensch ist aber normalerweise dazu in der Lage. Dies werden wir vorläufig als „einfach erweitertes Bewusstsein" definieren:

Das einfach erweiterte Bewusstsein ist ein Bewusstsein, bei welchem das Metamodell eine Beziehung zwischen dem Metamodell und dem Selbstmodell mit abbildet.

Dieses System kann dann also theoretisch bewusstes Wissen darüber erlangen, dass es ein Modell von sich selbst benutzt. Das ist beim Mensch in der Regel ein Resultat der Introspektion. Dem Menschen fällt das spätestens dann zum ersten Mal auf, wenn er feststellt, dass er sich in seiner Selbsteinschätzung geirrt hat. Es ist ihm deswegen nicht unbedingt explizit bewusst, dass er sich selbst modelliert, aber er weiß dann, dass er „eine Vorstellung davon hat, wie er selbst ist" beziehungsweise eine Vorstellung davon, wie er von anderen wahrgenommen wird. Dadurch wird es ihm möglich Fragen zu stellen wie „Wer oder was bin ich?", „Was ist der Sinn meines Lebens?" oder „Warum bin ich traurig?". (Solche Fragen setzen natürlich noch etwas mehr als nur Bewusstsein voraus; zum Beispiel eine Sprache.)

Es geht zwar nicht aus obiger Definition zwangsweise hervor, aber es kann angenommen werden, dass ein solches System sich zudem selbst beim Beobachten seiner Umwelt beobachten kann, wenn das Selbstmodell reichhaltig und genau genug ist (und die Aktualisierung dieses Modelles nebenläufig vonstattengeht, was heutzutage dem Informatiker gegenüber wohl nicht mehr extra erwähnt werden muss). Dies definieren wir als doppelt erweitertes Bewusstsein:

Das doppelt erweiterte Bewusstsein ist ein Bewusstsein, bei welchem das Metamodell die eigene Beobachtung des Selbstmodells mit abbildet.

Die einfache Erweiterung ist hier bereits implizit enthalten. Außerdem wird dadurch nun offensichtlich ein „explizites Modell" impliziert, welches wir im Unterschied zum impliziten Selbstmodell als „Ich-Modell" bezeichnen werden. Zudem wird es nun in der Regel ein bewusst verfügbares Modell dessen geben müssen, was „nicht ich" ist. Dies nennen wir nun „Weltmodell". Darin ist das Ich-Modell eingebettet. Streng genommen impliziert auch das nicht-erweiterte Bewusstsein bereits ein minimales Ich-Modell, und legt auch schon ein minimales Weltmodell nahe.

Diese Modelle müssen wir genauer definieren, da wir die betroffenen Begriffe noch oft belasten werden müssen:

- Das **Selbstmodell** ist ein Modell, mit welchem sich eine Entität selbst abbildet („Schreibzugriff"), und welches die Entität interpretieren kann („Lesezugriff"). (Achtung: unbewusstes Wissen!)
- Das **Metamodell** ist eine Abbildung all dessen, was eine Entität abbilden und interpretieren kann.
- Das **Ich-Modell** ist die Abbildung eines Selbstmodells, welches dem Bewusstsein zur Verfügung steht (also bewusst werden kann). Einfach ausgedrückt könnte man auch sagen: Das Ich-Modell ist ein Modell, anhand welchem sich eine Entität selbst beschreibt. Oder: Das Ich-Modell ist eine explizite Abbildung des Selbstmodells.
- Das **Weltmodell** ist eine Abbildung des Metamodells, welche dem Bewusstsein zur Verfügung steht (also bewusst werden kann). Einfach ausgedrückt könnte man auch sagen: Das Weltmodell ist ein Modell, anhand welchem eine Entität ihr Wissen beschreibt. Oder: Das Weltmodell ist eine explizite Abbildung des Metamodells.

Spätestens jetzt wird auch offensichtlich, wie wir das Adjektiv „bewusst" definieren können:

Bewusst wird eine Information dann, wenn sie vom Selbstmodell in das Weltmodell überführt wird.

Das Weltmodell schließt hier auch das Ich-Modell mit ein. Es wird also nur etwas bewusst, wenn es vom Selbstmodell in explizites Wissen verwandelt wird, wobei das Bezugssystem ein Modell sein muss, welches dem Selbstmodell zugänglich ist. Damit können sowohl flüchtige, als auch bleibende bewusste Wahrnehmungen beschrieben werden, denn es ist nicht gesagt, ob und wie lange ein Wissen im Weltmodell persistiert.

Nun zurück zum doppelt erweiterten Bewusstsein: Mit „Beobachtung" ist in obiger Definition der passive Teil der Interaktion mit dem Selbstmodell gemeint. Dies ist beim Menschen ein wichtiger Teilaspekt der Introspektion. Dadurch kann man sich vereinfacht ausgedrückt die Frage stellen, warum rot für uns rot ist, oder Fragen wie „Welche Wahrnehmung, oder welcher Gedanke hat dazu geführt, dass ich mich jetzt so fühle?", und sich generell mit dem Bewusstsein beschäftigen. Das Bewusstsein ist einem System mit doppelt erweitertem Bewusstsein also bewusst.

Und auch dieser Umstand kann theoretisch wieder modelliert werden, ad infinitum. (Der Mensch kann sich auch fragen, warum er sich fragt warum rot für ihn rot ist.) Nun ja, beinahe ad infinitum; irgendwann löst sich der Mensch dann (frei nach Douglas Adams:) „in ein Logikwölkchen" mit starkem Kopfweh auf.

Ein dreifach erweitertes Bewusstsein wird hier noch definiert – es kommt nur bei Menschen vor, die sich recht häufig und/oder intensiv durch Introspektion selbst beobachten, und ist an sich eine relativ einfache Verallgemeinerung des obigen:

Das dreifach erweiterte Bewusstsein ist ein Bewusstsein, bei welchem das Metamodell die Interaktion mit dem Selbstmodells abbildet.

Die doppelte Erweiterung ist hier implizit. Ein solchermaßen bewusstes System kann einfach ausgedrückt auch bis zu einem gewissen Grad wahrnehmen, wie es sein eigenes Selbstmodell beeinflusst (nicht direkt natürlich). Dies ermöglicht dem Menschen sein Ich-Gefühl in einem gewissen Rahmen zu modellieren. Über die direkte Interaktion mit dem Ich-Modell kommt eine indirekte Interaktion mit dem Selbstmodell zustande. So kann man zum Beispiel im einfachsten Fall Dinge bemerken wie: „Jetzt beginne ich gerade wieder ein Denkmuster, das dazu führen wird, das ich mich schlecht fühle". Das ist nicht einfach. Wäre es einfach, müssten alle Psychologen und Psychiater ein neues Handwerk lernen. Bei der so genannten „Psychoedukation" bringen erfahrene Psychiater dies den Menschen gezielt bei.

Ein vierfach erweitertes Bewusstsein definieren wir hier nicht mehr – das überlassen wir den erleuchteten Buddhisten und den erfolgreichen Psychonauten. Es sei nur darauf hingewiesen, dass manche Personen sich wirklich so sehr von den negativen Implikationen ihres Selbstmodells befreien können, dass sie das Gefühl haben, eins mit der Welt und allen anderen Lebewesen zu sein.

Zusammenfassend und verallgemeinert kann man sagen:

Ein erweitertes Bewusstsein ist ein Bewusstsein, welches ein Modell seines

Selbstmodelles (das Ich-Modell) erzeugen kann, und sich mit diesem identifiziert.

Diese Definition ist zwar plastischer als die obigen, hat aber einige schwerwiegende Schwächen, da das Ich-Modell weder definiert, noch spezifiziert ist, und der Ausdruck „sich identifizieren" in diesem Zusammenhang streng genommen eine Rekursion darstellt.

Wir haben hier zum einen ein abgestuftes Bewusstseinsmodell vorliegen, aber zugleich auch ein kontinuierliches. Das Kontinuum liegt in der Reichhaltigkeit des Selbstmodells (man vergleiche Kind und Erwachsenen), und in der Bandbreite der Beobachtung des Selbstmodells (im Halbschlaf zum Beispiel sehr gering), sowie beim dreifach erweiterten Bewusstsein auch im Detailgrad, in welchem die eigene Interaktion mit dem Selbstmodell im Metamodell abgebildet wird. Letzteres wird gerne mit Introspektion umschrieben. Nach unseren Definitionen könnte man dies aber auch als Meta-Bewusstsein bezeichnen.

Aber Achtung: das Selbstmodell an sich ist nie bewusst und kann nie bewusst sein! Wem das an dieser Stelle nicht eindeutig klar ist, der sollte sich unsere Definition von Bewusstsein noch einmal sehr genau durchlesen. Wir Menschen beziehen unser Selbstmodell nur implizit auf uns selbst – wir (bzw. die bewusste Entität) identifizieren uns nicht explizit damit! Wenn wir „ich" sagen, dann meinen wir zwar eigentlich das Selbstmodell, es ist aber das Ich-Modell, welches wir beschreiben, wenn wir nach unseren Eigenschaften gefragt werden. Von den Eigenschaften des Selbstmodells haben wir in der Regel wenig Ahnung, und vor allem haben wir eben keinen bewussten Zugriff darauf. Dasselbe gilt auch für das Metamodell. Dies werden wir spätestens nach dem zweiten Teil dieses Buches einsehen müssen.

Außerdem: Die vier Modelle (Metamodell, Selbstmodell, Weltmodell und Ich-Modell) können allesamt durch unbewusste Vorgänge verändert werden, und unser Verhalten unbewusst beeinflussen. Aber nur das Weltmodell und das Ich-Modell können bewusst wahrgenommen und direkt verändert werden. Auch dies wird im zweiten Teil dieses Buches klarer werden.

Es soll hier nur kurz darauf hingewiesen werden, dass ein Mensch zum Beispiel zugleich etwas hören und sehen kann, aber nicht beides notwendigerweise im selben Maße – oder überhaupt – bewusst wahrnehmen muss. Dies betrifft die Konzentration und die Aufmerksamkeit, welche unsere Beobachtungen lenken (manchmal eben auch auf unser „Ich"), und welche mit dieser Definition des Bewusstseins keineswegs abgedeckt ist. Auch darauf werden wir erst im zweiten Teil des Buches zu sprechen kommen.

Es sei abschließend noch bemerkt, dass wir Daten, Information, Wissen, Intelligenz und Bewusstsein ohne Bezug zum Menschen (also nicht-zirkulär und nicht-rekursiv), nur anhand von sehr einfachen Grundbegriffen definiert haben.

Bei der Wahrheit, dem Glauben, der Meinung, der Vermutung, dem Verstand und der Vernunft war das bisher nicht möglich. Dies liegt für einen Teil der Phänomene daran, dass sie im Gegensatz zu den erstgenannten eine soziale Dimension haben. Es sind dies Wahrheit, Verstand und Vernunft. Diese Konzepte kann ich nicht ohne soziale Dimension in Konsistenz mit all den anderen Begriffen definieren.

Glaube, Meinung und Vermutung haben dagegen mit dem Metamodell, dem Welt-Modell und dem Ich-Modell, und der Einbettung des betreffenden Wissens in diese Modelle zu tun – es wird ein Faktor für die bereits weiter oben definierte Zuverlässigkeit des Wissens mit abgebildet. Beim subjektiven Wissen ist dieser Faktor nicht vorhanden oder unbewusst. Objektives Wissen wird also mit dem Bewusstsein der Unsicherheit modelliert, subjektives Wissen wird dagegen direkt in die betroffenen Modelle eingebaut.

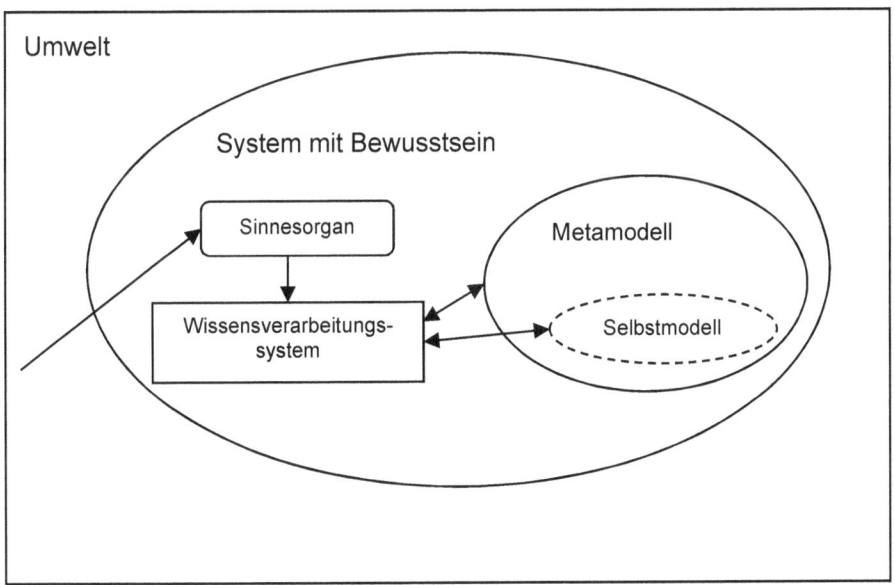

Vereinfachtes graphisches Modell eines „einfachen" Bewusstseins. Leider ist es schwierig, diese Definitionen in perfekter Entsprechung auf eine einfache Zeichnung aus Objekten und deren Beziehungen zu reduzieren, da es dazu mehrere Möglichkeiten gibt. Es ist außerdem zu beachten, dass keiner der Pfeile bewusste Interaktion darstellt!

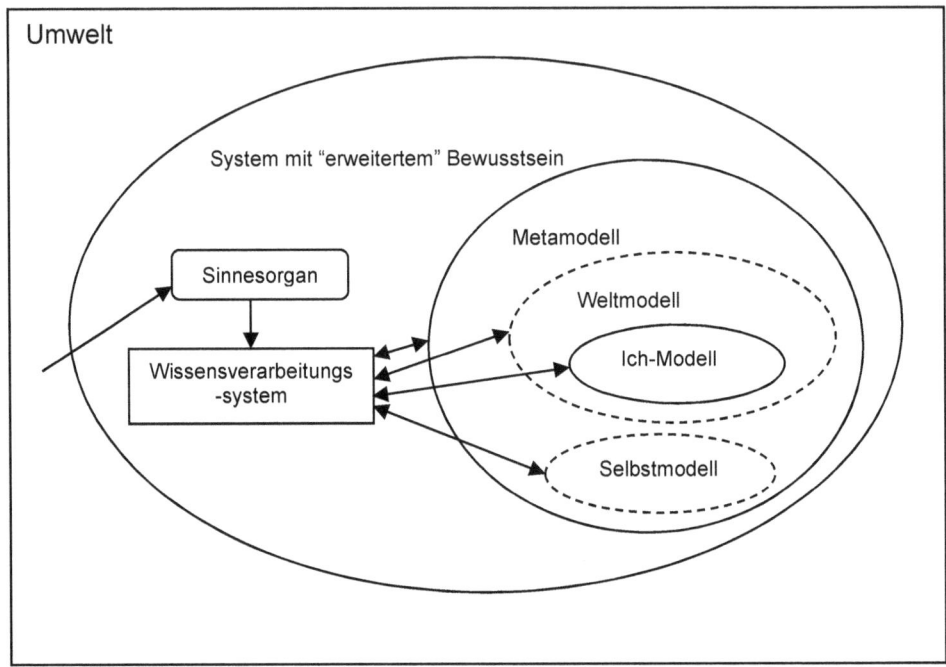

Vereinfachtes graphisches Modell eines „erweiterten" Bewusstseins. Auch hier stellt keiner der Pfeile bewusste Interaktion dar! Bewusste Wahrnehmung entsteht indirekt (emergiert) aus diesen unbewussten Interaktionen. Die unterbrochenen Randlinien sollen andeuten, dass die Grenzen zwischen manchen dieser Modelle nicht fest sein müssen.

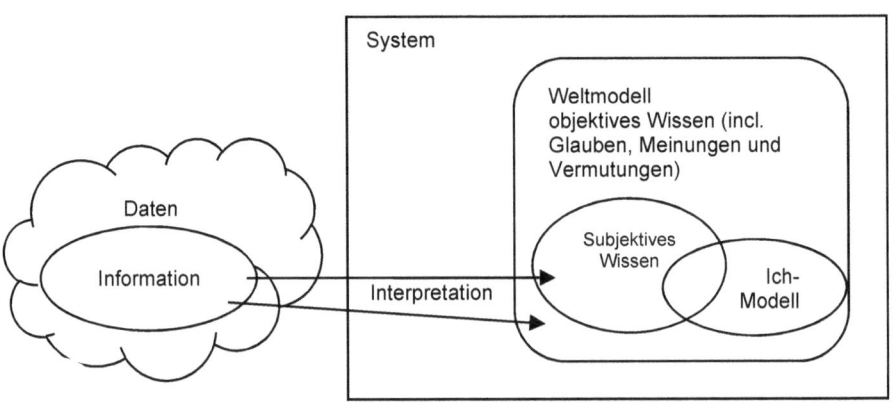

Vereinfachte graphische Darstellung eines bewussten Systems in einer etwas anderen Sicht. Wichtig ist hier die Überschneidung zwischen subjektivem Wissen und dem Ich-Modell. Sie soll noch einmal verdeutlichen, dass ein Teil des Ich-Modells aus implizitem, subjektivem Wissen besteht. Dies sind Annahmen über das eigene Ich, die für wahr gehalten werden. Gleichermaßen gibt es eine Überschneidung zwischen dem objektiven, expliziten Wissen und dem Ich-Modell. Dies sind Annahmen über das eigene Ich, die aus subjektiver Sicht hinterfragt werden können. (Die Systemgrenze ist hier etwas willkürlich gewählt. Information kann je nach System außerhalb oder erst innerhalb entstehen.)

3.4.2 Das Ich und die Wahrnehmung

Nun können wir ohne viel Aufhebens das „Ich" definieren (welches manchmal auch als „Subjektivität" bezeichnet wird), denn das wurde implizit schon im vorigen Kapitel erledigt:

Das „Ich" ist das subjektive Wissen einer Entität über ihr Selbstmodell.

Auf die Gefahr hin dem Leser nun einen Satz zu präsentieren, den er mehrmals wird lesen müssen: Das objektive Wissen über das Selbstmodell würden wir intuitiv vielleicht als „Selbstmodell" bezeichnen, es beschreibt aber in Wirklichkeit den „objektiven Teil" des Ich-Modells, und dessen „objektive Einbettung" in das Weltmodell. Das „Ich" hingegen ist somit gleichbedeutend mit dem „subjektiven Teil" des Ich-Modells. Und es sollte eigentlich nicht gesondert betont werden müssen, dass das Wort Wissen für sich genommen keinerlei Bewusstsein impliziert. Dass „eine Entität etwas weiß" heißt nach unseren Definitionen nur, dass in ihr Information in einem Bezugssystem vorliegt.

Nun können wir auch versuchen, die Wahrnehmung zu definieren. Wenn ich von Wahrnehmung schreibe, meine ich fast immer die bewusste Wahrnehmung. Ich halte es für kontra-intuitiv in den Begriff der Wahrnehmung („etwas für wahr nehmen") auch die unbewusste, oder unterbewusste Wahrnehmung zu inkludieren, aber leider haben wir kein besonders geeignetes Wort für unbewusste Wahrnehmung. Ich werde daher versuchen, immer wenn es einen Unterschied macht, unbewusste Wahrnehmung explizit als „unbewusste Wahrnehmung" zu bezeichnen.

Die [bewusste] **Wahrnehmung ist der Vorgang der bewussten Überführung von Wissen in ein Modell.**

Beim Menschen wird dieses Modell im Falle der bewussten Wahrnehmung das Weltmodell oder das Ich-Modell sein.

Das heißt, wir nehmen nur wahr, was durch das Selbstmodell interpretiert wird, nicht aber was direkt in unser Metamodell gelangt. Und die

Wahrnehmung wird immer zuerst subjektives Wissen sein – man hält sein eigenes Erleben immer für echt, während man es erlebt.

Das gilt auch für Träume, Halluzinationen, und auch für luzide Träume. Luzides Träumen kann durch Training ermöglicht werden, und erlaubt es einem während einem Traum zu realisieren, dass man träumt. Dies kann man benutzen, um die eigenen Träume beinahe beliebig zu gestalten. Man weiß dann zwar, dass das Erlebte nicht echt ist, aber man ist ja trotzdem noch davon überzeugt, dass man wahrnimmt was man wahrnimmt. Es ändert sich dadurch nichts daran, dass man das Erlebte wahrnimmt („für wahr nimmt" ist hier nicht im Sinne von Wahrheit zu verstehen) obwohl man weiß, dass es nicht durch Sinnesinformationen zustande kommt!

Erst nachträglich kann die eigene Wahrnehmung hinterfragt, und Wahrgenommenes zu objektivem Wissen verwandelt werden. Das ist aber im Normalfall sehr schwierig, denn was man wahrgenommen hat, nimmt man unfreiwillig und automatisch als Wahrheit an, ganz egal wie skeptisch die eigene Grundhaltung auch sein mag. So erklärt sich auch, dass Zeugen bei kriminalistischen oder juristischen Befragungen oft selbst dann noch auf ihrer Version des Wahrgenommenen bestehen, wenn ihnen zweifelsfrei bewiesen wurde, dass es anders stattgefunden hat.

Da Wahrnehmung (so wie hier definiert) bewusst ist, ist damit das Selbstmodell ausgeschlossen, da es sich nie selbst explizit beobachten kann. Was wir wahrnehmen, kann aber sehr wohl unbewusst in das Selbstmodell einfließen.

Aber...

Die „unbewusste Wahrnehmung" ist der Vorgang der unbewussten Überführung von Wissen in ein Modell.

Hier ist das Selbstmodell als potentielle Quelle mit eingeschlossen, denn es handelt sich ja nicht um bewusste Inhalte. Allerdings kann der Teil des Wissens, der vom Selbstmodell ausgeht, niemals direkt zu bewusstem Wissen weiterverarbeitet werden. Über das Selbstmodell können wir uns nur von „außen", also durch ein Ich-Modell eine Vorstellung machen, welches wir langwierig durch mühsame Introspektion und Auskünfte von Dritten aufbauen müssen.

Will man den Überbegriff der bewussten UND der unbewussten Wahrnehmung definieren, könnte man sagen: Wahrnehmung ist die Interpretation von Wissen durch das Selbstmodell.

Das klingt zwar sehr elegant, ist aber nicht so brauchbar. Was man dabei nämlich gerne übersieht ist, dass dies mental zu „Interpretation der Interpretation von Information" expandiert werden muss. Man könnte auch sagen, es wird Information von einem Bezugssystem in ein anderes Bezugssystem übertragen. Dies ist für mich ein Aspekt der Informationsverarbeitung und nicht des Bewusstseins oder der Wahrnehmung.

Wie wir später sehen werden, können die Ergebnisse des Libet-Experimentes (in welchem das „Hinterherhinken" der Wahrnehmung hinter der Realität und die unbewusste Rückdatierung von erlebten Ereignissen bewiesen wurde) anhand der hier definierten Begriffe erstaunlich gut beschrieben werden. Das Modell deckt sich auch hervorragend mit einigen der Erkenntnisse von Sigmund Freud, der in manchen Bereichen seiner Zeit weit voraus war.

3.4.3 Vorbewusstes, Unterbewusstsein und Intuition

Beim Unterbewusstsein und beim Vorbewussten gehen wir, wie auch die moderne Psychologie, recht analog mit dem Modell von Sigmund Freud vor.

Das Unterbewusstsein ist sämtliches Wissen einer Entität, welches Auswirkung auf deren Bewusstsein, Wahrnehmung oder Verhalten haben kann.

Oft spricht man zu Recht von unterbewussten „Prozessen" (also „Abläufen"). Ein Prozess ist aber auch nur Information, die in einem System verarbeitet wird. Da wir aber zum Beispiel biochemische Prozesse nicht zum Unterbewusstsein zählen (sie wirken sich allerdings sehr wohl darauf aus), bleiben nur noch virtuelle Prozesse übrig. Und ein virtueller Prozess besteht aus Wissen, welches in einem (virtuellen oder physischen, das lassen wir noch dahin gestellt) System verarbeitet wird. Daher deckt meiner Auffassung nach die obige Definition „unterbewusste Prozesse" zumindest implizit auch ab.

Das Vorbewusste ist demnach **Unterbewusstes, welches jederzeit bewusst werden kann.**

Wie schon am Beispiel des Ich-Modells geschildert, kann der Mensch Unterbewusstes durch Introspektion, Modellierung, Rationalisierung und diverse andere Prozesse teilweise direkt und teilweise indirekt bewusst machen.

Und mit all den hochkomplexen Definitionen die wir nun haben, können wir jetzt unerwarteter Weise plötzlich die Intuition sehr einfach definieren:

Als Intuition wird es bezeichnet wenn eine Entität auf implizites Wissen oder unterbewusste Prozesse (vernünftig) reagiert.

Letztere Definition könnte noch verfeinert und detailliert begründet werden, und man könnte noch darüber diskutieren, ob „vernünftig", erfolgreich oder nachvollziehbar reagiert werden muss, wie man impulsives Handeln davon abtrennen kann, und so weiter. Dies würde hier aber zu weit führen, und ist für unsere Zwecke nicht erforderlich. Wir brauchen den Begriff für den Zweck dieser Arbeit eigentlich gar nicht. Dass hier die Intuition definiert wird, dient nur der Veranschaulichung dessen, wie leicht es sein kann, scheinbar völlig rätselhafte und schwammige Begriffe zu fassen, wenn die zugrundeliegenden Konzepte zuvor klar und konsistent definiert wurden.

Geschuldet ist dieses Problem der begrifflichen Unsicherheit zu einem großen Teil der Vielzahl an Forschungsrichtungen, die sich mit völlig unterschiedlichen Ansätzen und Beweggründen dieser Themen annehmen. Damit schließen wir das Kapitel ab. Das Problem der widersprüchlichen Begriffe ist erklärt und zumindest im Rahmen dieser Arbeit gelöst.

4 Konzeptionelle Grundlagen

Dieses Kapitel beschäftigt sich mit Konzepten und Prinzipien, die unabhängig von Herkunft und Ausbildung in der Regel von Menschen schlecht verstanden werden. Ohne das Verstehen dieser Prinzipien ist das Verstehen des Gehirns unmöglich, weil seine Funktion essentiell von diesen abhängt.

Nachdem wir nun anhand der bisherigen Begriffsdefinitionen und den zugehörigen philosophischen Überlegungen eine gewisse „Sprach- und Denkhygiene" eingeführt haben, müssen wir jetzt leider auch noch einige schwerwiegende konzeptionelle Barrieren zum abschließenden Verstehen des menschlichen Gehirnes überwinden. Einige davon sind schwierig, weil sie unserer Alltagserfahrung widersprechen (zum Beispiel non-Monokausalität) oder in der Alltagserfahrung einfach selten, gar nicht, oder nicht wahrnehmbar vorkommen (zum Beispiel das holographische Prinzip). Andere werden schlecht verstanden, weil unser Gehirn von Natur aus schlecht dazu geeignet ist, sie zu begreifen (zum Beispiel Emergenz).

Das Begreifen von sprachlichen (semantischen) Prinzipien ist ein Sonderfall – hier steht den meisten von uns (vor allem jenen, die fast ausschließlich verbal denken) ein Grundprinzip der Logik im Wege, nämlich dass eine Sprache sich aus Prinzip nicht selbst konsistent (also widerspruchsfrei) und vollständig beschreiben kann. Den entscheidenden Beweis dafür erbrachte der österreichische Mathematiker Kurt Gödel, ein guter Freund von Albert Einstein.

4.1 Symmetrie und „Nicht-Monokausalität"

Gehirne sind die Antwort der Evolution auf eine Vielzahl von Fragen für autonom mobile, mehrzellige Lebewesen, wie zum Beispiel:

- Kann ich das essen?
- Kann das mich essen?
- Kann ich mich damit paaren?
- Ist das lebend oder tot?
- Ist das Pflanze oder Tier?
- Was wird als nächstes passieren?
- Was passiert, wenn ich xy mache?
- Was passiert, wenn der andere xy macht?
- Muss ich flüchten, mich verstecken oder kämpfen?

Vor allem für die letzten vier Fragen ist es erforderlich, ein wenig von Ursache und Wirkung zu verstehen. Allerdings genügt es hierzu eigentlich, monokausale Zusammenhänge abzuschätzen – also solche Zusammenhänge, in welchen ein Ereignis direkt das nächste verursacht. Es ist für das Überleben nicht zwingend erforderlich, das Zusammenspiel von hunderten klimatischen und meteorologischen Faktoren zum Entstehen eines Gewitters zu verstehen, sondern nur, dass man Unterschlupf suchen sollte, wenn sich der Himmel verdunkelt. Hühner gehen daher bei Sonnenfinsternis schlafen, und sind trotz dieser „Dummheit" noch nicht ausgestorben.

Die letzte Frage kann ich teilweise beantworten, indem ich den Gegner erkenne und feststelle, ob er mich gesehen hat. Dazu muss ich aber nicht das Frontalhirn eines Menschen haben, und mich in die dritte-Person-Perspektive (kurz 3PP) versetzen können. Daran, dass sich etwas bewegt, erahne ich einen Feind, denn tote Materie und Pflanzen bewegen sich nur wenig. Daran, dass ich Symmetrie sehe, erahne ich, ob ich gesehen wurde, denn ein Gesicht, das in unsere Richtung schaut hat Symmetrie, wie sonst kaum irgendetwas anderes in der Natur.

Daher sind schon die primitivsten Gehirne recht gut ausgestattet, um Bewegung, Symmetrie und Monokausalität zu verarbeiten. Bewegung und Symmetrie zu suchen ist geradezu ein Zwang, dem fast alle Gehirne folgen. Und dass etwas nicht monokausal sein soll, können sich viele fast nicht vorstellen.

Neben der Monokausalität haben wir noch die Begriffe „Kausalkette" und „Multikausalität". Eine Kausalkette ist schlicht und einfach eine Serie von Ursachen, die am Ende eine Wirkung haben. Das ist aber immer noch monokausal, denn jede Ursache hat nur eine Wirkung, die wiederum Ursache für die nächste Wirkung ist.

Multikausalität hingegen beschreibt Wirkungen, die durch mehrere Ursachen „zugleich" eintreten. Hören Sie nach diesem Satz zu Lesen auf, und lassen Sie sich ein paar Sekunden Zeit um zu sehen, ob Ihnen dafür überhaupt ein Beispiel einfällt. Obwohl es in Wirklichkeit unendlich viele Beispiele gibt, ist das vielleicht gar nicht so einfach, so sehr sind wir manchmal in unserem monokausalen Denken gefangen.

Tatsächlich ist es umgekehrt – bei genauerer Betrachtung ist es in der Natur fast unmöglich, etwas Monokausales zu finden! Ein Grashalm steht nur deshalb in der Wiese, weil ein Grassamen dort mit Erde und Wasser in Kontakt gekommen ist, und von der Sonne erwärmt wurde. Die Ursachen für das Vorhandensein des Grashalmes sind also zumindest der Samen, die Erde, die Sonne und Wasser.

Zum Thema der Kausalität und deren Hinterfragung haben neben vielen anderen vor allem Ernst Mach und Max Verworn meiner Meinung nach wertvolle Beiträge geleistet. Hier gehen wir nicht weiter darauf ein; es genügt uns zu verstehen, dass wir vorsichtig sein müssen, in unserer Wahrnehmung und in unserem Denken nicht dauernd nur Monokausalität zu betrachten, zu erwarten oder zu unterstellen.

Es gibt noch einen weiteren Begriff, der Zusammenhänge beschreibt, ohne von vorne herein Monokausalität zu unterstellen: den Begriff „Korrelation". Damit bezeichnen wir in der Wissenschaft Zusammenhänge, für welche wir bestimmte Arten von wechselseitigen Beziehungen feststellen können, ohne einen Kausalzusammenhang nachweisen zu können. In der Regel wird aber dennoch erwartet, dass ein solcher existiert. Entweder direkt, oder über eine dritte Sache, die auf die beiden korrelierenden Sachen einwirkt.

Zufällige Korrelationen erkennen wir in der Regel aufgrund statistischer Prinzipien rechtzeitig, und beachten sie nicht weiter. Eine zufällige Korrelation lässt, so wie das Fehlen einer Korrelation, darauf schließen, dass kein messbarer Zusammenhang in den verfügbaren Daten vorliegt.

Es gibt aber Zusammenhänge in der Natur, die durch keines dieser Konzepte wirklich zutreffend beschrieben werden. Der Überbegriff ist „nicht-kausale Zusammenhänge", und ist in seiner Holprigkeit ein Indiz dafür, dass die Menschheit solche Dinge noch nicht lange genug beachtet, um ein elegantes Wort dafür zu haben. Das folgende Kapitel beschreibt eine Klasse von „indirekt-multikausalen" Phänomenen, nämlich die Emergenz.

4.2 Emergenz

Einfach ausgedrückt sind emergente Phänomene solche, bei welchen durch ein Zusammenspiel von vielen einzelnen, kleinen Komponenten eine oft unerwartete, übergeordnete Struktur entsteht. In einigen Fällen kann die makroskopische Struktur nicht vorausberechnet werden, ohne all die einzelnen Elemente durchzurechnen.

Einige einfache Beispiele:

- Oberflächenstruktur von Sanddünen
    - Die Rippenmuster auf Sanddünen werden durch den Wind und die Wechselwirkung der einzelnen Sandkörner verursacht. Wenn man nur diese Einzelteile kennen würde, würde man intuitiv nicht erwarten, dass dabei ein sehr uniformes, regelmäßiges Muster herauskommt.
- Kristallbildung (z.B. Eiskristalle)
    - Die Bildung von Eiskristallen hängt von besonderen Anomalien des Wassermoleküls, und von eingeschlossenen Staubpartikeln ab. Normalerweise müsste man erwarten, dass Wasser einfach zu sechseckigen Blöcken gefriert. Die wunderschönen Kristallstrukturen, die wir im Winter oft sehen, sind einer Vielzahl von mikroskopischen

Zusammenhängen geschuldet, welche den Rahmen dieses Buches sprengen würden.

- Wirbelmuster in turbulenten Strömungen
  - Diese durch partielle Differentialgleichungen nur sehr schwierig zu berechnenden Wirbelmuster kommen ebenfalls durch mikroskopische Wechselwirkungen auf kleinster Ebene zustande.
- Schwarmintelligenz (z.B. Termitenbau)
  - Wenn man einen fertigen Termitenbau betrachtet, könnte man fast meinen, es wäre ein sehr intelligenter Architekt am Werk gewesen. Die einzelnen Tiere haben aber nicht das Wissen, das nötig wäre solch ein Kunstwerk gezielt zu entwerfen. Und doch bringen sie es gemeinsam zustande. Über das Thema Schwarmintelligenz kann man ganze Bibliotheken füllen. Es würde hier zu weit führen, auch nur ein einziges Beispiel ausführlich zu beschreiben.
- Fraktale (mathematisch)
  - Unglaubliche Strukturen können durch die wiederholte Anwendung von sehr einfachen mathematischen Regeln erzeugt werden. Besonders bekannt ist die so genannte Mandelbrot-Menge, oft „Apfelmännchen" genannt. Wesentlich beeindruckender sind aber drei- und vierdimensionale Fraktale, welche auf YouTube bewundert werden können. Wenn man sie sieht, kann man sich kaum vorstellen, dass sie nur auf extrem einfachen, mathematischen Regeln beruhen.
- Fraktale Muster in der Natur
  - Neben Farnen und Blumenkohl ist das meiner Meinung nach überraschendste Beispiel für fraktale Muster in der Natur die Muschel mit dem Namen „Cymbiola innexa". Auf ihrer Oberfläche bilden sich Sierpiński-Dreiecke ab. Dies kommt durch die mikroskopische Anwendung einer Regel zustande, die jeder selbst auf einem karierten Blatt Papier sehr einfach nachvollziehen kann (siehe unten).
- Langton-Ameise, Rule 110 und Conway's Game of Life
  - Dies sind mathematische Modelle, welche extrem faszinierende emergente Phänomene aufweisen. Auf beiden letzteren werden wir ebenfalls kurz eingehen.

Die am einfachsten nachzuvollziehenden emergenten Phänomene sind einfache Fraktale. Eines der einfachsten davon ist das auf der Cymbiola innexa natürlicherweise vorkommende Sierpiński Dreieck:

Um es zu zeichnen wird meistens folgende, unendlich oft zu wiederholende Konstruktionsweise gezeigt:

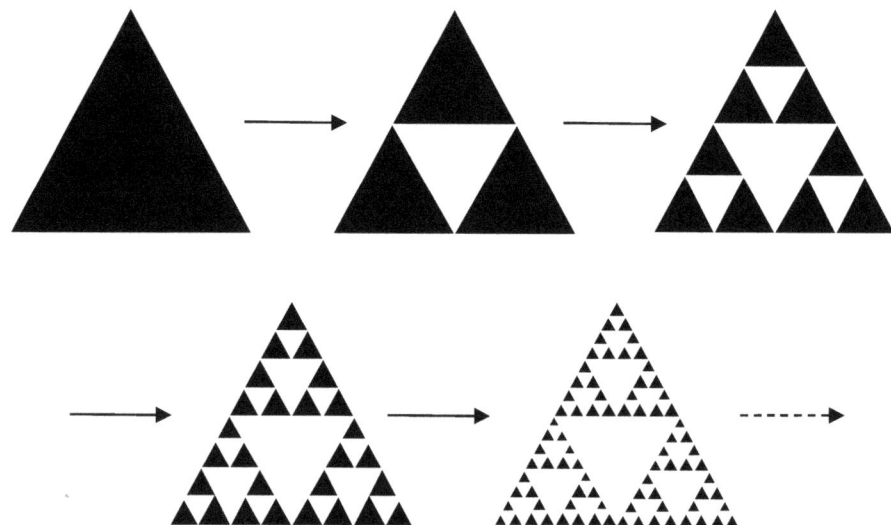

Dies ist eine Top-Down Vorgehensweise und veranschaulicht die Emergenz nicht. Es gibt aber eine zweite – Bottom-Up – Möglichkeit (und noch einige weitere, die aber hier keine Rolle spielen), die jeder mit einem Bleistift und einem karierten Blatt Papier sofort ausführen kann. Man muss dazu ein Kästchen mittig am oberen Blattrand ausmalen (das ist die *Anfangsbedingung*, man kann aber auch mit beliebigen Anfangsbedingungen starten), und dann wird für jedes Kästchen der nächsten Zeile die folgende Regel angewandt, bei welcher immer der Inhalt von drei darüber liegenden Kästchen berücksichtigt wird:

Vorgängerzeile	111	110	101	100	011	010	001	000
Aktuelle Zeile	0	1	0	1	1	0	1	0

Aus der Perspektive des mittleren Feldes kann man die Regel vereinfachen zu: „Wenn ich genau einen Nachbarn habe, lebe ich, ansonsten sterbe ich". Am Anfang wird man das Muster wegen der groben Auflösung nicht sehen können, aber nach einigen Zeilen wird es deutlich:

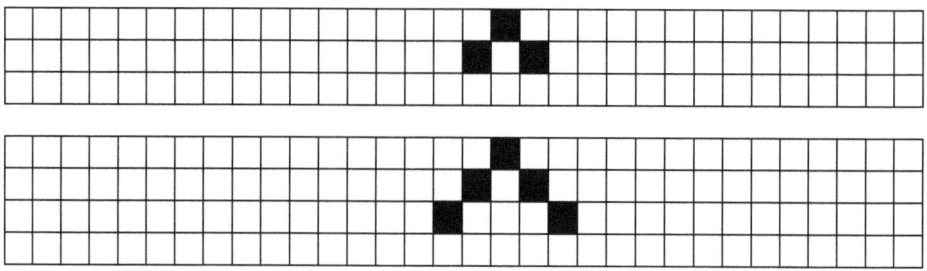

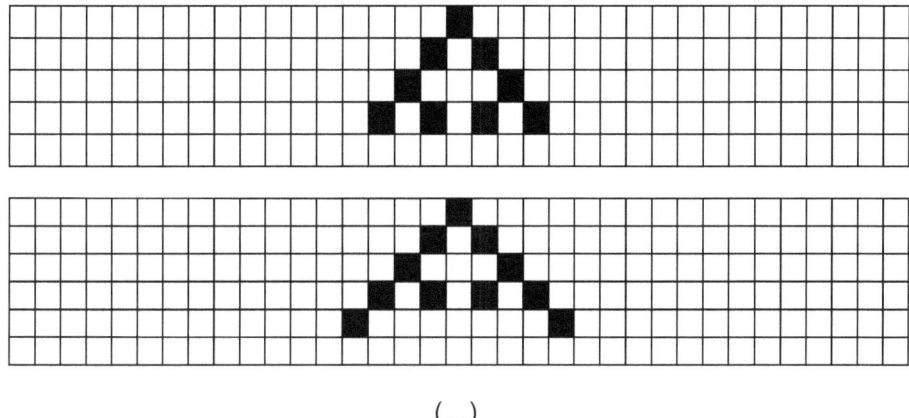

$$(\dots)$$

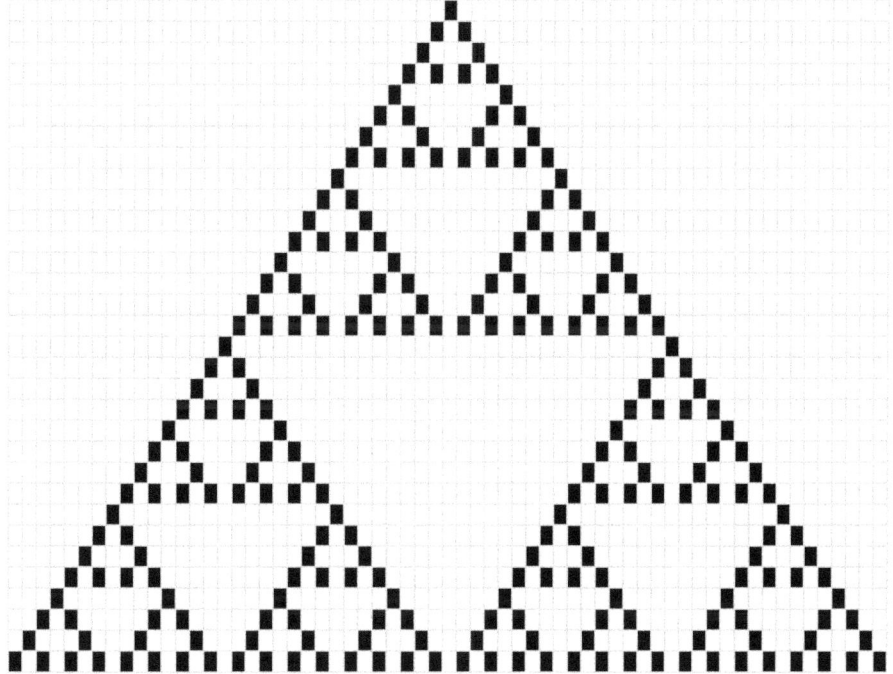

Und ebendieses Muster kommt auf der besagten Muschel vor, da beim Aufbau ihrer Schale durch eine „Laune" der Natur genau diese Regel angewandt wird:

Nicht perfekt natürlich, und nicht von einer singulären Anfangsbedingung ausgehend, so wie hier, aber doch so, dass das Muster eindeutig zu erkennen ist. Denn auch wenn die Anfangsbedingung rein zufällig gewählt wird, kommt es trotzdem immer wieder zu den hier beobachteten Dreiecksmustern.

Übrigens ist das Pascalsche Dreieck mit diesem Fraktal verwandt. Genauer gesagt entsprechen die geraden Zahlen im Pascalschen Dreieck genau den Lücken des Sierpiński Dreiecks, und die ungeraden Zahlen genau den ausgefüllten Flächen - das Sierpiński Dreieck ist also das Pascalsche Dreieck Modulo 2.

Wenn man nun die Struktur dieser Regel betrachtet, kann man feststellen, dass es genau 256 Möglichkeiten für solche Regeln gibt. Dies ist Regel 90 (die Nullen und Einsen in der unteren Zeile der Regel können als Binärzahl so interpretiert werden). Die Hälfte dieser Regeln sind einfach die Inversion der anderen Hälfte (man sagt dazu Komplement), außerdem sind einige chiral, somit gibt es eigentlich nur 88 strukturell verschiedene in dieser Konfigurationsklasse.

Die meisten davon führen zu sehr eintönigen Ergebnissen (alles wird schwarz, oder alles wird weiß, Wolfram-Klasse 1), einige führen zu periodischen Mustern (Wolfram-Klasse 2), und ein paar wenige führen zu „kristallinen" Fraktalmustern (also solchen, die starke Symmetrie aufweisen) wie diesem hier, oder zu „amorphen" fraktalen Mustern, die scheinbar völlig chaotisch sind (beides Wolfram-Klasse 3). Und dann gibt es noch mindestens eine, nämlich die Regel 110 (sowie ihr Komplement, und da sie chiral ist, auch ihr Spiegelbild), die eine seltsame Mischung aus Ordnung und Chaos aufweist und Turing-vollständig ist. Das heißt, sie ist theoretisch in der Lage, jede beliebige Berechnung zu simulieren. Solche Automaten fallen in Wolfram-Klasse 4.

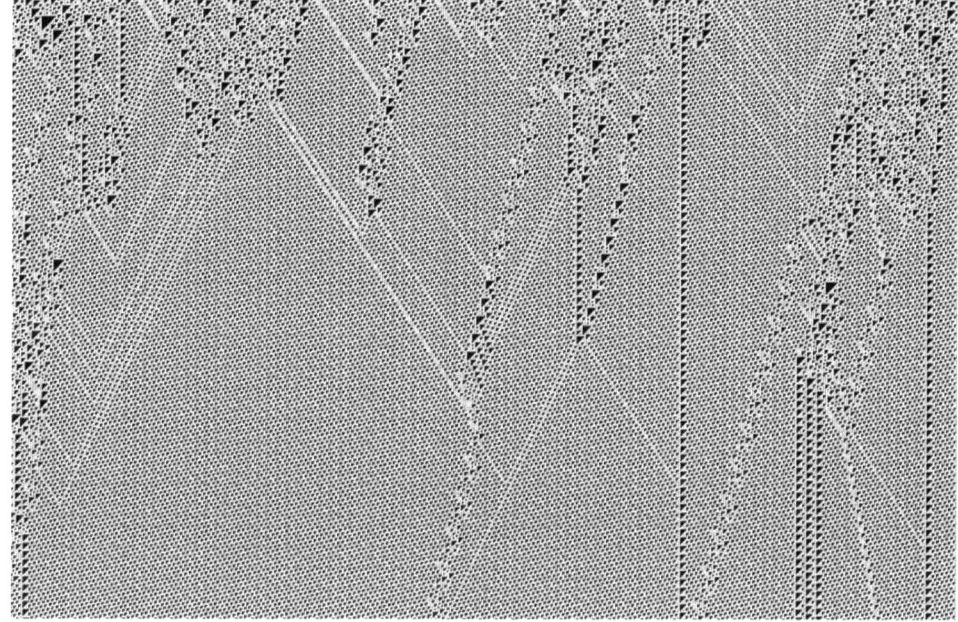

Ein Ausschnitt aus Regel 110 mit speziell gewählten Anfangsbedingungen

Noch besser ist dies aber in zwei Dimensionen zu beobachten, wo es dann eine Regel gibt, die Conways Game of Life genannt wird, nach dem Entdecker John Horton Conway. Die Regel kann ebenfalls binär angegeben werden, aber einleuchtender auch wie folgt.

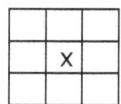

Die Zeichnung illustriert die „Nachbarschaft" von x. Für jedes Feld werden also acht Nachbarfelder ausgewertet, um dessen Inhalt im nächsten Schritt zu bestimmen. Wir bezeichnen ausgefüllte Zellen als „lebend", und leere Zellen als „tot".

- Eine lebende Zelle mit weniger als zwei Nachbarn stirbt aus Einsamkeit.
- Eine lebende Zelle mit mehr als drei Nachbarn stirbt an Überbevölkerung.
- Eine tote Zelle mit genau drei Nachbarn wird belebt.
- Eine lebende Zelle mit zwei oder drei Nachbarn bleibt am Leben.

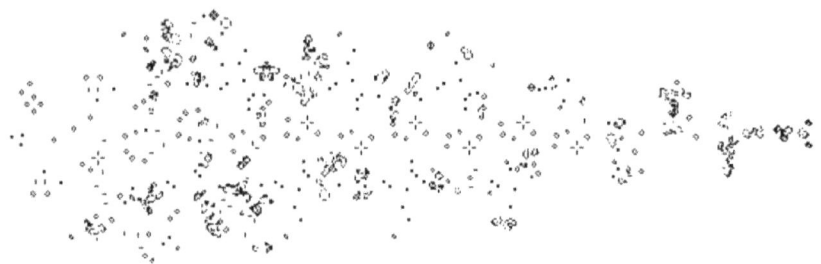

„Puffer-Train" – Standbild einer Struktur im Game of Life nach ungefähr 1000 Generationen. Diese Struktur entsteht aus dem folgenden Muster:

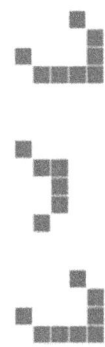

Die Entwicklung dieser Regel kann ich schlecht im Buch abbilden, da sie nur als Video anschaulich zu betrachten ist. Ich empfehle jedem Leser dringend, sich einige Videos davon anzusehen, oder noch besser, sich einen Simulator zu installieren, und selbst damit zu experimentieren. Einer der besten Simulatoren ist „Golly Game of Life", welcher kostenlos ist. Zusätzlich empfehle ich die Lektüre des Werkes „A New Kind of Science" von Stephen Wolfram. Lassen Sie sich von der Kritik nicht beeinflussen – das Werk ist hervorragend, ohne tiefe Vorkenntnisse bestens verständlich und umfassend. Hier hat man sich wirklich Mühe gegeben, und einige wirklich erstaunliche Zusammenhänge aufgedeckt!

Durch Conways Game of Life kann man Emergenz wirklich verstehen lernen. Denn wenn man dieses mit einer komplett zufälligen Anfangsbedingung startet, kann so ziemlich alles emergieren. Streng genommen alles, wenn das Feld unendlich groß ist. (Einige Wissenschaftler haben inzwischen sogar den Verdacht, dass unser Universum ein zellulärer Automat, vielleicht sogar in Form eines Block-Universums sein könnte.)

Es können Muster auftreten, die einfach in verschiedensten Perioden oszillieren (Oszillatoren), oder sich geradlinig fortbewegen (Glider), bis zu Mustern, die sich selbst kopieren. Es kann ein Mechanismus entstehen, der

Primzahlen generiert, und sogar einer, der völlig beliebige Rechenoperationen ausführen kann. (Diese Eigenschaft eines Systems, beliebige Rechenoperationen abbilden zu können, nennt man wie gesagt „Turing-Vollständigkeit".) In letzter Konsequenz kann also eine vollwertige Rechenmaschine so entstehen. Dies hat schwerwiegende Implikationen.

Denn wenn ich in diesem zweidimensionalen Game of Life einen vollwertigen Computer durch Zufall erhalten oder konstruieren kann, dann kann dieser zum Beispiel ein dreidimensionales Modell berechnen, oder sogar eine virtuelle Welt simulieren (nach dem Prinzip der Holographie ist dieser gedankliche Umweg allerdings gar nicht nötig). Es genügen also zwei Dimensionen, um dreidimensionale Dinge zu simulieren, und mit dem Wissen, dass auch Regel 110 Turing-vollständig ist, genügen sogar eindimensionale. (Man könnte sich zum Beispiel einfach vorstellen, dass man Regel 110 benutzt um das Game of Life zu simulieren.)

> Interessanter Weise hat der Physiker Gerard 't Hooft herausgefunden, dass dies auch für unser Universum gelten dürfte: Der maximale Informationsgehalt (eigentlich die maximale Entropie) eines Volumens kann nicht größer sein, als der seiner Oberfläche! Dies könnte möglicherweise bedeuten, dass unser Universum, genau wie auch ein schwarzes Loch, vollständig durch seine Oberfläche beschrieben ist, oder gar nur aus dieser Oberfläche besteht.

Emergenz ist also, wenn aus einfachen Dingen im Zusammenspiel äußerst komplexe entstehen. Wenn im Game of Life eine zweidimensionale Struktur ein dreidimensionales Universum aufspannen kann, dann kann man zwar genau hinsehen und sagen: da ist nirgends eine dritte Dimension, das sind nur flache Felder, die oszillieren und so weiter. Aber demjenigen, der sich in dem simulierten dreidimensionalen Universum befindet, wird man die drei Dimensionen, die er wahrnimmt, nur schwerlich ausreden können.

Ähnlich verhält es sich mit Hologrammen. Wenn man sie unter ausreichend starken Vergrößerung betrachtet, sind sie auch nur flache Fotoplatten mit einem scheinbar chaotischen Muster aus schwarzen und weißen Flecken. Aber mit dem unverstärkten Auge betrachtet sieht man ein dreidimensionales Objekt.

4.3 Holographie

Manchmal werden Hologramme auch als Beispiel für emergente Phänomene genannt. Dies habe ich im vorigen Kapitel absichtlich nicht gemacht, denn das hängt ein wenig von der Definition der Emergenz ab (welche wir uns zum Glück sparen können). Das erwähnte Phänomen, das Gerard't Hooft beschrieben hat, wird allerdings als „holographisches Prinzip" bezeichnet, und ein gewisser Zusammenhang ist nicht zu bestreiten.

Das Erscheinen von dreidimensionalen Bildern ist bei Hologrammen der physikalischen Realität der Interferenz von Lichtwellen geschuldet. Die dreidimensionale Wahrnehmung kommt, wie bei einem echten Gegenstand, durch die leichte Abweichung der Bilder zwischen rechtem und linkem Auge zustande (und/oder durch Bewegung). Auf dem Hologramm selbst ist eigentlich nur ein Beugungsmuster abgebildet. Wenn es richtig ist zu sagen, dass daraus ein dreidimensionales Bild durch die Interferenz der reflektierten Wellen „emergiert", dann kann man vermutlich auch sagen, dass ein Film aus einer Menge von Standbildern mit mehr als 20 Bildern pro Sekunde „emergiert", oder ein normales Bild aus einem Druckraster; aber offensichtlich sind das verschiedene Arten von „Emergenz". Darauf werden wir am Ende des Buches noch einmal eingehen.

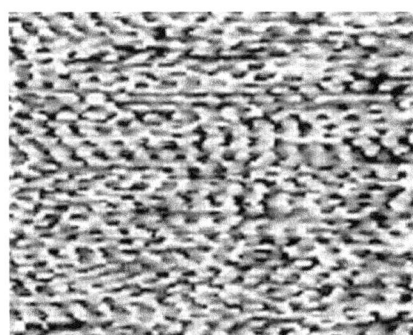

Stark vergrößertes Hologramm   Stark vergrößertes Druckraster

Aber es geht hier nicht mehr (nur) um Emergenz; diese haben wir schon besprochen. Hologramme haben eine weitere besondere Eigenschaft, die bis zu einem gewissen Grad auch im menschlichen Gehirn auftritt: Man kann von einem Hologramm die Hälfte wegschneiden und vernichten, und auf der anderen Hälfte ist immer noch das ganze Bild zu sehen! Es verhält sich ungefähr wie bei einem Fenster, bei dem ein Vorhang zugezogen wird. Man muss den Betrachtungswinkel ein wenig anpassen, um einen Baum draußen noch zu sehen, aber man kann ihn immer noch als Ganzes sehen.

Beim Hologramm nimmt die Auflösung immer weiter ab, je mehr man wegschneidet, aber das Bild ist streng genommen in jedem einzelnen Punkt enthalten. Ein Hologramm ist also zerteilbar, ohne Strukturverlust.

Ein Hologramm kann ich hier leider nicht abbilden. Aber dafür ein Stereogramm. Dies hat zwar nicht die holographische Eigenschaft, aber zumindest hat der Leser so eine Chance zu sehen, wie aus einem zweidimensionalen Objekt dreidimensionale Eigenschaften kommen könne, falls er noch nie ein Hologramm gesehen hat. Um einen räumlichen Eindruck zu erhalten, muss man aber eine Ebene vor oder hinter dem Bild fokussieren, was den meisten Menschen beim ersten Mal schwer fällt.

Lassen Sie sich also etwas Zeit mit dem folgenden Bild, und halten sie die Seite so gerade wie möglich.

Wichtige Voraussetzung: sie müssen auf beiden Augen scharf sehen können, ansonsten funktioniert das Stereogramm nicht.

Es kann übrigens auch sein, dass sie sofort einen sehr schwachen räumlichen Eindruck erhalten. Dies ist dann wahrscheinlich nicht der eigentliche Inhalt dieses Stereogramms. Es sollte eine deutliche Vertiefung in der Mitte des Bildes auftreten.

Der räumliche Eindruck kommt bei so einem Stereogramm wie folgt zustande: Das abgebildete Muster ist horizontal periodisch. Durch Fokussieren einer Ebene im richtigen Abstand hinter oder vor dem Bild kommt das Muster mit sich selbst deckungsgleich zur Überlagerung. Durch Konzentration auf die Bildmitte (Unterdrückung der Randbereiche, die mit der weißen Umrandung überlagert werden) hat das Bewusstsein keinen Anhaltspunkt für Entfernungsinformation mehr, und orientiert sich nur noch an dem Muster. Dies ist bei dem folgenden Stereogramm leichter nachzuvollziehen:

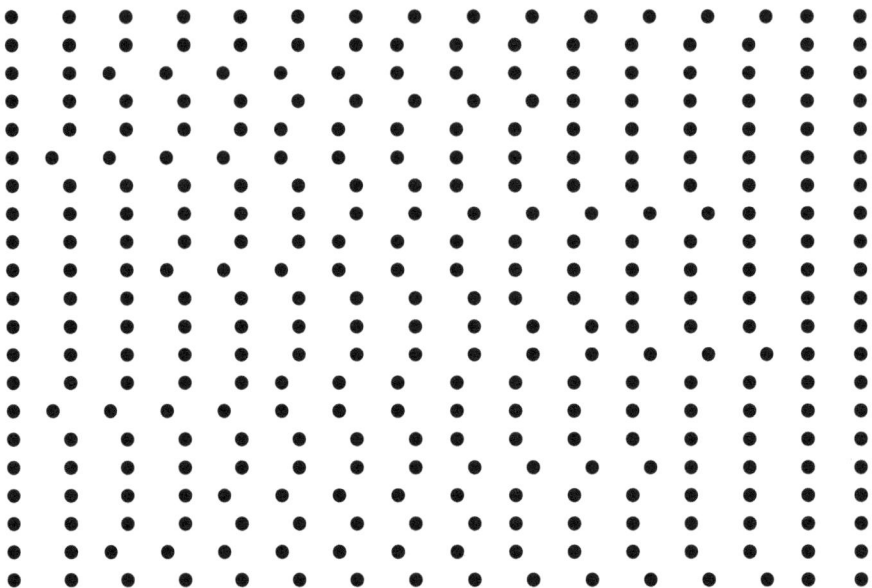

Zwei benachbarte auffällige Flecken (wie zum Beispiel die etwas größeren schwarzen Dreiecke knapp unterhalb der Mitte des ersten Stereogrammes) können dann als einer interpretiert werden, der etwas weiter hinten oder vorne liegt, als das Papier. Die räumliche Struktur der Fläche, die dann wahrgenommen wird, kommt durch leichte Abweichungen der horizontalen „Wellenlänge" zustande. Dasselbe Prinzip wird durch die etwas grobschlächtigere Punkteanordnung beim zweiten Stereogramm demonstriert, wobei genau diejenigen Punkte weiter hervortreten, zwischen welchen der Abstand verringert wurde.

4.4 Rekursivität

Rekursivität ist, wenn etwas rekursiv definiert wird. Nein, verzeihen Sie mir diesen Scherz. Das hilft nicht weiter. Rekursion ist etwas, das durch sich selbst definiert wird. Einige Beispiele sind angebracht, das erste aus der Mathematik:

Sagen wir, wir wollen eine Funktion definieren, die alle natürlichen Zahlen bis n zusammenzählt. Dies wird heutzutage kurz mit dem Summenzeichen geschrieben, also so:

$$\text{sum(n)} = \sum_{i=0}^{n} i$$

Als Rekursion könnte man das so definieren:

sum(0) = 0
sum(n) = sum(n-1)+n

Typischerweise wird die Fibonacci Sequenz rekursiv definiert, weil das für diese Folge am einfachsten geht.

Ein anderes Beispiel kann dazu benutzt werden, besonders pfiffige Abkürzungen zu definieren: Die Behauptung „SIKA" steht für „**S**IKA **I**st **K**eine **A**bkürzung" führt zu einer solchen Rekursion.

Eine Digitalkamera, die an einen Bildschirm angeschlossen ist, und diesen Bildschirm filmt, erzeugt ebenfalls eine Rekursion.

Und ein Bewusstsein, das über sein Bewusstsein nachdenkt, gerät normalerweise ebenfalls in eine Rekursion, was das introspektive analysieren des Bewusstseins sehr schwierig gestaltet. Aber zumindest als Informatiker sollte man so eine Rekursion erkennen und aus ihr entkommen können.

4.5 Sprache

Die menschlichen Sprachen sind ein extrem faszinierender Forschungsgegenstand. Bei all der Vielfalt der Fauna auf unserem Planeten gibt es doch nichts Vergleichbares. Wobei die tierische Lautkommunikation nicht unterschätzt werden sollte: Bestimmte Vögel haben zum Beispiel eindeutige Bezeichnungen für Menschen, Hunde und andere Dinge ihres Alltags, über die sie sich innerhalb ihrer Gruppe nachgewiesenermaßen verständigen. Auch von einigen Meeressäugern ist bekannt, dass ihre Sprache ziemlich reichhaltig ist.

Nur sind die natürlich entstandenen, tierischen Sprachen scheinbar nicht mächtig genug, explizites Wissen über die Welt an die Nachkommenschaft zu transportieren, zumindest nicht in einer so reichhaltigen Art und Weise wie beim Menschen. Aber sind es wirklich die Sprachen, oder ist es eine andere Fähigkeit, die das ermöglicht? Die chinesische Sprache hat zum Beispiel fast keinerlei Grammatik im herkömmlichen Sinne, und man kommt leicht mit wenigen tausend Begriffen aus. Dies erreichen manche Tierspezies ebenfalls beinahe.

Ich stelle hier die Theorie auf, dass es andere Gründe dafür gibt. Zuallererst ist ein Gehör evolutionär betrachtet als Warnsystem nützlich, um vor dem heranschleichenden Feind gewarnt zu werden. Wenn also eine Spezies die Fähigkeit entwickelte, gezielt Schallwellen zu erzeugen, so diente dies wohl am ehesten der Weiterleitung von Warnsignalen. Wenn das Gehör und das lauterzeugende System in einem weiteren Schritt verfeinert werden, kann dieses System benutzt werden, um einerseits vor Feinden zu warnen, und andererseits, mit einem anderen Ton, einen Fortpflanzungspartner anzulocken. Als nächstes kann vielleicht noch ein Signal hinzukommen, mit welchem man auf eine Futterquelle hinweisen kann – und schon ist ein erstes, primitives „Sozialsystem" auf Basis einer primitiven „Sprache" entstanden.

Diese „drei Worte" können dann weiter verfeinert werden, so dass über die Art des Feindes, oder der Futterquelle genauer kommuniziert werden kann, und damit man zwischen einem Aufruf zur Flucht und einem Hilfeschrei unterscheiden kann. Und natürlich brauchen die Weibchen zumindest zwei verschiedene Antworten auf den Paarungsruf – „Ja" oder „Kopfweh".

Vor allem bei sozialen Raubtieren, und hier insbesondere unter Wasser, kommen dann noch Signale für die Navigation hinzu. Bis vor gar nicht allzu langer Zeit dachte man, damit hätten sich die Tiersprachen aus irgendeinem Grund schon beinahe wieder erschöpft.

Nachvollziehbar wäre das ja, denn in einer Umwelt, in der fast alle Raubtiere ein Gehör haben, ist die übermäßige Lautkommunikation nicht gerade schlau. Daher finden wir auch die am weitesten entwickelten Tiersprachen bei Tieren, die wenige Feinde haben (zum Beispiel Wale) oder schwer angreifbar sind (zum Beispiel Vögel, Primaten und Delphine), sowie vereinzelt bei Apex Prädatoren (Spitzenraubtiere, wie zum Beispiel der Orca).

Erst in jüngster Zeit konnte man eine bis dahin ungeahnte Reichhaltigkeit des Vokabulars durch Methoden der künstlichen Intelligenz (vor allem durch spezielle Mustererkennungsmethoden) bei verschiedenen Spezies nachweisen, darunter zum Beispiel Campbell-Meerkatzen und einige Vogelarten. Dadurch stellt sich nun für manche verstärkt die Frage, warum ein solcher Unterschied zwischen den tierischen Sprachen und den menschlichen besteht. Neben dem Gebrauch von Werkzeugen wird vieles dem vergrößerten Gehirn zugeschrieben, dem Vorhandensein von größeren „Sprachzentren". Dies hindert aber manche Primaten nicht daran, eine ihnen vom Menschen antrainierte Sprache zu benutzen, die sehr wohl über einfache Grammatik verfügt, und in dieser auch völlig neue Sätze zu konstruieren, und abstrakte Dinge auszudrücken.

Es muss also letzten Endes wohl derselbe evolutionäre Druck, der den Menschen generell so intelligent hat werden lassen, auch zu unseren reichhaltigen Sprachen geführt haben, die ab einem gewissen Punkt plötzlich nicht mehr nur evolutionär, sondern gezielt durch Kognition verfeinert werden konnten – ein Prozess der immer noch andauert.

Und was wir mit unserer Sprache machen können, ist nicht auf einige abzählbare Funktionen beschränkt. Wir können beinahe beliebiges Wissen übertragen. Es gibt nur eine einzige Grenze für das Ausdrücken von Sachverhalten: Das mentale Modell der Sache, die wir kommunizieren wollen, muss serialisierbar (ein informationstechnischer Ausdruck für „sequentialisierbar") sein. Was wir kommunizieren wollen, muss also als Sequenz (von Worten) ausgedrückt werden können.

Zusätzliche Einschränkungen werden durch den Empfänger auferlegt: Verschachtelungen und Rekursionen können zum Beispiel nur bis zu einer bestimmten Grenze genutzt werden, die durch die Kurzspeicherkapazität des Empfängers gegeben ist. Insgesamt muss der Empfänger das Modell aus den empfangenen Informationen rekonstruieren können, welches der Sender transportieren wollte, ansonsten erzeugen wir bestenfalls ein Missverständnis.

Die Serialisierung unserer gedanklichen Modelle ist aber nicht immer spontan möglich. Jeder kennt das: Man will etwas sagen, weiß aber nicht, wie man es ausdrücken soll, so dass es auch verstanden wird. Und manche Modelle haben die unangenehme Eigenschaft, aus Prinzip nicht, oder nur sehr schlecht serialisierbar zu sein. Zum Beispiel eben wenn tiefe oder langgezogene Rekursionen darin enthalten sind, oder Konzepte, für die wir kein Vokabular haben. Außerdem kann ein mentales Modell zu groß sein, so dass wir gar nicht wissen, womit wir bei der Serialisierung beginnen sollen.

Dies widerspricht dem Einsteinschen Verständnisanspruch – man kann also sehr wohl etwas „subjektiv verstehen", obwohl man es nicht einfach erklären kann. Aber in der Regel schafft man es, ein mentales Modell früher oder später zu serialisieren, wenn es gefestigt genug ist, so dass es sich beim mentalen Serialisierungsversuch nicht sogleich verflüchtigt. Notfalls unter Verwendung einer „Teile-und-Herrsche"-Strategie, also stückweise, in kleinen Portionen. Man weiß aber nie sicher, ob man etwas wirklich verstanden hat, ohne den Konsens, den wir in unserer Definition des (konsensualen) Verstehens vorausgesetzt haben. Und selbst dann kann die Wahrheit dieses Verstehens temporär sein.

Den Umstand ein subjektiv richtiges, mentales Modell einer Sache zu besitzen, dürfen wir also nur als „subjektives verstehen" bezeichnen. Und damit stoßen wir an eine Grenze, vor der auch die menschliche Sprache nicht unberührt bleiben kann: Auch wenn wir ein mentales Modell erfolgreich serialisiert haben, und der Empfänger angibt, das Gesagte (subjektiv!) verstanden zu haben, können wir nicht wissen, ob er wirklich das gleiche, oder zumindest ein in den entscheidenden Aspekten kompatibles mentales Modell der Sache aufgebaut hat. Vielleicht hat er ein mentales Modell abgeleitet, welches dem unseren völlig widerspricht, aber in seiner Serialisierung genau gleich aussieht. Fast jedes einfache Missverständnis unseres Alltags beruht auf diesem Prinzip.

Es gibt einige Strategien, mit welchen wir diese Schwierigkeiten zu lindern versuchen. Eine davon ist es, mit mehreren Sprachen parallel zu arbeiten. Damit sind in der Regel nicht Fremdsprachen gemeint, sondern Bilder, Diagramme, Videos und auch mathematische Modelle. Dies sind eigentlich auch Sprachen; manche sehr frei, manche sehr stark formalisiert. Die wohl am strengsten formalisierte und exakteste Sprache, die der Menschheit zur Verfügung steht, ist die Mathematik.

Das, was wir in einer normalen Schulausbildung davon lernen, ist ein verschwindend geringer Bruchteil; nicht viel mehr als das Alphabet im Vergleich zu einer ganzen Sprache. Doch selbst dieses winzige Stück ermöglicht es uns unter anderem – in Verbindung mit bestimmten Algorithmen und logischen oder physikalischen Modellen der realen Welt – Zusammenhänge mit beliebiger Genauigkeit zu berechnen (Gegenwart), Vorhersagen für beliebig lange Zeiträume zu treffen (Zukunft), und Kausalketten beliebig weit in die Vergangenheit zurück zu folgen. Die Mathematik liefert uns dabei eine sonst undenkbare Sicherheit, dass die benutzten Modelle mit den benutzten Algorithmen zusammen schlüssig sind, und wir uns auf gewisse Eigenschaften von Zahlen absolut verlassen können.

Das was uns die Mathematik an (mathematisch bewiesenen) Zusammenhängen und Modellen zu den Zahlen und einigen anderen Strukturen liefert ist das, was einer absoluten Wahrheit näher kommt als alles andere in unserer Welt, auch wenn sich die Mathematik in Bezug auf Beweise stets ausschließlich in der Welt der perfekten Ideale, also in der Welt der platonischen Ideen bewegt, und somit eigentlich nur semantische Wahrheiten liefern kann. Aber, allen anderen Disziplinen voran, haben uns zuallererst die Physik und die Logik, und später auch fast alle anderen Wissenschaften gezeigt, wie extrem gut sich die Welt mit Zahlenkonstrukten und den Eigenschaften von Zahlen beschreiben und begreifen lässt.

Was für Zahlenkonstrukte mathematisch bewiesen und auf reale Dinge bezogen wird, kann durch Berechnungen in allen erdenklichen Extremen überprüft werden. Wo immer mathematische Konstrukte also in Bezug auf die Realität zuverlässig und systematisch falsifizierbar sind, konnten konsensuale Wahrheiten von ansonsten unerreichbarem Ausmaß gesichert werden. (Und doch sind diese Wahrheiten nie absolut, wie zum Beispiel Albert Einstein in Bezug auf die „Krümmung der Raumzeit" und die damit verbundene „Relativität der Zeit" auf besonders schockierende Weise zeigen konnte.)

Eine weitere Strategie, um zu überprüfen, ob ein anderer unsere Aussage verstanden hat, ist der Dialog zwischen dem geschickten Prüfer und dem Studenten. Durch gezieltes Befragen kann ein Modell, das der Befragte in sich trägt, sondiert werden. Bei vielen mentalen Modellen schließt man so nach einer endlichen Zahl von Fragen mit einer gewissen Sicherheit darauf, dass der Befragte dasselbe Modell haben muss. Aber folgendes Beispiel zeigt, dass dieser Eindruck täuschen kann:

Nur weil ein kleines Kind richtig beantworten kann, was 6 mal 7 ergibt, wissen wir nicht, ob es einfach das „Einmaleins" auswendig gelernt hat, oder ob es die Multiplikation insgesamt verstanden hat. Sogar wenn das Kind dann mit Hilfe eines Stiftes und eines Blattes Papier 34 mal 987 richtig ausrechnen kann, kann es sein, dass es einfach den Algorithmus des schriftlichen Multiplizierens auswendig kennt, und dennoch nicht den blassesten Schimmer hat, was es da eigentlich macht. Dieses Kind kann womöglich jede beliebige Multiplikation ausführen, und versteht doch nicht was multiplizieren bedeutet. Es ist also sogar für dieses einfache Beispiel gar nicht so trivial festzustellen, ob ein anderer dasselbe mentale Modell einer Sache hat, wie man selbst.

Noch verwirrender wird alles, wenn Menschen gezielt lügen, oder gezielt Missverständnisse streuen. Das kann so weit gehen, dass Menschen nur durch Sprache bis zum Äußersten manipuliert werden, wie manche Sektengurus in Extremfällen bewiesen haben. Es werden in diesen Fällen bestehende Weltmodelle und Ich-Modelle der Menschen verändert, und durch zusätzliche Bestandteile erweitert, um einem bestimmten Zweck zu dienen. Die Sprache ist nur der Übertragungsweg, aber es ist ein mächtiger Übertragungsweg, der im Fall von so genannten „Memen", die Politiker, Gurus, religiöse Führer und eben auch Sekten gerne einsetzen, die ganze Menschheit mit nützlichen, aber auch mit unnützen, und sogar mit schädlichen Modellen infizieren kann.

„Meme" sind in der Regel gute Beispiele für Modelle, welche besonders gut übertragen und angenommen werden. Oft passen sie sehr gut in Bestandteile des Weltmodelles, welche den meisten Menschen gemein sind. Und nicht selten scheinen sie befriedigende Antworten auf quälende Fragen zu sein. Auf jeden Fall sind sie im Normalfall sehr einfach, können dann aber wie ein viraler Vektor das Einfallstor für zusätzliche, komplexere Nutz- oder Schadsysteme liefern.

Dabei hängt es stark davon ab, woher ein „Mem" kommt. Kommt es von einem Erzfeind, hat das „Mem" schlechte Chancen, sich in unser Weltmodell einzuschleichen. Kommt es aber von einem Vorbild oder jemandem, den wir bewundern oder lieben, so kann es sehr schnell gehen.

Ein Beispiel für die schlechte Übertragbarkeit von Information durch gesprochene Sprache ist das Sierpiński Dreieck, welches wir schon besprochen haben. Es kann in seiner exakten Form nicht gut aufgezeichnet werden (eigentlich gar nicht, denn in seiner fraktalen Form verschachtelt es sich unendlich tief). Sein Aussehen und seine fraktale Struktur können wir aber durch die erste der zwei oben beschriebenen Zeichenvorschriften (die Top-Down Methode) schnell begreifen. Seine Logik (die ungeahnte Tiefen aufweist) können wir hingegen besser durch eine weitere Sprache zu begreifen beginnen, die in unserer zweiten Zeichenvorschrift (die Bottom-Up Methode) demonstriert wird. Beides sind Serialisierungen des Konzepts (Modells) „Sierpiński-Dreieck", beide nicht in natürlicher Sprache angegeben. (Damit haben wir aber nur an der allerobersten Oberfläche dieses recht bekannten Fraktals gekratzt. Wir haben es ein wenig „besprochen", aber von „verstehen" kann noch keine Rede sein, zumindest nicht in Relation zu dem, was davon potentiell noch alles verstanden werden kann, was hier aber leider zu weit führen würde.)

Verstehen ist also nicht nur relativ zum Konsens des Verstehens, sondern auch zu der tatsächlichen Tiefe einer Sache, welche wir nicht immer vollständig ausloten können. Dies ist eine der zwei beängstigenden Tatsachen, die Kurt Gödel in seinen bekanntesten Arbeiten herausgefunden hat, und für die Sprache der Mathematik bewiesen hat. Sie gilt leider grob ausgedrückt für alle Sprachen, die mächtig genug sind, sich selbst zu beschreiben, also auch für die Algorithmik und die natürlichen Sprachen.

Mathematiker überspringen jetzt die nächsten paar Absätze am besten, und lesen stattdessen direkt Kurt Gödel's bahnbrechende Publikation – ihnen wird die folgende Vereinfachung zu Recht nicht besonders gut gefallen.

Stark vereinfacht kann man sie als Nicht-Mathematiker ungefähr wie folgt verstehen: „Ein axiomatisches System* kann nicht zugleich vollständig und konsistent sein, und wenn es konsistent ist, so gibt es dafür wahre Aussagen, die nicht bewiesen werden können", und „Ein axiomatisches

System*, welches Beweisbarkeit ausdrücken kann, und seine eigene Konsistenz ausdrückt, ist inkonsistent".

* Das System muss „mächtig" genug sein, bestimmte elementare arithmetische Aussagen auszudrücken.

Genauer sind diese Aussagen in der bahnbrechenden Publikation mit dem Titel „Über formal unentscheidbare Sätze der Principia Mathematica und verwandter Systeme I" vom 17. November 1930 beschrieben. Wer es in seinen Kopf hineinkriegt, wird es nicht bereuen.

Das heißt nicht, dass es keine vollständigen und konsistenten mathematischen Theorien gibt, sondern nur, dass diese starken Einschränkungen unterliegen. Plump ausgedrückt gilt „Gödel's Theorem" sozusagen erst ab einer gewissen Mächtigkeit des betroffenen axiomatischen Systems.

Nicht nur die Mathematik wird durch diese Erkenntnis betroffen, auch die Algorithmik, die grundsätzlich mächtiger ist, da sie die Mathematik mit einschließt. Und die natürlichen Sprachen, welche noch mächtiger sind, sind ebenfalls betroffen. Die durch das Gödelsche Theorem bewiesenen Einschränkungen werden sozusagen nach aufsteigender Mächtigkeit (zunehmende Freiheitsgrade) vererbt. Wie schon angedeutet, betrifft das nicht alles. Es gibt auch in natürlicher Sprache Theorien, die vollständig und konsistent sind, aber diese sind eben begrenzt auf äußerst einfache Gebilde.

Der Nicht-Mathematiker kann sich unter einem Axiomensystem folgendes vorstellen:

1. Ein Alphabet
   a. In der Mathematik Zahlen und Symbole, mit denen Ausdrücke hergestellt werden können
   b. In der Algorithmik Befehle und Variablen (und weitere Konstrukte in höheren Programmiersprachen)
   c. In der natürlichen Sprache Vokabeln
2. Die Axiome selbst
   a. In der Mathematik grundlegende Aussagen, die als wahr angenommen werden
   b. In der Algorithmik vorgefertigte Funktionen (zum Beispiel mathematische)
   c. In der natürlichen Sprache zum Beispiel die semantischen Wahrheiten
3. Ein Kalkül, das heißt logische Schlussregeln oder Schlüsse
   a. In der Mathematik ein System logischer Schlussregeln
   b. In der Algorithmik die Syntax und Grammatik der Programmiersprache
   c. In der natürlichen Sprache die Grammatikregeln und die der allgemeinen Logik

Das Alphabet kann für alle Beispiele ohne Schwierigkeiten beschrieben werden. Es ist einfach Definitionssache.

Das Kalkül ist für ein algorithmisches oder natürlichsprachliches System in Wirklichkeit etwas komplizierter, aber im Prinzip ebenfalls Definitionssache.

Die Axiome sind ein Problem. Wie viele semantische Wahrheiten gibt es in der deutschen Sprache? Wann weiß man, dass man alle aufgezählt hat? Es ist nicht möglich. Aus einer Handvoll gut gewählter semantischer Wahrheiten können immer weitere semantische Wahrheiten abgeleitet werden. Und gerade wenn man glaubt alle gefunden zu haben, hat man nach Gödel die Inkonsistenz des Systems bewiesen, und kann plötzlich alles Mögliche beweisen, auch offensichtlich unwahres. Wenn es einem stattdessen gelingt, die Konsistenz eines Systems aus natürlicher Sprache und ausgewählten semantischen Wahrheiten innerhalb dieses Systems zu beweisen, so hat man nach Gödel die Unvollständigkeit dieses Systems bewiesen, und es wird semantische Wahrheiten geben, die richtig sind und dennoch nicht bewiesen werden können.

Jetzt muss man allerdings verstehen, dass dies eben nur für bestimmte, abgeschlossene Konstrukte innerhalb ihrer eigenen Regeln gilt. Auch wenn das Theorem massive Auswirkungen, vor allem auf die Mathematik hat, für die natürlichen Sprachen ist das in der Regel irrelevant. Man sollte nur nicht versuchen, einen mathematischen „Beweis" in natürlicher Sprache durchzuführen. Das ist das falsche Werkzeug für solche Beweise, die aus gutem Grund nur in der Mathematik durchgeführt werden.

Einzelne haben gemeint, das Gödelsche Theorem direkt auf das menschliche Gehirn anwenden zu können, und diesem damit geheimnisvolle Eigenschaften und Unergründbarkeit anhängen zu können. Ich werde keine Namen nennen. Nur so viel sei gesagt: ein Physiker dem die einfache Tatsache nicht auffällt, dass der Mensch alle möglichen Fehler macht, und sich sehr häufig völlig inkonsistent verhält, der sollte sich schnell wieder in die Sicherheit der formalen Sprache der Mathematik zurückziehen.

Sprache ist ein ungenaues Werkzeug, das kann man eigentlich auch akzeptieren, ohne Gödel's Theorem zu bemühen – wenn wir das akzeptieren könne, müssen wir uns nicht weiter um das Theorem kümmern. Aber für die menschlichen Alltagszwecke ist die Sprache äußerst nützlich, insbesondere solange man sie situationsgebunden benutzt, und sich nicht allzu weit vom Rahmen konsensualer Wahrheiten entfernt. Und inzwischen ist sie auch künstlichen Systemen schon recht gut zugänglich. Immerhin konnte IBM's DeepQA System nach einigen Anpassungen erfolgreiche Jeopardy Spieler um Längen schlagen.

„Verstehen" tut dieses System aber kein Wort, und vom Kontext hat DeepQA böse formuliert auch nicht viel Ahnung. Das liegt daran, dass DeepQA keine starke künstliche Intelligenz ist, kein Bewusstsein hat, und kein Weltmodell, sondern „nur" ein Bewertungs- und Gewichtungsmodell für seine unabhängigen Suchalgorithmen und sein Antwortgeneriersystem. Das System ist – soweit ich die Architektur einsehen konnte – nur ein äußerst ausgeklügelter Analyse-Algorithmus (eigentlich eine Kombination aus mehreren) mit einem gigantisch großen Informationsspeicher, in dem unter anderem die gesamte Wikipedia abgespeichert ist. Meiner Meinung nach verdienen solche Systeme die Bezeichnung künstliche Intelligenz nicht. Aber der Begriff künstliche Intelligenz wurde leider inzwischen so definiert, dass sogar schon die allereinfachsten Mustererkennungs- und Statistikalgorithmen darunter fallen. Ich will damit keinesfalls die Leistung der Entwickler schmälern, ich finde nur, dass der Begriff „künstliche Intelligenz" heutzutage viel zu leichtfertig benutzt wird.

Eine KI (künstliche Intelligenz) kann richtige Modelle aus Informationen ableiten, und zu diesen Modellen „Prüfungsfragen" korrekt beantworten. Warum sind sich dann so gut wie alle einig, dass die heutigen KI Systeme im Gegensatz zu uns Menschen nichts verstehen? Ein Grund ist der fehlende Konsens. So lange es keinen Konsens über das Verstehen gibt, gibt es kein Verstehen. Der tiefer liegende Grund ist aber der, dass der KI im Satz „ich verstehe" eine wichtige Hälfte fehlt, nämlich das „ich". Eine KI kann aus Informationen ein (implizites) Metamodell ableiten, aber kein (explizites) Weltmodell, denn für ein Weltmodell wird nach unserer Definition ein Bewusstsein und ein Ich-Modell benötigt.

Wir haben festgestellt, dass „das Weltmodell ein Modell ist, anhand welchem eine Entität ihr Wissen beschreibt". Dabei bezieht sich eine solche Entität stets zumindest implizit auf sich selbst. Alles Wissen wird durch Verwendung des Weltmodelles implizit auf das Ich-Modell bezogen. Wir Menschen beschreiben was „**wir** wissen", und nicht nur was aus bestimmten Informationen abgeleitet werden kann. Und genau das können heutige KI Systeme nicht, und genau deswegen sind sich die Experten einig, dass diese Systeme keinen Verstand haben, obwohl sie oft gar nicht wissen, dass dies der Grund ihrer Einigkeit ist.

Damit ist auch klar, was der Unterschied zwischen den Sprachen der Menschen, und einfachen Tiersprachen ist. Denn selbst ein Bewusstsein und ein Selbstmodell (implizit!) sind nicht genug, um unsere menschlichen Sprachen konsensual zu verstehen. Man benötigt ein explizites Weltmodell und ein explizites Ich-Modell. Allerdings heißt das nicht, dass höher entwickelte Tiere dies nicht leisten können. Dazu aber mehr in einem späteren Kapitel.

4.6 Lernen

So wie „künstliche Intelligenz" wird auch mit dem Begriff „lernen" in der Informatik nach meinem Geschmack etwas leichtfertig umgegangen. Ein großer Anteil der Techniken, die im „maschinellen Lernen" zum Einsatz kommen, sind vom Grundprinzip her Mustererkennungsalgorithmen. Diese finden also Muster und statistische Zusammenhänge in Daten, aber wirklich *lernen* kann eigentlich nur der Mensch daraus. Das ist im einfachsten Fall ungefähr so, wie wenn ein Mensch Bilder von einem Auto ansieht und dann die Marke identifiziert, oder die Autonummer abliest. Auch eine beeindruckende Fähigkeit, zumindest für einen handelsüblichen Computer, aber mit „lernen" hat das für sich noch nichts zu tun.

Sogar das so genannte „unüberwachte Lernen" (siehe Kapitel 6.3.3) hat mit Lernen im alltagssprachlichen Sinn meistens nur sehr wenig zu tun. Im einfachsten Fall (Clustering, Segmentierung) entspricht es ungefähr der Leistung Verkehrsschilder zu erkennen, oder einen Haufen Obst in Bananen, Äpfel und Birnen zu sortieren, ohne davor zu wissen welche Sorten vorkommen können.

Einige Techniken, wie die Hauptkomponentenanalyse (kurz PCA aus dem englischen Principal Component Analysis, ein naher Verwandter der Faktorenanalyse, die wir im Kapitel zur menschlichen Intelligenz erwähnt haben), sind für sich genommen „nur" statistische Berechnungsmethoden. Damit kann zum Beispiel ein Musikstück anhand einer Melodie zugeordnet werden, vorausgesetzt es wurde eine entsprechend umfangreiche Datenbasis gut aufbereitet.

Mächtigere Techniken, wie die kernelbasierten Support Vector Machines (SVM), Hidden Markov Models (HMM) und die künstlichen neuronalen Netze kommen mehr oder weniger erfolgreich in Handschrifterkennung, Spracherkennung, Wettervorhersage, und zunehmend auch in immer komplexeren Tätigkeiten, bis hin zum autonomen Navigieren im Straßenverkehr, zum Einsatz. In einigen sehr eng gefassten Bereichen kommen sie dabei sogar an das menschliche Leistungsvermögen heran.

Das ist auch alles recht beeindruckend, aber es handelt sich hierbei in der Regel nie um „Lernen", so wie wir den Begriff normalerweise benutzen (dafür haben wir Menschen viel daraus gelernt, und es hat uns dem Verständnis des eigenen Denkens in ein paar Aspekten eine Spur näher gebracht). Beim Menschen werden entsprechende Funktionen unbewusst, als Teil der Vorverarbeitung unserer Sinnesinformationen ausgeführt, während wir am Steuer SMS Nachrichten mit Einkaufslisten verfassen.

Dabei wären gewisse Algorithmen durchaus in der Lage, einfache Basisfunktionen des Lernens auszuführen, allen voran die künstlichen neuronalen Netze. Aber wir brauchen keinen Algorithmus, der zwölf Jahre lang die Schulbank drückt, und dann ein Integral intuitiv verstehen kann. Wir brauchen einen, der ihn ausrechnen kann, und zwar sofort bitte sehr.

Der Markt ist großteils auch noch nicht reif für Systeme, die uns das eigentliche Denken abnehmen, und unser Verhalten bis ins Detail kennen. Es soll nur jeder einmal kurz darüber nachdenken, wie gerne er sich von einem anderen beim Autofahren erklären lässt, wie er zu verfahren hat: „Du hältst schon wieder zu wenig Abstand, und Blinken solltest Du auch endlich mal! Und bei dem Stopp-Schild bitte diesmal ganz stehen bleiben, auch wenn gerade kein Auto kommt...!"

Unser individuelles Verhalten zu „erlernen" ist derzeit fast nur dann ein Markt, wenn es darum geht, uns gezielt mit Werbung zu belästigen. Aber wenn man beobachtet, wie wenig intelligent das vonstatten geht, kann man schon erahnen, dass es mit dem Lernen da auch noch nicht so weit her ist. (Man schlägt mir wirklich einen Rasenmäher vor, nachdem ich gerade einen Rasenmäher gekauft habe? Sehr sinnvoll...)

Das Lernen werden wir also noch eine Weile lang selbst erledigen dürfen. Aber was heißt lernen nun wirklich? Normalerweise assoziieren wir den Begriff damit, neue Fähigkeiten zu erwerben. Wenn wir „Tennis lernen", Schach, oder Go, oder eine neue Sprache, dann machen wir das in der Regel auf zwei Arten zugleich: zum einen erwerben wir neues Wissen. Wie hält und schwingt man den Tennisschläger? Welche Schachzüge sind erlaubt und wie eröffnet man geschickt? Wie funktionieren die Grammatikregeln der neuen Sprache?

Der Inbegriff von reinem Wissenserwerb ist für viele das „auswendig lernen", wie zum Beispiel bei neuen Vokabeln. Bei den meisten Vokabeln einer Fremdsprache muss man diese ein paar Mal hören oder lesen, bis sie abgespeichert werden, außer wir haben Glück und es ergibt sich eine Assoziation, wie zum Beispiel eine Eselsbrücke oder eine Ähnlichkeit zu einem Begriff in unserer Muttersprache.

Aber wir erwerben so weit möglich auch konzeptionelles Wissen, wie Taktiken und Strategien, die etwas allgemeingültiger sind als einzelne Fakten. Diese helfen uns mentale Modelle selbstständig weiter auszubauen, oder bestehende zu erweitern. Manchmal erlauben sie uns, bisher getrennte Modelle zu einem Ganzen zu verbinden, welches dann mehr als die Summe seiner Teile wert ist.

Zugleich, oder mit nur wenig Verzögerung, machen wir aber noch etwas anderes: wir trainieren, oder üben. „Learning by doing" sagt man so schön. Ganz egal wie oft wir die ersten Aufschläge „verhauen", beim Go Spiel in die einfachsten Fallen tappen, oder grammatikalisch völlig falsche Sätze produzieren – erfolgreich sind wir nur, wenn wir diese anfänglichen Niederschläge so gut wie möglich wegstecken, und es immer weiter versuchen. Dabei ist es aber essentiell, dass wir Feedback erhalten, also irgendwie feststellen können, ob das, was wir gerade gemacht haben gut war, oder schlecht.

War es gut, freuen wir uns. War es schlecht ärgern wir uns, zumindest ein ganz kleines bisschen. Dies sind unsere autogenen Feedback-Mechanismen – Belohnung und Strafe, selbstgemacht, aus unserem eigenen Gehirn. Der Ehrgeizige bestraft sich mehr, der Enthusiastische belohnt sich mehr. In beiden Fällen verstärkt es die „Denkmuster", die zeitnah stattgefunden haben. Übermäßige positive Verstärkung führt zu Euphorie in ihren verschiedensten Ausprägungen (bis zur Manie), übermäßige negative Verstärkung zu Minderwertigkeitsgefühlen (Wut, Angst, Verzweiflung, bis zu Depressionen, Angststörungen und Psychosen).

Was wir aber kaum selbst bemerken, ist wie der eigentliche Lernvorgang in unserem Gehirn vonstattengeht. Wir haben durch unser Bewusstsein nur sehr beschränkten Einblick in unsere eigene Gehirntätigkeit, und in die Mechanismen, die Informationen „abspeichern" und mentale Modelle prägen. Und noch viel weniger bekommen wir davon mit, wie die Informationen aus der Außenwelt aufbereitet werden.

Dies beginnt mit „einfacher" **Signalverarbeitung** (Datenverarbeitung, um unsere eingangs definierten Begriffe zu benutzen) schon in der ersten Schicht Neuronen, die unseren Sinneszellen nachgeschaltet sind. Für die Daten die unser Sehsystem im Bereich der Fovea erhält ist das im Metathalamus, genauer gesagt in sechs verschiedenen Schichten und fünf

Zwischenschichten des Corpus Geniculatum Laterale (CGL), wobei diese Schichten jeweils verschiedene „Filterungen" durchführen.

Dann folgt die **Kodierung**, welche in der zweiten Schicht Neuronen erfolgt und aus den gefilterten und in mehrere Datenströme aufgeteilten Daten für uns nutzbare Informationen macht. Für 90% der Daten sind das beim Sehsystem die fünf Teilschichten der Schicht IV, sowie teilweise die Schicht I des mit V1 bezeichneten Teils des okzipitalen Kortex.

Hier greift bereits die **Aufmerksamkeitssteuerung** aus dem Hirnstamm ein.

Die **Mustererkennung** erfolgt auf verschiedenste Aspekte hin dann in der dritten Schicht Neuronen, wo bereits eine primitive Form von Wissen erzeugt wird – aber noch nicht das, was wir umgangssprachlich mit Wissen meinen. Im Sehsystem wird es ab hier bereits etwas unübersichtlich – maßgeblich sind jedenfalls neben der V1 auch die Areale V2 bis V5 beteiligt. Etwas klarer wird dies wenn wir die Neokortexstruktur im zweiten Teil des Buches besprechen.

In dieser Schicht kommt es zur **Konzentration** – „höhere" Zentren beeinflussen die Weiterverarbeitung, und hemmen Signale, die uns nicht interessieren.

Es folgt die **Analyse** der erkannten Muster, spätestens ab der vierten Schicht der beteiligten Neuronen (im Sehsystem stark vereinfacht ausgedrückt auf „Was" und „Wo" aufgeteilt). Dabei werden (wie bei der PCA oder bei verschiedenen Methoden der Faktorenanalyse) die zur weiteren Interpretation maßgeblichen Faktoren extrahiert.

Spätestens hier hat das menschliche Bewusstsein bereits „Zugriff" – in eingeschränkter Form aber auch schon an früheren Stellen – und es kann eine **Modellbildung** oder -erweiterung erfolgen. Wie dies im Detail geschieht ist wissenschaftlich erst dürftig beschrieben worden. Bei einer einfachen Konditionierung entsteht hingegen nicht unbedingt ein dem Bewusstsein zugängliches, komplexes Modell. In so einem Fall genügt es, die Assoziation zwischen Ursache und Wirkung „abzuspeichern".

Neben der Modellbildung gibt es auch noch ein weiteres Werkzeug, welches der Mensch benutzt: das „**Experiment**" (darunter fällt teilweise auch „Spielen"). Notfalls unter Zuhilfenahme eines „Zufallsgenerators" probiert der Mensch insbesondere auch bei motorischem Lernen verschiedene Variationen aus, um seinem Gehirn ein reichhaltigeres Angebot an Informationen zur Analyse darzubieten.

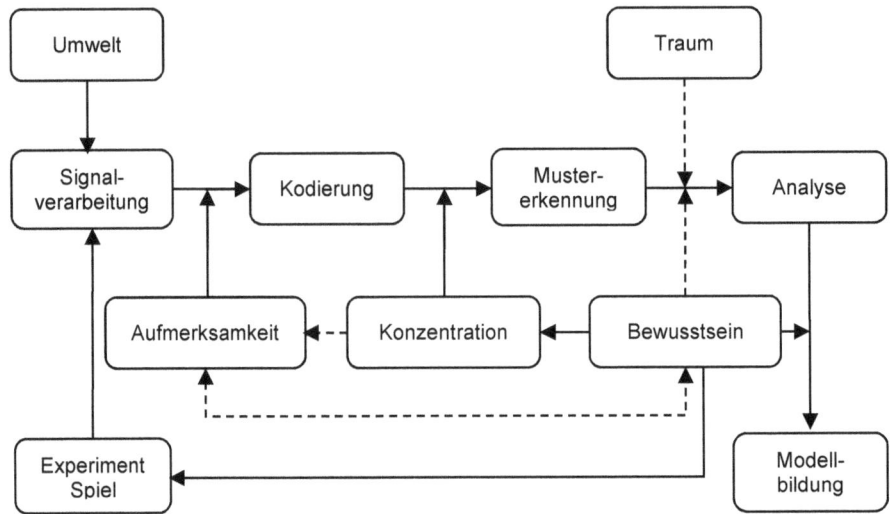

Während in der Nacht das Gehirn wichtige biochemische Reserven auffüllt, und biochemische Abfälle loswird, erleben wir in Form von **Träumen** oft noch die Nachwirkungen und Fortsetzungen von Lernprozessen. Auch wenn die Funktion des Träumens in der Forschung stark umstritten ist, kann zumindest eines festgehalten werden: im Traum können motorische Fähigkeiten gefestigt werden. Insbesondere können Dinge ausprobiert werden, die im Wachzustand sehr gefährlich wären. Dies nutzen wahrscheinlich Neugeborene besonders stark – sie haben einen signifikant erhöhten REM Anteil (so bezeichnet man die Schlafphasen, in welchen man sich mit erhöhter Wahrscheinlichkeit an Träume erinnern kann).

Besonders viel kreativen Nutzen kann man aus den Traumphasen ziehen, wenn man luzide träumt. Das kann man recht einfach erlernen. Eine Methode dazu ist die folgende: Man gewöhnt sich einfach an, sich mindestens alle ein bis zwei Stunden selbst zu fragen, ob man wach ist oder schläft, und sich die Frage anschließend selbst zu beantworten. Nach einigen Tagen wird dies so zur Gewohnheit, dass man sich diese Frage plötzlich auch während dem Träumen stellt, und dann überrascht feststellt, dass man eben nicht wach ist. Sobald dies geschehen ist, erlangt man eine gewisse bewusste Kontrolle über die Trauminhalte, die man dann durch Training erweitern kann.

Allerdings sollte man, vor allem wenn man noch nicht erwachsen ist, generell sehr vorsichtig mit Schlafexperimenten sein. Mögliche Nebenwirkungen wie Schlafwandelei sind teils sogar physisch gefährlich. Das Aufwachen von nur einer Hirnhälfte – eine andere Form von unvollständigem Erwachen – ist ein extrem unangenehmes und beängstigendes Erlebnis.

Aber nicht nur im Traum, sondern vor allem im Wachzustand spielt das Bewusstsein eine sehr wichtige Rolle beim Lernen. Es steuert die Konzentration, lenkt das Analysieren von Mustern auf Dinge, die für das Ich relevant sind (Geschmack und persönliche Präferenzen – ein Musiker analysiert bevorzugt andere Aspekte eines Romans als ein Mathematiker), und „überwacht" die Modellbildung in Bezug auf das Ich und das bestehende Weltmodell (die für das Ich wichtigen Teile des Weltmodells). Besonders empfindlich reagiert das Bewusstsein auf Analyse-Ergebnisse, die dem Weltmodell zu widersprechen scheinen. Der Aufgeschlossene begrüßt sie, der Dogmatiker bekämpft sie. Außerdem initiiert* das Bewusstsein Experimente in größerem Maßstab, die über das subliminale Anpassen von Bewegungen und andere Mikroexperimente weit hinausgehen.

* Dies ist eine Vereinfachung, wie wir im zweiten Teil des Buches unter Berücksichtigung des Libet Experiments feststellen werden müssen.

Das oben gezeichnete Modell ist aber nur eine grobe, schematische Übersicht. Überhaupt ist jede solche Zeichnung über Gehirnfunktionen mit Vorsicht zu genießen. Genau wie diverse Computeranalogien ignoriert sie die zugrundeliegenden neuralen Strukturen, und vermag die echten Funktionsprinzipien nicht annähernd zu beschreiben. Um zu verstehen, wie Lernen im Detail vor sich geht, müssen wir uns also im zweiten Teil mit neuralen Netzen und weiteren neurologischen Details beschäftigen.

4.7 Das stabile Ich

Wenn Sie schlecht einschlafen können, sollten Sie dieses Kapitel vielleicht besser nicht in den Abendstunden lesen, denn ich werde nun ein für manche vielleicht etwas beängstigendes Gedankenexperiment mit Ihnen durchführen.

Es ist ein sehr einfaches Gedankenexperiment. Es genügt dazu im Prinzip schon, sich einfach nur den folgenden Satz durch den Kopf gehen zu lassen: Stellen Sie sich also vor, sie schlafen abends ein, und am nächsten Morgen wacht ein anderer in Ihrem Gehirn und Körper auf.

Ihr Bewusstsein wird im Tiefschlaf zumindest für kurze Zeit unterbrochen. Sie haben in dieser Zeit kein „Ich". Wenn Ihr Bewusstsein wieder zurückkehrt, vor allem wenn dies durch eine Unterbrechung einer Tiefschlafphase, oder gar nach einer pathologischen Bewusstlosigkeit erfolgt (zum Beispiel durch Kreislaufkollaps oder einen KO Schlag), wissen Sie manchmal für kurze Zeit gar nicht, wo Sie sind. In Extremfällen (tiefe Bewusstlosigkeit, aufwachen an einem unbekannten Ort) kann es sogar vorkommen, dass Sie für ein paar Sekundenbruchteile nicht einmal wissen, *wer* Sie sind. Auch wer das noch nicht selbst erlebt hat kann sich sicher gut vorstellen, dass dies ein extrem seltsames und unangenehmes Gefühl ist.

Keine Sorge, wenn Sie gesund sind ist die Wahrscheinlichkeit, dass dieser Zustand bestehen bleibt, äußerst gering. Wenn man in einer fremden Umgebung aufwacht, versucht das Bewusstsein anhand dieser Umgebung eine Assoziation zu finden, mit welcher es sich (genauer: sein Ich-Modell) wiederfinden kann. Da die Umgebung aber unbekannt ist, tritt eine Verzögerung ein, die sich in dem unangenehmen Gefühl äußert, nicht zu wissen, wer man ist. Aber schon nach kurzer Zeit wacht (stark vereinfacht ausgedrückt) in der Regel auch der Rest des Gehirns wieder auf, und man weiß wieder, wer man ist. Das „wo" kann man anschließend meist auch recht schnell abklären.

Das Modell von uns selbst ist das, was uns vorspiegelt ein konstantes „Ich" zu haben, denn das Modell wird zwar ständig verändert, aber diese Veränderung führt (normalerweise) nicht dazu, dass wir uns von uns selbst entfremden. Es bleibt (normalerweise) bei diesem einen Modell, welches in seiner jeweiligen aktuellsten Version für das „Ich" gehalten wird. Ausnahmen kommen zum Beispiel bei bestimmten Formen der Schizophrenie vor.

Aber wer oder was sagt uns in so einer Situation, dass derjenige, der mit unserem Gehirn aufwacht derselbe ist, der abends eingeschlafen ist? Auch unbewusste Vorgänge und Träume, an die wir uns nicht erinnern können, verändern unser Gehirn. Sogar im Wachzustand werden – ohne, dass wir es bemerken – Erinnerungs- und Wahrnehmungslücken mit teilweise unwahren Dingen aufgefüllt und ausgeschmückt. Sogar unsere eigene Erinnerung an uns selbst, wie wir früher waren, ist unzuverlässig.

Und selbst wenn das Langzeitgedächtnis stabil wäre: Was haben wir, außer gemeinsamen, teilweise vielleicht schon recht verblassten Erinnerungen, noch mit der Person zu tun, die wir vor 20 oder 30 Jahren waren?

Wenn also jemand unser Gedächtnis (einschließlich unseres Ich-Modelles) erhalten würde, würde er sich für uns halten und sich beschweren, dass sein Körper ausgetauscht wurde. Da aber unser Gedächtnis nicht stabil ist, könnten wir uns genauso gut jeden Morgen sagen, dass wir eine völlig neue Person sind, die Erinnerungen an die Geschichte dieses Körpers hat, aber sonst nichts gemeinsam hat mit der Person, die am Vorabend in diesem Körper eingeschlafen ist.

Tatsächlich kann ein Mensch sich von heute auf morgen auch ohne besonderen Grund völlig verändern. Und bei Verletzungen von bestimmten Teilen des Frontalhirnes ist dies sogar eher die Regel als die Ausnahme.

Wir haben also kein stabiles „Ich". Das „Ich" ist zumindest genauso fluide wie unser Gedächtnis. Damit müssen wir uns abfinden. Aber man sollte das positiv sehen. Wir sind nicht unser ganzes Leben lang gezwungen, dieselbe unveränderliche, starre Person zu sein. Wenn uns unser „Ich" nicht mehr gefällt, können wir es anpassen.

Darüber hinaus haben wir auch kein stabiles Bewusstsein. Und dies geht noch deutlich weiter, als es die meisten Menschen vermuten würden. Unser Bewusstsein wird nicht nur im Schlaf unterbrochen, sondern auch während wir hellwach sind. Ähnlich einem Sekundenschlaf (kurze Bewusstseinslücken bei starker Müdigkeit, die zum Einschlafen am Steuer führen können) ist unser Bewusstsein auch fragmentiert, wenn wir das eigentlich nicht erwarten. Kampfkünstler, Zauberer und Taschendiebe wissen das teilweise sehr gezielt zu nutzen.

> *Rein theoretisch muss unser Bewusstsein sogar enorm fragmentiert sein, denn es kann ja logischerweise höchstens mit der maximalen Frequenz der elektrischen Entladungen (ca. ein Megahertz, also eine Million Aktionen pro Sekunde) im Gehirn mithalten. Diese ist wesentlich höher als die 20 Standbilder pro Sekunde die für uns zu einem Film verschmelzen (oder den 20 Pulsen pro Sekunde, die zu einem Ton verschmelzen). Also ist unser Bewusstsein offensichtlich sogar von noch niedriger Frequenz, denn ansonsten müssten wir ja die Einzelbilder eines Filmes als solche wahrnehmen können.*

> *In einigen Kampfkünsten wie dem „Acht Pattern Wing Chun" wird dies gezielt für Angriffe ausgenützt. Das Bewusstsein des Gegners kann mit einer hochfrequenten optischen oder taktilen Täusch-Aktionen (um die 10 Hertz) unfreiwillig synchronisiert werden, so dass dieser auf einen dazwischenliegenden Schlag nicht reagieren kann. Er nimmt ihn erst nachträglich wahr. Außerdem lernt man, solche Lücken in der Wahrnehmung eines anderen zu erkennen, die auch ohne Provokation immer wieder auftreten. Und dies ist selbst bei einem hoch-konzentrierten, trainierten und kampfbereiten Menschen der Fall (allerdings sind die Lücken dann seltener und kürzer). Aus eigener Erfahrung würde ich daher die maximale Wahrnehmungsfrequenz – genauso wie die Fragmentierung des Bewusstseins – eines trainierten Menschen mit seiner bestmöglichen visuellen oder auditorischen Reaktionszeit dividiert durch Zwei gleichsetzen, also bei maximal ca. 20 Hertz.*

Wer nun trotzdem glaubt ein stabiles „Ich", oder ein unfragmentiertes Bewusstsein zu haben, wird den menschlichen Verstand nicht verstehen können (oder in diesem Fall wohl eher „nicht verstehen wollen").

4.8 Turing-Vollständigkeit

Die Ideen der „Turing Maschine" und der „Turing-Vollständigkeit" waren enorm wichtig für die Beantwortung bestimmter mathematischer Fragen, sowie für die spätere Entwicklung von Computern. Für das Verstehen der

Funktionsweise des menschlichen Gehirnes spielen diese Konzepte meines Erachtens nach keine große Rolle, abgesehen davon, dass sie oft zu Missverständnissen führen. Daher werden wir dieses Thema hier nur sehr kurz überstreifen.

Eine Turing Maschine ist ein möglichst einfaches, abstraktes Modell für einen Computer, der einfach ausgedrückt alle berechenbaren Funktionen berechnen kann. Turing-vollständige Sprachen oder Systeme können alles berechnen, was auch eine Turing Maschine berechnen kann.

Turing-Vollständigkeit ist also vereinfacht ausgedrückt die Eigenschaft eines Systems oder einer Programmiersprache, alle erdenklichen berechenbaren Vorgänge ausführen zu können. Dies gilt zum Beispiel nicht für „Plus" und „Minus", da mit diesen Operationen keine Division durchgeführt werden kann. Aber schon durch Hinzunahme der Multiplikation gelingt dies. Auch viele andere einfache Kombinationen sind möglich.

Allerdings sollte man diese Ausführungen nicht zu wörtlich nehmen (wer es genau wissen will, wird die entsprechende Publikation von Alan Turing lesen müssen), und schon gar nicht sollte man eine Turing Maschine direkt mit einem modernen Computer vergleichen. So hat zum Beispiel eine Turing Maschine, im Gegensatz zu einem echten Computer, einen theoretisch unendlich großen Speicher.

Die grundsätzlichen mathematischen Einschränkungen, die für die Turing-Maschine gelten, gelten aber natürlich auch für moderne Computer – insbesondere das mit Gödel's Theorem eng verwandte Halteproblem. (Und sie gelten sogar für Quantencomputer, die genauso wie das menschliche Gehirn falsche Resultate liefern können.)

Dieses Halteproblem besagt aber lediglich, dass für eine Turing-vollständige Programmiersprache kein Computerprogramm geschrieben werden kann, welches für den Code eines anderen Programms entscheiden kann, ob darin eine Endlosschleifen eintreten kann. Genau genommen gilt das für echte Computer nicht, da sie eine endliche Speicherkapazität haben. Aber in der Praxis hilft uns das nicht, denn die Überprüfung würde selbst für einen Taschenrechner länger dauern als das momentane Alter des Universums.

Unser Gehirn sucht aber gar nicht erst nach exakten Lösungen und verwendet in Wirklichkeit auch keine starren Algorithmen. Die einzige Art und Weise wie uns das Halteproblem eventuell betreffen könnte, ist die folgende:

Ob ein mentales Modell (auch ein konsistentes) serialisiert werden kann, können wir erst beginnen zu beurteilen, wenn wir versuchen es zu serialisieren. Wenn es gelingt, ist die Antwort gegeben. Aber wenn nicht, dann können wir nicht entscheiden, ob es prinzipiell trotzdem möglich wäre, oder nicht.

Im Klartext: wir können nicht von vorne herein entscheiden, ob wir erklären werden können, was wir denken.

5 Bias – Vorurteile – Dualismus

In diesem Kapitel geht es um Vorurteile und vorgefasste Meinungen, die weit verbreitet sind, und uns daran hindern, den menschlichen Verstand konsensual zu verstehen. Es geht also um Vorurteile, die so weit verbreitet sind, dass für eine erfolgreiche Erklärung des menschlichen Verstandes, oder des Bewusstseins, derzeit wahrscheinlich kaum irgendwo eine Mehrheit gewonnen werden kann, welche die Erklärung akzeptiert – was aber erforderlich wäre, um behaupten zu können, dass das entsprechende Modell korrekt sei.

5.1 Der Mensch dem Tiere überlegen?

Schon im Kapitel zur Sprache wurde angedeutet, dass Tiere teilweise massiv unterschätzt werden; insbesondere Säugetiere und Vögel, welche wie wir Menschen einen hochentwickelten Kortex haben, Werkzeuge benutzen, in Teams arbeiten, Sprachen verwenden und vieles mehr.

Auf YouTube kann man zum Beispiel wirklich beeindruckende Videos für die Intelligenz von Primaten und Krähen bestaunen, und ich lege dies jedem nahe, der so etwas noch nicht mit eigenen Augen gesehen hat.

Aber so wie es Menschen gab (und noch heute gibt), die sich dagegen sträuben die Evolutionstheorie anzuerkennen, weil sie dadurch eine Verwandtschaft mit „Affen" akzeptieren müssen, so gibt es Menschen, die sich vehement dagegen verwehren, den Tieren Bewusstsein und andere Denkleistungen zuzugestehen, obwohl dies soweit möglich in vielen Bereichen schon äußerst glaubhaft demonstriert (und in meinen Augen bewiesen) wurde.

Ja, der Mensch ist in seiner Intelligenzleitung, gemessen an den Dingen, die unsere Kultur für nützlich befindet, den Tieren überlegen. Aber wenn sie einen besonders zivilisationsverwöhnten Universitätsprofessor im Urwald mit einer Gruppe Schimpansen aussetzen, könnten diese Schimpansen mit Recht zu einer anderen Ansicht gelangen.

Was das Bewusstsein betrifft, so hat zumindest der Bonobo Zwergschimpanse namens Kanzi das Vorhandensein eines solchen meiner Meinung nach eindrucksvoll bewiesen.

> *Über Kanzi gibt es viel beeindruckendes Material. Eine Episode, die viele erstaunte, war die, bei der Kanzi in einen Raum mit Forschern geführt wurde, und einer beiläufig erwähnte, dass man vielleicht das Licht anschalten könnte, worauf Kanzi dies sofort umsetzte. Außerdem erkannte er sich selbst im Spiegel, und beherrschte ein umfangreiches Vokabular, welches er bei Bedarf um eigene, selbsterfundene Wörter ergänzte. Darüber hinaus demonstrierte er*

*Mitgefühl mit anderen Primaten, als er zum Beispiel seiner
Betreuerin zu verstehen gab, dass er will, dass seine Schwester
beim Einkaufen mitkommen könne, um ebenfalls ein Eis zu
erhalten, weil sie sonst traurig sein würde. Fast noch
beeindruckender war diesbezüglich sein Verhalten bei einer
Tanzaufführung von Eingeborenen, als er den Menschen erklärte,
dass die anderen Primaten dies ängstlich mache, und er sich daher
eine Privatvorführung wünsche.*

Aber selbst in aktuellen universitären Vorlesungsunterlagen von teilweise
höchst renommierten Instituten finden wir quer durch die betroffenen Fächer
nach wie vor Professoren, die keine Mühe scheuen, nicht nur das
Vorhandensein von Bewusstsein, sondern sogar das Verstehen von
Sprache bei Tieren zu leugnen. Dass sie sich dabei inzwischen nur noch an
Seidenfäden klammern, fällt ihnen dabei gar nicht auf. Spätestens in einer
intelligenten Diskussion bleibt von diesen Argumenten am Ende meist nur
noch die folgende lächerliche Behauptung übrig:

„Affen simulieren nur das Verstehen von Sprache."

Darauf kann man nur noch erwidern: „Und Sie simulieren nur das
Vorhandensein von Intelligenz." Auf den Gegenbeweis warte ich noch.

Wenn wir also darauf beharren wollen, dass nur Menschen ein Bewusstsein
haben, sind wir auf der Suche nach dem Bewusstsein auf diejenigen
Forscher angewiesen, die immer noch krampfhaft nach einem
systematischen Unterschied zwischen unseren Gehirnen und denen der
anderen Primaten suchen, welchen sie mit der Funktion des Bewusstseins
belasten können. Nach meiner Theorie wird man diesen frühestens am 36.
August finden.

5.2   Die Computeranalogie

Eines der weniger rühmlichen Phänomene in der
Wissenschaftskommunikation ist die so genannte Computeranalogie. Unser
Gehirn mit einem Computer zu vergleichen ist auf so vielen Ebenen falsch,
dass man gar nicht weiß, wo man anfangen soll dies zu demontieren.

Der Mensch neigt dazu den Computer zu personifizieren, weil es der
„intelligenteste" Alltagsgegenstand ist, den wir kennen. Das ist auch nicht
weiter schlimm; schließlich weiß ja jeder, dass der Computer in Wirklichkeit
ein Artefakt ohne jegliche Intelligenz ist. Aber umgekehrt ist das nicht so
klar. Viele Menschen glauben inzwischen wirklich, dass unser Gehirn so
ähnlich funktioniert wie ein handelsüblicher PC.

Der Mensch hat keinen Speicher, er hat ein Gedächtnis. Er hat keinen
Prozessor – dazu gibt es keinerlei Entsprechung im menschlichen Gehirn.

Das menschliche Gehirn ist auch nicht „Festplatte und Prozessor zugleich", es ist weder noch. Das Gehirn berechnet nichts und führt keine Algorithmen aus, es denkt und handelt. Der Mensch hat ein Arbeitsgedächtnis, keinen Arbeitsspeicher. Dass wir vereinzelt auf die Begriffswelt der Informationswissenschaften zurückgreifen, wenn wir über Kognition sprechen, ist genauso faul wie irreführend.

Weder das menschliche Gehirn, noch die Kognition haben Gemeinsamkeiten mit dem, was ein Computer wirklich tut. Die Gemeinsamkeiten, die scheinbar vorliegen, haben wir selbst nach dem Vorbild des Gehirns oder des Denkens in den Computer hinein programmiert.

Das Gehirn ist ein gigantisches neurales Netz, welches mit einem biochemischen und mit einem elektrischen System überlagert ist, und sich ein ganzes Leben lang verändert und anpasst. Ein Computer ist ein starres Gerüst aus Leitungen und Mikroprozessoren, welches genau eine einzige Instruktionssprache aus einer Handvoll Befehlen stur und stupide ausführen kann. Er führt jeden einzelnen und noch so offensichtlichen Fehler unreflektiert aus, welchen wir hinein programmieren. Ein einziger Strichpunkt zu wenig, und das Programm stürzt ab. Ein Computer wird diesen und den folgenden Satz so lange wiederholen, bis die Hölle zufriert. Lesen Sie den vorigen Satz.

Wenn sie bis hierher gekommen sind, sind sie kein Computer. Gratulation!

Die plumpen Computeranalogien werden aber zum Glück inzwischen auch zunehmend kritisiert. Es gibt allerdings auch weniger plumpe Computeranalogien, auf die der Mensch heute noch hineinfällt, nicht zuletzt weil sie in der Literatur und in den betroffenen Ausbildungen nach wie vor trotz besserem Wissen aufrechterhalten und multipliziert werden. Dazu gehört der Versuch, insbesonders so genannte „höhere" Funktionen des Gehirns auf genau umschriebene Kortexareale zuzuweisen.

Dies macht aus rein medizinischer Sicht bis zu einem gewissen Grad durchaus Sinn, da es so möglich wird grob vorherzusagen, welche Fähigkeiten eines Menschen durch eine Operation am Gehirn beeinträchtigt oder zerstört werden können. Aber es erzeugt auch Missverständnisse. Das Mapping (verorten) von Funktion auf die Morphologie (die Form) ist bei einem Computer klar, da seine Bestandteile feststehende Funktionen haben. Der Speicher speichert Daten, der Prozessor führt Instruktionen und Berechnungen aus. Bei einem Gehirn ist das so nicht der Fall.

Es ist in der Regel schon falsch zu sagen: Das Areal xy führt die Funktion z aus. So funktioniert das Gehirn nicht. Ein umschriebenes Areal kann an einer Funktion beteiligt sein – genauer ausgedrückt: Erregung in einem bestimmten Areal kann mit dem Ausführen einer mentalen Fähigkeit korrelieren. Aber das unterscheidet sich von Individuum zu Individuum, und sogar bei ein und demselben Menschen kann dieser Bereich im Laufe seines Lebens an eine andere Stelle „wandern".

Die Frage nach dem „Wo" ist im Gehirn nur unter sehr starken Einschränkungen zulässig. Man muss hier etwas genauer differenzieren.

Ich habe weiter oben von „höheren" Funktionen geschrieben. Die Frage „Wo fließt die Sehbahn in den Cortex ein?" ist zulässig, die Antwort lautet: „Zu 90% im visuellen Areal 1 im okzipitalen Kortex". Aber die Frage „Wo findet das Erkennen von gesehenen Dingen statt" ist schon nicht mehr so sinnvoll. Je weiter wir uns von den Bereichen entfernen, wo Sinnesinformationen fast direkt in den Kortex münden, oder umgekehrt motorische Befehle den Kortex verlassen, umso schwammiger wird die Zuordnung von Funktion auf Ort. Dies liegt an der Art der Vernetzung des Neokortex, und wir werden uns diese im zweiten Teil der Arbeit genauer ansehen.

Erfolgreich ist die Computeranalogie, weil die Informationswissenschaft Vokabeln liefert, mit denen wir über Informationsverarbeitung sprechen können, was sehr wohl ein Aspekt der Gehirntätigkeit ist. Früher benutzte man aus ähnlichen Gründen auch mechanische Analogien, die heutzutage äußerst lächerlich anmuten.

Aber wird sie übertrieben, ist die Computeranalogie eines der größten Hindernisse zum Verstehen des Gehirns. Mit kaum etwas könnte man weiter danebenliegen.

5.3 Quantenmechanische Mystik im Gehirn

In den 80er und 90er Jahren begannen einige renommierte Physiker darüber zu spekulieren, dass man das Bewusstsein nur durch quantenmechanische Effekte erklären könne. Ein bekanntes Argument von Roger Penrose besagt, dass der menschliche Geist in der Lage ist, nach Gödel unbeweisbare Ergebnisse zu beweisen, und daher Mathematiker keine formalen Beweissysteme sind, und daher auch keine klassisch berechenbaren Algorithmen benutzen, was wiederum nur in der Quantenmechanik möglich sein.

Ich überlasse es dem Leser, die gesamte Anzahl der Irrtümer in dieser Argumentationslinie zu bestimmen. Nur vier sollen hier herausgestrichen werden:

- Das Beweisen von Gödel-unbeweisbaren Theoremen erfordert keine Quantenmechanik.
- Dass Menschen keine formalen Beweissysteme sind, impliziert keinerlei höhere Fähigkeiten.

- Dass Menschen beim Denken keine klassischen Algorithmen benutzen, ebenfalls nicht.
- Nicht-klassische Algorithmen sind keineswegs nur quantenmechanisch realisierbar.

Jedenfalls wurde zusammen mit Experten aus verschiedenen Forschungsgebieten an verschiedensten Stellen im Gehirn nach kohärenten Quantenzuständen gesucht, und immer wenn eine Hypothese gefunden wurde, wurde diese gleich im Anschluss von anderen Forschern wiederlegt. Zuletzt wurde 2013 behauptet, dass eine japanische Arbeit in der Materialforschung eine bereits wiederlegte Theorie bestätigen würde. Falls sich nun niemand findet, der sich die Mühe macht auch das noch zu wiederlegen, können sich die Vertreter der „Quantum mind" in ihrem Glauben erleichtert zurücklehnen.

Einen anderen Weg geht übrigens die „Quantum Cognition", welche nur die mathematischen Werkzeuge und Konzepte der Quantenmechanik in der Kognitionsforschung zur Anwendung bringen will, ohne tatsächliche quantenmechanische Effekte im Gehirn zu unterstellen. Dies mag in einigen Teilbereichen vielleicht nützlich und sinnvoll sein. Für eine Betrachtung des „großen Ganzen", und für ein allgemeines Verstehen ist Mathematik, was das menschliche Gehirn betrifft, allerdings generell nicht besonders nützlich.

Alle diese Untersuchungen bewegen sich großteils auf einem Detaillevel der Zellbiologie und der Quantenmechanik, der hier zu weit führen würde. Ein Hauptargument gegen die Auswirkung von Quanteneffekten auf den menschlichen Verstand soll aber trotzdem kurz erwähnt werden: Es wurde von Max Tegmark berechnet, dass Quantenzustände im Gehirn des Menschen aufgrund der hohen Temperatur kollabieren, bevor sie je eine räumliche oder zeitliche Größenordnung erreichen, von der angenommen werden kann, dass sie für die Funktion der biologischen neuralen Netze signifikante Auswirkungen haben können. Die Quantenzustände sind also so kurzlebig (weniger als eine Picosekunde) und so klein, dass sie sich nicht signifikant auf die Größenordnung einer ganzen Zelle auswirken können.

Ein ähnliches Problem haben auch die verschiedenen elektromagnetischen Theorien des Bewusstseins, welche davon ausgehen, dass das Bewusstsein in Form eines elektromagnetischen Feldes existiert, was von der heutigen Forschung großteils zu Recht nicht mehr ernstgenommen wird.

Der österreichische Physiker und Biologe Erwin Schrödinger, einer der wichtigsten Mitbegründer der modernen Quantenmechanik, war vermutlich der erste, der vorgeschlagen hat die Auswirkung der Quantenmechanik auf biologische Systeme zu untersuchen. Dieses Forschungsfeld existiert heute und wird „Quantenbiologie" genannt.

Zumindest für die Photosynthese konnte verschiedene Forscher (Tessa R. Calhoun, Gregory S. Engel, Matt W. Graham und andere) inzwischen anhand von Algen nachweisen, dass hier ein Exziton (also ein quantenmechanisches Phänomen) auftreten kann, wenn ein Photon in den Photokomplex eintritt. Das Exziton führt einen so genannten „quantum walk" durch, bei dem es durch das Superpositionsprinzip mehrere Pfade zugleich beschreitet, um dann über den besten davon die Energie zu übertragen. (Achtung: dies ist eine extrem stark vereinfachte Darstellung der tatsächlichen Vorgänge.) Allerdings wurden die Algen für diese Messungen dabei auf annähernd -200°C abgekühlt.

Man kann sich das so ähnlich vorstellen, wie bei einem Blitzschlag. Auch hier kann man bei extremen Zeitlupenaufnahmen beobachten, wie Leitblitz und Fangentladungen einen Weg für den Hauptblitz bilden, der erst etwas später einschlägt. Dieser Prozess ist noch nicht genau geklärt, es werden auch hier quantenmechanische Effekte (zum Beispiel auch Auslösung durch hochenergetische kosmische Strahlung) vermutet, da die Ladung einer Gewitterwolke dafür alleine bei weitem nicht ausreichend ist. Um den Durchschlagswiderstand zur Erde zu brechen würden ungefähr 3 Millionen Volt benötigt, aber es genügen in der Regel um die 200.000 Volt; auch das Entstehen von Röntgenstrahlung im Leitblitz ist übrigens noch unklar.

Als Kinder haben wir in der Schule gelernt, dass sich elektrischer Strom den Weg des geringsten Wiederstandes sucht. Spätestens an der Universität wird einem dann erklärt, dass dies eine unzulässige Vereinfachung ist, und man stattdessen das Ohmsche Gesetz anwenden muss, und dass in Parallelschaltungen Strom auch auf den Leitungen mit größerem Wiederstand fließt, nur eben weniger. Aber das gilt eben offensichtlich nur für Leiter. Diese sind einfach ausgedrückt bereits mit Elektronen „gefüllt", und das einzelne Elektron, das in den Anfang des beobachteten Systems einfließt, muss sich keinen Weg „suchen".

Wir wissen also offensichtlich einfach noch nicht alles darüber, wie sich elektrischer Strom vor allem in Halbleitern und Nichtleitern verhält. Daher kann man also prinzipiell auch nicht abstreiten oder ausschließen, dass quantenmechanische Effekte prinzipiell eine Auswirkung im Gehirn haben. Und wir müssen auf jeden Fall zwischen Modellen unterscheiden, die etwas berechnen oder beschreiben, und Modellen die etwas erklären. Das Ohmsche Gesetz beschreibt den elektrischen Strom in Leitern hervorragend, aber es erklärt ihn nicht. Und auch die Quantentheorie erklärt möglicherweise nicht die Welt, sondern beschreibt sie nur, denn wir müssen derzeit annehmen, dass Quantentheorie und Relativitätstheorie nicht zugleich bis ins letzte Detail richtig sein könnten.

Vielleicht ist die „Quantum Mind" Theorie also nur ein Bestätigungsfehler (auf Englisch „confirmation bias" genannt) – ein Effekt der bewirkt, dass Wissenschaftlern bevorzugt Ergebnisse finden, von denen sie erwarten, dass sie sie finden. Es ist also vielleicht ein Versuch von Physikern, mit ihrer Quantenmechanik mehr zu erklären als nur Physik. Vielleicht ist auch etwas Wahres daran, und quantenmechanische Effekte spielen doch eine signifikante Rolle im Gehirn. Im diesem Fall wird man sie berücksichtigen müssen, wenn man Interaktionen von Neuronen extrem genau **berechnen** will, so wie man quantenmechanische Effekte auch in der Chemie berücksichtigen muss. Aber wir werden im zweiten Teil des Buches sehen, dass wir, um das Bewusstsein oder den Verstand des Menschen zu **verstehen,** keinerlei Quantenphysik bemühen müssen.

5.4 Die Frage nach den „Qualia" und verwandte Probleme

Zwei eng verwandte „Probleme" werden von Zweiflern immer wieder genannt, wenn enthusiastische Menschen wie ich glauben, den Verstand und das Bewusstsein verstehen oder gar erklären zu können. An diesen Problemen kommt keiner so leicht vorbei. Es sind dies das „Qualia-Problem" und das „Bindungsproblem".

Das „**Qualia-Problem**" ist einfach die Frage, wie denn subjektive Eindrücke zustande kommen, also das so genannte „phänomenale Bewusstsein". Anders formuliert ist es die Frage, warum sich Dinge auf eine bestimmte Art und Weise „anfühlen".

Wenn eine Person zum Beispiel friert, dann laufen viele Dinge zugleich ab; physiologische Prozesse wie auch neurologische, und als Konsequenz daraus dann eben auch psychische. Zu den psychischen Prozessen gehört eine ganz spezifische, individuelle Mischung aus Unwohlsein, Erinnerungen, vielleicht Angst oder Trotz, Sehnsucht nach Wärme, und so weiter. Dies bewegt den Menschen dazu zu sagen: „Das fühlt sich für mich auf eine bestimmte Weise an."

Genauso wie die Farbe Rot für den einen ist, ist sie nicht auch für den anderen. Das Rot beruht auf derselben Lichtfrequenz, hat aber durch die ganze Lebensgeschichte des Menschen, der die Farbe wahrnimmt, eine individuelle „Färbung" erhalten. Und diese individuelle Färbung ist es, welche die Philosophen als Qualia bezeichnen. Genau genommen muss ein „gefühltes rot" nicht einmal rot sein, um dieselben Qualia auszulösen: eine Tomate empfinden wir immer noch als rot, wenn wir sie in blauem Licht sehen, so dass die Lichtfrequenz keinerlei Rottöne mehr enthält.

Und diese Qualia sind es, von denen einige behaupten, sie könnten nicht erklärt werden. Auch wenn ich das im vorigen Absatz noch nicht vollständig getan habe, so sei auf das Bewusstsein hingewiesen: dieses nimmt die individuelle Färbung wahr, und wir werden im zweiten Teil versuchen es zu erklären.

Wenn aber einzelne Philosophen (wie Gottfried Wilhelm Leibniz) fordern, man müsste diese Qualia im Gehirn lokalisieren können, und ansonsten ein dualistisches Weltbild akzeptieren, in welchem die Qualia und das Bewusstsein etwas mystisches sind, dann ist das so als würde ich von den Philosophen fordern, auf einer Festplatte in dem Muster aus Nullen und Einsen (eigentlich unterschiedlich magnetisierte Stellen) ein Farbbild zu suchen. Sie werden es auf diese Art natürlich auch nie finden.

Auch auf die Behauptung des Philosophen Thomas Nagel, man könne sich nicht vorstellen, wie es sich für eine Fledermaus anfühle die Umwelt mit Echoortung wahrzunehmen, und dies sei ein Argument dafür, dass man die Qualia nicht naturwissenschaftlich erklären könne, sollte ich noch kurz eingehen. Einige blinde Menschen haben ebenfalls gelernt, ihre Umwelt mit Echoortung zu sehen (dafür wird das normale Sehzentrum benutzt, es „fühlt" sich also wahrscheinlich recht ähnlich an wie Schwarzweiß-Sehen).

Schwieriger wird es wahrscheinlich, sich vorzustellen, wie es sich für Fledertiere – die einzigen aktiv flugfähige Säuger – anfühlt zu fliegen. Aber auch das ist bis zu einem gewissen Grad vorstellbar und erlebbar. Es ist zwar etwas mühsam und langwierig einen luziden Traum zu provozieren, der einen ganz bestimmten Inhalt ermöglicht, aber man kann es tun. (Ich persönlich habe mich in der Zeit, in der ich mich aktiv mit luziden Träumen beschäftigte, mehr für das Unterwasser-Leben interessiert, und es mit der Zeit geschafft, gezielt als „Fisch" in einen luziden Traum einzutreten.)

Zugegeben, man erlebt dann nur das, was man sich darunter vorgestellt hat, eine Fledermaus zu sein. Denn das eigentliche Problem dabei, sich ein anderes Säugetier aus der Ich-Perspektive vorzustellen, ist deren völlig andersartige Gehirnmorphologie. Dinge, die bei uns Menschen eher in den Hintergrund gedrängt sind, sind in Tiergehirnen manchmal viel stärker präsent (man denke an den Geruchssinn eines Hundes), während andere Dinge beim Menschen stark im Vordergrund sind, aber bei Tiergehirnen nur äußerst eingeschränkt vorliegen (zum Beispiel unsere Kognition, in welcher die Sprache vergleichsweise überrepräsentiert ist).

Aber es sind nun einmal zwei völlig unterschiedliche Dinge, das Bewusstsein naturwissenschaftlich erklären zu können, und sich das Bewusstsein eines völlig andersartigen Gehirnes vorstellen zu können. Ich denke wir können einen Heißluftballon naturwissenschaftlich recht gut erklären. Aber wer kann sich schon vorstellen, wie es sich anfühlt ein Heißluftballon zu sein? Daher kann ich dieses Argument nicht ganz ernst nehmen, auch wenn der Aufsatz von Thomas Nagel unterhaltsam ist, und zum Nachdenken anregt.

Noch weiter geht das Gedankenexperiment der „philosophischen Zombies", welches besagt, dass es möglich sei, dass ein Mensch gar kein Bewusstsein habe, und dieses nur simulieren könne. Während es zwar möglich ist, dass ein Mensch kein Bewusstsein hat, so muss man schon sagen, dass er sich ohne dieses äußerst auffällig verhält. Ich spreche nicht davon, dass sein Körper schlaff herumliegt und nach Fäulnis riecht, sondern von Schlafwandlern. Schlafwandler können in extremen Fällen äußerst komplexe Tätigkeiten ausführen, wie zum Beispiel sogar Autofahren. Aber das Wachbewusstsein vermögen sie absolut nicht zu simulieren. Jeder, der schon einmal einen Schlafwandler gesehen hat, wird ihnen bestätigen können, dass es völlig offensichtlich ist, dass diese Menschen in so einer Situation nicht ganz bei Bewusstsein sind. So haben Schlafwandler zum Beispiel stets ein völlig ausdrucksloses Gesicht.

Mit ungefähr 12 oder 13 Jahren habe ich einige Experimente mit meinem Schlaf und meinem Bewusstsein durchgeführt. So versuchte ich unter anderem über mehrere Wochen hinweg, ob es nicht möglich wäre, mit einem geöffneten Auge zu schlafen. Ich vermute, dass diese Experimente dazu führten, dass ich selbst eine seltsame (teils schlafwandlerische) Episode erlebte:

Ich wachte frühmorgens an meinem Schreibtisch sitzend auf (zumindest glaubte ich aufgewacht zu sein). Offensichtlich hatte ich versucht etwas niederzuschreiben, aber auf dem Papier waren nur unlesbare Kritzeleien zu sehen. Außerdem fühlte ich mich äußerst seltsam, aber ich konnte noch nicht genau sagen, was los war. Als nächstes bemerkte ich, dass sich der Kugelschreiber in meiner linken Hand befand. Spontan versuchte ich zu schreiben und stellte fest, dass dies nun funktionierte. Die Schrift war nicht gerade schön, aber es schien mir keine Probleme zu bereiten zu schreiben.

Dann wollte ich wohl irgendwo hin gehen, ich habe aber nicht die geringste Erinnerung daran, wohin ich eigentlich wollte. Ich weiß nur, dass ich mich an der Wand meines Zimmers entlang tastete, und dann etwas erschrocken feststellte, dass mich dies nach einer Weile wieder an den Ausgangspunkt zurückführte. Enttäuscht ging ich ins Bett zurück um zu schlafen, und wachte später vom Klang des Weckers ganz normal auf.

Diesmal war ich wirklich wach, den Unterschied konnte ich nun klar erkennen. Das erste was ich tat war auf dem Schreibtisch nachzusehen, ob ich da wirklich etwas geschrieben hatte. Und tatsächlich, ich fand den Zettel, auf dem einige Kritzeleien und darunter ein paar unbeholfene, aber durchaus lesbare Worte geschrieben waren. Leider weiß ich nicht mehr, was ich damals geschrieben habe, und besitze auch den Zettel nicht mehr, aber ich gehe davon aus, dass es nicht gerade die Weltformel war.

Nun könnte man argumentieren, dies wäre ein unzulässiger Vergleich, und der Schlafzustand sei nicht mit dem Wachzustand vergleichbar. Die Zombietheorie besagt ja, dass ein Mensch im Wachzustand völlig normal erscheinen könnte, ohne irgendetwas wirklich zu fühlen. Wenn das so wäre, so würde ihm aber meiner Meinung nach die Motivation fehlen, dies zu simulieren. Dennoch löst sich das seltsame Gedankenexperiment nicht in Luft auf. Christof Koch zeigt in seinem hervorragenden und allgemeinverständlichen Buch „Bewusstsein – ein neurobiologisches Rätsel" sehr eindrucksvoll auf, wie viele Dinge im Leben wir ohne Zutun unseres Bewusstseins verrichten.

Wenn es wirklich möglich ist, ein Bewusstsein ohne Vorhandensein desselben vorzuspiegeln, dann kann man von außen nicht mehr ohne weiteres bestimmen, ob tatsächlich ein Bewusstsein vorliegt. Außer es würde gelingen, das so genannte neuronale Korrelat des Bewusstseins (NCC vom Englischen „neural consciousness correlate") zu bestimmen, oder eine andere Form des Nachweises für ein Bewusstsein zu erbringen.

Das Qualiaproblem ist aber meiner Ansicht nach keines. Ein Zombie hätte keine, wenn es einen gäbe. Eine Fledermaus hat sie vermutlich; ich vermute, dass zumindest die meisten Säuger und Vögel, und vielleicht sogar gewisse Reptilien ein Bewusstsein haben, und werde dies im zweiten Teil begründen. Wir selbst haben sie ganz sicher, und können auch ganz klar sagen, was sie sind: es sind die subjektiven Färbungen unserer Erlebnisse. Sie werden uns nicht daran hindern, die Natur des Bewusstseins aufzudecken.

Ein weiteres philosophisches Problem, welches in ähnlicher Weise verwendet wird, die Arbeit von Bewusstseinsforschern anzugreifen, ist das **Bindungsproblem**. Es stellt uns die Frage: „Wie werden die Neuronensignale für Farbe, Bewegungsrichtung und Form wieder zu einem roten Ball, der von links nach rechts fliegt, zusammengesetzt". Dies ist eine berechtigte Frage, denn die Signale des Sehsinnes werden tatsächlich in die erwähnten Komponenten (und einige weitere) zerlegt, und die entsprechenden Muster werden tatsächlich an verschiedenen Orten des Gehirnes zuerst „erkannt". Um dem Bewusstsein als „gebundene" Erfahrung zur Verfügung zu stehen, muss also das Bewusstsein entweder auf all diese Gehirnareale zugleich Zugriff haben, oder direkt auf das Eingangssignal, in einer Phase, in welcher das „Video" noch nicht in seine Komponenten zerlegt wurde.

Allerdings kann man das Argument auch viel leichter entkräften: im „Sprachzentrum" kommen diese Informationen spätestens wieder

*zusammen (und das ist auch neurologisch leicht nachvollziehbar),
denn sonst könnten wir wohl kaum von dieser integrierten
Wahrnehmung berichten. Also hat zumindest das „Sprachzentrum"
Zugriff auf alle diese Informationen, und kann sie integrieren. Und
wenn das „Sprachzentrum" das kann, warum sollte es dann das
Bewusstsein nicht ebenfalls können?*

Ich werde im zweiten Teil des Buches dafür argumentieren, dass beides
(ungefähr, aber nicht genauso wie oben formuliert) der Fall ist. Ich werde
nachvollziehbare Argumente dafür liefern, dass das Bewusstsein nicht-lokal
ist, und in sehr umfassender Weise auf den gesamten Kortex „Zugriff" hat.
Allerdings im Rahmen der Einschränkungen, die wir teils schon erwähnt
haben (zum Beispiel eine eingeschränkte zeitliche Auflösung), und welche
durch erstaunliche neurologische Experimente belegt wurden.

Aber obwohl die Frage des Bindungsproblemes eine berechtigte und
nachvollziehbare ist, kritisiere ich es in seiner Anwendung durch einige
Philosophen. Denn ungünstig formuliert schickt es den Menschen genau
wie das Qualiaproblem auf eine sinnlose Suche, so als würde man die
Einzelbilder eines Videos nach einer Eigenschaft durchsucht, welches die
Bilder beim Abspielen zu einem Film verbindet.

Zuletzt sei noch kurz das **Intentionalitätsproblem** erwähnt. Es handelt sich
dabei um einen Kunstbegriff, der gerne absichtlich so definiert wird, dass er
jegliche naturwissenschaftliche Erklärung ausschließt.

Die klassische Definition kommt von Franz Brentano und lautet:

> *„Jedes psychische Phänomen ist durch das charakterisiert, was die
> Scholastiker des Mittelalters die intentionale (auch wohl mentale)
> Inexistenz eines Gegenstandes genannt haben, und was wir,
> obwohl mit nicht ganz unzweideutigen Ausdrücken, die Beziehung
> auf einen Inhalt, die Richtung auf ein Objekt (worunter / hier nicht
> eine Realität zu verstehen ist), oder die immanente
> Gegenständlichkeit nennen würden. Jedes enthält etwas als Objekt
> in sich, obwohl nicht jedes in gleicher Weise. In der Vorstellung ist
> etwas vorgestellt, in dem Urteile ist etwas anerkannt oder verworfen,
> in der Liebe geliebt, in dem Hasse gehasst, in dem Begehren
> begehrt usw. Diese intentionale Inexistenz ist den psychischen
> Phänomenen ausschließlich eigentümlich. Kein physisches
> Phänomen zeigt etwas Ähnliches. "*

Daraus kann man meiner Meinung nach vor allem herauslesen, dass er die
„Bedeutung der Bedeutung" suchte (man spricht heute von dem „Bezug auf
einen Inhalt") und, dass er diese als etwas inhärent nicht-physisches sah.

Im heutigen Zeitalter der Informatik sollte es nicht mehr als so rätselhaft erscheinen, dass sich ein System auf einen „Inhalt" beziehen kann. Unsere Definition von Wissen beinhaltet diese Intentionalität, und das Vorhandensein eines Weltmodells kann sie erklären. Allerdings wird der Begriff „Intentionalität" gerne auch heute noch so definiert, dass er als Mischung aus „Bedeutung", „Qualia" und „Wille" auftritt.

Bedeutung und Qualia haben wir besprochen (die Qualia aber noch nicht erklärt – dies können wir erst am Ende dieser Arbeit tun). Um den „Willen" haben wir uns bis hierher erfolgreich herum geschifft. Sigmund Freud führt ihn teilweise auf das „Es" zurück (ganz grob ausgedrückt sein Sammelbegriff für Triebe und Begehren), aber heute wird in der Regel absichtlich der Wille abgegrenzt in Begehren und Triebe versus den Begriff „Volition", mit welchem „höhere" persönliche Ziele und Entscheidungen bezeichnet werden.

Im Lexikon der Psychologie (Wilhelm Arnold et al.) wird der Wille als kognitiv verarbeitete Motivation, welche durch das „Ich" anderen Motivationen gegenüber bevorzugt wurde, bezeichnet. Andere sprechen auch von eine „Handlungskontrolle des Menschen durch sich selbst". Ich halte beide Definitionen an sich für sehr gut. Im Rahmen unseres Buches sind sie aber deswegen unzulänglich, weil sie Begriffe einbeziehen, welche zumindest hier nicht eindeutig definiert wurde. Ich ergänze dies also mit dem folgenden Definitionsvorschlag:

Der Wille ist ein bewusster Ausdruck dessen, wie das Ich-Modell in die Zukunft projiziert wird.

Und ich erinnere noch einmal daran, dass wir alle ein bewusstes Modell in uns tragen, von dem wir annehmen, dass es unserem Ich entspricht, und welches wir beschreiben, wenn uns jemand nach unserer Persönlichkeit / unserem Charakter / unserem Ich befragt. Dies ist eben das Ich-Modell, welches aber nicht exakt dem tatsächlichen und unbewussten Selbstmodell entspricht, welches uns das Bewusstsein verleiht. In der Regel *wollen* wir diesem Ich-Modell entsprechen, aber wenn wir zum Beispiel nikotinsüchtig sind und aufhören *wollen*, hilft uns dieser Wille oft nicht sehr lange darüber hinweg, dass sich unser Unterbewusstsein, von welchem das eigentliche Selbstmodell ein Teil ist, erneut eine Zigarette anzündet. Wir behaupten also am einen Tag, wir (Ich-Modell) hätten nun für immer zu Rauchen aufgehört (und glauben das vielleicht auch tatsächlich), und fangen am nächsten Tag wieder damit an. Unser Bewusstsein setzt sich aufgrund eines unbewussten Mechanismus einfach über dieses Ich-Modell hinweg. In solchen Fällen wird eine enorme Disziplin erforderlich sein, welche wir uns selbst beibringen müssen.

In Kapitel 8.1   werden wir eine Schichtung der menschlichen Motivationen in eine mechanische, eine emotionale und eine kognitive Ebenen einführen, welche nicht voneinander getrennt werden können. Man meint zwar mit dem Willen in der Regel eine kognitive Entscheidung, sie ist aber in Wirklichkeit nicht vollständig von „niedrigeren" Zielen ablösbar.

Das Qualiaproblem, das Bindungsproblem und das Intentionalitätsproblem sind hiermit beschrieben, alle drei können aber erst dann wirklich gelöst werden, wenn das Bewusstsein verstanden wird. Das Intentionalitätsproblem hängt bei ungünstiger Definition zusätzlich auch noch mit der Frage des freien Willens verbunden, welcher in Kapitel 9 besprochen wird.

5.5 Der Dualistische Bias und weitere Vorurteile

Nun kommen wir zum letzten mir bekannten großen Hindernis zum Verstehen des menschlichen Gehirns. Leider ist es auch das schwerwiegendste und in der Menschheit am tiefsten sitzende. Ich nenne es den dualistischen Bias. Er kann den Fortschritt in der Wissenschaft nicht verhindern, aber doch signifikant bremsen und erschweren, und hat dies in der Geschichte schon unzählige Male bewiesen.

Viele, wenn nicht die meisten Menschen wollen – bewusst oder unbewusst – dass ihre eigene Existenz, ihr Bewusstsein, ihr freier Wille, ihr Leben, ihr Gehirn, und vor allem ihr Tod etwas Geheimnisvolles bleibt. Die latente oder gegenwärtige Angst vor dem Tod ist sicher eine der Hauptursachen. Man befürchtet, dass die naturwissenschaftliche Erklärung des Gehirns jegliche Chance auf ein „Leben nach dem Tod" verbauen könnte. (Ich persönlich hätte ja viel mehr Angst vor einer Wiedergeburt, so wie das jeder haben sollte, der in unserer privilegierten, westlichen Welt geboren ist.)

Wenn Sie nicht akzeptieren können oder wollen, dass Sie in der Zeit nach dem Tod, genauso wie in der Zeit davor nicht existieren, dann sollten sie das Buch an dieser Stelle schließen und sich damit abfinden, dass Sie das Gehirn nicht abschließend verstehen wollen. Und was der Mensch nicht verstehen will, das kann ihm auch niemand aufzwingen zu verstehen, und er wird es nie verstehen. Ansonsten können Sie vielleicht Trost in der Tatsache finden, dass ihre nicht-Existenz Sie vor ihrer Geburt ja auch nicht sonderlich gestört hat.

Dieser dualistische Bias fördert nach jeder einzelnen Teilerklärung des Verstandes ein „aber" zu Tage, und zwar genau so lange, bis der Erklärende aufgibt. Manchmal wird er auch heimtückisch, und dreht dem Erklärenden dabei das Wort im Munde um. Und er begünstigt, oder verursacht eine weitere Form von Bias, die wir schon erwähnt haben: den Bestätigungsfehler (confirmation bias).

Am confirmation bias „leidet" jeder Mensch, manche sicher mehr als andere, aber er verhindert zum Glück normalerweise nicht das Verstehen von

Dingen, die wir verstehen wollen. Er führt nur leider des Öfteren zu unplausiblen oder falschen Ergebnissen in der Forschung und in anderen Bereichen, die auf menschlicher Urteilskraft beruhen (wie zum Beispiel leider auch Gerichtsprozesse).

Dazu möchte ich ein wirklich gutes Beispiel des Denkpsychologen Peter Cathcart Wason anführen. Sie können es als Test auffassen, und zuerst den unteren Teil dieser Seite (nach dem horizontalen Strich) abdecken. Aber Vorsicht: es ist nicht so einfach, wie man im ersten Moment vielleicht glaubt.

Stellen Sie sich vor, es liegen vier Karten vor Ihnen auf dem Tisch. Jede dieser Karten hat auf einer Seite eine Zahl, und auf der anderen einen Buchstaben.

E		K		4		7

Nun behauptet jemand folgendes: „Wenn auf einer Seite der Karte ein Vokal ist, dann ist auf der anderen Seite eine gerade Zahl". Welche Karte(n) müssen Sie umdrehen, um die Regel zu überprüfen?

Die meisten Menschen wählen die „E"-Karte. Dies nennt man „Modus Ponens" (MP oder auch MPP abgekürzt, für das genauere „modus ponendo ponens"). Es ist die Schlussfigur aus der Logik, bei welcher man aus „A ⇨ B" und „A" auf „B" schließt. Also wenn „A" gilt und auch „A ⇨ B" gilt, dann gilt auch „B". Dies dürfte wohl die einfachste Art von logischen Schlüssen sein, mit der die Menschen am wenigsten Schwierigkeiten haben. Wenn die „E"-Karte auf der anderen Seite eine ungerade Zahl hat, ist die Aussage falsifiziert (also wiederlegt) worden, somit ist es die richtige Wahl.

Zusätzlich wird dann auch noch oft die „4"-Karte gewählt. Das ist nicht richtig, denn es nützt weder dabei, die Aussage zu wiederlegen, noch sie zu bestätigen. Auf der Rückseite kann auch ein Konsonant stehen, aber das verbietet die ursprüngliche Behauptung ja nicht. Die Behauptung bezieht sich nur auf Karten, die einen Vokal enthalten (und implizit auf Karten, die eine ungerade Zahl enthalten), aber sie beinhaltet keinerlei Information über Karten, welche eine gerade Zahl oder einen Konsonanten enthalten.

Nur wenige Menschen denken aber daran, auch die „7"-Karte zu untersuchen, was genauso wichtig wäre wie die „E"-Karte. Denn wenn die „7"-Karte auf der Rückseite einen Vokal hat, ist die Aussage ebenfalls falsifiziert. Dies nennt man „Modus Tollens" (genauer: „modus tollendo tollens") und bezeichnet die folgende Schlussfigur: „A ⇨ B" mit „nicht-B" ergibt „nicht-A". Dies wird manchmal als die Grundlage der wissenschaftlichen Forschung bezeichnet, denn in der Wissenschaft geht es nicht darum blindlings Theorien aufzustellen und teure Experimente, frei nach der Fantasie der Forscher auszuführen, um diese Theorien möglichst gut zu untermauern. Fast im Gegenteil: es geht darum **falsifizierbare** Theorien aufzustellen und diese dann zu wiederlegen. Und erst wenn eine Theorie den Wiederlegungsversuchen mehrerer unabhängiger Forschergruppen wiederstanden hat, wird sie vorübergehend akzeptiert.

Wer aber vom dualistischen Bias „befallen" ist, und dadurch ausgelöst einem starken Bestätigungsfehler aufsitzt, wird weder sich selbst noch dem anderen die Fragen stellen, die zu einer sinnvollen Antwort führen können, sondern eher das Gegenteil tun, und damit jeglichen Erklärungsversuch in seinem Keim ersticken.

Zusätzlich zum Confirmation Bias gibt es noch eine ganze Menge weiterer solcher Fehler, die der Mensch beinahe systematisch immer wieder macht. Die im Folgenden noch kurz erwähnten Beispiele stellen nur einen Bruchteil der „typisch menschlichen" Fehler dar, die in der Kognitionspsychologie, der Sozialpsychologie und einigen anderen Gebieten bekannt sind. Ich gebe hier stets auch die englischen Bezeichnungen an, da im englischen Sprachraum diese Effekte oft besser dokumentiert und einheitlicher benannt sind. In einigen Fällen, in welchen es noch gar keine Übersetzung zu geben scheint, stammen die deutschen Übersetzungen von mir selbst.

Verfügbarkeitskaskade (availability cascade)	Ein selbstverstärkender Prozess, bei dem verbreitete Meinungen als immer plausibler empfunden werden, je häufiger sie auftreten.
Mitläufereffekt (bandwagon effect)	Die Tendenz von Menschen sich der Masse anzuschließen.
Gegenschlageffekt (backfire effect)	Wenn Menschen auf widerlegende Indizien oder Beweise reagieren, indem sie ihre Meinung noch stärker vertreten.
Bayesscher Konservativismus (conservativism bias)	Die Tendenz die eigene Meinung nach dem Erhalt von neuen Daten zu wenig zu korrigieren. (Erstmals 1968 wissenschaftlich beschrieben von Ward Edwards)
Framing-Effekt (framing effect)	Die Tendenz verschiedene Schlüsse aus derselben Information zu ziehen, je nachdem woher die Information kommt, oder wie sie präsentiert wird.
Blinder Fleck der Befangenheit (bias blind spot)	Die Tendenz von sich selbst anzunehmen, weniger befangen zu sein als andere Menschen, oder besser in der Lage zu sein als andere Menschen, solche Befangenheitseffekte zu erkennen.
IKEA Effekt (IKEA effect)	Die Tendenz von Menschen Dingen, an denen sie selbst mitgewirkt haben, unverhältnismäßig höheren Wert zuzuschreiben als vergleichbaren Dingen, an denen sie nicht mitgearbeitet haben.
Nicht-hier-erfunden-Syndrom (Not-invented-here-Syndrom, oder kurz NIH)	Die Abneigung von Menschen Produkte, Forschungsergebnisse oder Wissen zu benutzen, welches außerhalb der eigenen Gruppe entwickelt wurde.
Beobachter-Erwartungshaltungseffekt (observer-expectancy effect)	Wenn Forscher ein bestimmtes Ergebnis erwarten und deshalb unbewusst das Experiment so manipulieren oder die Daten so fehlinterpretieren, dass dieses Ergebnis gefunden wird (verwandt mit dem confirmation bias).
Selektive Wahrnehmung (selective perception)	Die Tendenz von Erwartungshaltungen die Wahrnehmung zu beeinflussen (ebenfalls mit dem confirmation bias

	verwandt).
Semmelweis Reflex (semmelweis reflex)	Die Tendenz Ergebnisse abzulehnen, welche bestehenden Paradigmen wiedersprechen.
Subjektive Validierung (subjective validation)	Der Eindruck, dass etwas wahr ist, oder Zufälle eine Verbindung haben, wenn der eigene Glauben verlangt, dass es wahr ist oder diese Verbindung vorliegt.
Naiver Realismus (naïve realism)	Der Glaube, dass wir die Realität so sehen, wie sie wirklich ist, objektiv und ohne Befangenheit, dass Fakten für alle offensichtlich sind und dass vernünftige Menschen stets mit uns einverstanden sein müssen, sowie dass diejenigen, die etwas anders sehen, entweder schlecht informiert, faul, irrational oder mit Vorurteilen behaftet sind.
Befangenheit der gemeinsamen Information (shared information bias)	Die Tendenz von Gruppenmitgliedern mehr Zeit und Energie auf die Diskussion von Informationen zu verwenden, mit denen die Mitglieder bereits vertraut sind, und weniger auf Informationen, die nur wenigen bekannt sind.
System-Rechtfertigungseffekt (system justification)	Die Tendenz den Status Quo zu verstärken und zu verteidigen.
Wahrheitsillusionseffekt (illusion of truth effect)	Die Tendenz Aussagen, die man schon einmal gehört hat, eher für wahr zu halten als solche, die man noch nie gehört hat. Tritt auch auf, wenn man sich gar nicht daran erinnern kann die Aussage schon einmal gehört zu haben.

Das sind keine Fehler, die „manche dummen Leute ab und zu machen". Das sind Fehler, die jeder ständig macht. Wenn man sich die Experimente der Psychologen ansieht, mit welchen diese Arten von Befangenheit untersucht wurden, wird man erschrocken feststellen müssen, mit welcher Zuverlässigkeit man selbst andauernd in solche Fallen tappt. Und dies ist wie schon erwähnt nur ein kleiner Bruchteil, mit Fokus auf die Themen, die den Inhalt dieses Buches besonders stark betreffen können.

Wenn man sich aus dieser Liste nur einen einzigen merken will, dann sollte man sich auf jeden Fall den „Blinden Fleck der Befangenheit" merken. Denn dieser verhindert wahrscheinlich auch, dass man sich genau diejenigen Arten von Befangenheit gut merkt, die besonders stark auf einen selbst zutreffen.

6 Neuronen und neurale Netze

Um die Funktionsweise von neuralen Netzwerken zu verstehen, beginnen wir zuerst mit künstlichen neuralen Netzwerken, ohne dabei aber die biologischen Vorbilder aus den Augen zu verlieren, und arbeiten uns dadurch zu einem Verständnis der Informationsverarbeitung in biologischen neuralen Netzwerken vor. Das Verhalten von neuralen Netzwerken erklärt nur einen Teil der Funktionsweise des menschlichen Gehirns, allerdings einen essentiellen. Ohne diese Art der parallelen Informationsverarbeitung zu verstehen, wird einem das Gehirn für immer ein unerklärliches Rätsel bleiben.

Wir beginnen mit einzelnen Neuronen, und arbeiten uns dann zu größeren Gruppen von Neuronen vor. Diesen „bottom up" Ansatz ergänzen wir dann mit einem „top-down" Ansatz. In der Neuroinformatik (ein noch relativ junges Forschungsfeld, das erst seit kurzem wieder Fortschritte verzeichnet) und anderen Informatik-nahen Gebieten ist das Wissen über die Funktion von künstlichen neuralen Netzen gut etabliert und weit verbreitet, das Wissen über die Funktion eines Gehirnes und die Funktion einer Zelle (eines natürlichen Neurons) jedoch oft sehr dürftig. In der Neurophysiologie und anderen Neurologie-nahen Gebieten ist es umgekehrt. Beide Gebiete sind für sich genommen wohl einfach zu groß, um sie in der erforderlichen Tiefe und Breite in ein gemeinsames universitäres Studium zu packen.

Hier werden wir uns aber auf die absolut essentiellen Details beschränken, um beide Gebiete soweit unter ein gemeinsames Dach zu bringen, wie dies für das Verstehen von Bewusstsein und menschlichem Verstand erforderlich ist.

Im menschlichen Gehirn befinden sich ungefähr 100 Milliarden Neuronen (das entspricht ungefähr der Anzahl der Sterne in einer großen Galaxie wie unserer Milchstraße), davon ungefähr 20 Milliarden im Neokortex. Ein einzelnes Neuron im Gehirn hat zwischen einer und 100.000 Verbindungen zu anderen Neuronen, im Durchschnitt sind es einige tausend pro Neuron. In der Gehirnrinde (Kortex) ist der Schnitt deutlich höher; die Werte liegen meistens zwischen ungefähr 8 bis 20.000 Verbindungen pro Neuron, von denen 95% oder mehr zu anderen Kortexneuronen führen. Die Gesamtlänger aller Neuronenverbindungen im Gehirn beträgt beinahe 6 Millionen Kilometer, ungefähr das 145-fache des Erdumfangs. Insgesamt hat man in der frühen Kindheit ungefähr 10^{15} Nervenverbindungen (Synapsen). Diese Zahl verringert sich bis ins Erwachsenenalter auf ungefähr ein Zehntel. Diese Reduktion beruht zum Großteil auf einer natürlichen Ursache, welche ein Aspekt der Reifung ist – es sterben also nicht einfach beliebige Neuronen ab, sondern es handelt sich um einen gezielten Selektionsprozess.

Diese Zahlen müssen wir uns vor Auge führen, wenn wir in den nächsten Kapiteln die Funktion von neuralen Netzen anhand von Beispielen mit nur sehr wenigen Neuronen besprechen. Die Leistungsfähigkeit von kleinen Neuronenverbänden mit wenigen hundert Zellen ist bereits beeindruckend (Quallen kommen mit weniger als 1000 Neuronen aus, ein bestimmter Fadenwurm sogar mit nur 302 Neuronen), aber was ein ganzer Gehirnkern mit vielen Millionen Neuronen leisten kann, übersteigt dies in beinahe unvorstellbarem Maße.

6.1 Echte und künstliche Neuronen

Ein echtes Neuron ist eine Zelle, welche nicht nur elektrische, sondern auch chemische Signale senden und empfangen kann. Auf Zellbiologie und Proteomik können wir hier bis auf die allereinfachsten Grundlagen nicht wirklich eingehen (und sogar diese müssen wir noch zum Teil vereinfacht darstellen), genauso wenig wie auf Neurologie; dazu muss ich auf medizinische und biologische Literatur verweisen: Zum Beispiel das englische Werk „Neuroscience" aus dem Sinauer Verlag, welches als Einführung hervorragend ist, obwohl es ein gutes Beispiel für meine Behauptungen im ersten Buchteil darstellt, und fast in jedem zweiten Kapitel eine Aussage der Form „…wird nicht verstanden" enthält. Und zur Vertiefung eignen sich Förstl's „Frontalhirn" sowie Förstl et al.: „Neurobiologie psychischer Störungen", beide im Springer Verlag erschienen. Vor allem für angehende Mediziner und Biologen ist es sinnvoller, sich diese Grundlagen in der einschlägigen Literatur zu verschaffen, denn einige der Vereinfachungen, die wir hier vornehmen müssen, könnten ihnen im Studium zu recht schlechte Noten einbringen.

Nur ein paar grundlegende Details möchte ich hier erwähnen: Es gibt eine gewaltige Vielfalt von verschiedenen **Neuronen**, sowohl in Bezug auf ihre Zytoarchitektur, als auch in Bezug auf ihre Proteomik (also die biochemischen Systeme). Die „Eingänge" eines Neurons bezeichnet man als Dendriten (da sie manchmal wie weitverzweigte Bäume aussehen) und den „Ausgang" nennt man Axon. Es gibt immer nur ein Axon pro Nervenzelle, welches aber zu einem großen Axondendritenbaum verzweigt sein kann. Vereinzelt kommen auch Neuronen ohne Axon vor. Manche Neuronen haben extrem viele „Eingänge" und nur sehr wenige „Ausgänge", bei manchen ist es umgekehrt.

Das einzelne elektrische Signal (das Aktionspotential) eines einzelnen Neurons sieht immer gleich aus. Die Informationen werden nicht durch die Spannung oder Stromstärke übertragen, sondern nur über die Frequenz der Signale, und über biochemische Stoffe. So „feuert" zum Beispiel eine Art von Netzhautzellen sehr selten, wenn es dunkel ist, und sehr oft, wenn es hell ist, während eine andere Art von Netzhautzellen genau das Gegenteil macht. Prinzipiell feuern die meisten Neuronen immer in ihrer spezifischen

Ruhefrequenz, wenn sie nicht erregt werden. Ausnahme sind Neuronen, die zwischen den Pausen immer gleich mehrmals kurz hintereinander feuern.

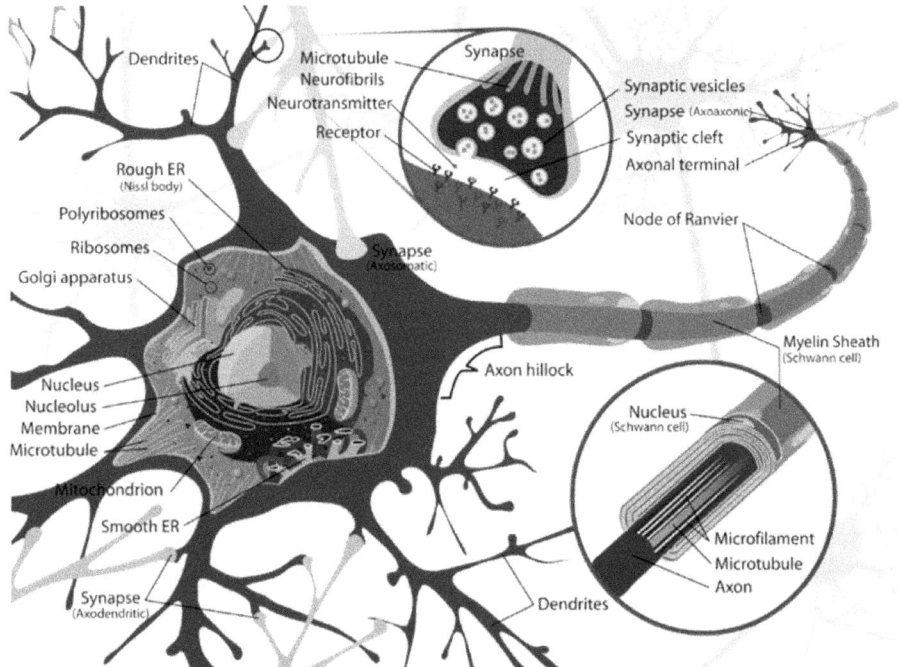

Schematische Darstellung einer Nervenzelle; Abbildung ist public domain, erstellt von Mariana Ruiz Villarreal aus Hamburg

Wenn ein Aktionspotential am Ende eines Axons an der so genannten Synapse ankommt (an einem Dendriten, einem Zellkörper oder auch an einem anderen Axon), wird dort ein komplexer biochemischer Apparat in Gang gesetzt, der die Feuerbereitschaft der nachfolgenden Nervenzelle entweder erhöhen (exzitatorisches Signal) oder verringern (inhibitorisches Signal), oder längerfristig modulieren (regulierendes Signal) kann. Dies geschieht über Ionenkanäle, die entweder durch elektrische Spannung, oder durch eine chemische Reaktion geöffnet oder geschlossen werden. Dazu werden in der Regel meist mehrere Neurotransmitter (chemische Botenstoffe) zugleich benutzt, die nach dem Feuervorgang abgebaut oder resorbiert werden können.

Wird ein Neuron stark genug exzitatorisch angeregt (also zum Beispiel von sehr vielen Eingängen zugleich, oder von einem Eingang aus mit sehr hoher Frequenz), kann es so zum Feuern „gezwungen" werden. Direkt danach bleibt es eine kurze Zeit lang refraktär (nicht erregbar). Es gibt also auch eine bestimmte Maximalfrequenz, mit welcher ein einzelnes Neuron für begrenzte Zeit feuern kann. Allerdings feuern viele Neuronenarten (vor allem primäre Sinneszellen) nur bei Änderung eines Signals; sie

„gewöhnen" sich dann mehr oder weniger schnell an dieses Signal und kehren ungefähr wieder zu ihrer Ruhefrequenz zurück.

Das **Perzeptron** ist eines der allerersten mathematischen Modelle eines Neurons. Als es erfunden wurde, gab es noch keine Computer, und man plante ursprünglich, dies als elektrisches Gerät zu konstruieren! In der Literatur wird das Perzeptron meistens genau auf dieselbe Art definiert, wie es ursprünglich erdacht wurde. Inzwischen gibt es aber eine riesige Vielfalt an mathematischen Modellen einer Nervenzelle, und der Überbegriff ist einfach „künstliches Neuron".

Auf die Mathematik und weiterführende Details solcher Modelle können wir hier nicht eingehen, da es den Rahmen dieses Buches bei weitem sprengen würde. Die wichtigsten Grundlagen zum maschinellen Lernen kann man sich zum Beispiel sehr gut in „Machine Learning" (Tom M. Mitchell, McGraw-Hill Verlag) verschaffen. Speziell auf die „Basics" der künstlichen neuralen Netzwerke geht Raúl Rojas in „Neural Networks" (Springer-Verlag) hervorragend ein. Vor allem dem angehenden Mathematiker oder Informatiker empfehle ich, sich diesen Themen in der einschlägigen Literatur anzunähern, da ihm die hier teils getroffenen Vereinfachungen zu Recht schlechte Noten in seinem Studium einbringen können.

Ein einfaches künstliches Neuron folgt in der Regel dem folgenden Schema:

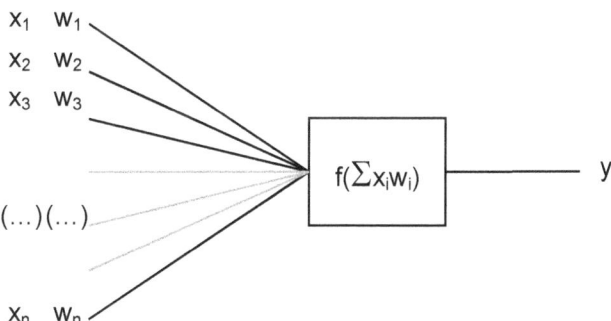

Es hat also n Eingänge, die jeweils mit einer Gewichtung w versehen sind, einen „Zellkörper", welcher die gewichteten Eingangssignale x_1 bis x_n aufsummiert, und eine Aktivierungsfunktion f (oft in der Form eines hyperbolischen Tangens oder einer anderen Sigmoidfunktion), die das Ausgangssignal y am Axon erzeugt. Das heißt, diese einfachen Neuronenmodelle funktionieren in der Regel *nicht* auf Basis von Frequenz, sondern auf Basis von Zahlenwerten, die eine Feuerrate nur schlecht darstellen können. In der Forschung werden auch frequenzbasierte künstliche Neuronen benutzt; diese nennt man „spiking neurons". Sie brauchen mehr Rechenkapazität und sind schwieriger auszuwerten, und sind daher in der industriellen Anwendung noch nicht sehr verbreitet.

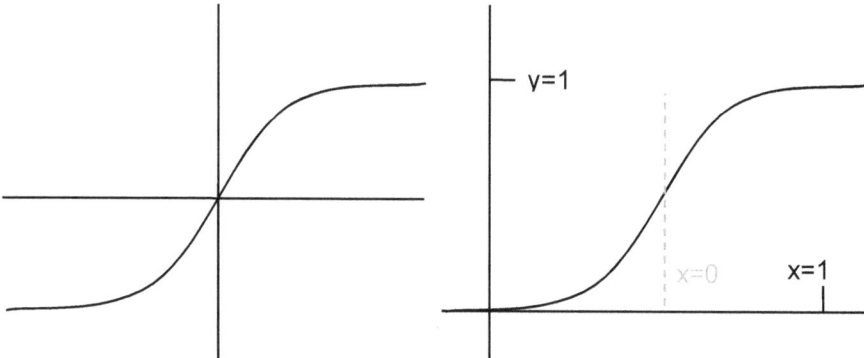

Beispiele für einfache Sigmoidfunktionen

Was kann so ein künstliches Neuron nun leisten? Ein einfaches Beispiel: Wir stellen uns ein künstliches Neuron mit nur zwei Eingängen vor. Um es rechnerisch nicht unnötig kompliziert zu machen, nehmen wir an, dass an jedem Eingang nur eine Zahl von Null bis Eins vorliegen kann, und die Sigmoidfunktion auf der y-Achse auch genau von Null bis Eins geht, so wie die Funktion rechts in der obigen Abbildung. Wenn man nun die Gewichtungen auch beide auf Eins setzt, berechnet das Neuron folgendes:

- x_1=1 und x_2=1 (also $\sum x_i$ = 2) ergibt y=1
- x_1=1 und x_2=0 (also $\sum x_i$ = 2) ergibt y=1
- x_1=0 und x_2=1 (also $\sum x_i$ = 2) ergibt y=1
- x_1=0.5 und x_2=0.5 (also $\sum x_i$ = 2) ergibt y=1
- x_1=0.25 und x_2=0.25 (also $\sum x_i$ = 2) ergibt y=0.5
- x_1=0 und x_2=0 (also $\sum x_i$ = 2) ergibt y=0

Allgemein kann man sagen: Für Werte die in Summe Eins oder mehr ergeben, antwortet das Neuron mit Eins. Für kleinere Werte wird das Ergebnis immer kleiner, bis es bei einer Summe von Null ebenfalls mit Null antwortet. Es macht also eigentlich nichts anderes, als die Sigmoidfunktion in die Länge zu ziehen. Man kann aber die Ausgabe des Neurons auch als ja (y>0.5) und nein (y<0.5) interpretieren und die Eingangssignale zum Beispiel als Lichtsignale. Dann könnte man sagen, dass das Neuron die Frage beantwortet, ob mindestens ein Viertel der maximal möglichen Lichtstärke erreicht wurde, beziehungsweise ob es hell ist, oder dunkel, wenn man die Grenze zwischen „ja" und „nein" entsprechend der Grenze zwischen „hell" und „dunkel" setzt. Es wird also nichts anderes als eine einfache Schwellwertfunktion emuliert.

Wenn man beide Gewichtungen auf null setzt, wird das Neuron offensichtlich immer mit Null antworten. Und wenn man eine Gewichtung auf null und eine auf Eins setzt, dann wird das Eingangssignal an einer Stelle einfach ignoriert. Bei Gewichtungen die irgendwo dazwischen liegen, wird eine entsprechende Mischung aus dem einen und dem anderen Signal erzeugt.

Damit scheint der Funktionsumfang eines einzelnen künstlichen Neurons auf ersten Blick extrem limitiert zu sein. Aber das täuscht, denn wir haben nur zwei Eingänge angenommen, und uns in der Wahl der möglichen Gewichte und der Aktivierungsfunktion ziemlich eingeschränkt. Wenn wir für die Gewichte auch negative Zahlen erlauben, und wieder die Sigmoidfunktion auf der rechten Seite der obigen Abbildung wählen, erhalten wir schon einen deutlich größeren Funktionsumfang. So ein Neuron kann dann bereits die logische UND-Funktion, die ODER-Funktion sowie mit einer Spiegelung der Sigmoidfunktion (entspricht einem natürlichen Neuron mit hoher Ruhefrequenz und vorwiegend inhibitorischen Eingängen) auch die NICHT-Funktion abbilden:

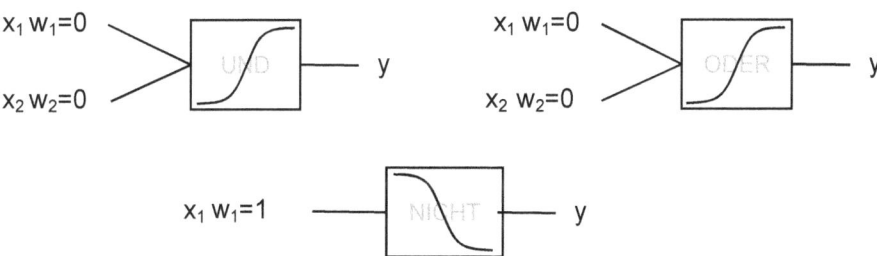

Dazu werden als Eingangssignale nur genau 0 oder genau 1 erlaubt, und am Ausgang wird ein Ergebnis größer als 0.5 zu „ja" interpretiert, ein Ergebnis kleiner als 0.5 zu „nein". (Wenn man als Eingabewerte auch ander Zahlen erlaubt, erhält man statt binärer Logik so genannte Fuzzy-Logik.)

UND		
x_1	x_2	y
0	0	0
0	1	0
1	0	0
1	1	1

ODER		
x_1	x_2	y
0	0	0
0	1	1
1	0	1
1	1	1

NICHT	
x_1	y
0	1
1	0

Prinzipiell kann schon ein einzelnes solches Neuron mit beliebig vielen Eingängen jede beliebige Menge in zwei Kategorien unterscheiden. (Vorausgesetzt die Kategorien sind „linear separierbar", aber auf dieses mathematische Detail gehen wir hier noch nicht weiter ein, da es ab zwei Schichten von Neuronen ohnehin nicht mehr gilt. Wir werden das aber im

Kapitel zu den zweischichtigen neuralen Netzen behandeln.) Es kann also nicht nur hell oder dunkel unterscheiden, sondern stattdessen auch Farben, geometrische Figuren, Zahlen oder Buchstaben, und vieles mehr.

Aus Kombinationen solcher Neuronen kann man sämtliche logischen Berechnungen durchführen, die denkbar sind. Prinzipiell genügen dazu nur zwei Schichten von hintereinander geschalteten Neuronen. Als Beispiel können solche Neuronen bei der richtigen Wahl von Gewichten unterscheiden, ob auf einem Bild ein Gesicht zu sehen ist, oder nicht. Dazu muss nur jedes Neuron mit jedem Bildpunkt verbunden werden, und die Gewichte müssen entsprechend gewählt sein. Dies kann man mit gratis verfügbaren Simulatoren (wie zum Beispiel „SimBrain") recht einfach ausprobieren. Hier kann das nur sehr oberflächlich veranschaulicht werden:

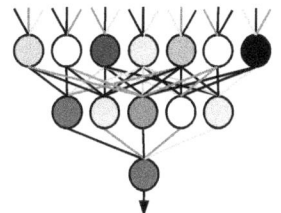

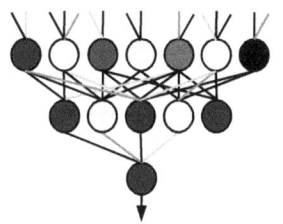

Untrainiertes Netz
Gewichtungen und
Aktivierungsfunktionen sind zufällig
verteilt. Das Netz gibt keine
sinnvollen und nützlichen Antworten
auf Eingangssignale.

Während dem Training
Im Lernprozess werden durch
verschiedene Mechanismen
Gewichtungen angepasst, um immer
bessere Antworten zu erzeugen.
Dadurch fallen einzelne
Gewichtungen (Verbindungen) ganz
weg. Auch die Aktivierungsfunktionen werden angepasst.

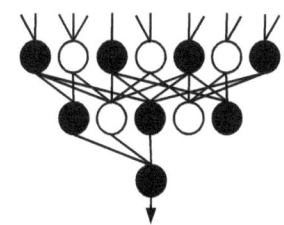

Gut trainiertes Netz
Es sind nur noch Verbindungen
vorhanden, welche der Funktion des
Netzes dienlich sind. Diese Funktion
kann man sich hier als eine
dreistufige Berechnung vorstellen.
Jede logische Funktion kann so
ausgeführt werden; theoretisch von
einfachen Berechnungen bis zu
Gesichtserkennung oder
Wettervorhersagen.

Wenn nun ein gut trainiertes Netz aus duzenden Neuronen, wie in der
obigen Abbildung ganz rechts, eine einfache Funktion wie das logische
UND abbildet, so kann man durchaus einige Neuronen oder Verbindungen
zerstören, ohne die Funktion des Netzes signifikant zu beeinträchtigen.
Wenn diese Eigenschaft gilt, so spricht man davon, dass das Netz

redundant ist. Dies ist bei fast allen natürlichen Netzen der Fall. Aufgrund hoher Redundanz kann man dann natürlich nicht mehr sagen, welche Teile des Netzes welche „Funktion" erfüllen, denn die Gesamtfunktion wird holistisch erfüllt; das heißt alle Neuronen und Verbindungen tragen einen gewissen Teil dazu bei, das richtige Ergebnis zu berechnen; manche einen etwas größeren Teil, manche einen kleineren oder sogar gar keinen Teil.

Aber bevor wir zu den (biologischen und künstlichen) neuralen Netzen übergehen, müssen wir noch besprechen, wie ein einzelnes Neuron lernen kann. Das Lernen eines Neurons ist die Anpassung der Gewichte und Aktivierungsfunktionen, um eine bestimmte Antwort zu erhalten. Wenn wir also ein künstliches Neuron mit zufälligen Gewichtungen vorliegen haben, und wir wollen es darauf trainieren, die UND-Funktion auszuführen, so machen wir folgendes:

Wir präsentieren ein erstes Eingangssignal und werten die Antwort aus. Für diese Antwort berechnen wir, wie groß der Fehler ist. Der Fehler ist die Differenz zwischen der richtigen und der tatsächlichen Antwort (plus Eins in unserem Fall, da wir zwecks einfacherer Erklärung eine etwas unübliche Aktivierungsfunktion gewählt haben). Diesen multiplizieren wir dann mit einer Lernrate und dem jeweiligen Gewicht, um ein neues Gewicht zu erhalten. Dies ist eine stark vereinfachte „Delta-Regel". Dazu zwei kurze Beispiele; in einem trainieren wir das UND Neuron um auf ODER, und im anderen machen wir das Gegenteil:

Wir beginnen mit dem UND Neuron, welches wir auf ODER um-trainieren wollen. Für (x_1=1 und x_2=1) liefert es bereits die richtige Antwort. Ebenso für (x_1=0 und x_2=0). Nun geben wir dem Neuron (x_1=0 und x_2=1) ein. Es antwortet mit f(0.4), was eine Zahl kleiner als 0.5 ergibt (der genaue Wert hängt von der Sigmoidfunktion ab). Nehmen wir an, das Neuron hat mit 0.4 geantwortet. Der Fehlerwert (in diesem Beispiel richtige Antwort minus Antwort plus Eins) beträgt also 1 - 0.4 + 1, also genau 1.6. Diesen Fehlerwert multiplizieren wir nun mit der Lernrate. Die Lernrate bestimmt, wie schnell sich das Neuron anpasst, und wird meistens am Beginn eher hoch gewählt, und mit der Zeit auf immer kleinere Werte angepasst, damit man nicht über das Lernziel hinausschießt. Bei einer Lernrate von 1 würden wir nun jedes Gewicht einfach mit 1.6 multiplizieren. So erhalten wir schon nach einem einzigen Lernschritt die neuen Gewichte von je 0.64, was dazu führt, dass das Neuron ab sofort die richtigen Ergebnisse liefert.

Wenn wir hingegen das ODER Neuron auf die UND Funktion um-trainieren wollen, haben wir die Situation, dass das Neuron auf die Eingabe (x_1=0 und x_2=1) falsch mit „ja" antwortet. Nehmen wir an, das Neuron hat mit 0.6 geantwortet. Der Fehlerwert entspricht dann bei denselben Bedingungen wie oben der Rechnung 0 – 0.6 + 1, also genau 0.4. Wenn wir nun die Gewichte mit diesem Fehlerwert (und einer Lernrate von 1) multiplizieren, erhalten wir als neue Gewichte je 0.24. Jetzt liefert das Neuron zwar die richtige Antwort für den Fall ($x_1=0$ und $x_2=1$), aber für ($x_1=1$ und $x_2=1$) ganz knapp nicht mehr. Erst wenn das Neuron wieder einen solchen Fall präsentiert bekommt, kann es seine Gewichte wieder nach oben anpassen. Damit man hierbei nicht schon wieder über das Ziel hinaus schießt, muss man die Lernrate verkleinern, wie man leicht nachrechnen kann.

Die hier vorgestellte Lernmethode ist eine Abwandlung der so genannten Delta Regel. Sie kann nur benutzt werden, wenn irgendjemand dem Neuron sagen kann, was die richtige Antwort wäre, zur Berechnung des Fehlerwertes. (Wir werden aber weiter unten auch Lernregeln besprechen, für welche das nicht nötig ist.) Es gibt bestimmte Fälle, wo das auch im echten Gehirn der Fall ist, nämlich dann, wenn wir Informationen nach einem bestimmten Muster durchsuchen (zum Beispiel ein Haar in einer Suppe).

Das „gewünschte" Ergebnis ist in so einem Fall bereits bekannt; aber die betroffenen Neuronen sollten erst dann eine Beschwerde beim Kellner veranlassen, wenn wirklich ein Haar gefunden wurde. Wenn man allerdings echte Neuronen zu lange zwingt, etwas Bestimmtes zu finden, das gar nicht da ist, kann es passieren, dass es plötzlich trotzdem und überall gefunden wird. Das beruht auf demselben Effekt wie das „Überschießen" der Lernfunktion im obigen Beispiel, und wird in der Statistik und in der Informatik als Überanpassung bezeichnet.

Daraus kann man schon erahnen, dass ein Neuron in der Regel in mehreren Schritten trainiert werden muss, und dass die Lernrate nicht zu hoch sein darf, um sinnvoll arbeiten zu können. Bei echten Neuronen kommt so etwas auch vor. Wenn man die mittlere Figur in der folgenden Abbildung betrachtet, kann man manchmal beobachten, wie das eigene Gehirn mehrfach zwischen zwei verschiedenen Interpretationen hin und her wechselt, von denen es nicht weiß, welche richtig ist:

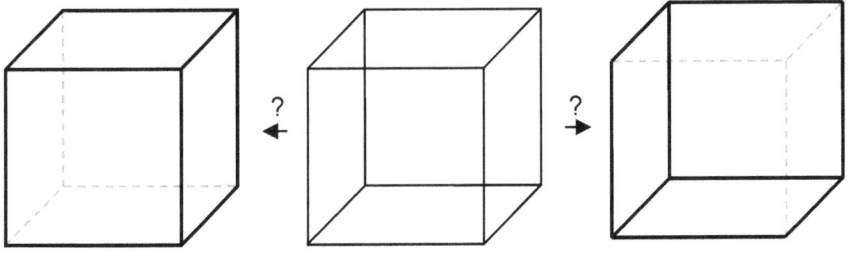

Allerdings muss an dieser Stelle noch einmal betont werden: Es sind hier nicht nur die biologischen, medizinischen, mathematischen und informatischen Grundlagen stark vereinfacht, das künstliche Neuron selbst ist eine extreme Vereinfachung. Das sollte eigentlich klar sein. Echte Neuronen „lernen" auf viele verschiedene Arten, auch abhängig vom genauen Typ des Neurons. Das geht von sehr kurzfristigen elektrochemischen Anpassungen (wie bei obiger Sinnestäuschung) über mittel- bis langfristige proteomische (biochemische) Anpassungen bis hin zu langfristigen Veränderung des Dendritenbaumes (vermutliche nach einer modifizierten synaptotrophischen Hypothese oder einem ähnlichen Prinzip) und sogar dem permanenten Absterben ganzer Neuronen. Dies werden wir im Kapitel 7.1 genauer behandeln. Dabei sollte zusätzlich noch erwähnt werden, dass komplexe proteomische (biochemische) Prozesse selbst eine Art Lernfähigkeit besitzen.

6.2 Neuronale Netzwerke

Genau wie bei den künstlichen Neuronen sind auch die künstlichen Netze in der Anwendung normalerweise sehr stark vereinfacht. Echte neurale Netze sind in der Regel dynamisch (das heißt ihr „Schaltplan" bleibt nie genau gleich), und hören nie gänzlich auf zu „lernen". Künstliche neurale Netze werden in der Regel statisch konstruiert, und die Lernrate wird normalerweise nach einer gewissen Trainingszeit auf null gesetzt. Das Lernen wird also gänzlich abgeschaltet, sobald ein bestimmtes „Lernziel" erreicht ist. Damit will man erreichen, dass die Fehlerrate konstant bleibt, so dass man sich keine Sorgen machen muss, dass das Netz plötzlich wieder weniger zuverlässig wird, wenn es eine Zeitlang einseitige Informationen erhält.

Echte neurale Netze treten vor allem in der Form von Ganglien (so nennt man Nervenknoten außerhalb des Gehirnes), Gehirnkernen und in der Gehirnrinde auf, wobei man die Gehirnrinde einer Gehirnhälfte auch als ein einziges, zusammenhängendes Netz betrachten kann. In echten neuralen Netzen befinden sich außerdem meistens sehr viele verschiedene Neuronentypen, während man in künstlichen Netzen normalerweise nur eine, allerhöchstens zwei verschiedene „Zelltypen" benutzt. Ausnahme ist hier wieder die Forschung. Es gibt sehr wohl Simulationen mit ziemlich realistischen Zellmischungen und Netztopologien.

Die wichtigsten Parameter, nach welchen man künstliche neurale Netze meist einteilt, sind folgende:

- Das Verbindungsmuster
- Der Lernalgorithmus
- Die Aktivierungsfunktion

Die wichtigsten Unterscheidungen im Kontext dieses Buches sind aber sowohl für reale, wie auch für künstliche neurale Netze die Anzahl der

Schichten, und das Vorhandensein von Rekurrenz. In der folgenden Abbildung werden diese Kategorien veranschaulicht:

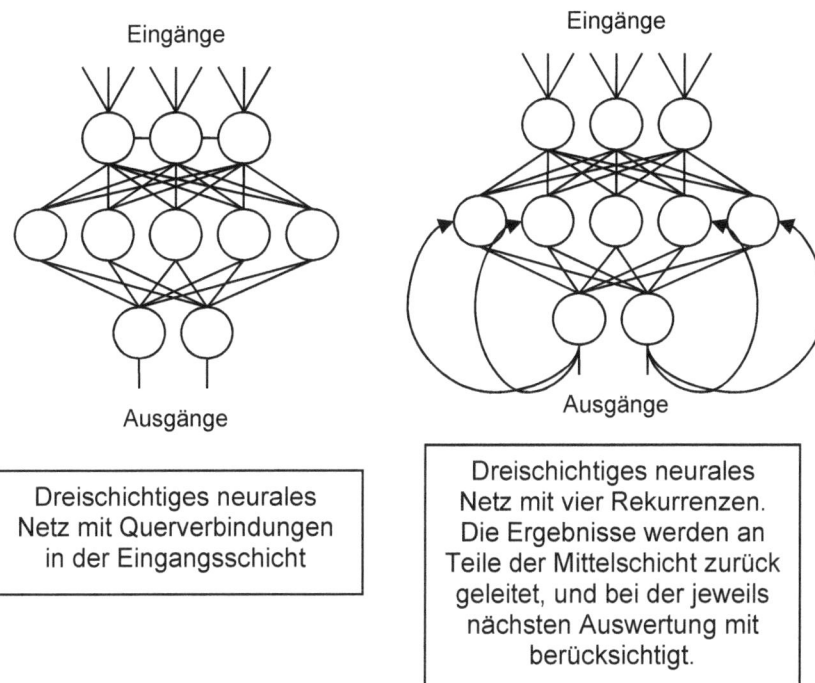

Eingänge

Eingänge

Ausgänge

Ausgänge

Dreischichtiges neurales Netz mit Querverbindungen in der Eingangsschicht

Dreischichtiges neurales Netz mit vier Rekurrenzen. Die Ergebnisse werden an Teile der Mittelschicht zurück geleitet, und bei der jeweils nächsten Auswertung mit berücksichtigt.

Künstliche neurale Netze werden heute vor allem für Adaption und Klassifikation (Mustererkennung) benutzt, wo sie aber meist weniger „beliebt" als andere Algorithmen sind, wie zum Beispiel Support Vector Machines (SVM), Bayes-Klassifikatoren (NBC) und Nächste-Nachbarn-Klassifikation (kNN). Das liegt daran, dass man bei neuralen Netzen bisher Schwierigkeiten hatte nachzuvollziehen, wie diese aus mathematischer Sicht zu ihren Ergebnissen kommen. Ähnlich wie bei bestimmten zellulären Netzwerken, kann ein neurales Netz mathematisch oft nicht, oder nur schwer weiter vereinfacht werden. Einige andere Algorithmen sind genauso mächtig wie ein dreischichtiges künstliches neurales Netz (nachdem die Lernrate auf null gesetzt wurde), haben aber den zusätzlichen Vorteil, dass man aus diesen unter anderem recht einfach mathematische Regeln ableiten kann.

Außerdem werden in künstlichen neuralen Netzen selten mehr als drei Schichten benutzt, da dies aus Sicht der Informationsverarbeitung keine weiteren signifikanten Vorteile zu bringen scheint. Tatsächlich scheint es mir, dass immer noch nicht verstanden wurde, wozu das Gehirn Netze mit sechs und mehr Schichten (vor allem im Neokortex) benutzt. Dies ist aber für das Verstehen von Verstand und Bewusstsein essentiell, daher werden wir diese Fragestellung in Folge sehr genau betrachten.

Davor sollten wir aber noch kurz auf einige der typischen Vereinfachungen und Abweichungen künstlicher neuraler Netze eingehen:

- **Vertikale vs. horizontale Topologie**: Querverbindungen innerhalb einer Neuronenschicht sind in der Natur der Normalfall, bei mehrschichtigen künstlichen neuralen Netzen jedoch eher die Ausnahme.
- **Rekurrenz**, in alle denkbaren Schichten, ist in der Natur auch eher der Normalfall. Im Machine Learning wird Rekurrenz eher selten eingesetzt, da sie ein neurales Netzwerk noch unübersichtlicher und schwerer nachvollziehbar macht.
- **Eingangssignal-Überlappung**: In den Eingangsschichten ist es in der Natur üblich, dass die erste Neuronenschicht ein überlappendes Muster bildet, so dass jedes Neuron nur einen Teil der gesamten Sinnesinformationen eines bestimmten Typs verfügbar hat. Bei künstlichen neuralen Netzen erhält meistens jedes Neuron der Eingangsschicht alle Informationen. (Ausnahme: convolutional neural networks)
- **Kombinatorisch vollständige Verbindung vs. Signalsegmentierung**: Bei künstlichen Netzen werden in der Regel stets alle Neuronen einer Schicht mit allen Neuronen der nächsten Schicht verbunden. Bei den natürlichen Netzen ist dies nicht immer der Fall.
- **Schichttreue vs. Schichtmischung**: Außerdem beschränken sich natürliche Netze oft nicht darauf, nur eine Schicht mit der nächsten zu verbinden; es kommen oft auch Verbindungen vor, die eine oder mehrere Schichten überspringen.

Darüber hinaus können wir hier nicht weiter auf die Topologie von biologischen neuralen Netzen eingehen, da es den Rahmen dieser Arbeit bei weitem sprengen würde.

6.2.1 Einschichtige Netze

Die so genannte selbstorganisierende Abbildung (SOM aus dem englischen „self-organizing map") – auch Kohonen Netzwerk genannt, nach dem finnischen Erfinder Teuvo Kohonen – ist für unsere Zwecke eines der besten Beispiele für eindimensionale Netzwerke.

Hinweis: Wir beschreiben hier nicht das mathematisch genauestens formalisierte SOM der Informatik, sondern versuchen uns vielmehr über einfache Modelle an die Funktionsweise natürlicher neuraler Netze heranzutasten. Einige der Einschränkungen, welchen die mathematisch stark formalisierten Modelle dem Netz auferlegen,

wären für unser Verständnis eher hinderlich als nützlich, und
werden daher absichtlich übergangen oder ignoriert.

Das Kohonen-Netzwerk ist eine flächig angeordneten Schicht (genau genommen sind aber auch eindimensionale und mehrdimensionale SOM möglich) aus künstlichen Neuronen, welche nicht nur Verbindungen zum Eingangssignal, sondern auch untereinander haben.

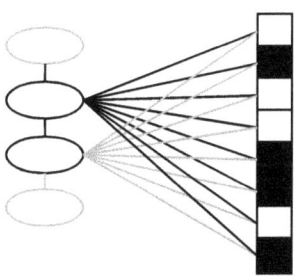

Eindimensionale SOM mit vollständiger Eingangssignal-Überlappung

Das Kohonen-Netzwerk benutzt das Prinzip der so genannten Langzeit-Potenzierung (zuerst von Donald O. Hebb beschrieben, und daher früher auch als „Hebbsche Lernregel" bezeichnet), welche das Gegenteil der so genannten Langzeit-Depression ist. Bei der Langzeitpotenzierung verstärken sich benachbarte Neuronen; das heißt, wenn ein Neuron feuert, fördert es auch die Feuerbereitschaft seiner Nachbarneuronen. Bei der Langzeit-Depression passiert das Gegenteil: wenn ein Neuron feuert, setzt es die Feuerbereitschaft seiner Nachbar-Neuronen herab. Beide Prinzipien sind auch im menschlichen Gehirn am Werk, je nach Funktion des jeweiligen Netzes.

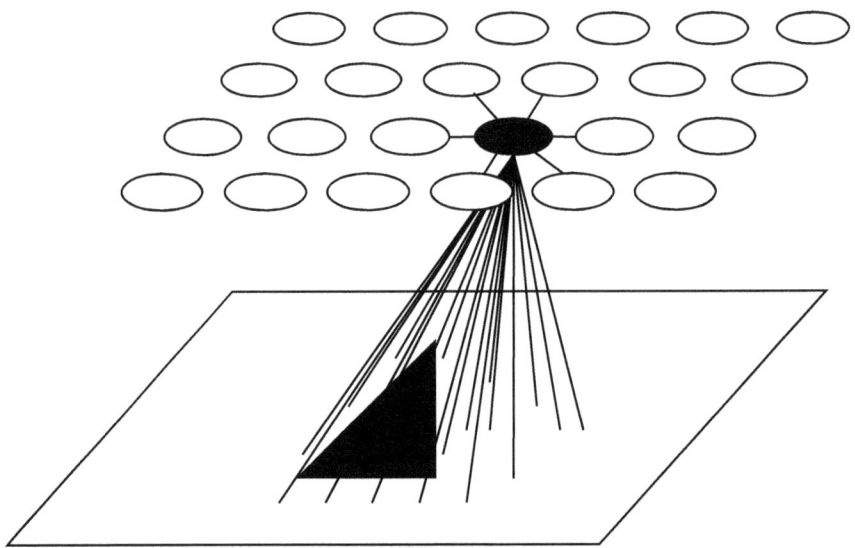

Zweidimensionale SOM mit hexagonaler Nachbarschaft (horizontale Topologie) und (angedeutet) unvollständiger Eingangssignal-Überlappung. Für das Game of Life wird stattdessen eine Moore-Nachbarschaft (acht Nachbarn) benutzt. Auch Topologien mit vier Nachbarn (Von Neumann Nachbarschaft) werden bei SOM eingesetzt. In der Natur wird die Nachbarschaft in der Regel nicht exakt uniform sein.

Wird dem Kohonen-Netzwerk mit anfänglich völlig zufälligen Gewichtungen ein Bild* präsentiert, so gibt es stets eine Zelle in einem gewissen Umkreis (wir nennen sie hier „Alpha-Neuron"), die am stärksten feuert, weil ihre Gewichtungen zufällig am besten zum Eingangssignal passen. Die Gewichtungen der schwächer reagierenden Nachbarzellen werden nun ein wenig (je nach Lernrate und Entfernung) an die Gewichtungen dieser Zelle angepasst. Je näher sich die Nachbarn am Alpha-Neuron befinden, umso stärker werden sie also beeinflusst. (Eine völlig regelmäßige Anordnung, wie in der Abbildung oben, wird in der Natur ja eher selten vorkommen.)

* Wir nehmen hier meistens optische Beispiele zur Hand, weil man sich anhand solcher leichter eine plastische Vorstellung machen kann, aber der Musiker kann sich auch einen Ton als spezifische Klang- und Frequenzmischung in zwei Dimensionen vorstellen.

*Wer im Kapitel „Emergenz" gut aufgepasst hat, kann vielleicht schon erahnen, dass auf der Fläche eines solchen Netzes ein **zellulärer Automat** „simuliert" wird. Dieser wird in einem echten neuralen Netz aufgrund der natürlichen Anforderungen an Energieeffizienz zumindest an den Randzonen nie über lange Zeit monoton sein, und bei abwechslungsreichem Input mit hoher Wahrscheinlichkeit* *komplexe temporale Strukturen (Oszillatoren, Glider usw.) im Frequenzraum ausbilden. Diese Effekte spielen in späterer Folge eine wichtige Rolle für uns.*

Angenommen wir präsentieren diesem Netz nun immer wieder Kreise, Dreiecke und Quadrate, so werden sich mit der Zeit separate Flächen im Netz herauskristallisieren, die jeweils entweder auf Kreise, Dreiecke oder Quadrate reagieren. Künstliche SOM werden nach Möglichkeit stets so konstruiert, dass bei drei verschiedenen Klassen auch genau drei entsprechende Flächen entstehen; bei natürlichen SOM wird dies nicht unbedingt der Fall sein. Wie diese Flächen angeordnet sind, hängt von den zufälligen Anfangsgewichten und der Topologie (also der genauen Anordnung und den Verbindungen unter den Neuronen) ab. Wenn aber das Netz groß genug, und die Überlappungen stark genug sind (stellen Sie sich Hundert-Tausende von Neuronen vor, die kleine geometrische Figuren an verschiedensten Stellen eines Bildes beobachten, so dass immer nur Teile des Netzes eine Figur zu sehen bekommen) werden die Flächen sich wie ein Schachbrettmuster abwechseln, und man wird aus der Lage der jeweils reagierenden Fläche auf die ungefähre Position der geometrischen Figur im Originalbild schließen können.

Außerdem wird die Größe einer Fläche im Netzwerk einen Rückschluss auf die Häufigkeit des Musters zulassen. Ein Muster, das häufiger gezeigt wird, erhält eine größere Fläche im Netz. Ein Muster, das völlig neu dazukommt, wird sich erst einen Platz zwischen den bestehenden Flächen "erkämpfen" müssen. Auf YouTube kann man sich die Arbeit einer (formalen) SOM als Video sehr gut veranschaulichen. In der folgenden Abbildung kann dies nur rudimentär skizziert werden:

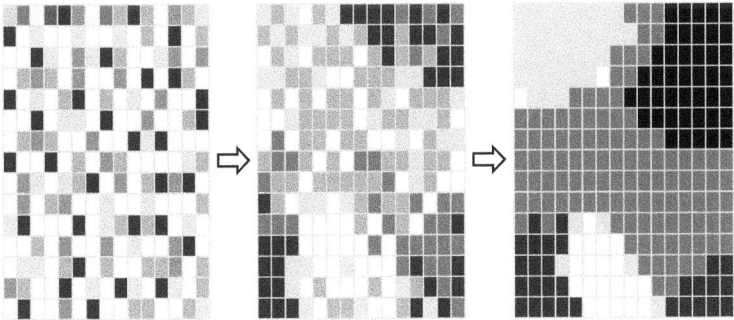

Wenn einer SOM hochdimensionale Informationen präsentiert werden, nimmt sie außerdem eine Dimensionsreduktion vor. Das heißt, sie kann zum Beispiel bei entsprechender Konfiguration auch darauf trainiert werden, eine Ausgangsmenge von beliebigen bunten, geometrischen Figuren nur in Dreiecke und Nicht-Dreiecke zu unterscheiden.

Wenn nun statt der Langzeit-Potenzierung eine Langzeit-Depression angewandt wird, so passiert genau das Gegenteil: Ein großflächiges Muster wird immer stärker fragmentiert. Während ersteres eher dem Erkennen von Mustern, dem Klassifizieren, und dem Segmentieren von Informationen nützt, ist letzteres vor allem für die Lokalisierung von Informationsquellen, die verteilte Speicherung von Wissen, und die Separierung von gleichartigen Inhalten in verschiedene Teilsignale wichtig. Wie und warum dies genau so der Fall ist, und wie dies zum „echten" Lernen (im Sinne des Kapitels 8.3) führt, werden wir in einem späteren Kapitel behandeln.

6.2.2 Zweischichtige Netze

Die Funktion eines zweischichtigen neuralen Netzes hängt bereits sehr stark davon ab, in welchem Verhältnis sie zu der jeweils ersten Schicht steht, und wie stark eingeschränkt diese erste Schicht ist. Im schwächsten Fall kann ein zweischichtiges neurales Netz mit einer sehr eingeschränkten Eingangsschicht nur so viel leisten, wie ein einschichtiges Netz mit entsprechender Mächtigkeit zu leisten vermag.

Im Gehirn des Menschen ist es manchmal nicht ganz eindeutig zu bestimmen, welches nun die erste Schicht eines Netzes ist, und in der Informatik gibt es dazu leider auch widersprüchliche Ansichten.

Im Auge gibt es einen Bereich in der Fovea, wo die Sinneszellen kaum bis gar nicht lateral verbunden sind. Außerhalb davon gibt es laterale Verbindungen, aber ansonsten noch keine starke Vernetzung. Dies wäre ein Beispiel einer eher schwachen Eingangsschicht aus Sicht der Informationsverarbeitung, da hier noch nicht viel passiert, außer einer leichten Filterung – zum Beispiel in Form von Kontrastverstärkung, was zu interessanten Illusionen führen kann, wie zum Beispiel bei Hermann-Gittern und Mach-Bändern.

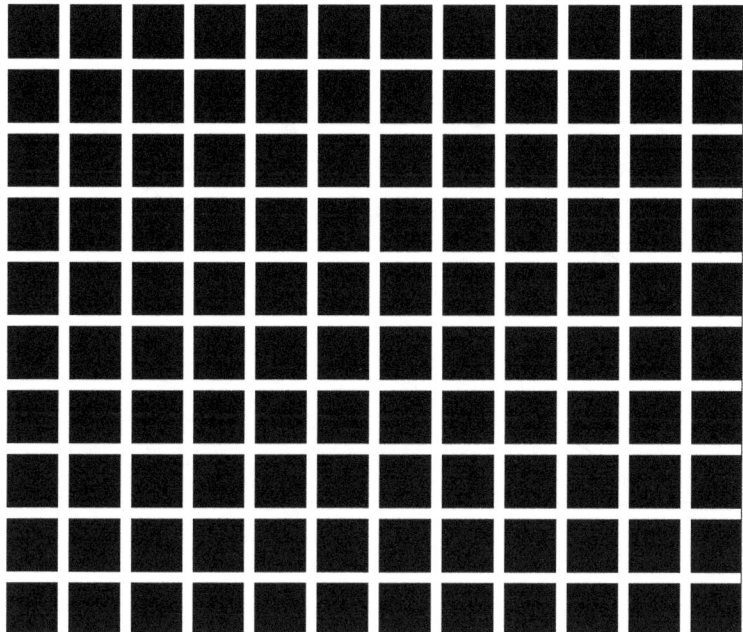

Hermann Gitter – In den Kreuzungspunkten der weißen Bänder sieht man dunkle Flecken, außer im Bereich der Fovea, also dort, wo man fokussiert. Dies demonstriert eindrucksvoll den Unterschied zwischen der Verschaltung der Neuronen in der Fovea und außerhalb.

Wir orientieren uns hier in der Regel eher an einer mächtigen ersten Schicht, und weisen der ersten Schicht sowohl Filterung als auch einfaches Clustering zu, so wie wir es schon bei den einzelnen künstlichen Neuronen gehalten haben. Was kann also eine zweite Schicht zusätzlich leisten?

Zum einen kann sie **nichtlineare Separierungen** vornehmen; darauf haben wir schon beim „Perzeptron" kurz hingewiesen. Das bedeutet, sie kann nicht nur Informationen unterscheiden, die sich durch eine einfache Trennlinie separieren lassen, sondern auch solche, welche nur durch eine komplexe Trennlinie in verschiedene Klassen eingeteilt werden können. Dazu einige Beispiele:

Die folgende Abbildung zeigt die Ergebnisse einer fiktiven Umfrage zum Thema Kraftfahrzeuge. Den Umfrageteilnehmern wird ein Zahlenpaar vorgelegt, welches den Kraftstoffverbrauch und die Leistungskennzahl eines fiktiven Fahrzeuges darstellt. Sie sollen dann angeben, ob sie das Auto kaufen würden, oder nicht. Die schwarzen Punkte bedeuten, dass das Auto nicht gekauft würde. Die weißen Punkte besagen, dass das Auto gekauft würde.

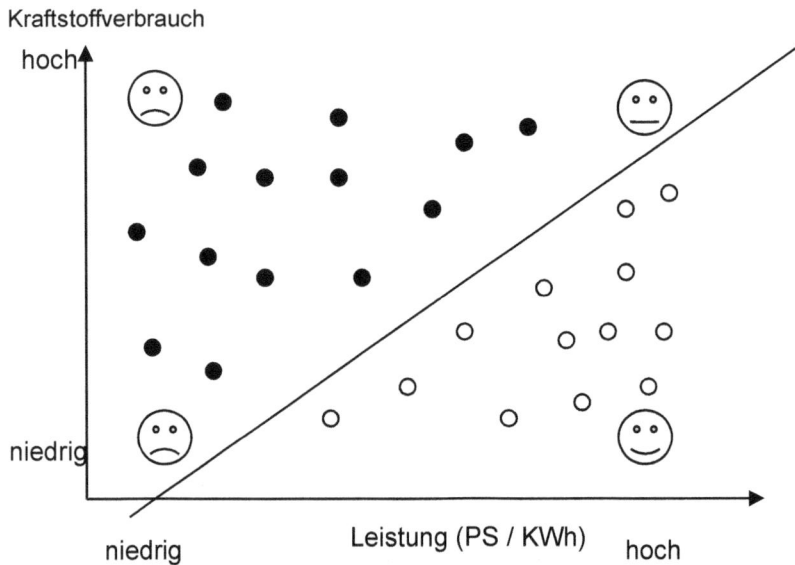

Erwartungsgemäß sind Autos mit hoher Leistung und geringem Kraftstoffverbrauch beliebter, als solche mit hohem Verbrauch und niedriger Leistung. Wie man sehen kann, ist einigen Menschen der Verbrauch wichtiger als die Leistung, und anderen die Leistung wichtiger als der Verbrauch. Aber niemand will ein schwaches Auto, das viel verbraucht. Diese Verteilung ist linear separierbar, und kann daher in dieser Abbildung mit einer geraden Linie unterteilt werden.

Die folgende Abbildung zeigt etwas ganz ähnliches, aber diesmal wurde auch der Preis des Autos bekannt gegeben. Es scheint, als ob die Verteilung diesmal nicht linear separierbar wäre, aber der Eindruck täuscht. Offensichtlich wird das aber in diesem Fall erst, wenn man auch die zusätzliche Dimension in Betracht zieht.

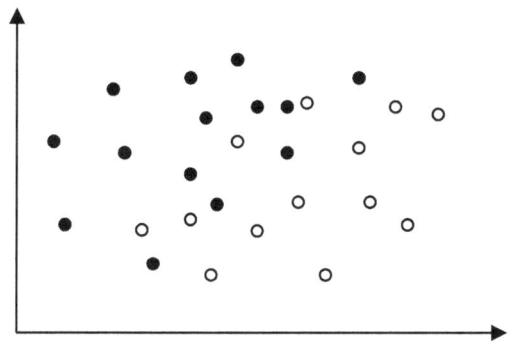

Kraftstoffverbrauch

Leistung (PS / KWh)

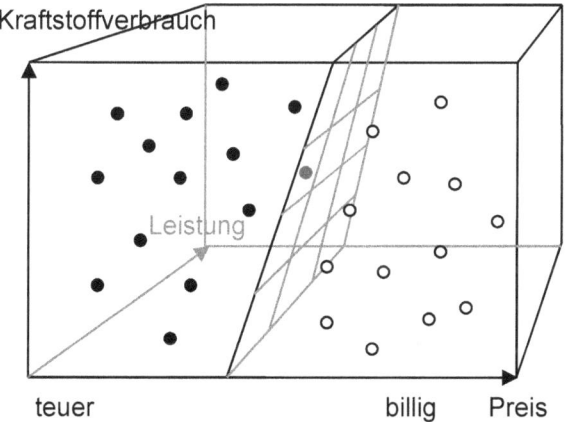

Kraftstoffverbrauch

Leistung

teuer   billig   Preis

Ohne den Preis zu kennen, können wir also in diesem Fall nicht mehr so zuverlässig vorhersagen, ob ein Auto mit bestimmten Leistungs- und Verbrauchsdaten eher gekauft wird, oder eher nicht. Aber mit der zusätzlichen Dimension wird es wieder möglich. Eine einfache Ebene kann die Daten trennen, also sind sie linear separierbar, und eine Vorhersage ist theoretisch sogar durch ein einziges Neuron erlernbar. Wenn die erste Schicht Neuronen nicht ungünstig konfiguriert ist, kann eine weitere Schicht in so einem Fall das Klassifizierungsergebnis nicht weiter verbessern.

Nun können Sie sich wieder selbst eine Denkaufgabe stellen: Versuchen Sie ein nicht-linear separierbares Beispiel aus dem Alltagsleben zu finden. Die meisten Menschen haben große Schwierigkeiten, so ein Beispiel auf Anhieb zu finden. Das liegt daran, dass wir unsere Welt in solche Kategorien einteilen, und unsere Sprachen die Begriffe so belegen, dass wir stets fast nur in linear separierbaren Mengen denken müssen. Dies erzeugt für uns eine ordentliche, übersichtliche Gedankenwelt, so wie das vor allem in westlichen Kulturen manchmal stark ausgeprägte und vereinfachte „gut-böse-Denken", oder das in asiatischen Kulturen manchmal stark ausgeprägte und vereinfachte „yin-yang-Denken".

Dabei ist es nicht gerade so, dass linear separierbare Mengen im Allgemeinen häufiger sind. Es ist nach meiner Vermutung ein Bias, der uns daran hindert nicht-linear separierbare Logik zu benutzen. Ich überlasse es den Psychologen, dies statistisch zu überprüfen, und schlage den Namen „Schwarz-Weiß Bias" dafür vor.

Ein ganz einfaches Beispiel gibt es schon in der binären Logik, nämlich der so genannte XOR Operator, den Eltern und Arbeitgeber in der Regel leider gut kennen. Er steht für „entweder-oder" (XOR kommt von eXclusive OR, also „ausschließendes oder"). Es gibt also entweder ein Eis, oder einen Lutscher, entweder eine Gehaltserhöhung oder mehr Urlaub, aber sicher nicht beides. In der vereinfachten Logiktabelle kann man die Separierbarkeit gut sehen:

AND	0	1
0	0	0
1	0	1

OR	0	1
0	0	1
1	1	1

NOT	
0	1
1	0

XOR	0	1
0	0	1
1	1	0

Daher kann ein einzelnes Neuron zwar UND, ODER und NICHT abbilden, aber nicht XOR. Verblüffender Weise hat dieser Umstand die Forschung an neuralen Netzen um viele Jahre verzögert. Dabei genügen schon drei Neuronen in der richtigen Anordnung, um XOR zu berechnen; und man kommt sogar mit zwei Neuronen aus, wenn sie entsprechend verbunden sind:

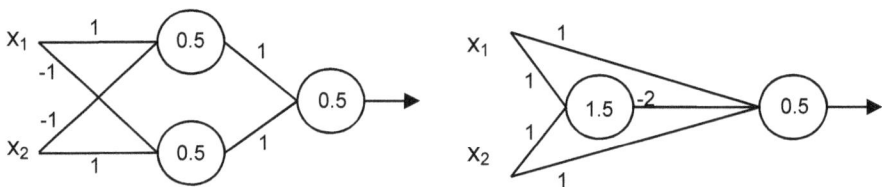

Die Zahlen in den Neuronen stellen hier einen so genannten Bias dar. Diesen kann man sich wie einen zusätzlichen Eingang mit einem festen Wert vorstellen, oder wie eine Ruhefrequenz bei einem biologischen Neuron. Beim „NOT" Beispiel weiter oben haben wir etwas Ähnliches gemacht, indem wir die Aktivierungsfunktion geändert haben.

Das Beispiel rechts kann auch als einschichtiges Netz mit einer lateralen Verbindung betrachtet werden; ein einschichtiges Netz kann aber im Allgemeinen dennoch keine nicht-linear separierbaren Mengen trennen.

Ein weiteres einfaches Beispiel für nicht-lineare Separierbarkeit, diesmal mehr aus dem Alltag gegriffen, ist das Folgende: Wieder führen wir eine Umfrage durch. Dazu verteilen wir Kekse, die mit verschiedenen Mengen von Salz oder Zucker (und manchmal heimtückischer Weise Salz UND Zucker) zubereitet wurden. Es ist hier wahrscheinlich auch ohne weitere Beschriftungen oder Erklärungen erkennbar, welche Kekse gut schmecken, und welche schlecht. Außerdem ist es offensichtlich, dass diese Menge nicht mit einer geraden Linie separiert werden kann. Sie kann aber separiert werden, ist also nicht-linear separierbar.

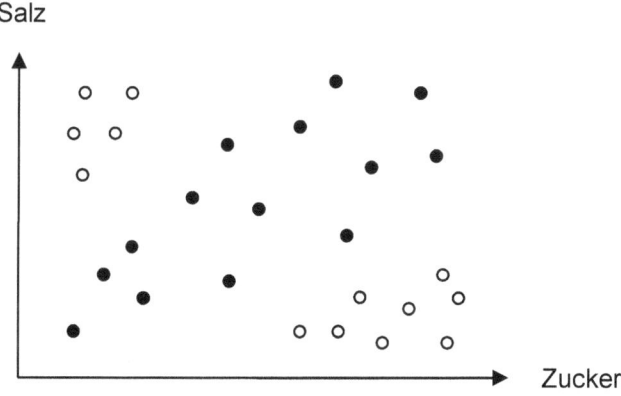

Die Möglichkeit nicht-linear separierbare Klassifizierungen auszuführen ist der Hauptvorteil einer zweiten Neuronenschicht. Allerdings müssen die zu separierbaren Cluster (Regionen) konvex sein, so dass sie durch eine einfache Figur aus geraden Linien abgetrennt werden können. Dies hat mathematische Gründe, auf die wir hier nicht weiter eingehen werden. Im eingangs erwähnten Buch von Raúl Rojas wird dies hervorragend und äußerst anschaulich erklärt.

Im nächsten Kapitel werden wir aber Cluster sehen, für welche auch dies nicht möglich ist.

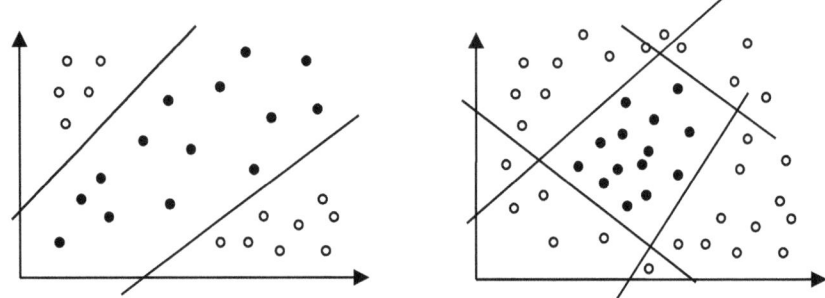

Konvexe Cluster: nicht-linear separierbar, aber noch durch Kombination gerader Linien separierbar.

Ein weiterer Vorteil von zweischichtigen Netzen, mit mehr als einem Neuron in der zweiten Schicht, ist die verbesserte Möglichkeit, ein Netz auf mehrere Fragestellungen zugleich zu trainieren. (Mehrere Ausgangsneuronen können auf verschiedene Antworten trainiert werden.)

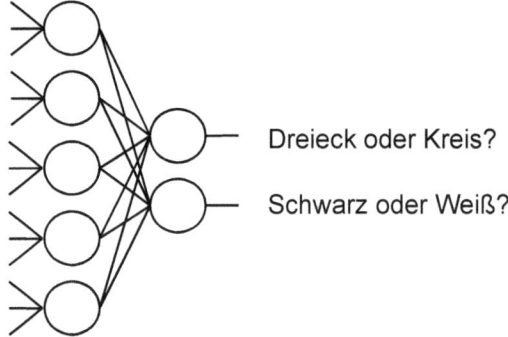

Dreieck oder Kreis?

Schwarz oder Weiß?

Dazu muss aber die Eingangsschicht groß genug sein, und die Verbindungen müssen passend gewählt sein. Im Machine Learning gibt es Möglichkeiten, diese Parameter zu berechnen, so dass der Erfolg meistens recht gut sichergestellt werden kann. In unserem Gehirn hat die Evolution dafür gesorgt, dass die entsprechenden Netze passend heranreifen.

6.2.3 Dreischichtige Netze

Wie schon angedeutet, können dreischichtige Netze, im Gegensatz zu weniger tiefen Netzen, auch nicht-konvexe Cluster separieren. In der folgenden Abbildung sehen Sie ein Beispiel dafür. Alle Mengen, die einen solchen Bereich von ineinandergreifenden Regionen haben, können nur mit dreischichtigen Netzen, oder vergleichbar mächtigen Algorithmen automatisch segmentiert werden.

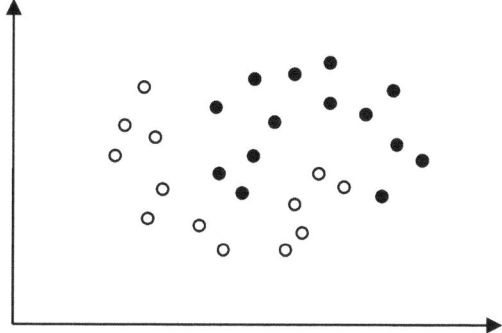

Mit solchen Netzen (und vergleichbaren Algorithmen) werden heutzutage schon beeindruckende Leistungen vollbracht, welche in Einzelbereichen die menschliche Genauigkeit übertreffen; Zum Beispiel im Analysieren von medizinischen Bilddaten wie MRI und Röntgen, aber auch bei histologischem Bildmaterial.

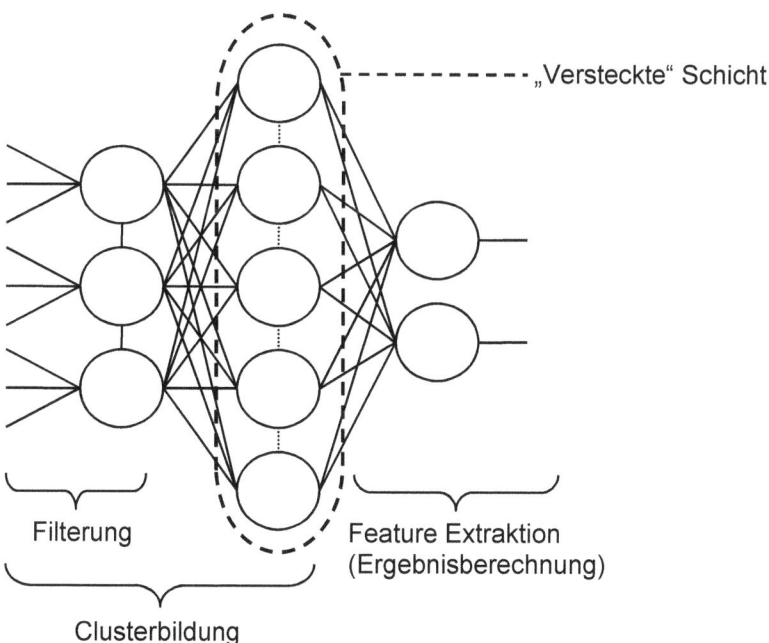

Sie haben aus Informatik-Sicht aber noch eine weitere, erstaunliche Eigenschaft: in der versteckten Schicht emergiert mit der Zeit eine

Kodierung der Eingangsdaten, auf deren Erkennung sie trainiert wird. Wenn die Dimension der versteckten Schicht gut gewählt ist (in der Regel für solche Anwendungen deutlich kleiner als die Eingangsschicht), emergiert dort sogar eine optimale Kodierung, das heißt sie bildet die Eingangsdaten auf das kleinstmögliche „Alphabet" ab. Wenn man ein solches Netz also zum Beispiel darauf trainiert, Buchstaben in verschiedenen Schriftarten zu erkennen, dann emergiert mit der Zeit in der versteckten Schicht ein Code mit genau 26 Möglichkeiten, nämlich der Morsecode, oder ein Äquivalent davon. Dies wird in der Informatik manchmal für so genannte Autoencoder genutzt.

Wird die versteckte Schicht etwas größer dimensioniert, so enthält sie eine gewisse Redundanz, was für Autoencoder störend, für echte neurale Netze aber von Vorteil ist, da so weniger leicht Fehler passieren, und beim Absterben einzelner Neuronen die Funktion nicht beeinträchtigt wird. Dies ist Ursache eines holographischen Effektes in Gehirnen, denn bei genügend Redundanz kann die Gesamtfunktion auch beim Absterben großer Zahlen von Neuronen noch immer aufrechterhalten werden.

6.2.4 Vier- und fünfschichtige Netze

Lange Zeit wurden mehr als dreischichtige Netze in der Forschung kaum beachtet, vor allem deswegen, weil einfache Lernalgorithmen hier mathematische „Schwierigkeiten" hatten (und teils auch an die Grenzen der Leistungsfähigkeit der Computer kamen), und weil sie scheinbar keine weiteren zusätzlichen „Fähigkeiten" haben. Inzwischen hat sich das wieder ein wenig geändert, und es werden auch mehr als dreischichtige Netze eingesetzt. Zum einen sind sie unter bestimmten Bedingungen einfacher zu trainieren, und zum anderen sind die Fehlerwerte in manchen Szenarien kleiner.

Prinzipiell kann man sich ein mehrschichtiges neurales Netz einfach als eine Serie von neuralen Netzen vorstellen, die in den ersten Schichten eher einfache Informationsverarbeitung leisten, und dann in jeder Schicht zunehmend komplexe Zusammenhänge erlernen können. In der folgenden Abbildung ist ein fiktives Beispiel für ein intelligentes Türschloss zu sehen, welches dies veranschaulichen soll. In Wirklichkeit wird man allerdings wesentlich mehr Neuronen benötigen, und für einen mathematisch sinnvollen Lernalgorithmus auch einige zusätzliche Schichten, um dieses Beispiel real zu implementieren.

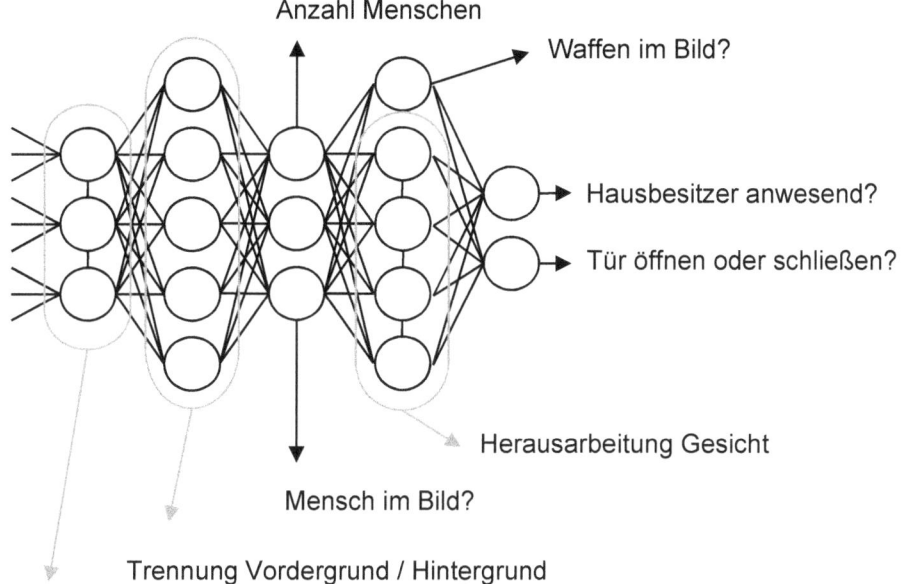

Anzahl Menschen

Waffen im Bild?

Hausbesitzer anwesend?

Tür öffnen oder schließen?

Herausarbeitung Gesicht

Mensch im Bild?

Trennung Vordergrund / Hintergrund

Kontrastverstärkung usw.

Dieses Muster kann man auch auf wesentlich mehr als nur fünf Schichten anwenden, und je nachdem worauf man so ein Netz trainieren will, und inwieweit man dies mathematisch, und von der Rechenleistung her im Griff hat, kann das auch durchaus Sinn ergeben. Allerdings gibt es eine besonders interessante Eigenschaft, die erst ab sechs Schichten wirklich auftreten kann, und die meines Wissens bisher noch nicht in künstlichen Netzen benutzt wird.

6.2.5 Sechsschichtige Netze

Für ein dreischichtiges neurales Netz kann man je Schicht recht klar verstehen, was die jeweilige Schicht macht. Aus Sicht der Informationsverarbeitung, unter Zuhilfenahme unserer Definitionen aus dem ersten Teil dieser Arbeit, könnte man dies wie folgt darstellen:

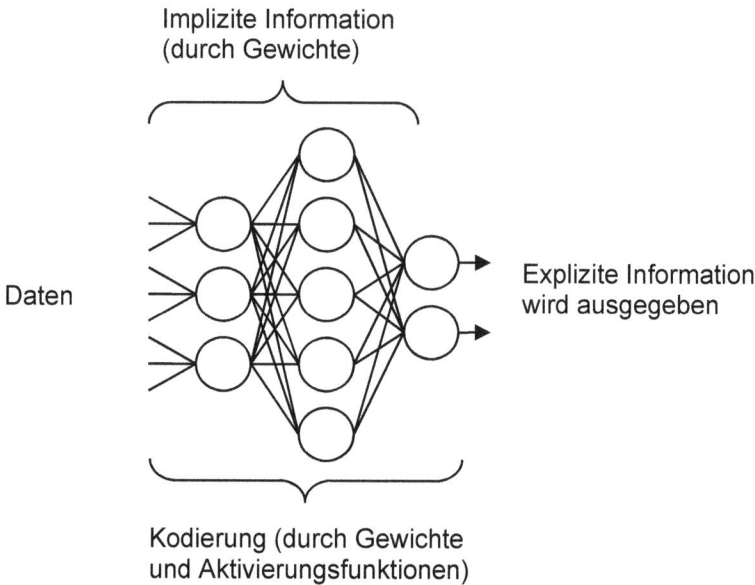

Implizite Information
(durch Gewichte)

Daten

Explizite Information
wird ausgegeben

Kodierung (durch Gewichte
und Aktivierungsfunktionen)

Insgesamt ist die Menge der Gewichte, der Aktivierungsfunktionen, und der Topologie des Netzes ein Modell, also auch ein Bezugssystem; das heißt, wir könnten als Außenbeobachter hier auch von Wissen sprechen, welches als neurales Netz „kristallisiert" wurde, und durch Ablesen an den Ausgängen benutzt werden kann – vorausgesetzt wir verstehen das Netz in seiner Gesamtheit, was bei tausenden Neuronen schwierig werden dürfte. Aber das Netz selbst hat keinerlei Wissen; es verarbeitet nur Daten zu Informationen, durch mehrere Schritte der Kodierung und Umcodierung.

Was aber, wenn ein weiteres Netz die Arbeit dieses Netzes beobachtet und abbildet? Dies könnte im einfachsten Fall vielleicht so aussehen:

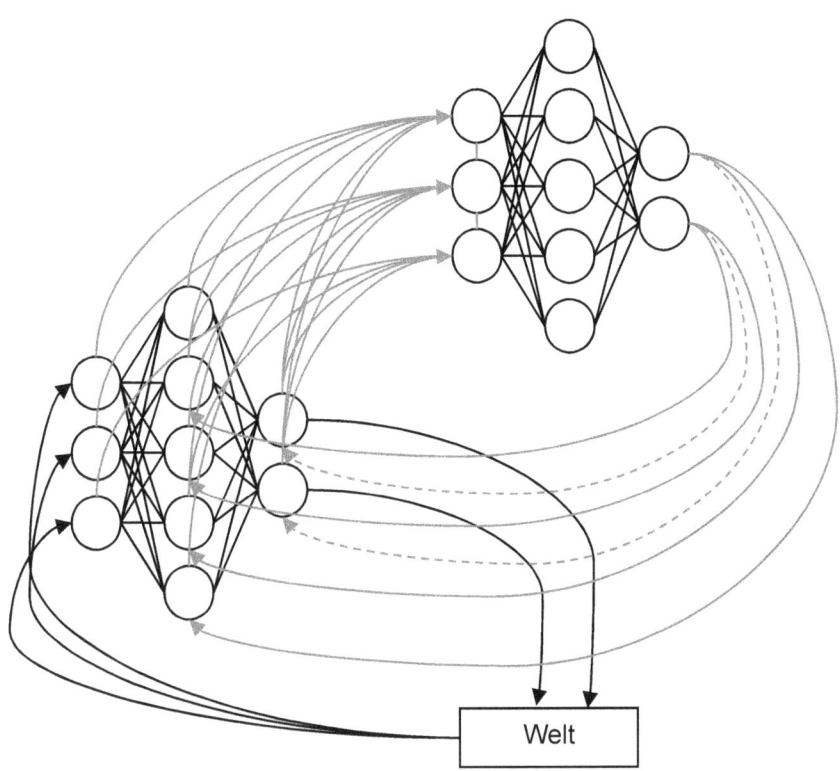

Das Netz links unten (wir nennen es vorläufig Alpha-Netz) ist ein normales dreischichtiges Netz, und interagiert über seine Ausgänge mit der Welt. Zugleich nimmt es über seine Eingänge die Welt wahr, sowie die Auswirkungen seiner Manipulationen an dieser Welt. (Die Welt muss hier auch einen Körper und einen Lernmechanismus ersetzen, die auf der Zeichnung nicht ersichtlich sind.) Das Netz rechts oben, wir nennen es vorläufig Beta-Netz, hat Eingänge aus allen Schichten des Alpha-Netzes, und sendet Ausgänge zumindest in die zweite und dritte Schicht des Alpha-Netzes. Die strichlierten Pfeile sollen darstellen, dass die Feedback-Verbindungen in die dritte Schicht sich von den Feedback-Verbindungen in die zweite Schicht auf verschiedene Arten unterscheiden können.

Ein Informatiker könnte jetzt auf die falsche Idee kommen zu sagen, das ist einfach nur eine unbeschränkte Bolzmann-Maschine. Diese werden wir im nächsten Kapitel besprechen. Tatsächlich ist hier aber nicht jedes Neuron mit jedem verbunden, man könnte es also höchstens mit einer teilweise eingeschränkten Bolzmann-Maschine vergleichen. Außerdem hängt dies ja auch davon ab, mit welchem Algorithmus das Netz lernt, welche Aktivierungsfunktionen es verwendet, und welche Arten von Verbindungen es benützt (es gibt ja nicht nur exzitatorische, sondern auch inhibitorische Axone). Aber es geht hier eigentlich nur um die Topologie, also die Anordnung der Neuronen und Verbindungen.

Nehmen wir an, das Alpha-Netz verfügt über eine Verbindung zu einem Geruchssinn, und lernt, Futter und Feind an ihrem Geruch zu erkennen. Nehmen wir außerdem an, es verfügt über einen Mechanismus, welcher Bewegung und Nahrungsaufnahme steuern kann. Nun kann es lernen, sich dem Geruch von Futter anzunähern, um zu fressen, und sich vor dem Geruch von Feinden zu entfernen. Sie mittlere („versteckte") Schicht dieses Lebewesens wird dann eine Kodierung annehmen, welche Feind und Futter abbildet, und die Ausgangsneuronen werden, je nach dem was erkannt wurde, entweder Signale für „fressen", oder für „Flucht" aussenden.

Was lernt dann aber das Beta-Netz? Es ist über seine Eingänge auch recht direkt mit der Außenwelt verbunden, aber nur sehr indirekt über die Ausgänge. Es fängt sozusagen eine Schicht „später" an; es verarbeitet also bereits gefilterte Informationen, und nicht das reale Eingangssignal. Zudem verarbeitet es auch die Kodierung des gefilterten Eingangssignals sowie die Reaktion der Ausgangsschicht des Alpha-Netzes.

Ohne zu wissen, was für ein Feedback es an seinen Ausgängen erhält (also was und wie es genau lernt), können wir vorerst nur sagen, was seine Mittelschicht abbilden wird: Es wird eine Kodierung (und ein Clustering) der häufigsten Zustände des Alpha-Netzes abbilden, also ein Modell des Alpha-Netzes!

Es wird im Gegensatz zum Alpha-Netz manchmal zwischen Fällen unterscheiden können, in welchen das Alpha-Netz richtig reagiert hat, und solchen, in denen es falsch reagiert hat. Und wenn das Alpha-Netz durch falsche Reaktionen negativ verstärkt wird, während es durch richtige Reaktionen positiv verstärkt wird, könnte das Beta-Netz mit dem entsprechenden Feedback subtile Korrekturen am Alpha-Netz vornehmen, um Fehler zu verringern und Erfolge wahrscheinlicher zu machen.

Die Mittelschicht des Beta-Netzes ist also ein kombiniertes Modell der Welt und des Alpha-Netzes, sowie dessen Interaktionen mit der Welt. Somit beinhaltet das Beta-Netz Wissen. Es kodiert nicht einfach nur die Information aus der Umwelt, sondern es erlernt ein Modell aus den bereits kodierten Informationen des Alpha-Netzes, den Reaktionen dieses Netzes auf diese Information, und aus dem Ergebnis, welches damit erreicht wird. Es stellt die eingehenden Informationen somit in ein komplexes Bezugssystem.

Aber es kommt noch besser: damit erfüllt ein solches sechsschichtiges Netz zumindest eine von drei Anforderungen an ein Bewusstsein, nach unserer Definition aus dem ersten Teil: Es erzeugt ein Modell seiner selbst. Ob es mit diesem Modell interagiert, hängt zumindest noch von der Größe des

Beta-Netzes, und seinen internen Verbindungen ab. Und es fehlt mit Sicherheit noch die Eigenschaft, sich selbst mit dem Selbstmodell zu identifizieren. Wir könnten dieses Konstrukt also als „Proto-Bewusstsein erster Stufe" bezeichnen, wenn es so funktioniert wie beschrieben.

Durch entsprechende Erweiterung mit einem „Gamma-Netz" könnte man nun ein „Proto-Bewusstsein zweiter Stufe" konstruieren, welches sein Selbstmodell zumindest beobachtet. Dazu sind nicht neun Schichten erforderlich, sondern eigentlich nur eine weitere dreischichtige Einheit, die mit dem Beta-Netz stärker verbunden ist, als mit dem Alpha-Netz.

Für den medizinisch ausgebildeten ist schon klar, wohin dieses Beispiel zielt. Der Neokortex des Menschen ist im Prinzip ein ungefähr sechsschichtiges Netz. Allerdings gibt es eine ganze Reihe von Unterschieden und zusätzlichen Eigenschaften, auf die wir erst später eingehen werden. Davor müssen wir im folgenden Kapitel noch eine spezielle Art von künstlichen neuralen Netzen behandeln, die wir bisher nur kurz erwähnt haben.

6.2.6 Rekurrente Netze

Ein rekurrentes neurales Netz ist ein neurales Netz, bei welchem Neuronen Informationen an weiter zurückliegende Schichten zurück senden. Dies kann auf direktem, oder auf indirektem Wege passieren. Der direkte Weg ist auf der folgenden Zeichnung links noch einmal abgebildet. Eine Eigenschaft von neuralen Netzen, die wir bisher mehr oder weniger ignoriert haben (außer bei den Kohonen-Netzen) führt zu indirekter Rekurrenz, und zwar die lateralen Verbindungen einer Netzwerkschicht. Dies wird im rechten Teil der folgenden Abbildung noch einmal dargestellt.

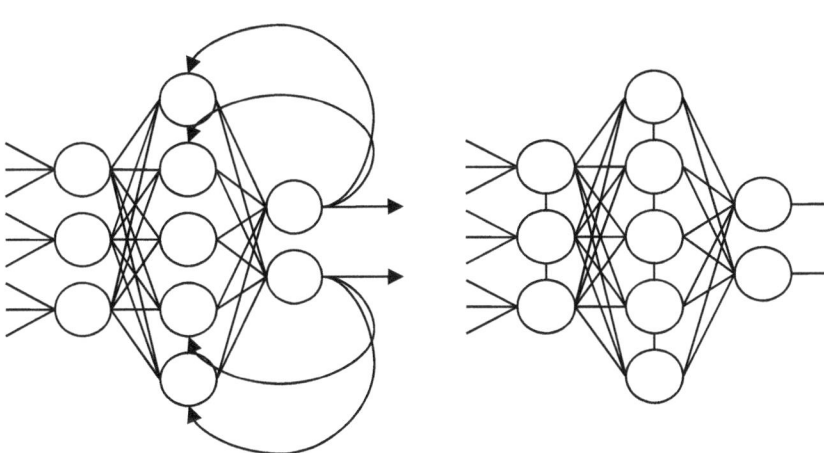

Die direkte Rekurrenz tritt auf, sobald das Netzwerk Informationen verarbeitet. Bei der indirekten Rekurrenz hängt es etwas davon ab, wie das Netz arbeitet und lernt, es hängt also vom Algorithmus ab, der benutzt wird.

In der Informatik werden eine ganze Menge von rekurrenten Netzwerktypen (RNN) unterschieden: Elman Netzwerke, Jordan Netzwerke, Echo State Netzwerke, Long Short Term Memory, Bidirektionale RNN, Continuous Time RNN, Hierarchische RNN und viele andere. Man sollte davon ausgehen, dass in der Natur die Varianz noch deutlich höher ist, und einzelne Netzwerke im Gehirn für alle möglichen verschiedenen Aufgaben spezialisiert sind. Wir gehen hier nur auf sehr einfache Beispiele und grundlegende Eigenschaften ein, die solchen Netzwerken mehr oder weniger gemein sind.

Bei der direkten Rekurrenz wird das neurale Netzwerk seine eigene Ausgabe im nächsten Schritt als Eingabe benutzen, und kann dadurch etwas lernen, was ein nicht-rekurrentes Netz nie lernen kann: Rekurrente Netze können darauf trainiert werden, unterschiedliche Antworten zu geben, je nachdem was sie zuvor geantwortet haben. Und sie können theoretisch sogar lernen, das Eingangssignal fast völlig zu ignorieren.

Das klingt jetzt im ersten Moment nicht gerade nützlich, aber dieser Eindruck täuscht: Versuchen Sie doch einmal im Kopf eine schwierige Rechnung auszuführen, *ohne* die Außenwelt zu ignorieren! Wenn wir planen, oder über abstrakte, oder nicht-gegenwärtige Dinge nachdenken, dann blenden wir die Umwelt mehr oder weniger aus. Ohne diese Fähigkeit würde unser Bewusstsein nur im „jetzt" existieren, und sich nur mit Dingen beschäftigen, die genau *jetzt* über unsere Sinneskanäle herein kommen, wie dies bei einfachen Tieren der Fall ist.

Ein weiteres Detail am Rande: mit Hilfe von Rekurrenzen konnte gezeigt werden, dass ein einfaches, künstliches neurales Netz Turing-vollständig ist, also theoretisch in der Lage ist, jede berechenbare Sache auszurechnen.

Nun aber zur „indirekten" Rekurrenz; stellen Sie sich ein flächiges Kohonen-Netzwerk vor, bei dem jedes Neuron mit jedem verbunden ist:

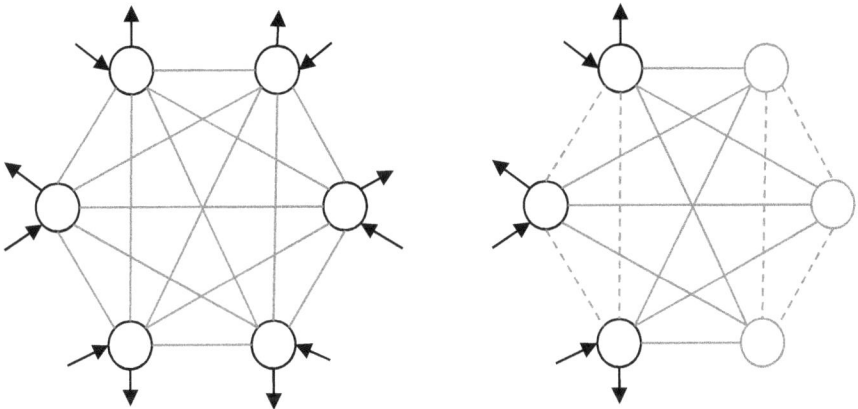

Jedes dieser Neuronen hat eine bestimmte, am Anfang zufällig gewählte Ruhefrequenz. Diese stellen wir uns einfach als Zahl vor. Außerdem gibt es Neuronen mit einem Eingang und einem Ausgang (durch schwarze Pfeile dargestellt). Bei Varianten mit „versteckten" Schichten, so wie in der rechten Abbildung, haben die Neuronen der versteckten Schichten keine Ein- und Ausgänge. Darüber hinaus hat jedes Neuron eine gewichtete Verbindung zu jedem anderen Neuron.

> Im einfachsten Fall (wenn die Neuronen nur Null oder Eins ausgeben können) nennt man dies nach dem Erfinder John Hopfield ein „Hopfield-Netzwerk". Wenn die Neuronen mit einer bestimmten Wahrscheinlichkeit zwischen Null und Eins feuern, nennt man das Netzwerk „Boltzmann-Maschine". Wenn man außerdem im rechten Bild die strichlierten Verbindungen weglässt, erhält man eine „beschränkte Boltzmann Maschine". Das sind aber sehr stark vereinfachte Beschreibungen. Die drei genannten Begriffe bezeichnen eigentlich mathematisch exakt formalisierte Systeme, welche recht gut mit künstlichen Lernalgorithmen trainiert werden können. Für uns ist hier nur das grobe Funktionsprinzip wichtig. Wir wählen daher einfach den Überbegriff „Boltzmann-Netzwerk" für solche Netzwerke (also für Netzwerke mit relativ vielen lateralen Verbindungen, in Abgrenzung zu Kohonen-Netzwerken, die relativ wenige laterale Verbindungen haben).

Solche Boltzmann-Netzwerke haben eine erstaunliche Eigenschaft: sie können komplexe Strukturen „erlernen" (speichern) und dann auch aus unvollständiger Information wieder rekonstruieren. Dies nennt man Assoziativspeicher.

Wir könnten das oben links abgebildete Netz zum Beispiel auf die folgenden zwei Binärwerte trainieren: „101010" und „001100". Jeder Eingang liest immer eine fixe Stelle der Zahl ein. Wenn das Netz ausreichend trainiert ist, wird es diese beiden Zahlen unverändert wieder ausgeben, wenn sie eingelesen werden. Wenn man dem Netz aber eine andere Zahl präsentiert, wird es ebenfalls eine der zwei antrainierten Zahlen ausgeben, und zwar diejenige, die der präsentierten Zahl ähnlicher ist. Auf „101000" wird das Netz also mit „101010" antworten, und auf „000100" mit „001100".

Bei ausreichender Größe kann ein solches Netz dann zum Beispiel auf Bilder trainiert werden, und diese vervollständigen, auch wenn ihm nur ein Teil davon gezeigt wird. Genauso wie ein Mensch das folgende Bild problemlos vervollständigen kann (besser gesagt kaum verhindern kann, dieses Bild im Kopf zu vervollständigen):

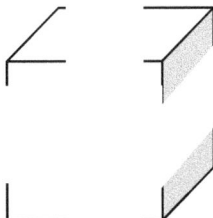

Das ist in der Natur logischerweise sehr nützlich, denn so kann man das gut getarnte Raubtier auch erkennen, wenn es sich hinter einem Gegenstand versteckt:

6.3 Künstliches neurales Lernen

Bei den Lernalgorithmen für künstliche neurale Netze hat man sich nur
teilweise an der Natur orientiert. In manchen Fällen war die Anwendung im
industriellen Umfeld wichtiger, als die realistische Simulation biologischer
Systeme. Dennoch finden einige der in diesem Kapitel erwähnten
Lernalgorithmen im Prinzip in unserem Gehirn Anwendung. Wir werden aber
nur ganz oberflächlich darauf eingehen, denn für das Verstehen des
menschlichen Gehirnes sind die mathematischen Details künstlicher
Lernalgorithmen nicht besonders relevant. Es gibt nämlich ein paar große

Unterschiede, welche die direkte gegenseitige Übertragbarkeit der Lernprinzipien stark in Frage stellen:

- Grundsätzliche Unterschiede zwischen den Netzen (wie schon im Kapitel 6.2 aufgezählt)
- Komplexe, anpassungsfähige proteomische Systeme, anstelle von Aktivierungsfunktionen
- Komplexe, anpassungsfähige Dendritenstrukturen, statt Gewichtungen in Zahlenform
- Durch Evolution auf effizientes Überleben optimierte Lernraten, Topologien und Lernmechanismen, anstelle von fest einprogrammierten Algorithmen
- Trainingszeiten von Monaten und Jahren, anstelle von Minuten und Stunden
- Physische Netzwerkstrukturen, anstelle von virtuellen

Die biologischen Lernmechanismen sind also um einige Größenordnungen komplexer, als die einfachen mathematischen Modelle, die in der Informatik benutzt werden.

Grundsätzlich werden in der Informatik drei Arten von Lernmechanismen unterschieden, und manchmal isoliert, aber manchmal auch in Kombination eingesetzt: „Überwachtes Lernen", „unüberwachtes Lernen" und „verstärkendes Lernen".

Die neurologischen Grundlagen von „echtem" Lernen (so wie wir es in Kapitel 4.6 beschrieben haben) können wir erst später besprechen, da hierzu die makroskopische Organisation des Gehirnes von signifikanter Bedeutung ist. (Es wäre wirklich viel einfacher, wenn die Informatiker bescheiden den Begriff „Anpassung" oder „Adaption" gewählt hätten, anstelle von „Lernen".)

6.3.1 Überwachtes Lernen

Beim überwachten Lernen ist ein Lernziel bereits bekannt, oder zumindest verfügt man über Lernbeispiele, mit bekannter Antwort. Die einfachste Form des überwachten Lernens ist die eingangs schon für einzelne künstliche Neuronen erwähnte „Delta-Regel". Dabei wird einfach ein anhand der Lernrate bestimmter Bruchteil des Fehlerwertes (Stärke der Abweichung von der gewünschten Antwort) benutzt, um die Gewichte der Eingänge anzupassen.

Unter Verwendung eines speziellen Gradientenabstiegsverfahrens kann dieser Mechanismus auf mehrschichtige Netze umgelegt werden. Diesen Ansatz nennt man Backpropagation (Fehlerrückführung), er wird aber bei einer großen Anzahl von Schichten zunehmend ineffektiver. Unter anderem deswegen, weil die Anpassungen von Schicht zu Schicht ja immer kleiner werden müssen. Außerdem kann dieser Algorithmus mit Rekurrenz nur bis zu einem gewissen Grad umgehen.

Von diesem Algorithmus gibt es eine große Anzahl an Variationen, spezialisiert auf verschiedene Netze und Lernaufgaben.

Bei natürlichen neuralen Netzen gibt es ebenfalls einen Mechanismus, der „neurale Backpropagation" genannt wird. Bei diesem wird das Aktionspotential einer Nervenzelle nicht nur durch das Axon „vorwärts" geleitet, sondern auch „rückwärts" durch den Zellkörper und die Dendriten. Allerdings hat dies nichts mit überwachtem Lernen zu tun, und entspricht vom Wirkungsprinzip nicht der Fehlerrückführung. Der Name ist also äußerst unglücklich gewählt. Stattdessen dürfte sich dieser Mechanismus hauptsächlich auf die Langzeit-Potenzierung auswirken. Wenn, dann ist eine tatsächliche Fehlerrückführung in biologischen neuralen Netzen nur durch proteomische Mechanismen (also über Botenstoffe) denkbar, die durch Schmerz, Hunger und ähnliches ausgelöst werden. Biologische neurale Netzwerke scheinen aber keine Fehlerrückführung benutzen, die schrittweise von einer Schicht zur vorhergehenden Anpassungen vornimmt.

6.3.2 Verstärkendes Lernen

Verstärkendes Lernen ist eine Form des Lernens, bei welcher es eine Art Energie- oder Kostenfunktion gibt, mit welcher die Gewichte zwischen den Neuronen optimiert werden können. Im einfachsten Fall, einem Hopfield-Netzwerk mit Hebbscher Lernregel, funktioniert das vereinfacht ausgedrückt folgendermaßen:

Jedes Neuron hat eine Eigenfrequenz s_i (als Zahl ausgedrückt). Dies entspricht der Ausgabe, die das Neuron im nächsten Schritt liefert. Immer, wenn dem Netz eine Eingabe präsentiert wird, die es sich merken soll, werden in der Lernphase die Gewichtungen zu jedem verbundenen Neuron angepasst.

Wenn das Nachbarneuron einen ähnlichen Wert erhalten hat, wird die Gewichtung zwischen den beiden Neuronen verstärkt, wenn es einen unterschiedlichen Wert eingelesen hat, wird die Gewichtung abgeschwächt. Beim Hopfield-Netzwerk arbeitet man eigentlich mit Gewichten von -1 bis +1, man kann sich also exzitatorische und inhibitorische Verbindungen vorstellen.

So bilden sich die zu speichernden Werte mit der Zeit immer stärker in den Gewichtungen der Neuronenverbindungen ab. Wenn das Netz groß genug ist, und nicht bis an die Grenze der Speicherkapazität belastet wurde, kommt dabei Redundanz, und damit ein holographisches Prinzip zu tragen – das Zerstören von einigen Verbindungen oder sogar ganzen Neuronen wirkt sich nur wenig auf die Funktion des Netzes aus.

Damit das Netzwerk aber nicht „entgleist" werden die Gewichte nur wenig angepasst. Dazu wird bei den künstlichen Netzen darauf geachtet, dass die „Energie" des Netzes bei den Anpassungen der Gewichte minimiert wird, oder zumindest gleich bleibt. Die Energie entspricht dabei vereinfacht ausgedrückt der Summe der Produkte von Gewichten und Zuständen ($\Sigma w_{i,j} s_i s_j$). Damit kann unter anderem verhindert werden, dass einzelne Werte unendlich groß werden.

In natürlichen neuralen Netzwerken muss dazu niemand etwas berechnen, denn biologische Systeme streben von Natur aus ein solches Gleichgewicht an. Ein Neuron kann nicht beliebig viele Dendriten und Ionenkanäle ausbilden. Und umgekehrt hätte dies offensichtlich gewisse evolutionäre Nachteile, wenn alle Neuronen absterben, oder nur noch inhibitorische Signale aussenden würden.

6.3.3 Unüberwachtes Lernen

Beim unüberwachten Lernen gibt es keinen Lehrer, und auch keine Metrik (Kosten oder Energiefunktion), die dem System beim Lernen hilft. Das System lernt nur durch seine eigene Struktur und die „unwissenden" Algorithmen, die seine Parameter oder Gewichtungen anpassen. Der Lernfortschritt emergiert also wie von selbst aus einem System, das gar nicht anders kann als zu „lernen".

Der einfachste Fall ist schon bei den Kohonen-Netzwerken beschrieben worden, wo ausgewählte Neuronen einfach immer wieder die Gewichte ihrer Nachbarn ein wenig an die eigenen Gewichte anpassen, und mit der Zeit wie von selbst ein Clustering stattfindet, welches Rückschlüsse auf die Daten zulässt, mit welchen das Netz bisher konfrontiert wurde. Diese Lernmethode entspricht in etwa der Hebbschen Regel, und der Langzeit-Potenzierung (LTP) in biologischen neuralen Netzwerken. Auch die Langzeit-Depression, die das Gegenteil der LTP bewirkt, haben wir schon erwähnt.

Bei den Boltzmann-Netzwerken sind wir bisher davon ausgegangen, dass die Gewichtungen nur angepasst werden, wenn Beispiele eingegeben werden, die sich das Netz merken soll. Wenn wir aber einem Boltzmann-Netzwerk ausschließlich Informationen präsentieren, die es sich merken soll, dann wird es auch unüberwacht lernen, diese zu erkennen und zu vervollständigen, wenn nur lückenhafte oder ähnliche Informationen präsentiert werden. Wenn wir das Netz also nicht gezielt anders behandeln, je nachdem ob es sich eine Information merken soll oder nicht, dann werden diese Netze nicht mehr „verstärkend" sondern „unüberwacht" lernen.

Diesen Mechanismus macht man sich bei den erst seit kurzer Zeit in der Forschung wieder salonfähigen vielschichtigen neuralen Netzwerken zu Nutze. Diese nennt man inzwischen „deep neural networks", „deep believe networks" und „convolutional deep neural networks" (je nach Konfiguration), und man spricht von „deep learning", wenn diese in einem teils unüberwachten Prozess trainiert werden. Anstatt reine Feedforward-Netzwerke zu bauen (so wie sie in Kapitel 6.2.3 skizziert wurden), ist man dazu übergegangen, überlappende Felder und zusätzliche „Boltzmann Bereiche" einzubauen; man hat sich also ein wenig weiter an die biologischen Netze angenähert.

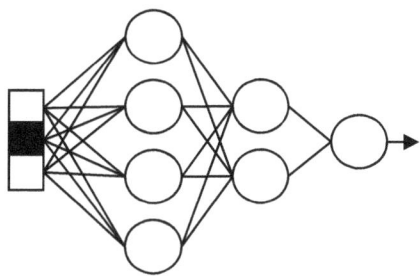

Klassisches Feedforward Netz
- Keine Überlappung bei der Eingangsschicht; jedes Eingangsneuron erhält alle Daten
- Kombinatorisch vollständige Verbindungen in jeder Schicht
- Keine lateralen Verbindungen

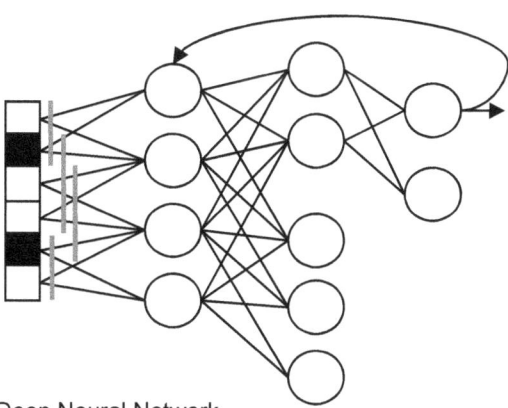

Deep Neural Network
- Hier mit Überlappung in der Eingangsschicht und Rekurrenz
- Kombinatorisch unvollständige Verbindungen in jeder Schicht; Zwischenschichten können wie Boltzmann-Maschinen lernen

Beim „deep learning" werden diese Netze Schicht für Schicht zuerst wie Boltzmann-Maschinen trainiert, und danach oft noch mit einer Art Backpropagation verfeinert, so dass man sie schlussendlich wieder als Klassifikatoren einsetzen kann. Damit sind diese Modelle zwar immer noch meilenweit von der Natur entfernt, aber für die Informatik war dies ein wichtiger Fortschritt. Teilweise werden inzwischen auch schon Netzwerktopologien und Gewichtungen mit Hilfe von genetischen Algorithmen erzeugt, also mit Hilfe von künstlichen evolutionären Mechanismen.

Aber neurale Netze, die sehr naturnah sind, sind leider algorithmisch schwer zugänglich; das heißt, Lernalgorithmen für solche Netze bräuchten sehr viel Rechenkapazität, und die Netze sind etwas „unberechenbar" (Überanpassung, fragwürdige Konvergenz, verschwindende Gradienten, lokale Minima, chaotisches Verhalten und andere mathematische und algorithmische Probleme, auf die wir hier nicht weiter eingehen können).

Und das erzeugen von Topologien mit genetischen Algorithmen ist enorm rechenaufwändig. Diese Technik fällt in das Feld der so genannten Hyperheuristiken, welches noch in den Kinderschuhen steckt, trotz beeindruckender Ergebnisse wie dem Watson System von IBM, welches Grundlage des erwähnten Jeopardy Teilnehmers DeepQA ist.

Das Hauptproblem bei allen unüberwachten Lernmodellen ist allerdings der Zielkonflikt zwischen Stabilität und Flexibilität (im Zusammenhang von neuralen Netzen meist als Plastizität bezeichnet). Zum einen will man, dass ein System so stabil ist, dass es sich nicht durch jede noch so irrelevante Eingabe völlig verändert, zum anderen will man aber, dass es sich bei relevanten, wichtigen neuen Daten sehr wohl anpasst. Dies ist bei überwachtem Lernen nicht schwer zu erreichen, aber wie soll das unüberwacht funktionieren?

Eine Antwort, die auch für künstliche neurale Netze funktioniert, hat Stephen Grossberg mit seiner Adaptiven Resonanztheorie (ART) entdeckt. Ähnlich wie bei einem Kohonen-Netzwerk, wird für jede Eingabe zuerst einmal das „Alpha-Neuron" gesucht, welches am stärksten reagiert. Seine Gewichtungen passen am besten zu der Eingabe. Aber nur wenn die Ähnlichkeit groß genug ist (dies wird mit einem „Vigilanz-Parameter" bestimmt), wird das Alpha-Neuron an die Eingabe angepasst. Im Gegensatz zum Kohonen-Netzwerk wird hier jedoch nicht laterale Potenzierung, sondern laterale Hemmung benutzt, so dass jeweils nur ein Neuron eine Klasse in den Daten repräsentiert. Wenn die Ähnlichkeit nicht groß genug ist, wird ein neues Alpha-Neuron gesucht und angepasst. Dadurch „erodieren" bereits gelernte „Erinnerungen" nicht.

Die Balance zwischen Stabilität und Flexibilität kann hier also recht gezielt über den Vigilanz-Parameter eingestellt werden. Als künstliches System wirkt die ART vielleicht etwas konstruiert (es gibt zum Beispiel einen Reset-Knoten, der ein unpassendes Neuron nach dem anderen abschaltet, und der Lernmechanismus basiert normaler Weise auf Differentialgleichungen). Der eigentliche Vorteil ist hier aber der gezielte Einsatz von lateraler Hemmung, die zusammen mit einem geschickten Algorithmus bei ausreichender Dimensionierung des Netzes sicherstellt, dass stets Reserve für neue „Erinnerungen" vorhanden ist.

Ein weiterer interessanter Lernprozess, der allerdings nur für Neuronen vom Spiking-Typ Sinn ergibt, ist die spike-timing-dependet plasticity (STDP). Dabei gilt zu beachten, dass bei Spiking Neuronen, die viel ähnlicher zu ihren biologischen Vorbildern sind, als die bisher besprochenen zahlenbasierten Neuronen, die Eingangssignale *nicht* unbedingt zugleich bei allen Eingängen (Dendriten) ankommen, und Ausgangssignale nur dann erzeugt werden, wenn die Summe der gewichteten Eingangssignale einen Schwellwert überschreitet (vereinfacht ausgedrückt; je nach Algorithmus). Bei diesem Timing-abhängigen Prozess wird eine Eingangsgewichtung verstärkt, wenn ein Ausgangssignal kurz nach einem Eingangssignal erfolgt. Und wenn ein Eingangssignal kurz nach einem Ausgangssignal auftritt, wird die Eingangsgewichtung abgeschwächt. Darüber hinaus kann der Prozess auch auf benachbarte Neuronen ausgedehnt werden, und dann entweder Langzeit-Verstärkung (LTP), oder Langzeit-Abschwächung (LTD) bewirken.

> *Für größere Zeitspannen gibt es dieses Prinzip ebenfalls, wie schon Pavlov mit seinen Experimenten zur Konditionierung gezeigt hat. Wenn immer kurz vor dem Essen ein Glöckchen läutet, assoziiert der Hund früher oder später den Glockenklang mit dem Essen, und beginnt schon Speichel zu produzieren, wenn er nur die Glocke hört. Wenn aber immer kurz nach dem Essen die Glocke läutet, wird die Glocke stets ignoriert, und kann den Speichelfluss nicht beeinflussen.*

So werden also Eingangssignale, die eventuell die kausale Ursache für das Ausgangssignal darstellen, verstärkt, und andere abgeschwächt. Diesen Prozess lässt man in der Regel so lange laufen, bis nur noch eine gewisse Restmenge an aktiven Eingängen übrig bleibt (die anderen werden durch Gewichtungen, die gegen Null gehen, inaktiv und können entfernt werden). Bei den biologischen neuralen Netzen ist dies einer von mehreren Mechanismen, die LTP und LTD erklären. Darüber hinaus kann dieser Prozess Kontraste in schwachen Eingangssignalen verstärken.

Wir haben nun die bekanntesten Paradigmen für künstliche neuronale Netze und deren künstliches Lernen besprochen. Dies stellt nur einen kleinen Ausschnitt der Neuroinformatik dar, aber ich denke es genügt um aufzuzeigen, wie mächtig diese an sich sehr einfachen Systeme sind.

Ich vermute, dass man aus künstlichen neuralen Netzen noch wesentlich mehr herausholen könnte, wenn man die hier vorgestellten, und schon lange bekannten Paradigmen etwas großzügiger, und mit etwas weniger Rücksicht auf mathematische Erwartungen (vor allem den Anspruch auf garantierte Konvergenz) kombinieren würde. Aber dies überlasse ich gerne den talentierten Neuroinformatikern, die hier noch viel zu tun haben werden.

7 Von neuralen Netzen zum Gehirn

Die ersten künstlichen Neuronen stammen von Warren McCulloch und Walter Pitts und wurden 1943 erfunden; 1958 hat dann Frank Rosenblatt das Perzeptron entwickelt, welches heute noch Basis der meisten künstlichen neuralen Netzwerke ist. Die adaptive Resonanztheorie (ART) und die Vorläufer des Deep Learning wurden auch schon in den 80er Jahren entwickelt. Bis dahin ist das langsame Voranschreiten der Neuroinformatik verständlich, denn die Computer, die den Forschern zur Verfügung standen, waren einfach nicht stark genug für große und komplexe Netze. Die Gründe für die Stagnation der Neuroinformatik in den 90er und 2000er Jahren sind hingegen eher in den ersten Kapiteln dieses Buches zu finden. Nur langsam scheint das Thema wieder in Fahrt zu kommen.

Was aber in den ganzen letzten 70 Jahren versäumt wurde, und mich besonders irritiert, ist der Einzug dieses Wissens (wenigstens rudimentär) in Medizin, Psychologie und Biologie. Noch heute fehlt jeglicher Hinweis auf die unüberwachten Lerneigenschaften künstlicher neuraler Netze in den Standardwerken der Medizin, Psychologie, Neurologie und Neurobiologie. Für mich gibt es keinerlei Zweifel, dass die Grundprinzipien dieser Systeme auch für echte neurale Netze gelten, und man diese den Studenten nicht vorenthalten sollte, auch wenn noch nicht jeder einzelne proteomische und mathematische Zusammenhang bis ins letzte Detail geklärt ist.

In diesem Kapitel wird versucht, die Lücke zwischen der mikroskopischen Organisation des Gehirns (beginnend mit den natürlichen neuralen Netzen) zur makroskopischen Organisation des Gehirns zu schließen. Wie schon in den vergangenen Kapiteln müssen dabei natürlich einige Details (vor allem in den Bereichen Genetik und Proteomik, aber auch in der Neurophysiologie und der Neuroanatomie) übergangen oder vereinfacht werden, um den Rahmen dieser Arbeit nicht zu sprengen.

7.1 Echtes neurales Lernen – Neuroplastizität

In diesem Kapitel geht es um das, was in der Neurologie „Plastizität" oder „Neuroplastizität" genannt wird, also die Anpassungsfähigkeit des Gehirnes im Großen, aber auch lokal beschränkte Lernmechanismen in biologischen neuralen Netzen. Das „Lernen" im größeren Maßstab (also zum Beispiel das Lernen von neuen Verhaltensweisen), wie wir es in Kapitel 4.6 beschreiben haben, wird in einem späteren Kapitel behandelt.

Normalerweise wird die Neuroplastizität in „synaptische Plastizität" und „kortikale Plastizität" eingeteilt. Bei der synaptischen Plastizität geht es um die mikroskopischen Anpassungen von Synapsen und Nervenzellen. Bei der kortikalen Plastizität geht es um die Anpassungen von neuronalen

Netzwerken und ganzen Gehirnarealen. Meistens werden mit diesem Begriff auch großflächige Änderungen außerhalb der Gehirnrinde bezeichnet.

Außerdem wird zwischen „Kurzzeitplastizität" (Millisekunden bis Minuten) und „Langzeitplastizität" (Minuten bis Stunden, oder sogar lebenslang) unterschieden. Wir werden hier eine andere Einteilung vornehmen, ohne dabei konkrete Zeiträume anzugeben. Die folgenden Effekte bezeichnen wir hier als **organisatorische Anpassungen**:

- Elektrische und elektrochemische Anpassung
    - ⇨ Proteomische und epigenetische Anpassung
        - ⇨ Topologische und morphologische Anpassung

Beispiele:
- Elektrische Anpassungen
    - o Ephaptische Koppelung: elektrische Felder verschiedener Neuronen beeinflussen sich direkt; im menschlichen Gehirn durch Myelinisierung (biologische „Isolationsstreifen") großteils unterdrückt.
    - o Neuronale Backpropagation: rückwärtslaufende elektrische Beeinflussung lösen elektrochemische Anpassungen aus.
- Elektrochemische Anpassungen
    - o Neurotransmitter: Zahlreiche chemische Substanzen beeinflussen die Polarisierbarkeit der postsynaptischen Membran, sowie umliegende Dendriten, und lösen auch proteomische Reaktionen aus.
    - o Außerdem darf natürlich nicht vergessen werden, dass echte Neuronen auch parakrin (also durch interzelluläre Zwischenräume), und über bestimmte Neurotransmitter sogar endokrin (also durch den Blutkreislauf) chemisch „kommunizieren".
- Proteomische Anpassungen
    - o Zum Beispiel Vergrößerung oder Verkleinerung der Anzahl an Ionenkanälen; hier ist die Forschung noch nicht besonders weit fortgeschritten, da die bioinformatischen Werkzeuge erst seit relativ kurzer Zeit dafür reif sind. Dennoch sind inzwischen schon einige Prozesse bekannt, zum Beispiel auf Basis der Proteine PSD-95 und Homer1c, sowie Phosphoinositid-2-Kinasen.
- Epigenetische Anpassungen
    - o In diesem Bereich muss man detaillierte Ergebnisse derzeit noch als spekulativ betrachten; es ist allerdings kaum vorstellbar, dass solche Prozesse nicht mitwirken. Sehr wohl ist allerdings schon eine Vielzahl von beteiligten Genabschnitten bekannt.
- Topologische Anpassungen

- o Veränderungen der dendritischen Dornfortsätze, was die Oberfläche, und vermutlich den elektrischen Widerstand verändert.
- o Vergrößerung oder Verkleinerung von Synapsen oder Synapsenzahl.
- o Veränderung der Dendritenstruktur und -anzahl.
- o Veränderung der Neuronenzahl durch Apoptose oder Neurogenese
- Morphologische Anpassungen
  - o Lange andauernde topologische Anpassungen können über Jahre zu anatomischen (messbaren) Veränderungen der Gehirnstruktur führen (z.B. Querschnittfläche des corpus callosum bei Schizophrenie).

Elektrische Veränderungen können sich im sub-Millisekunden Bereich auswirken, und proteomische Reaktionen auslösen. Diese wiederum können sich für lange Zeit (eventuell lebenslang) auswirken, und epigenetische, sowie topologische Anpassungen verursachen. Topologische Veränderungen sind die langsamsten, und können sich unter Umständen auch lebenslang halten. Lange andauernde topologische Anpassungen (zum Beispiel Neuentstehung von Neuronen, aber ab der Pubertät auch Absterben von Neuronen, was sich im präfrontalen Kortex noch bis ins dritte Lebensjahrzehnt hinzieht) verändern sogar die makroskopische Anatomie des Gehirns.

Rein elektromagnetische Anpassungen können im Gehirn nicht über die Grenze einer einzelnen Zelle hinaus vorkommen (ausgenommen bei der ephaptischen Kopplung und den eher seltenen „gap junctions" – das sind direkte Verbindungskanäle zwischen Zellkörpern), da am synaptischen Spalt immer Neurotransmitter beteiligt sind. Allerdings kann das Gehirn sehr wohl von außen durch ein starkes elektromagnetisches Feld beeinflusst werden. Dies verwendet man bei der transkraniellen Magnetstimulation (TMS), welche zwar medizinisch nur sehr zweifelhafte therapeutische Effekte hat, in Einzelfällen aber dafür Ohnmachten und epileptische Anfälle auslösen kann.

Die Neurowissenschaften sind inzwischen immerhin so weit, dass sie die synaptische Plastizität als „möglichen Mechanismus für Lernprozesse und Gedächtnis" ansehen. Besser wäre es aber wohl zu sagen, dass Lernprozesse und Gedächtnis durch eine Vielzahl von Mechanismen auf verschiedenen Größenordnungen zustande kommen, und dass die Prinzipien des unüberwachten Lernens, neben genetisch kontrollierten Reifungsprozessen, der ausschlaggebende Faktor im Bereich der mikroskopischen Organisation sind. Darüber hinaus erklären diese Funktionsprinzipien zu einem nicht unerheblichen Teil die holographischen Eigenschaften des Gehirnes, die Existenz von kortikalen Karten, und viele weitere Effekte.

Bei der synaptischen Plastizität wird zwischen den schon erwähnten Typen LTP (Langzeitpotenzierung) und LTD (Langzeitdepression), also zwischen lateraler Hemmung und lateraler Verstärkung unterschieden. Unter diesen Überbegriffen wurde schon eine ganze Reihe von elektrochemischen (z.b. die neuronale „Backpropagation" und die spike-timing-dependent plasticity oder STDP), molekularen (z.b. Hyperoxid [O_2] und Stickoxid [NO]) und proteomischen Mechanismen (z.b. PSD-95 und Homer1c) gefunden, die LTP und/oder LTD verursachen können, und zwar nicht nur im engsten Synapsenbereich, sondern auch großräumiger (dies nennt man „volume learning").

Zusammen mit genetisch gesteuerten Entwicklungsprozessen führen diese Mechanismen in vielen Bereichen der Gehirnrinde zur Entwicklung von so genannten kortikalen Karten (cortical maps), analog zu der Ausbildung von Clustern bei den Kohonen-Netzwerken. Dies werden wir im Kapitel zum Neokortex genauer besprechen.

Was verwirrender Weise auch zur neuronalen Plastizität gerechnet wird ist die Re-Lokalisierung von spezifischen Gehirnfunktionen, zum Beispiel nach Verletzungen und Schlaganfällen. Das bezeichnen wir hier als **funktionelle Anpassungen**, und diese sollten meiner Meinung nach eine eigene Kategorie bilden, auch wenn sie eigentlich auf den organisatorischen Anpassungen beruhen. (Aus diesem Grund vermeide ich hier in der Regel die Verwendung des Begriffes Plastizität.) Auch hier kann man schnellere und langsamere Anpassungen unterscheiden.

Beispiele:
- Sehr schnelle funktionelle Anpassung: Das Ausblenden von Hintergrundgeräuschen, wenn man sich auf etwas konzentriert.
- Schnelle funktionelle Anpassung: Recht bekannt ist ein „psychologischer Partytrick" von Matthew Botvinick und Jonathan Cohen. Man benötigt dazu einen großen Karton, eine möglichst lebensechte Plastikhand und zwei Pinsel. Den Probanden (das Opfer) setzt man gemütlich an einen Tisch, und schirmt mit einem großen Stück Karton seinen Arm von seiner eigenen Sicht ab. Die Plastikhand platziert man hingegen so, dass er sie sehen kann. Nun streicht man mit je einem Pinsel synchron und regelmäßig sowohl über seine echte Hand, als auch über die Plastikhand. Nach einigen Minuten wird das Gefühl zur großen Überraschung des Probanden in die Plastikhand wandern. Er erhält also tatsächlich das Gefühl, als würde er in der Plastikhand etwas fühlen, und nicht mehr in seiner echten Hand. Um das Experiment auch für die Beteiligten noch unterhaltsamer zu machen, kann man natürlich auf eigene Gefahr hin auch legale Drogen einsetzen und/oder plötzlich eine Gabel in die Plastikhand rammen, aber erzählen Sie dem Opfer dann bitte bloß nicht, dass dies meine Idee war. Dies zeigt, dass

zumindest ein Teil unseres Selbstmodells, nämlich die Abbildung des eigenen Körpers, flexibler ist, als man glauben würde.

- Mittelfristige funktionelle Anpassung: Hier ist das Experiment mit den Umkehrbrillen von Theodor Erismann und Ivo Kohler recht bekannt. Diese haben mit Hilfe von Prismen Brillen gebastelt, die das Bild auf den Kopf stellen. Schon nach wenigen Tagen gewöhnt man sich daran, und mit entsprechender Konzentration können manche Probanden vorübergehend sogar wieder aufrecht sehen. Einige ihrer Probanden haben die Brillen gar mehrere Monate lang getragen.
- Langfristige funktionelle Anpassung: Manche Gehirnfunktionen können zum Beispiel nach Schlaganfällen durch intensives Training, in manchen Fällen aber auch mehr oder weniger spontan auf ein anderes Gehirnareal „überwechseln". In der Regel dauert dies Wochen bis Monate. Wenn nach einem halben Jahr keine Verbesserung eingetreten ist, geht man allerdings meistens davon aus, dass die Aussichten eher schlecht sind, und dass zu viel zerstört wurde.

Die Geschwindigkeit der Anpassungen hängt zum einen davon ab, welche organisatorischen Anpassungen diesen funktionalen Anpassungen zugrunde liegen, und zum anderen auch von Skalierungsfaktoren, nämlich der Art und Anzahl der betroffenen Neuronen (bzw. Größe der betroffenen Areale), und von der Komplexität der betroffenen Funktionen.

Im Bereich der sensorischen Substitution werden diese Effekte ausgenützt und damit zum Teil erstaunliche Ergebnisse erreicht, wie zum Beispiel das Experiment der feelSpace Gruppe in Osnabrück demonstriert: In diesem Experiment wurde Probanden mit einem magnetischen Sensor im Gürtel sozusagen ein neuer Sinn verpasst. Der Gürtel weist über leichte Vibrationen stets auf die Nord-Richtung hin. Nach einiger Zeit wird aber dieser Hinweis von manchen nicht mehr als Vibration im Gürtel empfunden, sondern wie eine gesonderte Sinneswahrnehmung. Das Feedback des Werkzeuges wurde also im Gehirn „internalisiert" – es wurde zu einem neuen Teil des Selbstmodells, so wie dies mit der Plastikhand in dem Experiment von Matthew Botvinick und Jonathan Cohen geschieht!

Zuletzt sollte hier noch erwähnt werden, dass auch der Prozess des Deep Learning eine (allerdings sicher recht grobe) Entsprechung im menschlichen Gehirn haben dürfte. Insbesondere am Kortex ist inzwischen recht gut untersucht worden, wie und in welcher Reihenfolge die Nervenzellen hier schichtweise einwandern, und wie lange die Neurogenese anhält. Beim Menschen zieht sich diese Phase über mehr als drei Monate nach der Geburt hinaus, länger als bei allen anderen Säugetieren. Während dieser Entwicklungszeit nimmt der Mensch also bereits Sinneswahrnehmungen aus der Außenwelt auf. Ich kann mir daher durchaus vorstellen, dass zumindest in dieser Zeit (wahrscheinlich noch länger) neurale Netze stufenweise auf zunehmend komplexe Wahrnehmungen trainiert werden.

7.2 Einfache neurale Schaltkreise

Bisher haben wir uns hauptsächlich mit recht einfachen, kleinen neuralen Netzen beschäftigt. In der Natur sind die neuralen Netze aber alles andere als einfach und klein. Es ist viel eher so, dass das Gehirn ein einziges Riesennetz ist, das wir nicht einfach vollständig aufzeichnen und simulieren können. Dazu genügt auch die Rechenkapazität von modernen Großrechnern noch nicht.

Das Größte, was in diesem Bereich nach meinem Wissen bisher unternommen wurde, war die Simulation der Gehirnhälfte einer Maus, zehn Mal so langsam wie in echt, und natürlich mit stark vereinfachten Neuronen. Dennoch konnten in diesem IBM Experiment mit einem ihrer Großrechner angeblich schon die aus fMRI Studien an echten Gehirnen bekannten Muster der spontanen Selbstorganisation beobachtet werden. Das heißt aber leider nicht, dass wir schon nahe daran sind ein menschliches Gehirn simulieren zu können, denn es ist nicht das Volumen eines Gehirnes oder die Anzahl der Neuronen, was uns hier momentan noch Grenzen auferlegt. Es ist die Dimensionalität, also die Anzahl der Verbindungen pro Neuron. Und diese ist beim Menschen um ein vielfaches höher als bei der Maus, so dass sie auch zehn IBM Großrechner spielend in die Knie zwingen würde.

Wir können aber auch im echten menschlichen Gehirn Teilnetze analysieren, und deren Funktionsweise zumindest in machen Aspekten isoliert untersuchen. Allerdings werden wir nicht auf die Details solcher biologischen Netzwerke eingehen, sondern nur auf ein paar Grundprinzipien. Dazu führe ich zuerst eine einfache Klassifizierung ein:

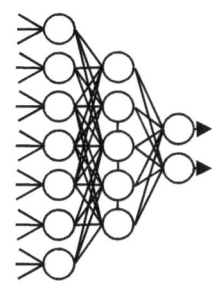

Konvergierendes Netz

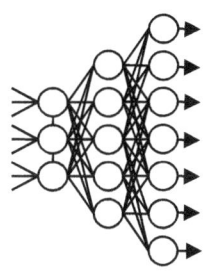

Divergierendes Netz

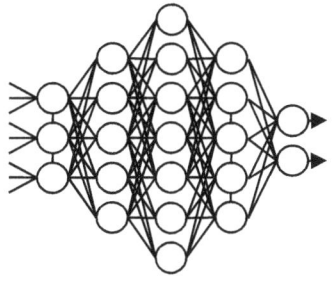

Konvexes Netz

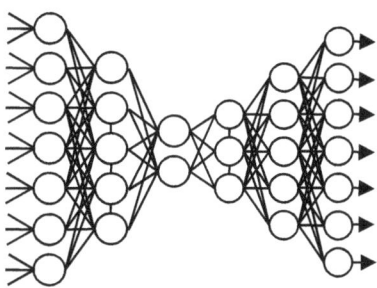

Konkaves Netz

Es ist wichtig nicht zu vergessen, dass wir hier in der Regel nicht von einigen duzend, sondern immer mindestens von hunderten oder tausenden, und manchmal sogar zehntausenden Neuronen sprechen. Es wird im Gehirn auch nie ein einziges Neuron entscheidend sein, denn so ein System wäre nicht redundant genug, um das Überleben sicherzustellen. Es werden also auch in sehr kleinen Schichten nie dutzende Neuronen, sondern wohl mindestens immer einige Hundert bis einige Tausend Neuronen zusammenwirken.

Ohne nun besondere Rücksicht auf die genaue Verschaltung nehmen zu müssen, können wir folgende Grundeigenschaften dieser Klassen von Netzen erwarten:

- Ein **konvergierendes Netz** kann aus einer großen Anzahl an Eingangsdaten eine einfache Klassifizierung vornehmen. Es führt also eine Dimensionsreduktion durch. Daher wird im Eingangsbereich LTP sinnvoll sein (dies unterstützt die Dimensionsreduktion bei gleichzeitiger Erhaltung der Topologie), im Ausgangsbereich aber eher LTD (dies verhindert Informationsverlust durch Übervereinfachung).

- Ein **divergierendes Netz** wird die Dimensionalität des Eingangssignales erhöhen. Dazu macht im Eingangsbereich LTD Sinn, und im Ausgangsbereich eventuell LTP (wir werden diesbezüglich aber noch auf eine Ausnahme zu sprechen kommen). Dies kann auf mindestens drei Arten geschehen:
  - **Aufteilung** einer Information in mehrere Unteraspekte, die dann zum Beispiel verschiedenen weiterverarbeitenden Zentren oder Aktoren übergeben werden. Das kann zum Beispiel ein Sinnessignal sein, das in verschiedenen Aspekten getrennt weiterverarbeitet wird, so wie die gesonderte Verarbeitung von Gesichtern beim menschlichen Sehen. Oder auch ein abstraktes motorisches Programm, welches in Einzelbewegungen übersetzt wird.
  - **Interpretation** eines lückenhaften Signales; dabei können diese Lücken mit erlernten Mustern aufgefüllt werden. Wenn diese Muster eher zufällig sind, ist die Interpretation kreativ, wie zum Beispiel beim Abrufen einer sehr vagen Erinnerung, oder bei der künstlerischen Arbeit. Wenn die Muster sehr reguliert sind, ist die Interpretation systematisch, wie zum Beispiel beim Abrufen einer deutlichen Erinnerung, oder dem Vervollständigen eines gut bekannten Musters.
  - **Vergrößerung** eines Signals unter Beibehaltung der Struktur, zum Beispiel wenn wir uns auf einen einzelnen Buchstaben eines Buches konzentrieren, oder eine kleine Zeichnung, die nur einen kleinen Bruchteil unseres Sehfeldes ausmacht.
- Ein **konvexes Netz** kann das Ergebnis eines divergierenden Netzes wieder auf eine einfache Antwort reduzieren. Wenn uns zum Beispiel jemand fragt, ob bei einem Ereignis vor vielen Jahren eine bestimmte Person anwesend war, wird zwar das Ereignis zuerst recht umfangreich rekonstruiert, aber im Anschluss nur ein kleines Detail aus dieser komplexen Erinnerung benutzt. LTD und LTP sollten dabei so zur Anwendung kommen, wie wenn einfach ein divergierendes und ein konvergierendes Netz hintereinander geschaltet werden, also „außen" LTD, „innen" LTP. Ein konvexes Netz in der Art eines Boltzmann Netzwerkes kann auch als „Endknoten" in einem Schaltkreis fungieren, und eine Art Speichereinheit bilden.
- Ein **konkaves Netz** kann aus einer erkannten Klasse von Informationen wieder ein komplexes Signal konstruieren. So könnte zum Beispiel eine Erinnerung abgerufen, oder eine Entscheidung rationalisiert werden, indem ein Begründungsschema darauf angewandt wird. LTD und LTP sollten dabei so zur Anwendung kommen, wie wenn einfach ein konvergierendes und ein

divergierendes Netz hintereinander geschaltet werden, also „außen" LTP, „innen" LTD.

Das heißt aber natürlich nicht, dass das Gehirn ein Apparat aus fest verdrahteten Schaltkreisen ist, die genau für ihre jeweilige Funktion so angelegt sind, auch wenn die Evolution zumindest für überlebenswichtige Dinge das eine oder andere vorangelegt haben dürfte. Ich will damit nur sagen, dass man Ausschnitte des Gehirns unter diesen Aspekten betrachten kann, je nachdem welche Funktionen sie gerade ausführen. Die angeführten Beispiele dürfen daher auch nicht allzu wörtlich genommen werden.

Im Rahmen der ART (adaptive resonance theory) von Stephen Grossberg werden einige Modelle für Netzwerke aufgestellt, und als Basis höherer Gehirnfunktionen hypothetisiert. Mit solchen vereinfachten mathematischen Modellen muss man etwas vorsichtig sein. Auch im Fall der ART sollte man diese Modelle eher als Argument dafür verstehen, dass neurale Netzwerke die beschriebenen Leistungen erbringen können, und nicht als Behauptung, die echten Netze wären genau so angelegt.

Wenn man sich nun noch einmal ins Gedächtnis ruft, aus wie viele Neuronen ein menschliches Gehirn besteht, muss man wohl zur Kenntnis nehmen, dass für sehr viele, sehr umfangreiche „Schaltkreise" aus solchen Grundbausteinen Platz sein müsste. Aber es ist dennoch nicht anzunehmen, dass die gesamte Intelligenz, der gesamte menschliche Verstand mit all seinen Fähigkeiten, in dieser Form fest vorprogrammiert existiert. Zumal es dann auch nicht klar wäre, wieso man so viele Fähigkeiten erst mühsam erlernen muss, und warum manche Menschen Fähigkeiten leicht erlangen, die andere nur sehr schwer erlernen können.

Und doch kann man so zumindest alle „einfachen" Einzelfähigkeiten des Menschen durch Verschaltungen solcher Bausteine nachvollziehen, und sogar mit künstlichen Neuronen (inzwischen schon ziemlich erfolgreich) nachbauen. Und zumindest theoretisch kann man sich damit auch komplexe Lern- und Wahrnehmungsprozesse erklären.

Es könnte also sein, dass es in irgendeiner Art und Weise, irgendwo im Gehirn einen Bereich gibt, den die Evolution zur Entwicklung solcher Fähigkeiten (stark vereinfacht ausgedrückt:) „frei gelassen" hat, so dass wir durch lebenslanges Lernen die dort generisch angelegten Netze auf neue Fähigkeiten „programmieren" können. Und tatsächlich dürfte dies der Fall sein, und ich werde in weiterer Folge aufzeigen, welcher Bereich des Gehirnes das ist, und wie es zustande kommt, dass dieser Bereich so flexibel ist, dermaßen verschiedene Fähigkeiten abbilden zu können.

7.3 Vom „amorphen" Netz zum menschlichen Gehirn

Gleich vorweg muss ich zugeben, dass die Kapitelüberschrift vielleicht ein wenig irreführend ist. Ein wirklich amorphes Netzwerk gibt es in der Natur sicher nicht. Die Evolution ist zwar manchmal ein wenig „verschwenderisch", aber nie beliebig. Und auch wenn es bei einem sehr primitiven Ganglion oder Gehirnkern vielleicht auf ersten Blick so aussehen würde, als hätte er keine besondere Struktur, dann würde dieser Eindruck mit Sicherheit täuschen, denn ohne gut ausgewogene Struktur kann ein neurales Netz nichts allzu sinnvolles tun.

Mit „amorph" ist hier nur gemeint, dass die so bezeichneten Netze unregelmäßig strukturiert sind. Mit amorphen Netzen meine ich also Nervenknoten, deren Struktur sich weder auf eine bestimmte Anzahl an Neuronenschichten zurückführen lässt, noch ohne weiteres in eines der vier obigen Schemen gepresst werden kann. Sie haben in der Regel Verbindungen in mehrere Richtungen, und sind wahrscheinlich in der Regel leicht konvex. Diese Kerne führen normalerweise nicht eine einzige Aufgabe aus Sicht der Informationsverarbeitung aus, sondern eine Vielzahl von verschiedenen Aufgaben. Meistens führen sie verschiedene Informationen zusammen und bilden „Schnittmengen", die in verschiedenen Kompositionen an verschiedene weiterverarbeitende Zentren, oder an verschiedene Arten von Aktoren übergegeben werden.

Sehr einfache Lebewesen haben ein „Gehirn" welches eben nichts anderes als eine amorphe Ansammlung von Nervenzellen ist, die mit Sensoren und Aktoren verbunden sind. Eines der primitivsten Beispiele für solche „Gehirne" sind die Nesseltiere. Bei ihnen gibt es eine diffuse Sammlung von Nervenzellen, die an einigen speziellen Orten (zum Beispiel beim „Mund" und den Tentakeln, sowie bei Quallen meist auch im Schirm) konzentriert sind. Signale werden nicht über Nervenbündel geleitet, sondern ohne erkennbares System in alle möglichen Richtungen. Der Begriff „diffus" soll hier andeuten, dass diese Netzwerke sogar noch weniger geordnet sind als die amorphen Netze. Aber auch diese Netze haben natürlich keine völlig beliebige Struktur.

Ihren Namen haben die Nesseltiere von den Nesselzellen erhalten, welche eine „Giftschleuder" enthalten, mit der auf Berührung hin Feinde abgewehrt, und Beutetiere gelähmt oder getötet werden. Dies ist sozusagen die Hauptfunktion des „Gehirnes" einer Qualle.

Von einem Gehirn spricht man in der Biologie eigentlich frühestens bei Gliederfüßern (zum Beispiel Spinnen), Ringelwürmern (zum Beispiel der Regenwurm) und Insekten (und wenigen weiteren Arten). Diese haben ein so genanntes Strickleiternervensystem. Anstelle von einem diffusen Netzwerk treten Ganglien, die in Form einer Strickleiter verbunden sind, und sich durch den Körper ziehen. Im Kopfbereich befinden sich in der Regel zwei auffällig dicke Ganglien (die „Oberschlundganglien"). Diese könnte man als Vorläufer der eigentlichen Gehirne bezeichnen.

Strickleiternervensysteme weisen eine links-rechts Symmetrie sowie eine längs-Segmentierung auf, wie dies strukturell auch bei den Säugetieren der Fall ist. Aber die Ganglien weisen im einfachsten Fall noch keine stark ausdifferenzierte innere Struktur auf, und sind mehr oder weniger amorph.

Schema eines Insekten-Nervensystems

Die links-rechts Symmetrie dient zum einen sicher auch als Redundanz, hat aber zusammen mit paarigen Sinnesorganen zusätzlich noch den großen Vorteil, dass dadurch die dreidimensionale Umgebung besser verarbeitet werden kann. Es kann so gezielt zwischen zwei Richtungen unterschieden werden.

Wenn man nun bedenkt, dass ein Großteil der Tierwelt mit einem dermaßen „primitiven" Gehirn auskommt, und sich das Verhalten solcher Tiere ansieht, muss man feststellen, dass solch einfache Gehirne beeindruckende Leistungen ermöglichen; man denke zum Beispiel an die komplexen Leistungen von Insektenkolonien.

Ein weiteres Beispiel für die Leistungsfähigkeit einzelner Nervenkerne ist das Rückenmark von Katzen: die Hauskatze kann bei völlig durchtrenntem Rückenmark noch immer laufen, wenn sie auf einem Laufband fixiert wird (wenn nicht kippt sie allerdings um, denn der Gleichgewichtssinn ist im Innenohr, und kann die Lagekorrekturen nicht mehr an die Beine senden).

Also kann so ein abgetrenntes Stück Rückenmark (genauer gesagt die motorischen Kerne im Vorderhorn) offensichtlich zumindest ein komplexes, reaktives Muster von Muskelerregungen speichern und abspielen.

Aber die „Intelligenz" solcher einfachen Gehirne hat auch seine Grenzen. Bestimmte Heuschrecken werfen zum Beispiel ihre Beine ab, wenn sie sich verfangen, manche sogar bei bloßer Berührung. Diese wachsen bei einigen Arten wieder nach, solange das Individuum nicht ausgewachsen ist, danach aber normalerweise nicht mehr. Das mag zwar eine geschickte Überlebensstrategie sein, wenn man nur ein Bein abwirft, und mit dem anderen noch flüchten kann, aber im Fall von zwei Haupt-Beinen wirkt das irgendwie nicht mehr so intelligent. Wenn diese Insekten ein Bewusstsein hätten, würden sie vielleicht nicht gleich mehrere Beine zugleich abwerfen müssen. Außerdem gibt es bei Strickleiternervensystemen kein trainierbares Gedächtnis. Eine Fliege lernt niemals, die Kollision mit einem Fenster zu vermeiden, ein Vogel dagegen schon, wenn er es beim ersten Mal überlebt.

Auch Fische haben noch recht simple Gehirne, die ungefähr die folgende schematische Struktur aufweisen:

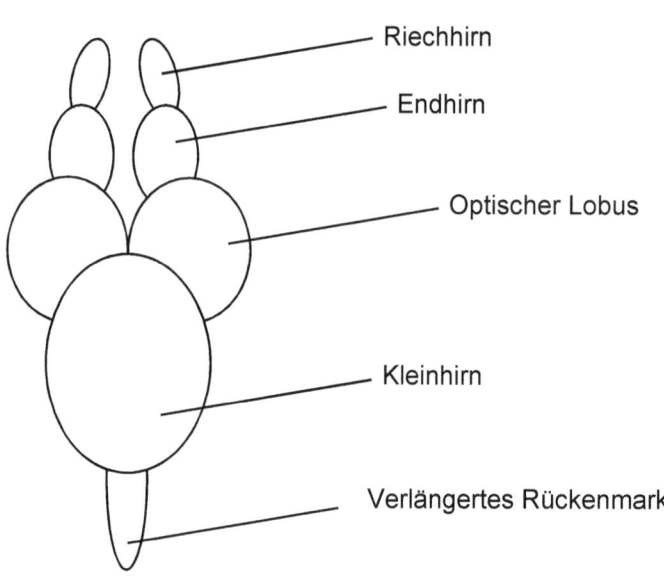

Riechhirn

Endhirn

Optischer Lobus

Kleinhirn

Verlängertes Rückenmark

Die Lobi sind im einfachsten Fall immer noch ziemlich amorph, aber bei vielen Arten sind hier schon deutliche innere Strukturen und verschiedene Kerne differenzierbar. Das Riechhirn verarbeitet den chemischen Sinn, das Endhirn steuert komplexe Verhaltensweisen wie zum Beispiel Gruppenverhalten (auf dem Endhirn beruht das Großhirn, und zuletzt die Gehirnrinde von höher entwickelten Tieren); die Augen sitzen beim Fisch mehr oder weniger direkt auf dem optischen Lobus, welcher den Sehsinn verarbeitet, und das Kleinhirn ist für Motorik zuständig. Das verlängerte Rückenmark (genau genommen eigentlich das Myelencephalon) steuert grundlegende Überlebensfunktionen.

Das Amphibiengehirn baut darauf auf, und eine Entwicklungsstufe weiter auch das „Reptiliengehirn". Diese grobe Struktur und deren Funktionen haben sich offensichtlich bewährt, denn auch wir Säugetiere haben sie noch. Das Reptiliengehirn kann bereits einen Kortex aufweisen. Bei hochentwickelten Reptilien (bestimmte Schildkrötenarten, Komodowarane und Varanus albigularis, ein afrikanischer Waran) gibt es Kooperation und soziales Verhalten, sowie „spielen". Bei den Säugetieren ist der Kortex der Bereich, der sich besonders stark weiter entwickelt hat.

Wir können an dieser Stelle nicht ein Anatomielehrbuch einbauen, daher wird die Gehirnanatomie in folgendem Absatz sehr oberflächlich abgehandelt. Wer über die Neuroanatomie mehr erfahren will, kann sich mit unzähligen Standardwerken der Anatomie oder der Neuroanatomie behelfen.

Das menschliche Gehirn wird wie jedes Säugergehirn in Großhirn, Zwischenhirn, Kleinhirn und den Hirnstamm eingeteilt.

Der Hirnstamm besteht aus Mittelhirn, Brücke (pons) und verlängertem Rückenmark (medulla oblongata, auch Nachhirn genannt) und ist der phylogenetisch älteste Teil. Diese Strukturen bilden einen Übergang vom Rückenmark zum Gehirn und steuern Blutkreislauf, Atmung, grundlegende Reflexe (Schlucken, Erbrechen, Husten, Niesen, …) und weitere überlebenswichtige Funktionen. Außerdem stellen sie eine wichtige Umschaltstation für motorische Funktionen und Propriozeption zwischen Körper, Kleinhirn und Großhirn dar, und beherbergen die Kerne der so genannten Hirnnerven.

Das Kleinhirn hat überwiegend motorische Funktionen. Grobmotorische Handlungspläne werden in feinmotorische Detailpläne übersetzt, und das motorische Lernen findet großteils hier statt. Zudem werden wahrscheinlich kognitive Funktionen mit direkter, aber auch indirekter Beteiligung der Feinmotorik unterstürzt, wahrscheinlich insbesondere bei der Sprache, die ja auf motorischem Wege gelernt und angewandt wird.

Das Zwischenhirn besteht aus Thalamus, Epithalamus, Hypothalamus und Subthalamus. Der Subthalamus ist eine wichtige Komponente des grobmotorischen Systems. Der Hypothalamus ist Teil des limbischen Systems (dazu später mehr), und ist eine zentrale Hormonfabrik, die Körpertemperatur, Hunger, Durst, den zirkadianen Rhythmus und vieles mehr steuert. Der Epithalamus hat vier Teile. Die Zirbeldrüse hat großteils eng mit den Aufgaben des Hypothalamus verwandte Funktionen (zirkadianer Rhythmus, jahreszeitlichen Rhythmus). Ein weiterer Teil gehört zum olfaktorischen System (Geruchssinn), und die übrigen beiden Teile steuern den Pupillenreflex und vermitteln reflektorische Augenbewegungen.

Der Thalamus ist der größte Teil des Zwischenhirnes und zugleich die größte Schnittstelle zwischen dem Großhirn und dem restlichen Nervensystem. Er wird manchmal nicht ganz zu Unrecht als „Tor zum Bewusstsein" bezeichnet, und leistet entgegen den Behauptungen mancher älterer Lehrbücher deutlich mehr als nur Filterung und Kodierung von Informationen. Wir werden die Funktion des Thalamus daher später noch gesondert behandeln.

Das Großhirn besteht aus den so genannten Großhirnkernen (Basalganglien, Claustrum und Corpus amygdaloideum), dem Mark (welches hauptsächlich aus Leitungsbahnen besteht), und aus der Großhirnrinde, also dem Kortex, welcher grob in frontalen, parietalen, okzipitalen, temporalen und insulären Kortex eingeteilt wird. Über das Großhirn und den Thalamus werden wir uns in den nächsten drei Kapiteln etwas genauer unterhalten, und dabei „top-down", also mit dem Kortex beginnen.

Zum Überleben ist der Kortex nicht wirklich erforderlich. Im Endstadium von Alzheimer kann man beobachten, welche Fähigkeiten und Eigenschaften des Menschen verschwinden, wenn der Kortex zerstört wird (wobei auch viele zusätzliche Bereiche des Gehirns untergehen). Todesursache ist aber in der Regel etwas anderes. Außerdem gibt es noch die so genannte Anenzephalie – das ist wenn ein Kind ohne Gehirn geboren wird: theoretisch ist auch in so einem Fall ein Überleben nur mit dem Gehirnstamm durchaus möglich (der bisherige Rekord liegt bei knapp über drei Jahren). Allerdings ist in beiden Fällen ein *selbstständiges* Überleben nicht möglich, denn beim Menschen werden viele indirekt überlebenswichtige Fähigkeiten (Nahrungssuche und -aufnahme) nicht vom Hirnstamm alleine ausgeführt.

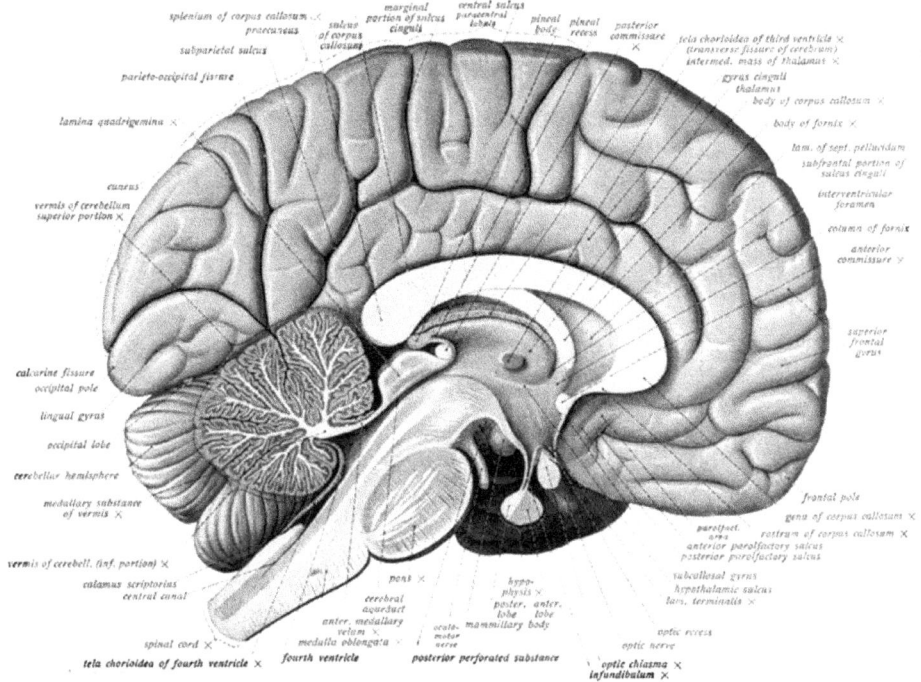

Blick aus der Mitte zwischen den Gehirnhälften auf die Innenseite; Abbildung ist public domain, Sobotta 1908

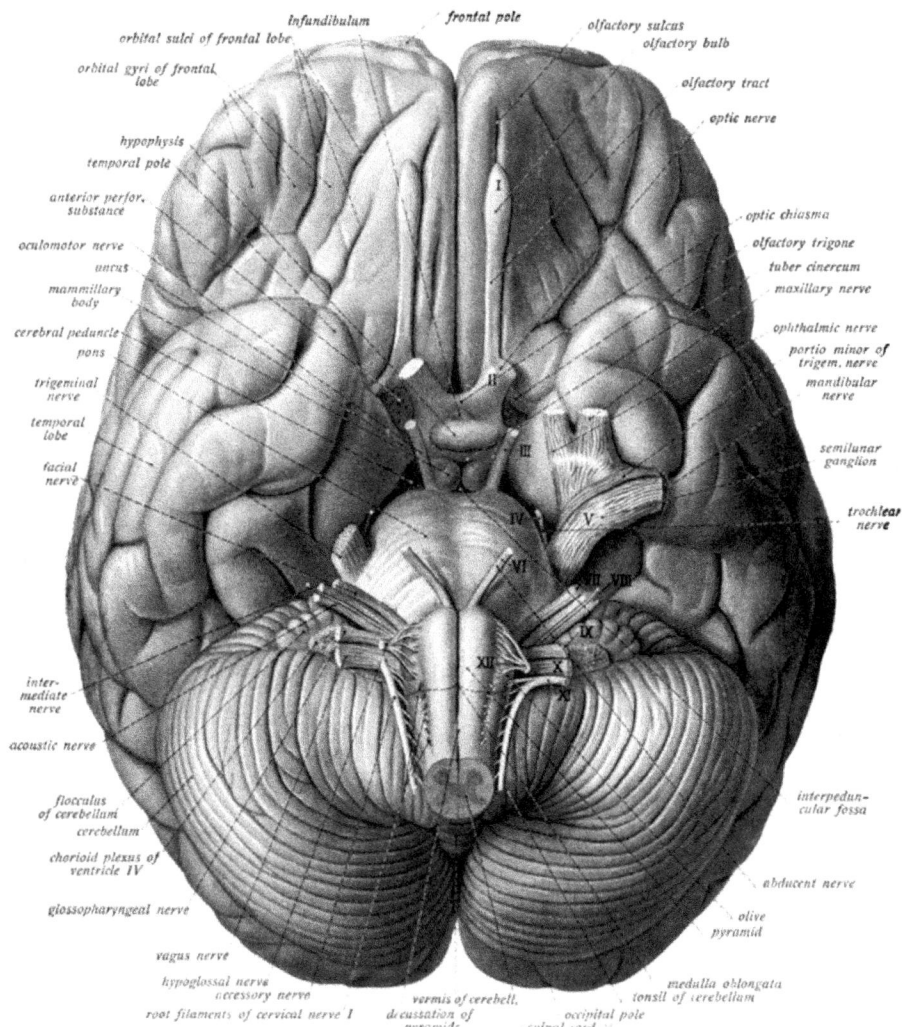

Blick auf das Gehirn von unten; Abbildung ist public domain, Sobotta 1908

Was aber für viele überraschend ist: der Mensch kann mit einem halben Gehirn bestens leben, zumindest dann, wenn die Gehirnhälfte früh genug entfernt oder zerstört wurde. Es gibt zumindest einen Fall, bei dem im Alter von fünf Jahren das halbe Gehirn völlig entfernt wurde, und keinerlei kognitive Defizite bekannt sind. Dieser Mensch hat alle Fähigkeiten (auch die sprachlichen) auf derselben Gehirnhälfte abgebildet, was man lange Zeit für unmöglich hielt.

Das relativiert die ganze Lateralisierungsdebatte ziemlich, denn es beweist, dass die links-rechts Asymmetrie der Gehirnrinde nicht wirklich erforderlich ist.

178

Normalerweise wird die linke Hemisphäre auf Schrift und Sprache, analytische und mathematische Fähigkeiten, und generell auf kategorische, proaktive und zeitkritische Fähigkeiten trainiert, während die rechte Gehirnhälfte auf Wahrnehmung und Erkennung, Problemlösung und symbolische Analyse, Kreativität, räumliche Beziehungen, Gedächtnis und generell auf spektrale, teils passive und weniger zeitabhängige Fähigkeiten spezialisiert wird.

Mit kategorisch meine ich hier Fähigkeiten, die auf festen Kategorien beruhen, und mit spektral solche, die auf einem unscharfen Kontinuum beruhen. Ein gewisser Anteil dieser „Lateralisierung" kann sicher auf die dominante Hand, das dominante Auge und das dominante Ohr einer Person zurückgeführt werden, zu dem Zeitpunkt zu dem die jeweiligen Fähigkeiten sich entwickeln. Der Rest ist wahrscheinlich genetischer Zufall. Auf jeden Fall ist diese Lateralisierung deutlich schwächer, als dies in populärer Literatur oft behauptet wird.

Nachdem aber schon Fähigkeiten auf zwei vorhandene Gehirnhälften trainiert wurden, sieht die Sache anders aus, und schon die Durchtrennung der Verbindung zwischen den Gehirnhälften kann zu schwerwiegenden Symptomen führen. Dies ist bei so genannten Split-Brain Patienten zu beobachten, die im Extremfall sich gegenseitig störende Hände, und sogar zwei unabhängige Bewusstseinsströme haben können.

Was fast alle Split-Brain Patienten gemeinsam haben, ist die Trennung der Sprachfähigkeit und der visuellen Wahrnehmung. Wenn so jemand einen Vorgang nur mit dem Teil der Netzhaut wahrnimmt, der auf die rechte Gehirnhälfte projiziert wird, kann er darüber verbal nicht berichten. Noch seltsamer wird es, wenn das linke „Sprachzentrum" aufgefordert wird etwas zu erklären, das von der rechten Gehirnhälfte erledigt wurde: Man zeigt einem Split-Brain Patienten auf einem visuellen Feld ein Huhn und auf dem anderen eine Schneefläche, so dass das Huhn auf die linke und die Schneefläche auf die rechte Hemisphäre projiziert wird. Dann bittet man ihn, aus einer Liste von Dingen zwei Assoziationen auszuwählen. Er wählt zum Beispiel eine Feder für das Huhn, und eine Schaufel für den Schnee.

Wenn man ihn dann aber fragt, warum er die Schaufel gewählt hat, erklärt er, dass diese dazu gedacht sei die Hühnerscheiße wegzuräumen. Das „Sprachzentrum" hat sich einfach die Frechheit herausgenommen, die Frage zu beantworten, obwohl es gar nicht weiß worum es geht. Noch extremere Beispiele für Konfabulation (also die freie Erfindung von Antworten, ohne dass der Betroffene weiß, dass er „lügt") werden wir beim Anton-Babinski Syndrom kennenlernen. Diese Beispiele verraten uns etwas über das menschliche Bewusstsein, wie wir bald sehen werden.

Ein besonderer Fall ist der berühmt gewordene Savant Kim Peek, welcher von Geburt an kein Corpus Callosum hatte (die Hauptverbindung zwischen den beiden Gehirnhälften), und daher zwei unabhängige Sprachzentren entwickelte; das war aber natürlich nicht die einzige Besonderheit an seinem Gehirn. Er konnte tatsächlich zwei Buchseiten zugleich lesen, und sich dabei auch noch alles innerhalb weniger Sekunden auswendig merken, dafür aber Zeit seines Lebens nicht einmal seine Schuhe selbst binden. Bis zu einem gewissen Grad können solche Fähigkeiten durchaus antrainiert werden, aber um auch nur annähernd das Ausmaß zu erreichen, welches Kim Peek erreichte, müsste man wahrscheinlich sein ganzes Leben darauf verwenden, und schon als Kleinkind damit begonnen haben.

7.4 Thalamus, Großhirn und der Kortex

Die Großhirnrinde (kurz Kortex) der Säugetiere wird anatomisch wie schon erwähnt in fünf Bereiche unterteilt (frontaler, parietaler, okzipitaler, temporaler und insulärer Kortex). Manchmal wird zusätzlich noch der limbische Kortex unterschieden. Diesen Zonen kann man auch eine grobe funktionelle Einteilung zuschreiben, was aber eine sehr oberflächliche Sicht darstellt, und was wir in Folge noch stark hinterfragen müssen:

- Limbisches System: Gedächtnisfunktionen und Emotionen
- Temporallappen: Gehör (auditorischer Kortex) und anderes
- Okzipitallappen: Sehen (visueller Kortex) und anderes
- Parietallappen: Fühlen (sensorischer Kortex) und anderes
- Inselrinde: Geschmack (gustatorischer Kortex) und anderes
- Frontaler Kortex: Motorik (motorischer Kortex) und anderes

Die Bezeichnung „assoziativer Kortex", welcher in allen Bereichen der Großhirnrinde vorkommt, ist bereits Ausdruck der Schwäche der Lokalisationstheorie, welche von einer funktionellen Gliederung der Gehirnrinde ausgeht. Denn als „assoziativer Kortex" werden all jene Bereiche bezeichnet, für die man keine klare Funktion zuordnen kann. In der Regel wird dem „assoziativer Kortex" übergreifend die Funktion zugeschrieben, verschiedene andere Funktionen zu „verbinden".

Tatsächlich sind die Ein- und Ausgänge der oben genannten Bereiche zahlenmäßig sehr wohl den jeweiligen funktionellen Aspekten zuordenbar; der okzipitale Kortex erhält zum Beispiel die allermeisten Afferenzen (Eingänge) sehr wohl vom Sehnerv, und es findet sehr wohl vorwiegend Informationsverarbeitung im Zusammenhang mit der optischen Wahrnehmung statt. Aber je weiter man sich von den verschiedenen gut zuordenbaren Ein- und Ausgangsbereichen entfernt, umso schwammiger und nutzloser wird diese Funktionszuordnung.

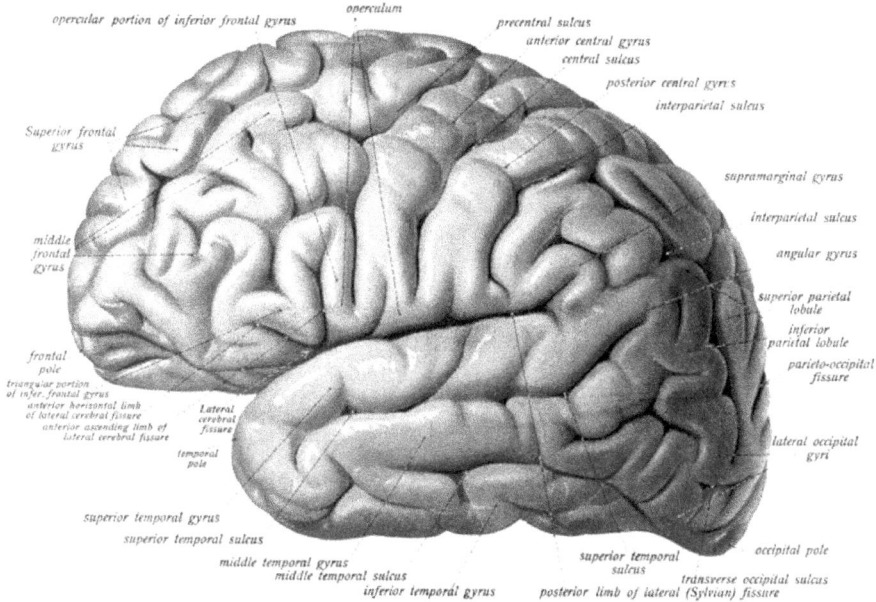

Blick auf das Gehirn von der linken Seite. Abbildung ist public domain, Sobotta 1908

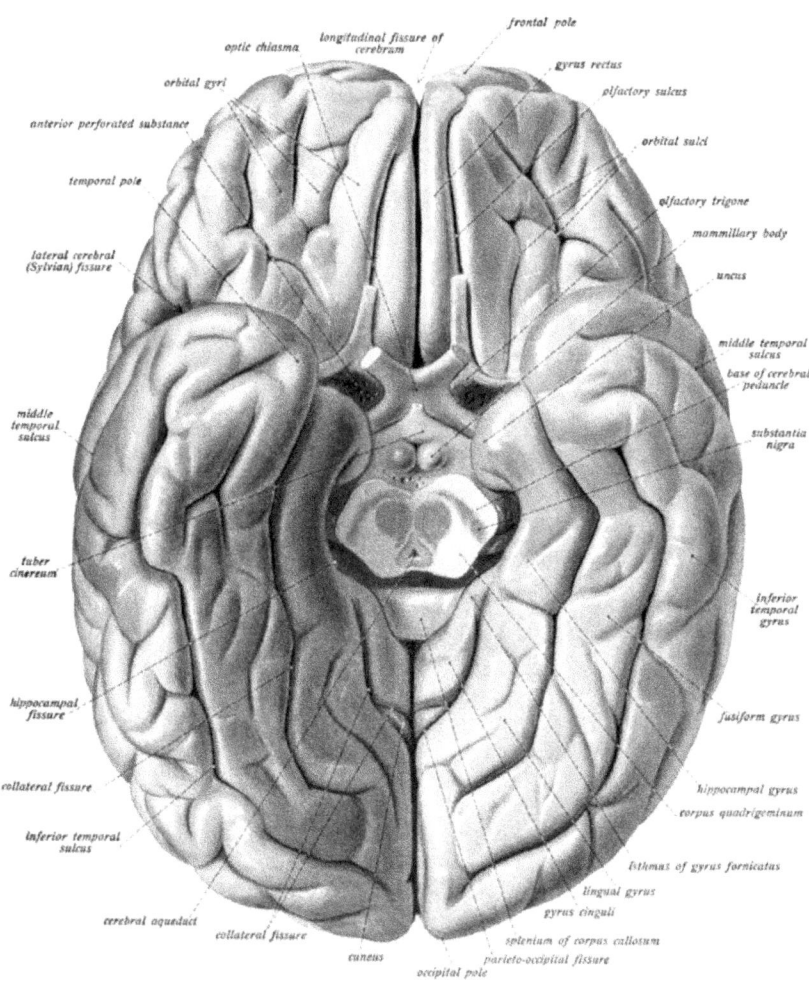

frontal pole

optic chiasma

longitudinal fissure of cerebram

gyrus rectus

orbital gyri

olfactory sulcus

anterior perforated substance

orbital sulci

temporal pole

olfactory trigone

mammillary body

lateral cerebral (Sylvian) fissure

uncus

middle temporal sulcus

base of cerebral peduncle

middle temporal sulcus

substantia nigra

tuber cinereum

inferior temporal gyrus

hippocampal fissure

fusiform gyrus

collateral fissure

hippocampal gyrus

corpus quadrigeminum

inferior temporal sulcus

isthmus of gyrus fornicatus

cerebral aqueduct

lingual gyrus

collateral fissure

gyrus cinguli

cuneus

splenium of corpus callosum

parieto-occipital fissure

occipital pole

Blick auf das Gehirn von unten. Abbildung ist public domain, Sobotta 1908

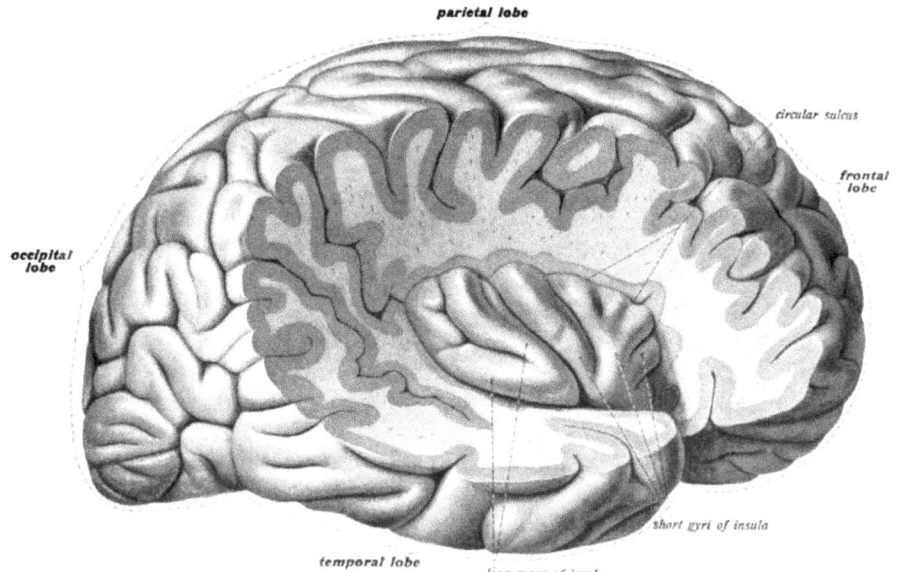

parietal lobe

circular sulcus

frontal lobe

occipital lobe

short gyri of insula

temporal lobe

long gyrus of insula

Blick auf die Inselrinde, die normalerweise verdeckt ist. Abbildung ist public domain, Sobotta 1908

Eine weitere Unterteilung des Kortex kann nach **phylogenetischen** (stammesgeschichtlichen) Kriterien getroffen werden, und zwar in Neocortex, Archicortex und Paläocortex. Der Paläocortex ist der entwicklungsgeschichtlich älteste* Teil, und ist für den Geruchssinn zuständig. Dieser Bereich des Kortex, der auch „Riechhirn" genannt wird, hat nur drei Schichten.

Vom Riechhirn gibt es viele Verbindungen in Bereiche, die dem Bewusstsein nicht direkt zugänglich sind, was teilweise erklären könnte, warum wir auf bestimmte olfaktorische Wahrnehmungen (zum Beispiel Pheromone, deren Wirkung zwischen Menschen allerdings noch umstritten ist) fast nur unbewusst reagieren.

Der Geruchssinn wird aber vom Paläocortex auch auf den Neokortex (im frontalen Kortex) projiziert. Dort überlappt er sich mit den Afferenzen vom Geschmackssinn, der über den Thalamus auf die Inselrinde projiziert, und von dort ebenfalls auf den frontalen Kortex. Die zwei Sinne haben dort also eine gemeinsame, sekundäre „Verarbeitungsstation". Daher werden Geruch und Geschmack in der bewussten Wahrnehmung der meisten Menschen nicht gut getrennt.

Über ein gutes Essen oder einen Wein haben wir einiges zu berichten, dann allerdings über eine Mischwahrnehmung aus Geruch und Geschmack. Über eine Mischung oder Folge von

Gerüchen ohne Bezug zu Speisen und Getränken können wir oft nur sagen „wohlriechend" oder „übelriechend", und den Geruch mit anderen Gerüchen vergleichen, die wir gut kennen. Es gibt allerdings sehr wohl Menschen, die auch reine Gerüche äußerst differenziert wahrnehmen. Diese sind aber recht selten und in der Kosmetikindustrie sehr gesucht.

Was man „schmeckt" wird also stark beeinflusst von dem was man riecht. Wenn man einen Schnupfen hat, ist die bewusste Geschmacksempfindung daher enorm eingeschränkt, obwohl der Geschmackssinn nicht beeinträchtigt ist. Tatsächlich dominiert der Geruchssinn die bewusste Geschmacksempfindung, und das macht auch evolutionär Sinn: der Geruch hält uns von Feinden (beim Menschen verkümmert) und verdorbenen Nahrungsmitteln fern, und leitet uns zu potentiellen Nahrungsquellen. Der Geschmackssinn kann uns nur manchmal noch im letzten Moment vor Giften retten, die gut riechen (wie zum Beispiel manche Cyanide).

Der Archicortex hat sich etwas später* entwickelt und ist zum Teil schon sechsschichtig. Er gehört mehr oder weniger zum limbischen System, und tritt erstmals* bei Reptilien auf.

Der Neokortex ist der entwicklungsgeschichtlich neueste* Teil, und besteht durchgehend aus sechs Schichten, was möglicherweise durch eine Duplizierung von Genen sowie eine Mutation von Stoppsignalen bei der Einwanderung von Neuronen in den Kortex zustande kam. Daher variiert die Dicke des Neokortex im Vergleich zu dessen Oberfläche im Vergleich zwischen verschiedenen Säugetieren wenig. (Abgesehen von den Bereichen, die drei- oder vierschichtig geblieben sind, wie zum Beispiel der olfaktorische Kortex und der Hippocampus.)

* Auch diese Einteilung ist mit Vorsicht zu genießen, denn es haben in der Evolution auch parallele Entwicklungen und Rückentwicklungen stattgefunden. Das entwicklungsgeschichtliche „Alter" dieser Bereiche ist daher in Wirklichkeit etwas umstritten.

Eine weitere, äußerst nützliche Einteilung ist die **histologische** (zytoarchitektonische) Einteilung von Korbinian Brodmann. Dieser hat die Großhirnrinde in 52 Areale eingeteilt, die sich von den Zelltypen und Zellzusammensetzungen her unterscheiden. Inzwischen wurde diese Unterteilung noch etwas weiter verfeinert. Das bedeutet aber nicht, dass innerhalb eines solchen Areals die Zellpopulation uniform ist. Eher ist es so, dass innerhalb eines solchen Areals die Unterschiede deutlich geringer sind, als zwischen zwei verschiedenen Arealen. Die Brodmann Areale sind also vielmehr „Ähnlichkeitsbereiche" mit teils fließenden Übergängen, als scharf abgegrenzte Bereiche.

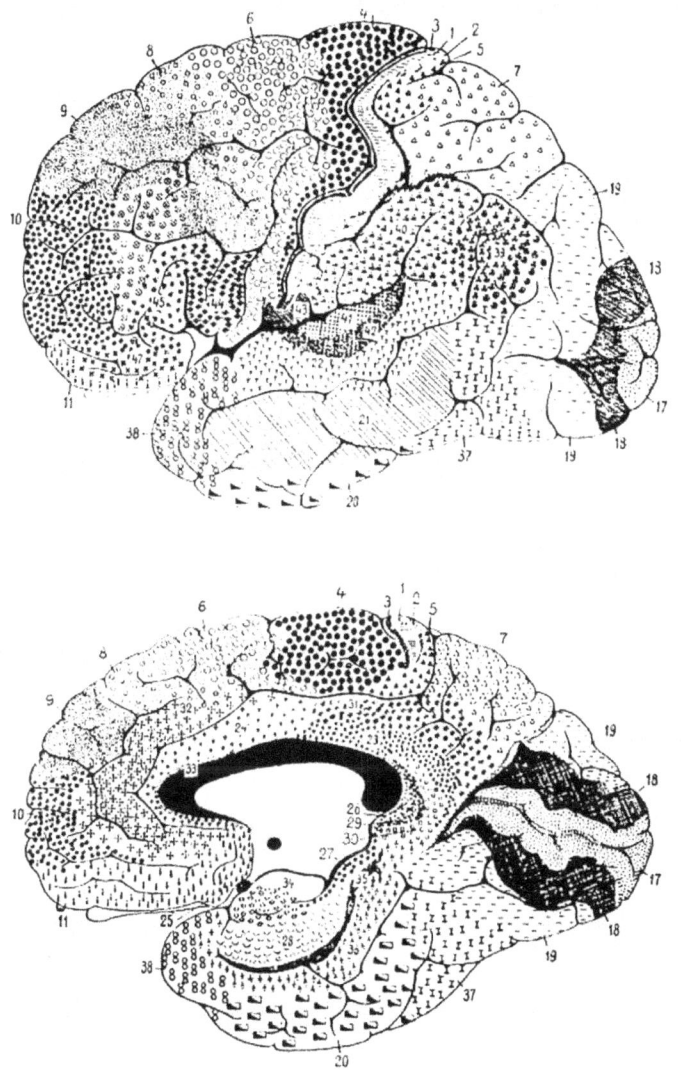

Brodmann Areale, Abbildung ist public domain.

Dieser Umstand ist sehr bedeutsam. Der Kortex des Menschen ist kein uniformes neurales Netz, sondern ein Netz, welches wie ein Fleckenteppich eine Vielzahl an Variationen aufweist, so dass manche Bereiche für bestimmte Aufgaben besser geeignet sind als andere. Da diese Bereiche auch in der Verschaltung, in der Verteilung von Synapsentypen (und damit Neurotransmittern), und damit zuletzt auch in der Art der Lernmechanismen variieren, sollte man sich den Kortex nicht als ein großes neurales Netz vorstellen, das wie ein künstliches neurales Netz auf eine bestimmte Art der Informationsverarbeitung spezialisiert ist, sondern vielmehr als eine Sammlung von stark verbundenen neuralen Netzen, von welchen jedes auf unterschiedliche Arten der Informationsverarbeitung spezialisiert ist.

Man könnte sagen, es handelt sich um eine Überlagerung einer topologischen Permutation mit einer proteomischen Permutation. Derzeit sind etwas über hundert verschiedene Neurotransmitter bekannt – dies könnte aber erst die Spitze eines Eisberges sein.

Zu diesen horizontalen makroskopischen Einteilungen kommen je ein horizontales und ein vertikales mikroskopisches Organisationsprinzip dazu. Horizontal ist der Neokortex in die so genannten kortikalen Kolumnen eingeteilt, und vertikal in die schon erwähnten sechs Schichten. Diese Aussagen müssen wir nun etwas genauer unter die Lupe nehmen.

Die **kortikalen Kolumnen** sind im Prinzip säulenförmige Strukturen; man kann sie sich wie Bienenwaben vorstellen. Innerhalb einer solchen Gruppe von Neuronen sind die Verbindungen vermutlich im Schnitt stärker, als die Verbindungen, die aus Gruppe hinausgehen, und in die Gruppe hinein kommen. Es handelt sich also vermutlich um „konnektomische" Einheiten. Diese sind nicht im gesamten Neokortex gleich stark ausgeprägt, und auch nicht gleich gut untersucht. Dazu müsste man wahrscheinlich erst einmal das vollständige Konnektom eines Menschen, also die Gesamtsumme der Neuronenverbindungen seines Gehirnes, digital erfassen und auswerten. Dazu werden inzwischen starke Anstrengungen mit Milliardensummen unternommen.

In einigen Bereichen (vor allem in primär-sensorischen Bereichen) konnte man dies aber experimentell schon relativ gut bestimmen. Man geht derzeit davon aus, dass zumindest im visuellen, auditorischen und in einigen assoziativen Kortexbereichen eine solche Säulenorganisation vorliegt.

Dabei werden Hyperkolumnen (mit um die 70.000 Neuronen) in Minikolumnen (mit um die 110 Neuronen) unterteilt. Schätzungen gehen von ungefähr einer halben Million Hyperkolumnen, und von ungefähr hundert Millionen Minikolumnen aus.

Unter der Definition, dass eine „kortikale Kolumne" eine Einheit von Neuronen ist, welche in sich stärker verbunden ist als nach außen, könnte man auf jeden Fall mit den leider noch nicht vorliegenden Daten den gesamten Kortex in „kortikale Kolumnen" unterteilen. Wir werden uns in Folge nach dieser Definition richten.

Die kortikalen Kolumnen sind dann die elementaren Einzelnetze, welche jedes für sich zumindest eine Art von Informationen kodieren kann, und zumindest eine Art von Klassifizierung, Interpretation, Signalaufteilung,

Signalvergrößerung und ähnliche, oder zusammengesetzte Funktionen erfüllen kann, so wie wir dies bei den einfachen neuralen Schaltkreisen angedeutet haben. Durch Verbindungen zwischen den Kolumnen lassen sich dann fast beliebige neurale Schaltkreise realisieren.

Für die vertikale Organisation sind die erwähnten **sechs Schichten** des Neokortex entscheidend. Dazu muss gleich vorweg gesagt werden, dass diese sechs Schichten eine grobe histologische Einteilung sind, und für sich betrachtet in der Regel *nicht* genau einem sechsschichtigen neuralen Netz entsprechen. So sterben zum Beispiel die Zellen in der ersten Schicht schon sehr früh im Leben großteils ab. Diese dürften in einem Deep-Learning ähnlichem Prozess zumindest eine vorübergehende Funktion erfüllen. Dafür sind zum Beispiel in vielen Bereichen bestimmte Schichten in weitere Unterschichten aufgeteilt.

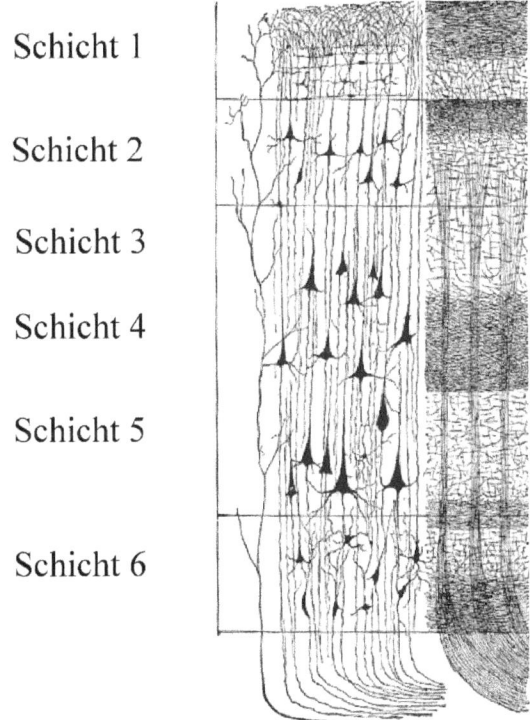

Schematische Zeichnung der Schichten der Großhirnrinde;
links Zellen, rechts Fasern; Abbildung ist public domain.

Allerdings kommt man zusammen mit dem Thalamus sehr wohl immer auf ein mindestens sechsschichtiges Netz. Auch die Neuronen im Claustrum können eine sechste (oder siebte) Neuronenschicht für viele Bereiche des Kortex (vor allem des insulären Kortex) darstellen. Dies wird als Filiminoff's Hypothese bezeichnet.

Da der insuläre Kortex unter anderem auch eine entscheidende Rolle im introspektiven Bewusstsein des eigenen Körperzustandes spielt, wurde schon vereinzelt spekuliert, dass das Claustrum gar der Sitz des Bewusstseins sein könnte. Nachgewiesen ist aber nur, dass dort (wie auch im Thalamus und in anderen Bereichen) Informationen aus vielen verschiedenen Kortexbereichen „zusammenkommen" (aber nicht unbedingt auch zusammengeführt werden), und dass das Claustrum der vermutlich wichtigste neurologische Baustein der sexuellen Erregung beim Mann ist.

Ein talentierter Komiker kann diese Nähe des möglicherweise wichtigsten Sexualzentrums des Mannes zu einem möglichen Ort des Bewusstseins sicher gut nutzen. Wir aber sollten mit Spekulationen zu „höheren" und „niedrigeren" Funktionen des Claustrums äußerst vorsichtig bleiben.

Als nächstes sollten wir auf die sechs histologischen Schichten des Neokortex etwas genauer eingehen. Hier ist es wichtig zu wissen, dass im Kortex vor allem drei Neuronentypen vorherrschen:

- Die **Pyramidenzellen** sind die größten Zellen der Gehirnrinde. Sie sind die efferenten Zellen des Großhirns (also die „Ausgänge"). Eine Pyramidenzelle kann ein bis zu ein Meter langes Axon haben, und damit zum Beispiel direkt bis ins Rückenmark projizieren.

- Die **Körnerzellen** sind die afferenten Neuronen der Großhirnrinde (also die „Eingänge"). Sie erhalten Signale aus fast allen anderen Arealen der Gehirnrinde und aus dem Thalamus.

- Der dritte Neuronentyp sind die sehr vielfältigen, so genannten **Interneurone**. Sie sind für Verbindungen innerhalb des Kortex zuständig.

Außerdem unterscheidet man funktionell zwischen drei verschiedenen Fasertypen:

- **Kommissurenfasern** senden Signale in den Kortex der gegenüberliegenden Gehirnhälfte. Der Großteil läuft über das Corpus Callosum, die größte Verbindung zwischen den Gehirnhälften.

- **Assoziationsfasern** senden Signale an Regionen derselben Gehirnhälfte. Der Großteil geht über die Schicht 1, sowie über die so genannten Baillarger Streifen. Aber auch durch das Mark geht ein signifikanter Anteil.

- **Projektionsfasern** senden Signale vor allem an Basalganglien, Thalamus und Rückenmark.

Die Schichten selbst können funktionell wie folgt eingeteilt werden:

- Schicht 1 enthält wie schon erwähnt beim Erwachsenen nur noch sehr wenige Neuronen. Hier finden sich fast nur Interneurone, die so genannten Cajal Zellen, die **Ausgänge in benachbarte Bereiche** haben. Hauptsächlich besteht diese Schicht also aus horizontalen Faserverbindungen (Assoziationsfasern), und da sie an der Oberfläche liegt, kann man sich gut merken, dass sie vor allem Verbindungen zwischen verschiedenen Kortexbereichen derselben Gehirnhälfte beinhaltet. Eingänge kommen aus allen anderen Schichten, Ausgänge enden vorwiegend in den Schichten 3 und 5.

- Schicht 2 erhält vor allem **Eingänge aus der ersten Schicht** (kurze Assoziationsfasern) und projiziert in tiefere Schichten, sowie in nahegelegene Bereiche der gegenüberliegenden Gehirnhälfte (kurze Kommissurenfasern).

- Schicht 3 erhält Eingänge ebenfalls vorwiegend aus der ersten Schicht, und sendet **Ausgänge in die zweite Schicht**, sendet aber auch andere Assoziationsfasern, Kommissurenfasern und Projektionsfasern aus.

- Schicht 4 ist die „**Haupteingangsschicht**" des Neokortex. Hier enden Axone (Projektionsfasern) aus dem Thalamus und anderen Gehirnarealen. Daher ist diese Schicht zum Beispiel in der Hör-, und Sehrinde besonders stark ausgeprägt, und vielerorts in Unterschichten aufgeteilt. Außerdem gibt es hier einen starken horizontalen Faserzug.

- Schicht 5 ist die „**Hauptausgangsschicht**" des Neokortex. Hier beginnen die Axone (Projektionsfasern) zum Rückenmark, und zu vielen anderen Bereichen des Gehirns. Auch hier gibt es ein starkes horizontales Fasergeflecht.

- Schicht 6 hat Ausgänge in die erste Schicht und erhält **Eingänge** aus Riechhirn, Claustrum, Amygdala, aus unspezifischen Thalamuskernen, und aus anderen Bereichen.

Die geradzahligen Schichten sind also überwiegend Eingangsschichten, die ungeraden eher Ausgangsschichten. Allerdings ist das eine grobe Vereinfachung, und wenn man das genauer analysiert, was in verschiedenen Neurologiebüchern und -publikationen alles über die sechs Schichten übergreifend gesagt wird, stellt man fest, dass einfach wieder so gut wie alles mit fast allem, sowohl exzitatorisch als auch inhibitorisch, verbunden ist. Dies veranschaulicht auch die folgende Abbildung:

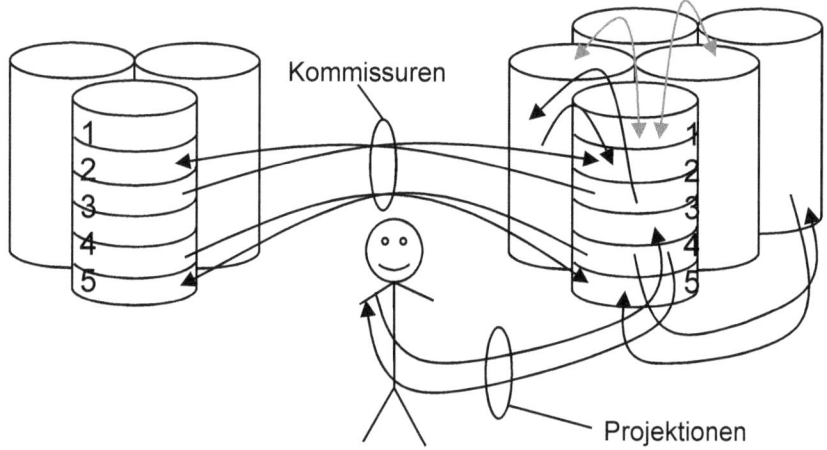

Es macht daher mehr Sinn, dies abstrahiert zu betrachten, wenn man schon unbedingt eine generelle Aussage zum Kortex machen will. Dann kann man einfach sagen, dass der Kortex aus „Zellen" (Kolumnen) besteht, welche jeweils mit „Nachbarzellen", mit „Spiegelzellen" (also solchen auf der anderen Gehirnhälfte) und mit dem Körper (direkt und indirekt, über Thalamus und andere Zwischenstationen) verbunden sind, und zwar teils inhibitorisch, und teils exzitatorisch. Dabei werden Signale vom Thalamus oft rückwärts (rekurrent) und vorwärts verstärkt, während seitlich im Nahbereich meist Inhibition, und im Fernbereich oft Verstärkung / Weiterleitung von Signalen stattfindet.

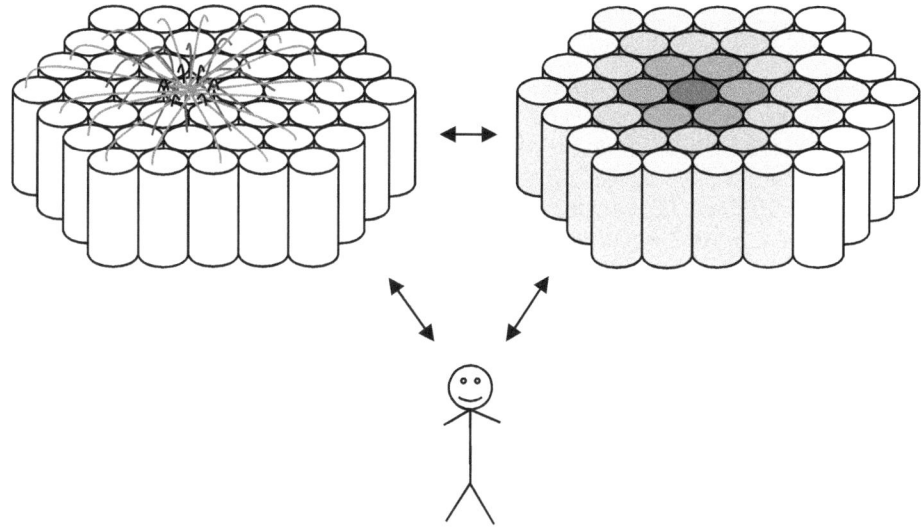

Dabei ist wichtig zu verstehen, dass mindestens 90% der Verbindungen des Kortex von und zum Kortex gehen. Die Verbindungen nach „außen" machen also nur einen sehr kleinen Bruchteil aus! Im generischen Fall kann man sich dazu noch vorstellen, dass die Verbindungen im Durchschnitt vermutlich immer weniger werden, je weiter zwei Kolumnen voneinander entfernt sind.

> *Ob dies wirklich zutrifft, wird man aber erst mit einem vollständigen Konnektom beweisen können. Theoretisch könnte es auch sein, dass die Verbindungen im Durchschnitt perfekt ausgewogen sind. Das ist aber eher unwahrscheinlich.*

Dabei darf nicht übersehen werden, dass es sowohl Bereiche gibt, in denen die laterale Inhibition überwiegt, als auch solche, in denen die laterale Potenzierung überwiegt.

Und zuletzt muss man noch festhalten, dass die Struktur des Neokortex auf jeden Fall pro Kolumne mehr als die drei für nichtlineare Separierung erforderlichen Neuronenschichten besitzt, sondern wohl eher mindestens fünf bis sieben funktionelle Schichten hat (beziehungsweise sechs bis acht, wenn man Thalamus und Basalganglien berücksichtigt). Und damit kann man aus Sicht der Informationsverarbeitung annehmen, dass die Gehirnrinde von Säugetieren in den allermeisten Bereichen zumindest die Mächtigkeit eines künstlichen, sechsschichtigen neuralen Netzes hat, wie wir es in Kapitel 6.2.5 beschrieben haben.

*Wer sich noch an den ersten Teil dieses Buches erinnert, der wird
außerdem feststellen, dass hier ein weiterer zellulärer Automat (mit
lokal unterschiedlichen Regeln) am Werk ist, so wie auch schon auf
der Ebene der einzelnen Neuronen einer Schicht. In diesem Fall ist
es aber nicht die Änderung der Feuerfrequenz eines Neurons,
welche das Ergebnis der jeweiligen Zelle bestimmt, sondern die
Änderung der Summe der erregenden und der hemmenden Signale,
die die Zelle erhält. Auch dieser kann nur im pathologischen Fall
periodisch (Epilepsie) oder monoton (Tod) sein, wird also beim
gesunden Menschen stets komplexe Muster ausbilden.*

Wenn man die Schichtung des Kortex aber konkreter analysieren will, muss
man dies eigentlich zumindest für jedes Brodmann Areal gesondert
machen, da sich ja die Zytoarchitektur von Areal zu Areal stark
unterscheiden kann. Die Versuche mancher Neurobiologen, eine Art
universellen, prototypischen Schaltkreis für den gesamten Neokortex zu
finden, halte ich daher für wenig hilfreich, auch wenn dabei vereinzelt
nützliche Nebenerkenntnisse gewonnen wurden.

Da drei Neuronenschichten mit Rekurrenzen (Turing-Vollständigkeit) bereits
alle klassischen informationsverarbeitenden Aufgaben ausführen können,
hilft uns hier eigentlich auch die konkrete Schaltkreisanalyse bei unserem
Verständnis nicht wirklich weiter. Man muss sich vielmehr die Frage stellen,
was ein sechsschichtiges Netz leisten könnte, das ein dreischichtiges nicht
leisten kann, so wie wir das in Kapitel 6.2.5 getan haben, und dann
überprüfen, ob die vorgefundenen Verschaltungen diese zusätzliche
Mächtigkeit erlauben oder ausschließen.

Bisher haben wir den Neokortex aber isoliert betrachtet. Zum Großhirn oder
zur Gehirnrinde gehören auch stammesgeschichtlich „ältere" Teile, wie der
Hippocampus und der olfaktorische Kortex, sowie die Basalganglien, das
Corpus Amygdaloideum, das Claustrum und einige weitere Kerne im
Marklager des Großhirns. Außerdem sollte man funktionell eigentlich auch
den Thalamus dazu zählen.

Mit dem **Thalamus** sollten wir hier beginnen, denn den größten Anteil an
Eingängen erhält der Kortex von dort. Er besteht aus zwei Teilen: aus den
spezifischen Bereichen und den unspezifischen (wobei die Trennung etwas
unscharf ist).

*Im Allgemeinen erreichen Signale vom Körper und den
Sinnesorganen nur zu einem kleinen Anteil direkt den Kortex. Diese
Anteile werden im Normalfall nicht bewusst wahrgenommen, und
sorgen unter anderem für Reflexe, wie zum Beispiel einen optisch
ausgelösten Ausweichreflex bei der schnellen Annäherung eines
Gegenstandes. Durch spezielles (jahrelanges) Training können*

solche Afferenzen allerdings teilweise ebenfalls bewusst gemacht und benutzt werden.

Der Großteil der Afferenzen aus dem Sinnessystem erreicht zuerst den spezifischen Thalamus, wo eine erste oder zweite Verschaltung stattfindet. Erst dann erfolgt die Projektion in die Großhirnrinde (großteils in die vierte Schicht), wobei oft die topologische Anordnung beibehalten wird. Dies nennt man eine somatotopische Gliederung. Im Falle der sensorischen Wahrnehmung ist zum Beispiel der ganze menschliche Körper von oben nach unten auf der sensorischen Rinde abgebildet, allerdings stark verzerrt, da manche Bereiche mehr Sinneszellen enthalten (Gesicht, Zunge, Lippen, Finger) als andere (zum Beispiel der Rücken). Dies gibt es auch beim primärmotorischen Kortex, sowie in einigen anderen Bereichen der Gehirnrinde.

Neben dieser (hier) vertikalen somatotopischen Gliederung – „Eingangsbereich" (Einsammeln und Nahrungsaufnahme) des Körpers unten, „Ausgangsbereich" (Flucht und Ausscheidung) oben – gibt es auch eine horizontale Gliederung der Großhirnrinde, die sich aus dem Rückenmark fortsetzt, wo sich im hinteren Bereich die Eingänge (Sensorik), und im vorderen die Ausgänge (Motorik) befinden. Dementsprechend ist die hintere Hälfte der Großhirnrinde mehr für die rezeptiven Leistungen (wie Sensorik) zuständig, während die vordere Hälfte mehr für die exekutiven Leistungen (wie Motorik) zuständig ist. Aber wie auch die Lateralisierung ist diese Einteilung mit großer Vorsicht zu genießen. Die komplexen Leistungen des Menschen kommen immer durch ein Zusammenspiel sehr vieler Gehirnareale zustande.

Die Bereiche, die direkt Eingänge vom spezifischen Thalamus erhalten, bezeichnet man allgemein als primäre Sinnesbereiche. Die primären motorischen Ausgänge werden hingegen über Basalganglien und Kleinhirn ins Rückenmark, oder zu den Hirnnerven geleitet.

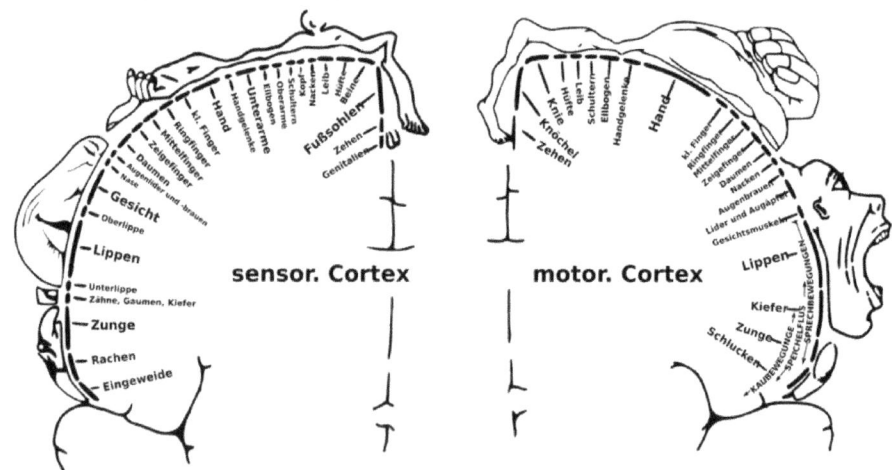

sensor. Cortex   **motor. Cortex**

Schematische Darstellung der Verteilung von sensorischen und
motorischen Feldern in den entsprechenden Teilen der Gehirnrinde

Der spezifische Thalamus ist also in erster Linie eine Station zur
Vorverarbeitung von Sinnesinformationen, wobei dies bedeutet, dass in den
primärsensorischen Bereichen, aus Sicht der Informationsverarbeitung,
schon die Eingangsschicht funktional auf der Stufe der letzten oder
vorletzten Schicht eines dreischichtigen neuralen Netzwerkes steht.

Zusätzlich hat der Thalamus wie gesagt auch unspezifische Bereiche. Diese
erhalten Eingänge aus der Großhirnrinde, die auf den spezifischen
Thalamusbereich in Form einer Rückkoppelung einwirken können.
Außerdem erhalten sie Eingänge aus dem so genannten „aufsteigenden
retikulären Aktivierungssystem" (ARAS). Dies ist eine Art natürlicher
„Hirnschrittmacher" im Hirnstamm, der rhythmische Erregungen aussendet.
Im Tiefschlaf beträgt die Frequenz um die 3 Hertz, im Wachzustand bis zu
40 Hertz. Die Oszillation entsteht genau genommen im Zusammenspiel
zwischen ARAS, Thalamus und den Basalganglien (Striatum, Pallidum,
Nucleus caudatus, Putamen). Dies versucht man inzwischen neurologisch
zu nutzen, um zum Beispiel Parkinson Symptome zu lindern, und es könnte
vielleicht eines Tages bei bestimmten Arten von Bewusstseinsstörungen
oder Koma eine Chance bieten, den Patienten zu „wecken".

*Auch in den unterschiedlichen Schichten des Neokortex herrschen
teils unterschiedliche Frequenzen vor, wobei zum Beispiel in den
Schichten 2 und 3 eher langsame Frequenzen überwiegen (um die
2 Hertz) während zum Beispiel in Schicht 5 Frequenzen um die 10-
15 Hertz vorherrschen.*

Die **Basalganglien** stellen wie schon erwähnt unter anderem eine Vorstation für motorische Signale vom motorischen Kortex dar. Sie erhalten Eingänge aus allen fast Bereichen des Kortex, und auch aus allen Schichten, außer der ersten. Vorwiegend kommen diese Afferenzen aber aus Schicht 5.

Man könnte sagen, dass die Basalganglien ein exekutives Gegenstück des rezeptiven Thalamus sind. Sie sind in eine Feedbackschleife mit vorderem Kortex eingebunden (so wie auch der Thalamus in eine Feedbackschleife mit dem hinteren Kortex eingebunden ist), modulieren Exekutivfunktionen (verstärken was getan werden soll, und schwächen was nicht getan werden soll), und interagieren auch mit dem Thalamus.

Die **Amygdala** (Corpus Amygdaloideum) gehört zusammen mit **Hippocampus**, Thalamus und weiteren Kernen, sowie mit dem Gyrus Cinguli (einem Teil des Kortex) zum so genannten limbischen System. Dieses spielt eine wichtige Rolle bei Emotionen, und bei der Ausschüttung von Endorphinen. Phylogenetisch ist es älter als andere Teile des Großhirns, insbesondere ist der Gyrus Cinguli ein stammesgeschichtlich alter Teil der Großhirnrinde, und stellt einen Übergang vom dreischichtigen zum sechsschichtigen Anteil des Kortex dar.

Neueren Studien zufolge, bei denen die Interaktion von Testpersonen in zwei fMRI Scannern zugleich ausgewertet wird, könnte das limbische System auch eine entscheidenden Rolle bei der Abgrenzung zwischen dem „Selbst" und anderen Menschen spielen.

Die Amygdala ist dabei wesentlich an Angst und Aggression beteiligt, und auch an anderen Affekt- oder Lusthandlungen, und wirkt sich auf Lern- und Konditionierungsvorgänge aus.

Der Hippocampus ist für die Abspeicherung von Wissen im Langzeitgedächtnis wesentlich. Außerdem spielt er eine wichtige Rolle bei der Orientierung. Dabei ist beachtenswert, dass im Hippocampus verstärkt sowohl neue Dendriten, als auch komplett neue Neuronen gebildet werden.

In einer typisch menschlichen kausalen Denkweise rätseln manche Forscher, was für eine Funktion die Neurogenese dort hat, wenn doch die Ausbildung einer neuen Nervenzelle einige Wochen dauert, und sich erst dann auf Lernprozesse auswirken kann. Man glaubt wohl mancherorts immer noch, dass ein einzelnes Neuron eine spezifische kognitive Funktion erfüllen kann, und eine Kausalkette zwischen einem Ereignis, das die Neurogenese anregt, und der Abspeicherung irgendeines Aspektes von diesem Ereignis bestehen muss.

Dies ist natürlich nicht ausgeschlossen – es könnte ja sein, dass es um die Abspeicherung von wiederholt wahrgenommenen Informationen geht, die nach mehreren Wochen immer noch unverändert sind (also zum Beispiel geographische Informationen). Aber solange die informationstheoretische Sättigung eines Netzes nicht erreicht ist, also die Anzahl an zu unterscheidenden Klassen nicht die Kapazität der Kodierungsschicht übersteigt, wird dies auch ohne Neurogenese funktionieren.

Das limbische System umgibt Basalganglien und Thalamus, und ist mit diesen, sowie mit weiten Bereichen des Neokortex verbunden. Fornix, Hippocampus und Amygdala bilden zusammen grob ausgedrückt eine Spirale, die sich in der Tiefe durch das Großhirn zieht. Sie beginnt mittig bei den Basalganglien und zieht sich bis in den vorderen Teil des Temporallappens, wo sie mit der Amygdala endet. So wie der Gyrus Cinguli an der „Oberseite" des Gehirns – tief in der fissura longitudinalis cerebri – den Abschluss des Kortex bildet, so bildet der Hippocampus den Abschluss an der „Unterseite". Zusammen mit dem Parahippocampus bildet er ebenfalls einen fließenden Übergang vom sechsschichtigen zum dreischichtigen Kortex, wobei am Rand des Hippocampus zuletzt nur eine Schicht Neuronen übrig bleibt.

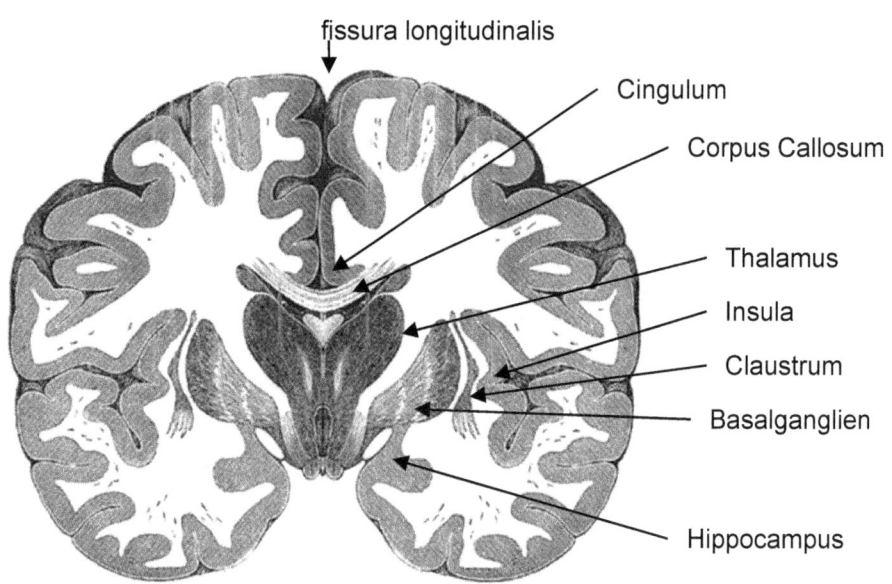

fissura longitudinalis

Cingulum

Corpus Callosum

Thalamus

Insula

Claustrum

Basalganglien

Hippocampus

Die Schweizer sagen gerne, dass ihr Land deutlich größer wäre als Deutschland, wenn man es nur bügeln würde. Das Großhirn ist auf jeden Fall deutlich übersichtlicher, wenn man es „bügelt". Zur Übersicht kann man daher eine Gehirnhälfte wie folgt in zwei Dimensionen schematisieren (zur obigen Abbildung um 90° rotiert):

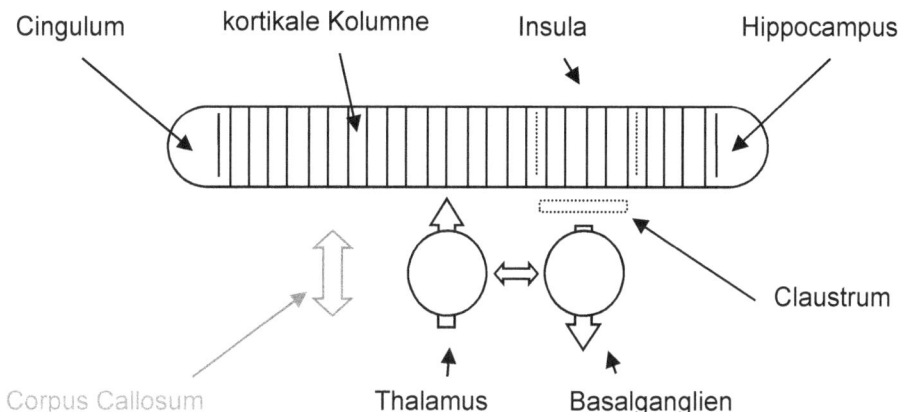

Man kann sich das Großhirn also vereinfacht als eine „Kortexfläche" mit darunterliegenden Kernen vorstellen, die über das Corpus Callosum mit einem ungefähren Spiegelbild verbunden ist, wobei einfach ausgedrückt der Thalamus jeweils den „Haupteingang" bildet, und die Basalganglien (zusammen mit Kleinhirn und motorischem Kortex) jeweils den „Hauptausgang".

Von den Verbindungen her darf man sich das aber nicht wie die Module eines Computers vorstellen! Es sind keine unabhängigen Systeme, sondern es ist ein gigantisches neurales Netz, und es sind auch die anatomisch „unabhängig" erscheinenden Kerne in der hochdimensionalen Weise eines biologischen neuralen Netzwerkes miteinander verbunden.

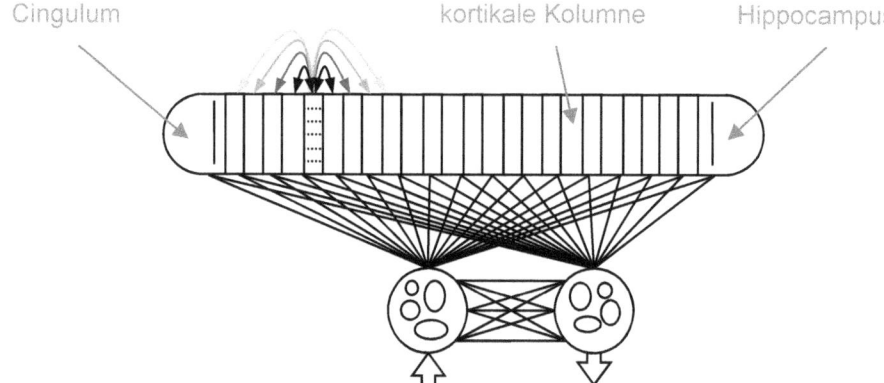

Dies bringt die obige Abbildung etwas besser zum Ausdruck. Allerdings sind die Verbindungen zwischen Kortex, Thalamus und Basalganglien in Wirklichkeit nicht so gleichmäßig verteilt. Besonders auffallend ist dies bei den primärsensorischen (z.B. primäre Sehrinde V1, primäre Hörrinde A1, primärer sensorischer Kortex) und den primärmotorischen Bereichen. Außerdem sind sowohl Thalamus, als auch Basalganglien in Wirklichkeit Ansammlungen von Kernen, die untereinander mit verschiedenen „Betonungen" verbunden sind – hier mehr inhibitorisch, da mehr exzitatorisch, hier mehr zyklisch, und dort mehr unidirektional, und so weiter.

Wenn wir also nun im folgenden Kapitel von den „Funktionen" bestimmter Kortexareale oder Gehirnkerne sprechen, sollte man sich stets darüber im Klaren sein, dass es in so einem Netz keine wirklich scharf abgegrenzten Areale und Funktionen geben kann.

7.5 Zur „Funktion" von Großhirn und Thalamus

Dieses Kapitel erklärt nicht, wie Großhirn und Bewusstsein funktionieren. Es gibt nur einige wichtige Eckpunkte der neurologischen Erkenntnisse wieder, die man vor allem durch Ausfallstudien zusammen getragen hat; also durch sorgfältige Sammlung und Vergleiche von Gehirnschäden, vor allem durch Geschosse, Schlaganfälle, Epilepsien und Tumore. Was in der Neurologie also oft ungenau als „Funktion eines Gehirnareals" bezeichnet wird, ist in Wirklichkeit die „durch Beschädigung des Areals wegfallende oder eingeschränkte Funktion"! Das ist ein wirklich großer Unterschied, und dieser schlampige Umgang mit Worten hat schon viele Menschen massiv in die Irre geführt.

Beginnen wir dieses Mal „bottom up" mit Thalamus und Basalganglien: Dem **Thalamus** wird vor allem eine Art Filterfunktion zugeschrieben, wobei angenommen wird, dass die unspezifischen Thalamuskerne die spezifischen so modulieren, dass „wichtiges" wahrgenommen und „unwichtiges" unterdrückt wird.

Beschädigungen einer Thalamushälfte führen zu Störungen der Bewegungskoordination, des Hörens und Sehens, zu Lähmungserscheinungen, Sensibilitätsausfällen, und manchmal auch zu besonders schlimmen Schmerzwahrnehmungen. Wenn man dann aber tiefergehende Literatur konsultiert, stellt man schnell fest, dass auch Probleme beim Lernen und der Erinnerung, bei den Emotionen und der Persönlichkeit, bei der Aufmerksamkeit, beim Wachzustandes, sowie motorische Defizite auftreten können. Dabei können bis zu einem gewissen Grad Teile dieser Funktionen auf bestimmte Teile des Thalamus zugeordnet werden.

Über umfangreiche und beidseitige Zerstörungen des Thalamus ist wenig bekannt. Projektile, die den Thalamus erreichen, zerstören auf dem Weg zwangsläufig sehr vieles. Operativ ist der Thalamus schlecht zugänglich. Und ab einer gewissen Schwere der Beschädigung kann der Patient nicht mehr darüber berichten, da er dann bestenfalls noch ein apallisches Syndrom („Wachkoma") entwickelt. Eine komplette Ablation (Entfernung) des Thalamus ist mit dem Leben nicht vereinbar.

Bei der „Funktion" der **Basalganglien** wird in der Regel damit begonnen zuzugeben, dass diese schlecht verstanden wird. Als nächstes kommen Beschreibungen wie „Beteiligung an motorischen und nicht-motorischen Handlungsmustern" oder „Aktivierung gewünschter Verhaltensweisen und Unterdrückung nicht gewünschter Verhaltensweisen". Das ist ungefähr so konkret, wie wenn man einer Computermaus die „Beteiligung an der Steuerung eines Computers" zuschreibt.

Wenn man die Literatur weiter verfolgt, findet man heraus dass die Basalganglien (zusammen mit dem Thalamus) auch an Motivation, Spontanität, Affekt, Initiative, Willenskraft, Antrieb, sequentielles Planen, Antizipation, motorische Selektion, Schmerzempfindung, und auch sonst an so ziemlich allem beteiligt sind. Den aufmerksamen Leser, der die Funktion von neuralen Netzen versteht, und der eine grobe Vorstellung davon hat, wie gigantisch groß und hochverbunden die biologischen neuralen Netze im Gehirn sind, sollte dies nur noch wenig überraschen.

Zu den Ausfallserscheinungen gehören vor allem verschiedenste Bewegungsstörungen, Zwangsstörungen und Tic-Symptome, aber auch Gleichgewichtsstörungen, Wortfindungsstörungen, Konzentrationsstörungen, Gedächtnisabrufstörungen und alles Mögliche mehr, was mit dem oben aufgezählten „Funktionsspektrum" in Zusammenhang steht.

Bestimmten Formen von ADHS ("Aufmerksamkeitsdefizit-Syndrom") und Autismus stehen außerdem in Verdacht, mit Schädigungen oder genetisch bedingten Veränderungen der Basalganglien und des Thalamus, aber in manchen Fällen auch mit Schädigungen oder genetischen Varietäten des Kortex, in Verbindung zu stehen.

Auch das **limbische System** sollten wir hier ganz kurz behandeln. Der Begriff ist zwar inzwischen wieder weniger beliebt (vermutlich weil man erkannt hat, dass er überbelastet wurde), aber er wurde aufgrund funktionaler Zusammenhänge geprägt, die sehr wohl eine klinische Bedeutung haben. Insbesondere bipolare Störungen und Schizophrenie, Schwächen bei emotionaler Bewertung von Ereignissen, posttraumatische Belastungsstörungen (PTSD), riskantes Verhalten, Narkolepsie, Formen von Autismus, Depressionen, Phobien, bestimmte Arten von Gedächtnisstörungen und bestimmte Störungen des Sozialverhaltens stehen mit Abweichungen des limbischen Systems, und insbesondere mit der Amygdala in Zusammenhang.

Der Amygdala wird speziell die Funktion unterstellt, "Ereignisse mit Emotionen zu verknüpfen". Posttraumatische Störungen (sowie Angstkonditionierung) haben definitiv einen Zusammenhang mit diesem Gehirnkern, welcher aber durch (jahrelanges) Training "um-trainiert" werden kann.

Naturvölker, Kampfsportler, Extremkletterer, Extrembergsteiger und andere Menschen mit extremen oder gefährlichen Berufen und Hobbies haben aus diesem Grund oft ein sehr rationales Verhältnis zur "Angst" (wenn sie nicht gerade unter PTSD leiden), im Vergleich zur "zivilisationsverwöhnten" Durchschnittsbevölkerung, welche häufig Opfer einer "unterbeschäftigten Amygdala" werden, und dann Angststörungen oder Phobien, aber auch aggressive Störungen entwickeln.

Besonders interessant sind hier Störungen, die nur die Amygdala betreffen, und die Fähigkeit beeinträchtigen, Dingen einen Wert zuzuweisen, sowie Störungen, die nur den Hippocampus betreffen, und die Fähigkeit beeinträchtigen, neue Wissensinhalte im Gedächtnis abzuspeichern.

Insbesondere ist bekannt, dass bei einer beidseitigen Zerstörung des Hippocampus eine totale anterograde Amnesie eintritt, der Patient also keinerlei neue Erinnerungen speichern kann. Allerdings werden dennoch implizit Informationen gespeichert. Das führt dazu, dass ein solcher Patient, dem Fotos von Gesichtern gezeigt wurden, zwar behauptet diese nie gesehen zu haben, aber wenn er raten soll, doch verdächtig oft richtig erratet, welche Gesichter ihm vor kurzem gezeigt wurden, und welche nicht.

Etwas ganz ähnliches kann man auch mit gesunden Personen reproduzieren: der polnische Psychologe Robert Zajonic hat seinen Versuchspersonen Bilder von Gesichtern für nur ca. 40 Millisekunden, und im Anschluss sofort ein anderes Bild oder Zufallsmuster, präsentiert. Dies führt zu einer subliminalen (also unterbewussten) Wahrnehmung. Wird die Versuchsperson dann gefragt, welches von zwei Bildern nun das Gesicht enthält, das gezeigt wurde, dann wird nur in ungefähr der Hälfte der Fälle richtig geraten. Wird die Versuchsperson aber gefragt, welches Gesicht sie bevorzugt, dann wird deutlich häufiger das Versuchsbild gewählt. Das Erklärungsmodell lautet, dass „emotionales Denken" auf schnelleren Systemen beruht als bewusstes, und auf implizite Gedächtnisinhalte zugreift anstatt auf explizite. Diese Erklärung halte ich für richtig, und wir werden uns in einem späteren Kapitel zum Thema Gedächtnis noch damit beschäftigen.

Nun aber zum **Kortex**. Wir beginnen mit einem hier bisher noch nicht beschriebenen Organisationsprinzip der primären sensorischen Kortexareale, wobei insbesondere der visuelle und der auditorische Kortex des Menschen diesbezüglich besonders gut erforscht sind. In beiden Fällen gibt es eine Kortexfläche (V1 für „visuelles Areal 1" und A1 für „auditorisches Areal 1"), die den Großteil der Sinnesinformationen vom Thalamus erhalten. Diese Areale sind, wie schon erwähnt, besonders deutlich in Kolumnenstrukturen unterteilt. Wir beschränken uns nun auf den visuellen Kortex, aber die Grundprinzipien der im Folgenden beschriebenen Architektur gelten auch für den auditorischen, den somatosensorischen, den gustatorischen Kortex, und mutmaßlich für alle sensorischen Projektionszentren, sowie umgekehrt auch für die motorischen Areale.

Die Kolumnen in V1 bilden so genannte „kortikale Karten" ab. Damit ist nicht nur eine somatotopische Anordnung gemeint. Wie bei den Homunculi der primärmotorischen und primärsensorischen Areale spricht man bei der V1 von einer retinotopischen Abbildung oder „Visuotopie", wobei das visuelle Feld zusammenhängend auf V1 abgebildet ist.

Vielmehr weiß man beim visuellen Kortex, dass er in funktionale Einheiten aus Hyperkolumnen (also Gruppen von Kolumnen) und Minikolumnen (was wir hier einfach als Kolumnen bezeichnen) unterteilt ist. Die Hyperkolumnen sind Sammlungen von durchmischten Minikolumnen, die jeweils für räumliche Orientierung, oder für Farbkontraste „zuständig" sind. Dabei enthält eine Hyperkolumne stets ein vollständiges Winkel-Spektrum an Minikolumnen je Auge, so wie mehrere Farbenfelder. Die Felder sind dabei so durchmischt, wie wir es uns von einem zufällig initialisierten Kohonen-Netzwerk mit entsprechender Konfiguration erwarten würden, sie bilden also einen unregelmäßigen Fleckenteppich. In jedem dieser Felder reagieren also bestimmte Kolumnen vor allem auf bestimmte Winkel oder Farben.

Wird ein Reiz über längere Zeit (>100ms) präsentiert, kommt zum lokalen auch ein globales, differenziertes Antwortverhalten dazu. Ein Neuron in einer Kolumne für horizontale Orientierung reagiert dann zum Beispiel auf ein Muster aus lauter gleich ausgerichteten Balken weniger stark, als auf einen horizontalen Balken, der in einem Muster aus lauter vertikalen Balken hervorsticht. Dies nennt man „kontextabhängige Modulation". Diese Modulation kommt rekurrent von Netzen, die „höher" (daher reagieren sie erst etwas später) in der Verarbeitungskette stehen, und uns dabei helfen, unerwartetes und ungewöhnliches deutlicher wahrzunehmen. Die bewusste Aufmerksamkeit regelt dabei das visuelle System vereinfacht ausgedrückt in umgekehrter Reihenfolge der Wahrnehmung.

Beispiel für eine kontextabhängige Modulation: die Ebbinghaus Illusion lässt die beiden hellen Kreise unterschiedlich groß erscheinen, sie sind aber genau gleich groß. Es wird erwartet, dass ein kleiner Kreis inmitten von großen Kreisen klein ist, und ein großer Kreis inmitten von kleinen Kreisen klein ist. Höhere Gehirnbereiche wollen uns hier helfen, den Größenunterschied deutlicher wahrzunehmen, und verstärken diesen Eindruck daher über das realistische Maß hinaus.

Dies zeigt schon, dass sogar in V1 die „kortikalen Karten" nicht völlig fixiert sind in ihrer genauen Funktion. In anderen Bereichen der Gehirnrinde sind diese Karten sogar noch wesentlich flexibler. So kann es zum Beispiel beim Verlust einer Hand vorkommen, dass die Areale im sensorischen Kortex, die für die verlorene Hand zuständig waren, mit der Zeit eine „Invasion" durch angrenzende Areale erfahren, und der Patient bei Berührung des Gesichts an bestimmten Stellen dies zusätzlich in der nicht mehr vorhandenen Hand spürt.

Unabhängig von der Minikolumnenstruktur gibt es noch mindestens eine weitere kortikale Karte in V1. Es handelt sich hierbei um Bereiche, die auf verschieden große rezeptive Felder reagieren. Grundsätzlich ist die Kette von der Netzhaut über das CGL bis zur V1 ein konvergentes Netz. Es ist aber nicht überall gleich stark konvergent. Es gibt also Bereiche, die auf eine Kombination der Eingänge von größeren Netzhautbereichen reagieren, und solche die auf Kombination von kleineren Bereichen reagieren. Dies nennt man vereinfacht ausgedrückt „rezeptive Felder". Dabei ist vor allem der Bereich der Fovea (die Mitte des Sehfeldes, wo man am schärfsten sieht) vergrößert.

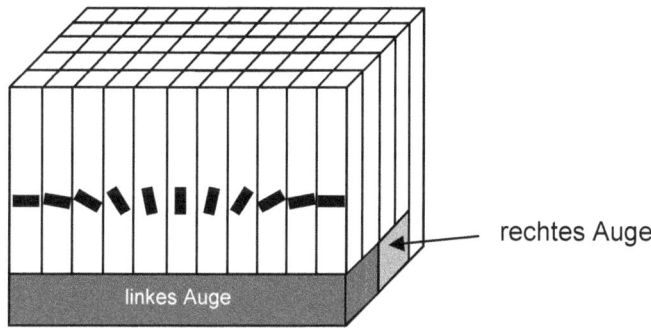

Vereinfachte, schematische Darstellung des primären visuellen Kortex

Diese Beschreibung ist natürlich etwas vereinfacht und ich musste viele Details übergehen, aber das Grundprinzip dürfte klar sein. Nun folgt aber das nächsthöhere funktionelle Prinzip: Das Areal V1 ist ringförmig umgeben von einem Areal V2, welches den Großteil der Ausgänge von V1 erhält. Zusätzlich erhält es auch Eingänge aus einigen anderen Bereichen, und sendet Ausgänge zurück ins Corpus Geniculatum Laterale (CGL).

Im V2 Areal ist die Visuotopie nicht mehr vorhanden. Auch hier gibt es Kolumnen und verschiedene kortikale Karten, die aber weniger klar untersucht, und wahrscheinlich auch weniger klar definiert sind. Funktionell ist man sich zumindest darüber einig, dass V2 an der Erkennung komplexer Formen, und an der visuellen Vorstellung beteiligt ist.

Rund um V2 liegt ein weiteres ringförmiges Areal (V3), und um dieses herum noch ein Ring (V3A). Auch hier sind die Funktionszuordnungen ziemlich schwammig, und weniger gut untersucht als in V1.

Was die Weiterleitung visueller Informationen und die funktionellen Zusammenhänge betrifft, gibt es noch einige weitere visuelle Areale beim Menschen (zum Beispiel V4, V5/MT, V6, MST, V8). Vereinfacht ausgedrückt könnte man das so darstellen:

V1: Grundlegende Muster- und Farberkennung
V2: Erkennung komplexer Formen, visuelle Vorstellung
V3: Ausrichtung und Winkellage geometrischer Formen

V3a: Bewegungs- und Richtungsanalyse
V4: Farb-, und Formunterscheidung, Texturerkennung
V5/MT: Bewegungserkennung, Bewegungsunterschied Vordergrund / Hintergrund
V6: Tiefenbeurteilung, Eigenbewegung und -ausrichtung
MST: Expansion, Kontraktion, Rotation von Objekten
V8: Farberkennung
PPA: Unterscheidung von Szene und Objekt
EBA: Unterscheidung zwischen Körperteilen und Gegenständen
IT: Objekterkennung, Hand- und Gesichtserkennung, Zahlenerkennung, Gedächtnis
Gyrus fusiformus: Farbwahrnehmung, Gesicht- und Körpererkennung, visuelle Worterkennung, Identifikation von Objekten innerhalb einer bekannten Kategorie, Synästhesie zwischen Wörtern und Farben (selten)

Man könnte diese Liste noch weit fortführen. Aber genau diese Art von Auflistung ist enorm irreführend, denn weder ist die genaue Funktion der aufgelisteten Areale wirklich bekannt, noch beschränkt sich die Funktion dieser Areale auf die hier angeführten Dinge. So ist zum Beispiel bekannt, dass sogar schon V2 an bestimmten Gedächtnisfunktionen beteiligt ist, obwohl lange Zeit nur der Temporallappen als Ort des Gedächtnisses galt. Wenn wir uns aber daran erinnern, wie der Kortex aufgebaut und verbunden ist, und wie er seine Eingangssignale erhält (nämlich als Ausgänge eines komplexen, teils mehrschichtigen Systems, dem Thalamus), sollte dies auch wenig überraschend sein. Es wäre wohl eher verblüffend, wenn man einem Kortexareal ohne weiteres eine einzige, klar umschriebene Funktion zuweisen könnte.

Allerdings gibt es das hartnäckige und stark umstrittene Konzept des so genannten „Großmutterneurons", welches je nach Interpretation völliger Blödsinn ist, oder ein Fünkchen Wahrheit enthält. Die ältere Interpretation, nach der ein einzelnes Neuron für einen einzelnen Gedächtnisinhalt zuständig sein kann, ist auf jeden Fall extrem irreführend. Allerdings kann man sehr wohl in einigen Bereichen des Gehirns Neuronen finden, die sehr selektiv reagieren. Empirisch wurde dies zumindest schon in Amygdala und Temporallappen überprüft.

So ist eine Studie bekannt, in welcher ein Neuron eines Patienten nur immer genau dann seine Feuerrate erhöhte, wenn ihm Bilder von einem bestimmten amerikanischen Präsidenten gezeigt wurden, egal ob Foto oder Karikatur. Auf andere Gesichter oder verwandte Reize (wie zum Beispiel die amerikanische Flagge) reagierte das Neuron nicht.

Allerdings muss man die daraus oft gezogenen Schlussfolgerungen mit großer Vorsicht betrachten: Erstens feuert ein Neuron nicht aus eigenem Antrieb, sondern immer als Ergebnis eines ganzen Neuronenverbandes (also vermutlich zumindest einer ganzen Kolumne). Zweitens ist mit so einem Versuch nicht bewiesen, dass dies das einzige so reagierende Neuron im Gehirn ist. Drittens ist nicht ausgeschlossen, dass dieses Neuron nicht auch noch auf etwas anderes selektiv reagiert. Und viertens kann es gut sein, dass dieser Effekt schon wenige Tage später nicht mehr an derselben Stelle auftritt, weil sich die „Funktion" des Neurons durch „Plastizität" verändert hat.

Übrigens sollte auch erwähnt werden, dass die hier aufgelisteten Areale keineswegs mit Brodmann-Arealen übereinstimmen. Im Gegenteil, die Brodmann Areale überlappen sich in vielen Fällen mit funktionalen Arealen scheinbar fast beliebig.

Nun kann man sich also das funktionale Organisationsprinzip des kortikalen Sehsystems ganz ähnlich vorstellen, wie die Verschaltung zwischen benachbarten Kolumnen:

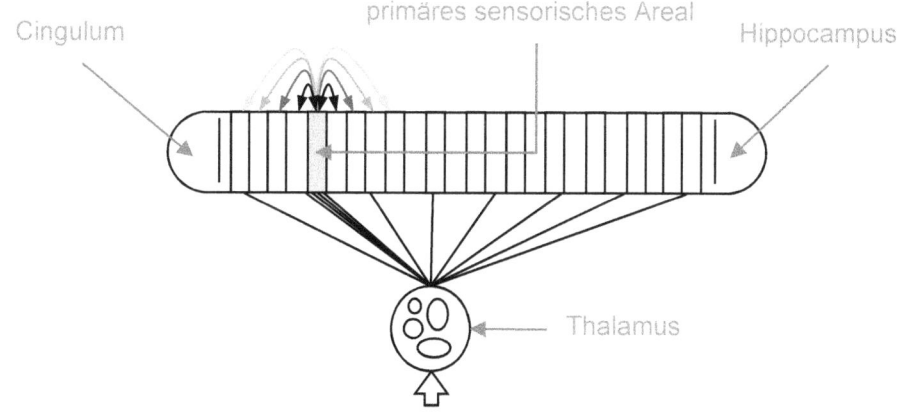

Wenn man sich in diesem Bild nun ein zweites primärsensorisches Areal vorstellt, wird klar, dass es
> …Bereiche geben wird, die vordringlich je eine Sinnesqualität repräsentieren
> …Bereiche in der Mitte geben wird, in welchen die zwei Sinne gemeinsam verarbeitet werden
> …und Bereiche am Rand geben wird, die mehr oder weniger „frei" bleiben.

Und wenn man zusätzlich auch noch ein motorisches Areal einsetzt, wird dieses – egal wo man es positioniert, da ohnehin alles mit allem verbunden ist – mit der Zeit lernen, die Inputs aus den zwei Sinnen in ein sinnvolles Output zu übersetzen, wenn es entsprechend trainiert wird.

Außerdem gibt es noch ein weiteres funktionales Prinzip, welches gerne zur Erklärung des Sehens herangezogen wird, nämlich die Unterscheidung der visuellen Verarbeitung in eine **ventrale Bahn** (in Richtung Temporallappen), auf welcher die Identifikation von Objekten, sowie die Analyse von Form und Farbe stattfindet („Was-Bahn"), und in eine **dorsale Bahn** (in Richtung Parietallappen), auf welcher relative Position, Bewegung und räumliche Tiefe, sowie teilweise Handlungsplanung zum Erreichen oder Greifen eines Objektes verarbeitet werden („Wo-Bahn").

Interessant ist hierbei unter anderem, dass im Parietalkortex auch Neuronen reagieren, wenn Gegenstände in die Nähe einer Hand kommen. Noch interessanter ist, dass dieselben Neuronen reagieren, wenn Gegenstände in die Nähe eines Werkzeuges kommen, welches der Mensch in der Hand hält. Derselbe Effekt tritt auch bei Prothesen auf, und kann sogar zur Linderung oder Heilung von Phantomschmerzen führen.

Dies ist nicht nur konzeptionell eine wichtige Unterscheidung, sondern auch neurologisch. Denn Netze auf der Was-Bahn müssen nicht-lokal sein, können daher aber Bewegung, Ausrichtung und Position von Gegenständen schlecht abbilden. Netze auf der Wo-Bahn können hingegen nicht sehr objektspezifisch sein. Aber auch diese Einteilung ist nur teilweise konsistent, und in einigen Bereichen sehr unscharf.

Nachdem wir nun einige Grundlagen zum Großhirn und dem visuellen System behandelt haben, kommen wir nun zu komplexeren Phänomenen und Fragen:

Was passiert, wenn das Areal **V1 beidseitig zerstört** wird? Es gibt zwar noch einige andere Bereiche des Kortex, die über den Thalamus Sinnesinformationen vom Sehnerv empfangen, aber Patienten mit beidseitig zerstörtem V1 fühlen sich blind. Sie geben außerdem an, kein visuelles Vorstellungsvermögen mehr zu haben, und sehen auch im Traum nichts mehr. In Wirklichkeit sehen sie aber etwas! So können sie zum Beispiel mit hoher Zuverlässigkeit richtig erraten, aus welcher Richtung ihnen ein Lichtblitz gezeigt wurde, oder welche Farbe gerade gezeigt wurde. Dies nennt man Rindenblindheit, oder „blindes Sehen" (**Blindsight**). Erstaunlicher Weise finden solche Patienten es aber gar nicht überraschend, dass sie dies können. Und es wird noch besser:

In einer Studie von de Gelder (2008) wurde ein Patient mit Blindsight ohne Vorwarnung gebeten, ohne seinen Blindenstock durch einen Gang mit lauter Hindernissen zu gehen. Er wich jedem einzelnen Hindernis problemlos aus. An einer Stelle musste er sich sogar an die Wand pressen, um einer riesigen Mülltonne auszuweichen. Als er nachher befragt wurde, gab er an, so durch den Gang gelaufen zu sein, weil ihm danach war, und nicht weil er irgendwelchen Hindernissen ausweichen wollte. Dies nennt man Konfabulation. Von den Hindernissen wusste er gar nichts.

Das, was unser Bewusstsein also primär als Sehen empfindet, könnte irgendetwas mit dem Areal V1 zu tun haben. Manche Autoren formulieren es so: „das bewusste Sehen kommt in V1 zustande". Dies ist aber bei genauer Betrachtung fast genauso schwammig wie meine Formulierung. Wir werden diese Hypothese in einem späteren Kapitel wesentlich konkreter behandeln können.

Beim **Charles Bonnet Syndrom** ist meist die Retina oder der Sehnerv zerstört. Das V1 Areal ist also noch intakt. In diesem Fall treten bei den Patienten lebhafte und komplexe visuelle Halluzinationen auf, mit Fantasie-Szenen und Gestalten, in denen Menschen manchmal verkleinert, und manchmal auch wie Comicfiguren erscheinen, oder Spiegelbilder des Patienten auftreten. Die Patienten wissen in diesem Fall, dass das Gesehene nicht echt ist. Die Szenen kommen vermutlich durch visuelle Assoziationsareale zustande, welche in V1 projizieren. Da nur die Sehbahn betroffen ist, sind diese Visionen zwar komplex und ausgestaltet, aber nicht so immersiv wie zum Beispiel ein Traum. Daher können sie vom Patienten klar als Halluzinationen erkannt werden.

Nun gibt es aber noch das seltene **Anton-Babinski Syndrom**, welches oft als besonders unerklärlich und seltsam bezeichnet wird. Tatsächlich kommen hier Teilaspekte von Blindsight mit Teilaspekten des Charles Bonnet Syndroms zusammen: Die Patienten sind durch Beschädigung des Okzipitallappens nachweislich blind. Das Problem ist nur: sie selbst sind anderer Meinung.

Ein Freund sagte letzthin zu mir, ich würde unter Wahnvorstellungen leiden. Daraufhin wäre ich fast von meinem Einhorn herunter gefallen!

Diese Patienten sehen Leute und Gegenstände um sich herum, die nicht da sind, und kollidieren mit Wänden und anderen Hindernissen, und behaupten dennoch vehement, dass sie sehen können. Das stimmt auch sicher – sie erhalten visuelle Eindrücke von höheren visuellen Bereichen (wie beim Charles Bonnet Syndrom), und wahrscheinlich auch von anderen höheren Systemen. Aber sie sehen nicht ein, dass diese Eindrücke nicht aus der realen Welt entstammen. Man kann ihnen das Gegenteil so oft beweisen wie man will, es ändert nicht viel. Wenn so ein Patient in einer unbekannten Umgebung mit einer Wand kollidiert, und man ihn nachher fragt, warum er seine Richtung geändert hat, erfindet er dafür einfach Gründe, die nichts mit seiner Blindheit zu tun haben. Sogar eine Verletzung durch so eine Kollision wird auf alle erdenklichen Arten erklärt, nur nicht dadurch, dass man mit einem deutlich sichtbaren Gegenstand kollidiert ist.

In der Psychiatrie und den Neurowissenschaften heißt es oft, es sei unbekannt, warum die Patienten ihre Blindheit leugnen, und solche Konfabulationen auftischen. Der Grund dafür sollte aber im nächsten Absatz, oder spätestens in den folgenden Kapiteln klar werden.

Ein solcher Patient hat vermutlich eine Beschädigung am neuronalen Korrelat seines Selbstmodelles, von der er nichts wissen kann. Da er aber visuelle Stimuli erfährt, und auf diese reagiert, kann er nicht bewusst erleben, wie er durch Nicht-Sehen eines Gegenstandes mit diesem kollidiert. Die Kollision widerspricht der Top-Down Projektion des erwarteten Erlebens, und wird daher nicht korrekt im Gedächtnis verankert. Der Patient erlebt also subjektiv keine Kollision, genauso wenig wie wir einen Lachreiz verspüren, wenn wir uns selbst kitzeln wollen. (Patienten mit Alien Hand Syndrom und ähnlichen Störungen können sich hingegen selbst kitzeln.)

Wenn so ein Patient also nachträglich befragt wird, warum er nach fünfundzwanzig Kollisionen mit einer Wand wieder ins Bett zurückging, wird er nur das berichten können, was er in dieser Zeit erlebt hat. Nämlich, dass er aus eigenem Willen aufgestanden, ein wenig herumgelaufen und dann ins Bett zurückgekehrt ist. Selbst wenn er sich dabei verletzt hat, wird er eine Erklärung dafür zusammenzimmern.

Schädigungen an der sekundären Sehrinde (V2) führen nicht zu Blindheit, aber dazu, dass das Gesehene nicht mehr erkannt werden kann. Dies gilt in leicht unterschiedlicher Art auch für höhere visuelle Areale.

Schädigungen an Assoziationsarealen führen oft zu so genannten Apraxien, wobei das Symptombild sich unterscheidet, je nachdem ob die Ausfälle näher an den sensorischen oder den motorischen Assoziationsarealen liegen. Generell kommt es oft zu Schwierigkeiten zwischen Objekten (Werkzeugen) und eigenen Körperteilen zu unterscheiden.

Bei der konstruktiven Apraxie (parietaler Assoziationskortex) fällt es den Betroffenen schwer, Zeichnungen (geometrische Objekte) korrekt zu erfassen und nachzuzeichnen. Man spricht von Schwierigkeiten bei der visuo-motorischen Verknüpfung.

Bei der ideatorischen Apraxie (temporo-parietaler Assoziationskortex) treten Schwierigkeiten auf, Einzelbewegungen zu einer Handlungskette zusammenzusetzen. Ein Betroffener hat zum Beispiel Schwierigkeiten damit, eine Tür aufzusperren, obwohl er den Schlüssel dazu in der Hosentasche hat, und versucht zuerst ohne Schlüssel am Schloss herumzuwerken, sucht dann nach einem Schlüssel, kann aber die Hosentasche nicht finden, und so weiter.

Und bei der Ideomotorischen Apraxie (Schädigung an motorischen Assoziationszentren) können unter anderem Handlungsabläufe nicht mehr nachgeahmt werden.

Bevor wir nun noch auf einige andere Gehirnareale (vor allem auch im frontalen, exekutiven Bereich) zu sprechen kommen, werden wir hier unser Kortexmodell etwas verfeinern:

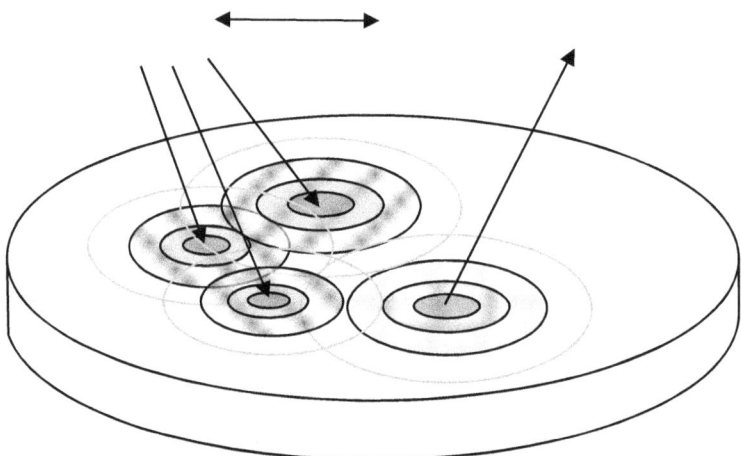

Die Zeichnung stellt den Kortex als „gebügelte" Fläche dar, mit drei schraffierten sensorischen Arealen und einem karierten motorischen Areal. An jedem Punkt findet man einen anderen Gradienten der Einflüsse der verschiedenen Areale vor. Man kann sich das auch wie einen Teich vorstellen, in den Steine geworfen werden, die Wellen an der Oberfläche auslösen. An Orten mit positiver Interferenz werden hohe Wellenberge (starke neurale Aktivität) auftreten, und an Orten mit negativer Interferenz wird es flach sein (unterdrückte neurale Aktivität) – je nachdem wo und mit welchem Timing man verschieden große Steine hinein wirft. Das motorische Areal kann man sich dabei als einen Ort vorstellen, an welchem eine kleine gelbe Gummiente schwimmt, die unseren Körper repräsentiert. Dort werden keine Steine hineingeworfen, aber es treten dennoch Interferenzen auf, da Wellen von der Gummiente reflektiert werden.

 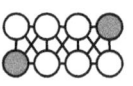 

Die Wasseroberfläche eines Teiches ist aber nur zweidimensional (darum kann die kleine gelbe Gummiente sich im Gegensatz zu unserem Körper auch nur auf- und ab bewegen). Das neurale Netz, welches der Kortex im dreidimensionalen Raum aufspannt, ist viel-tausend-dimensional. Die obige Zeichnung illustriert, wie die maximale Entfernung zwischen zwei Punkten mit Hinzunahme jeder weiteren Dimension schrumpft. Mit einer Dimension beträgt der maximale Abstand noch sieben Einheiten. Mit zwei Dimensionen nur noch drei, und mit drei Dimensionen nur noch eine Einheit. Dafür steigt die Anzahl der verschiedenen Möglichkeiten, von A nach B zu gelangen, massiv an.

Zum einen will ich mit diesen Zeichnungen die so genannten „Assoziationsareale" noch einmal etwas besser begreifbar machen. Zum anderen haben wir uns bisher nur auf Sensorik konzentriert (und damit schon fast den gesamten hinteren Teil der Gehirnrinde „gestreift", also Okzipitallappen, Parietallappen und Temporallappen). Den vorderen, exekutiven Teil des Kortex haben wir aber noch nicht besprochen.

Dieser ist leider deutlich schwerer zu erforschen. Der primärmotorische Kortex ist dabei nicht das Problem; durch Reizung kommt es zu spezifischen Bewegungen, das ist nicht sonderlich geheimnisvoll. Aber die weiter frontal gelegenen Areale, welche mit Intelligenz, Persönlichkeit, Sprache, Planung, Problemlösung und ähnlich „hohen" Funktionen assoziiert werden, stellen den Forscher vor gewisse Schwierigkeiten.

Färbeexperimente in der Sensorik zeigen auf, wie sich Signale vom jeweiligen Sinnesorgan aus weiter ausbreiten – wenn man in das Teichmodell aus der obigen Zeichnung Steine mit einer wasserlöslichen Farbe werfen würde, könnte man die Ausbreitung der Farbe beobachten, und daraus Schlüsse über die Verbindungen und Funktionen von Arealen ziehen. Dies ist relativ leicht zu interpretieren.

Aber dieselbe Technik nützt in umgekehrter Richtung nicht so viel – wenn man die Gummiente einfärbt, kann man nur die Rückkoppelungssignale erforschen, sowie die Weitergabe der motorischen Befehle an das Rückenmark. Und wenn man in einen „leeren" Bereich eine Farbe einbringt, sind die entstehenden Muster deutlich weniger aussagekräftig. Versuchstiere, mit welchen man auch gefährlichere und invasivere Experimente machen kann, können uns außerdem nicht berichten, was sie empfinden, während der Forscher an ihrem Frontalhirn Manipulationen durchführt.

Allerdings gab es in der Vergangenheit solche Experimente an Menschen(!), und es wurde berichtet, dass Patienten, denen bei vollem Bewusstsein große Teile des frontalen Kortex entfernt wurden, nicht viel davon bemerkten. Auch Färbestudien konnten durchgeführt werden, und so zumindest die primären Verbindungen des frontalen Kortex aufzeigen.

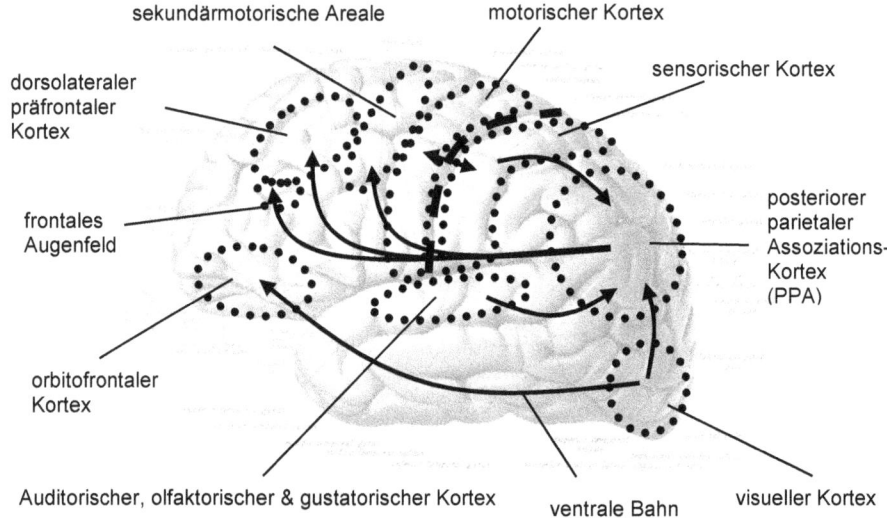

sekundärmotorische Areale   motorischer Kortex

dorsolateraler präfrontaler Kortex

sensorischer Kortex

frontales Augenfeld

posteriorer parietaler Assoziations-Kortex (PPA)

orbitofrontaler Kortex

Auditorischer, olfaktorischer & gustatorischer Kortex   ventrale Bahn   visueller Kortex

Grobe Übersicht über die makroskopischen Verbindungen der Großhirnrinde. Einige Areale sind nicht eingezeichnet, um die Abbildung überschaubar zu halten.

Darüber hinaus gibt es einige interessante Erkenntnisse, vor allem durch Verletzungen und Erkrankungen des Frontalhirns.

Am einfachsten ist der Fall beim **primären motorischen Kortex** (und beim **frontalen Augenfeld**, welches die „vorsätzlichen" Bewegungen des Auges initiiert). Wie schon die Abbildung mit den Homunculi angedeutet hat, enthält der motorische Kortex eine somatotopische Karte des Körpers. Der Körper ist allerdings nur grob und stark überlappend abgebildet, und nicht etwa Muskel für Muskel. Aus dieser Sicht ist die somatotopische Karte ein wenig irreführend. Außerdem ist zum Beispiel die Hand mindestens in drei kortikalen Karten abgebildet.

Wenn der Motorkortex punktuell elektrisch gereizt wird, kommen nicht etwa simple Bewegungen oder Zuckungen zustande, sondern komplexe, zusammengesetzte Bewegungen. Es wird dann zum Beispiel die Hand ausgestreckt und zugegriffen, oder die Hand zum Mund geführt, und dieser geöffnet. Es wird dort also eigentlich ein Verhaltensrepetoir mit ungefähr somatotopischer Anordnung abgebildet, und nicht einfach nur der Körper. Schädigungen des primären Motorkortex führen dementsprechend zu verschiedensten, komplexen Lähmungserscheinungen, und nicht zur Lähmung eines einzelnen Muskels.

Vorderhalb, direkt neben dem primären Motorkortex, liegen der **Prämotorkortex** und der **supplementäre motorische Kortex (SMA)**. Wie schon bei den sekundären sensorischen Arealen, ist die „Funktion" hier wesentlich schwieriger zu beschreiben. Man spricht oft von „Beteiligung an der Bewegungsplanung", dem „Führen von Bewegungen", der „Koordination von linker und rechter Seite", von der „Koordination des zeitlichen Ablaufs von Bewegungssequenzen", aber auch vom „Verstehen der Aktionen anderer Menschen".

Wie der primäre motorische Kortex, haben auch der Prämotorkortex und der supplementäre Motorkortex direkte Projektionen ins Rückenmark. Die Unterteilung zwischen den beiden Arealen ist daher (und aus einigen anderen Gründen) inzwischen umstritten. Man kann sich aber vorstellen, dass es von vorne nach hinten einen Gradienten gibt, wobei einfachere Bewegungen eher vom hinteren Teil (primärmotorisch), und komplexere Handlungen eher vom vorderen Teil (prämotorisch) initiiert werden.

Die direkten Verbindungen ins Rückenmark werden vermutlich ebenfalls von hinten nach vorne immer dünner gestreut, wohingegen die Verbindungen in den präfrontalen Kortex zunehmen.

Die tatsächliche Ausprägung von Bewegungen wird allerdings unter anderem vom Kleinhirn stark moduliert. Man kann sich also vorstellen, dass die beiden motorischen Areale eher ein „Konzept" einer Bewegung auslösen, während „niedrigere" Zentren dieses dann erst in konkrete Muskelaktivitäten „übersetzen".

Wichtig zu wissen ist außerdem, dass in diesen Arealen (und vielen weiteren) auch Aktivität stattfindet, wenn man sich Bewegungen nur vorstellt, oder bei anderen Menschen beobachtet. Von dieser Beobachtung kommt der Ausdruck der so genannten „Spiegelneurone", welche wir in späterer Folge noch behandeln werden.

Für den **präfrontalen Kortex** (also den frontalen Kortex abzüglich der motorischen Areale) ist es deutlich schwieriger, Funktionen zuzuordnen. Die Bereiche, die näher am limbischen System sind, verarbeiten Angst und Risiko, Emotionen, Motivation und Belohnung, Entscheidungsfindung, Erwartungshaltung und Vorhersage (zusammen mit Teilen des cingulären Kortex), Impulskontrolle, Konfliktresolution, Selbstkritik, soziales und strategisches Denken, und sind beteiligt an Planung und Arbeitsgedächtnis. Letzteres betrifft vor allem den dorsolateralen Präfrontalkortex, welcher im Schlaf und beim normalen Träumen „inaktiv" ist, während er beim luziden Träumen Aktivität mit der schon erwähnten Frequenz von 40 Hertz zeigt. Aus diesem und weiteren Gründen wird hier von Bewusstseinsforschern oft ein starker Zusammenhang mit dem Bewusstsein impliziert.

Für den ganzen frontalen Kortex kann man sagen, dass er unter anderem die Fähigkeit hat, zukünftige Konsequenzen des eigenen Handelns zu bewerten, gute von schlechten Handlungsalternativen zu unterscheiden, sowie die Ähnlichkeit von Handlungen und Ereignissen zu beurteilen, und sozial oder strategisch ungünstige Reaktionen zu unterdrücken. Außerdem spielt er, wie schon so viele andere Teile der Großhirnrinde, eine Rolle nicht nur beim Arbeitsgedächtnis, sondern auch beim Langzeitgedächtnis.

Anhand der Aufteilung von „Funktionen" im frontalen Kortex (man unterscheidet funktional den dorsolateralen, ventrolateralen, orbitofrontalen, ventromedialen und frontopolaren Teil) hat Patrick Haggard ein Modell aufgestellt, welches man ungefähr so zusammenfassen kann: vorsätzliche Handlungen werden durch Motivation begründet (frühe wenn-Entscheidung), durch Handlungsauswahl bestimmt (was-Entscheidung), durch äußere Einflüsse getriggert (wann-Entscheidung), und durch eine Ergebnisvorhersage im letzten Moment unterdrückt oder zugelassen (späte wenn-Entscheidung). Das Modell ist sehr generisch, in vielen Fällen auch sehr zutreffend, und deckt sich recht gut mit den Funktionskorrelaten der einzelnen Frontalhirnteile.

Dem frontalen Kortex, oder Teilen davon, wird außerdem von verschiedenen Forschern der Sitz der „Vernunft", oder der „Intelligenz" unterstellt. In vielen dieser funktionalen Zuordnungen finden sich aber starke Überschneidungen mit den vermuteten Funktionen anderer Kortexareale, vor allem auch des insulären Kortex, dem unter anderem auch kognitive und soziale Funktionen, sowie eine starker Zusammenhang mit dem Bewusstsein zugeschrieben wird.

Die Symptome bei Schädigungen des Frontalhirns sind so vielfältig wie die obigen Funktionszuweisungen. Wir werden hier nur ein paar besonders auffällige und seltsame Phänomene behandeln. Dies soll aber nicht ein verzerrtes Bild erzeugen. Die meisten der im Folgenden beschriebenen Erscheinungen sind ziemlich selten.

Ein recht typisches Phänomen bei Frontalhirnverletzungen ist, dass Patienten zwar die passende Reaktion auf eine Situation kennen und beschreiben können, diese dann aber in einer realen Situation nicht zustande bringen. Vereinzelt kommt auch Konfabulation ins Spiel.

Selten kommt eine „reduplikative Paramnesie" zustande. Das bedeutet, dass die Patienten den Ort, an dem sie sich befinden, für ein Duplikat eines anderen, echten Ortes halten. Ähnlich ist es beim Capgras Syndrom, wo die Patienten der Meinung sind, dass ein guter Freund, Verwandter oder eine andere Person durch einen Doppelgänger ersetzt wurde, der nur vorgibt die jeweilige Person zu sein. Dem Patienten fehlt vermutlich die gewohnte emotionale Färbung seiner Wahrnehmung.

Sehr ähnlich, aber noch schwerwiegender ist das Fregoli Syndrom, bei dem der Patient glaubt, dass verschiedene Personen in Wirklichkeit immer dieselbe Person in einer Art Verkleidung sind, was manchmal zu Paranoia führt. Vermutlich werden hierbei bekannt aussehende Personen immer mit demselben bekannten Gesicht assoziiert.

Manchmal treten auch Kombinationen von Capgras und Fregoli Syndrom auf. Außerdem kann das Fregoli Syndrom vermutlich auch durch, oder zusammen mit Schädigungen am Gyrus Fusiformus auftreten, und es gibt noch weitere, verwandte Formen dieser beiden Störungen.

Zuletzt soll noch das Cotard Syndrom erwähnt werden, welches über eine vermutete Ursache im parietalen Assoziationsbereich vielleicht nur indirekt mit dem Frontallappen zusammenhängt. Bei diesem glauben die Patienten tot zu sein, oder nicht wirklich zu existieren, oder dass Teile von ihnen tot sind, oder nicht existieren. Zugleich glauben viele von ihnen paradoxerweise auch unsterblich zu sein. Auch hier dürfte der Gyrus Fusiformus involviert sein, und vermutlich auch die Amygdala.

Dies alles sind weitere Gründe, warum dem Frontallappen häufig eine essentielle Beteiligung (und manchmal mehr) am Phänomen des Bewusstseins zugeschrieben wird.

Die vermuteten Zusammenhänge mit dem Bewusstsein halte ich grundsätzlich für richtig, aber in der Form nicht zur Erklärung des Bewusstseins nützlich. Es mag durchaus richtig sein, dass Aktivität im präfrontalen Kortex, genauso wie im insulären Kortex, mit bestimmten Aspekten des „Bewusstseins" – frontal wohl mehr kognitiv, insulär wohl mehr körperlich – korrelieren, je nachdem wie die jeweiligen Forscher Bewusstsein definieren. Aber das bringt uns der wahren Natur des Bewusstseins nicht näher, und erklärt auch nicht, warum Menschen mit großflächigen Schäden an den genannten Arealen sehr wohl immer noch ein Bewusstsein haben. Darüber werden wir uns aber in weiterer Folge noch unterhalten.

Ich will mit meinen manchmal sarkastischen Formulierungen in diesem Kapitel aber nicht die Neurologen provozieren, oder behaupten, dass funktionale Untersuchungen des Großhirns sinnlos sind. Es ist insbesondere für die Chirurgie sehr wichtig, zumindest grob vorhersagen zu können, mit welchen Ausfällen ein Patient zu rechnen haben wird, wenn an dieser oder jener Stelle operiert werden muss. Außerdem haben diese Untersuchungen (insbesondere jene am Kortex) trotz ihrer relativen Unschärfe signifikant dazu beigetragen, das Gehirn zu verstehen. Was ich aber sehr wohl kritisiere sind Computeranalogien und reißerische populärwissenschaftliche Darstellungen, die das menschliche Gehirn – oder Teile davon – als eine Sammlung von funktionalen Einheiten darstellen. Dies bringt unser Verständnis nicht voran, eher im Gegenteil.

7.6 Was ist so besonders am frontalen Kortex?

Schon 1872 hat William Henry Broadbent festgestellt, dass der frontale Kortex etwas besonderes, ja sogar der eigentliche Sitz des Intellekts sein dürfte, weil er keine direkten sensorischen und motorischen Afferenzen und Efferenzen hat. Diese Erkenntnis ist erstaunlich, auch weil zu dieser Zeit noch nicht bekannt war, wie neurale Netze funktionieren. Die folgende Abbildung veranschaulicht dies, sowie einen weiteren dimensionalen Ansatz, der dem „geplätteten" Kortex einer Gehirnhälfte einen vertikalen Gradienten zwischen emotionalen und mnemonischen (das Gedächtnis betreffenden) Bereichen zuweist.

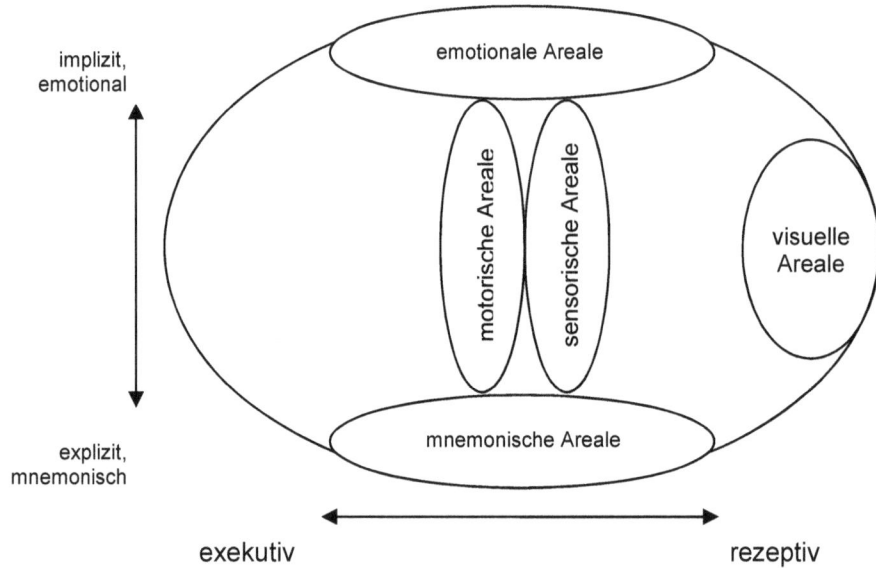

Oben (in Wirklichkeit tief in die fissura longitudinalis hinein gefaltet) befindet sich der cinguläre Kortex, und unten (in Wirklichkeit nach innen gestülpt), nach dem Temporallappen, der Hippocampus. Am okzipitalen Pol ist dieser Verlauf nicht vorhanden, da hier weder Cingulum noch Hippocampus hin reichen, wie man auch am nachfolgenden Saggitalschnitt erkennen kann. Und am frontalen Pol fließen die Extreme deutlich ineinander.

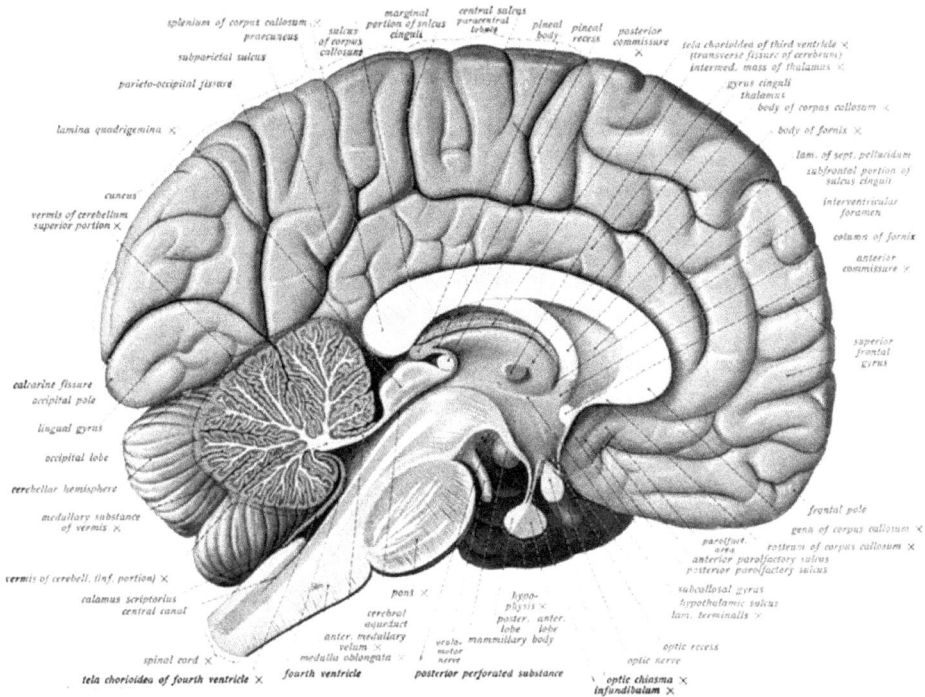

Der frontale Kortex ist also beinahe wie eine neurale Sackgasse (zugegeben ein sehr hinkender Vergleich), und ich vermute auch, dass die Dimensionalität der Eingänge höher ist, als die der Ausgänge, was teilweise erklären könnte, warum wir uns so vieles in nur einem Gedankengang vorstellen können, was wir nicht ohne weiteres ausdrücken können. Der frontale Kortex ist also vielleicht eine Art Verhandlungsmasse des Primatengehirns (schon wieder ein hinkender Vergleich) – ein evolutionärer Überschuss, der hauptsächlich Information aus anderen Bereichen der Großhirnrinde erhält, diese integriert, und durch das Nadelöhr seiner Sprache, Mimik und Gestik sowie seiner Handlungen (inklusive der Kunst) wieder auszudrücken versucht.

Eine weitere Besonderheit ist der Umstand, dass sich der frontale Kortex besonders langsam entwickelt, und die Entwicklung beim Menschen erst in der späten Jugend / Pubertät abgeschlossen wird.

Es wird übrigens auch in der heutigen Forschung immer wieder einmal das eine oder andere Detail entdeckt, in dem sich das Frontalhirn des Menschen von dem anderer Säugetiere unterscheidet, und von welchen man sich einreden kann, dass es diese Unterschiede sein müssen, die den Menschen, im Gegensatz zu anderen hochintelligenten Primaten, zu seiner Hochkultur verholfen haben.

Das glaube ich nicht. Zumindest glaube ich nicht, dass diese Entwicklung einer Zivilisation hauptsächlich durch eine Entwicklung des Frontalhirnes zustande gekommen ist. Im Vergleich zum Gorilla und zum Delphin sieht unser Frontalhirn meiner Ansicht nach recht ärmlich aus. Ich denke vielmehr, dass zumindest im selben Ausmaß – wenn nicht sogar hauptsächlich – Zufall und körperliche Nachteile den Menschen in seine soziale und instrumentale Intelligenz, und damit in eine Zivilisation getrieben haben.

Der Gorilla und der Bonobo haben es nicht nötig, sich zu bewaffnen und Feuer zu entfachen. Der Gorilla hat von Raubtieren im Allgemeinen wenig zu befürchten, eher umgekehrt. Und der Bonobo ist ein geschickter Kletterer. Aber wenn man sich einmal die plumpen Füße und die mickrige Gestalt der Gattung Homo Sapiens ansieht, muss man sich beinahe wundern, wieso er nicht überhaupt ausgestorben ist. Für Leoparden (80 kg, 60 km/h) oder Polarbären (500 kg, 40 km/h) sind wir so etwas wie Essen auf Rädern – selbst der schwächste unter ihnen kann sich ein Menschlein ohne große Anstrengungen einverleiben. Ohne Werkzeuge und Feuer gäbe es uns wahrscheinlich nicht mehr. Wir werden uns darüber beim Thema Baldwin-Effekt in Kapitel 10 noch einmal unterhalten.

Davor sollten trotzdem noch die gängigen Theorien zum Frontalhirn erwähnt werden, die sich vorwiegend in folgende Lager aufspalten:

- Einzelprozesstheorien: das Frontalhirn führt im Grunde einen mehr oder weniger uniformen Prozess aus, deshalb werden bei Schädigungen viele exekutive Symptome ausgelöst. Wenn man die Tätigkeit eines neuralen Netzes als „Einzelprozess" sehen möchte, ist das nicht ganz falsch. Allerdings ist das biologische neurale Netz nicht uniform, und es ist am gesamten Neokortex gut ersichtlich, dass es sehr wohl lokale Unterschiede in der Tätigkeit desselben gibt.

- Multiprozesstheorien: das Frontalhirn ist eine Sammlung an funktional unterschiedlichen Systemen, die im Alltag auf typische Art und Weise zusammenarbeiten. Wenn man die Tätigkeit eines flächigen neuralen Netzwerks anhand seiner Flaschenhälse (Ein- und Ausgänge) als Summe der Tätigkeit von Subnetzen sehen will – von mir aus. Aber an den Schwierigkeiten der Funktionszuordnung von kortikalen Einzelflächen, und den individuellen Unterschieden solcher Lokalisationen, kann man die Einschränkungen eines solchen Ansatzes gut sehen.

- Konstrukt-Theorien: die meisten frontalen Funktionen können durch ein einziges homogenes Konstrukt wie „Arbeitsgedächtnis" oder „Inhibierung" verstanden werden. Dies fasse ich wohlwollend auf, als eine Anspielung auf die Tatsache, dass unsere Bezeichnungen für kognitive Funktionen in Wirklichkeit Konstrukte sind. Dann ist es aber auch ein Konstrukt, den Begriff Arbeitsgedächtnis so umzudefinieren, dass er fast alle Funktionen des Frontalhirnes umfasst.

- Einzelsymptomtheorien: spezifische Ausfallserscheinungen beruhen auf einem Prozess eines dahinterstehenden Einzelsystems. Wenn man ein verteiltes und scheinbar spontan rekrutiertes* Subset eines neuralen Netzes als Einzelsystem betrachten will, ist das nicht ganz falsch. Allerdings sind diese „Einzelsysteme" temporär, und die „Einzelsymptome" in Wirklichkeit individuell verschieden. Es gibt also keine wirklich spezifischen Ausfallserscheinungen, sondern nur mehr oder weniger gut abgrenzbare Kategorien von Ausfallserscheinungen.

* In der Neurologie spricht man von „spontan rekrutierten Netzwerken" wenn man am fMRI beobachten kann, wie beim Ausführen bestimmter Tätigkeiten das Gehirn eben verschiedene Bereiche zu einem systematischen Zusammenspiel aktiviert. Das ist eine etwas naive Projektion einer Intentionalität, in etwa wie die Aussage eines Computerbenutzers, der meint „der Computer mag mich heute nicht".

In Summe sind diese Theorien für mich entweder Ausdruck des nicht-Verstehens der holistischen und emergenten Eigenschaften neuraler Netze, oder wohlwollend betrachtet zumindest Ausdruck der Hilflosigkeit, diese Eigenschaften plastisch und verständlich zu erklären. Irgendwo (und sinngemäß in mehreren Büchern und Publikationen) habe ich sogar den folgenden Satz gelesen: „Weitere Forschung wird zeigen, ob eine einheitliche Theorie für die Funktion des Frontallappens gefunden werden kann, welche die Vielfalt seiner Funktionen vollständig abdeckt."

Wieso nicht gleich eine Theorie, die die „Funktion" des gesamten Gehirnes in der Vielfalt seiner Funktionen vollständig abdeckt? Tatsächlich ist es so, dass man entweder die Funktionsweise eines neuralen Netzes versteht, oder eben nicht. Wenn man sie versteht, ist einem auch klar, dass ein neurales Netz ab einer gewissen Größe (sofern die Gewichtungen nicht eingefroren wurden) keine eindeutige, scharf abgrenzbare Funktion erfüllt, da es sich beim Erfüllen seiner „Funktion" kontinuierlich verändert (anpasst), und somit sofort danach schon eine andere „Funktion" erfüllt.

Die „Funktion" des Gehirns aus evolutionärer Sicht ist „Intelligenz", also wie Eingangs definiert, die Fähigkeit eines Lebewesens sein eigenes Verhalten so zu gestalten, dass es seine Ziele effizient erreicht. Die evolutionären „Ziele" sind das Überleben, und in Ausdrucksweise der „egoistischen Gene" das Weitergeben von erfolgreichen Mechanismen an die nächste Generation, sowie das Erzeugen ebendieser. Das Bewusstsein ist – wie ich später begründen werde – ein Teil dieser Intelligenz, und bietet genauso einen evolutionären Vorteil.

Die Beteiligung des Frontallappens an Intelligenz und Bewusstsein wird meiner Meinung nach etwas überbewertet, da exekutive Leistungen als wahrgenommene Intelligenz und wahrgenommenes Bewusstsein nach außen deutlich sichtbar werden, rezeptive Leistungen aber nicht unbedingt. Intelligenz und Denken besteht aber nicht nur aus proaktivem Analysieren, Planen und Vorbereiten, welches direkt in Handeln übergeht, sondern auch aus passivem Wahrnehmen, Erinnern und Interpretieren. Der Autist wird daher vom Laien manchmal als dumm und zurückgeblieben wahrgenommen. Wenn man ihn aber doch irgendwie dazu bringen kann einen Intelligenztest auszufüllen, oder anderweitig seine Fähigkeiten exekutiv anzuwenden, fällt er oft durch herausragende Leistungen zumindest in manchen Bereichen auf.

8 Neuronale Korrelate und kognitive Phänomene

Gehirnareale sind nicht für Funktion *zuständig*, sondern es korrelieren Aktivitäten bestimmter Regionen nur mit dem Ausführen bestimmter Funktionen! Diesem Umstand wird mit dem Begriff „neuronale Korrelate" Rechnung getragen. Ein neuronales Korrelat ist eine Region des Gehirns, oder ein Komplex aus mehrere Regionen, dessen Erregung mit dem Ausführen einer bestimmten Funktion *korreliert*. Im Detail unterscheiden sich diese Verortungen individuell sogar bei sehr scharf umgrenzten, und neurologisch sehr gut verstandenen Funktionen.

Aber nur weil eine Funktion durch Zerstörung eines kleinen Areals der Gehirnrinde gezielt und nachhaltig vernichtet wird, heißt das nicht, dass diese Fähigkeit dort lokal irgendwie vorliegt, und deswegen realer ist als eine Fähigkeit, die nicht lokal verortet werden kann. Die Engramme – so bezeichnet man die postulierten physischen Korrelate der im Gehirn vorliegenden Information – bestehen beim künstlichen neuralen Netz aus seinen Gewichtungen und Aktivierungsfunktionen. Im biologischen Netz bestehen sie aus Epigenetik, Proteomik, der Topologie von Dendriten und Axonen und vielem mehr.

Einige „Funktionen", wie das Gedächtnis, die Intelligenz und das Bewusstsein, aber auch die Emotionen, das Vorstellungsvermögen, das Lernen, Planen und Denken – also die Themen der folgenden Kapitel und weitere „Funktionen", auf die ich in diesem Buch nicht eingehe, sind holistischer und emergenter Natur, und man wird daher nie ein neuronales Korrelat für solche „Funktionen" finden, das sich auf wenige kleine Gehirnareale und -kerne begrenzen lässt. Ihre Engramme sind über große Teile des Gehirns verteilt.

Wir können jederzeit einen neuen Begriff für eine neue Art von Denktätigkeit erfinden, wie dies in der Geschichte immer wieder vorkommt, bei der Weiterentwicklung unserer Sprachen, und dann mühevoll nach einem neuronalen Korrelat dieser „Funktion" suchen. Je nachdem wie weit dieser Begriff gefasst ist, und wie die „Funktion" neurologisch tatsächlich zustande kommt, wird man entweder eine einzelne Kolumne, ein kleines Areal, einen Komplex aus mehreren Regionen, oder eben gar kein lokal begrenztes neuronales Korrelat, sondern nur ein makroskopisches Erregungsmuster dafür finden. So gesehen kann man alles im Gehirn finden, was man sucht – also zumindest all jenes, was wir in Worte kleiden, und der menschlichen Tätigkeit oder dem menschlichen Verhalten zuschreiben können.

Dies gilt sowohl für „normale" wie auch für pathologische Verhaltensweisen. Ich vermute, dass jedes psychische Phänomen, das wir erfinden können, tatsächlich auftreten kann – wenn nicht zufällig, dann zumindest dadurch, dass sich ein Individuum dieses Symptom lange und intensiv genug „einredet" und damit antrainiert.

Exzitatorische Verhaltensweisen sind – vereinfacht ausgedrückt – allerdings deutlich einfacher zu trainieren, als inhibitorische. (Ich meine damit, dass es leichter ist, sich etwas Neues anzutrainieren, als etwas bereits Automatisiertes wieder loszuwerden.) Glaube versetzt Berge, zumindest in unserem Gehirn. Was ich mir lange genug einrede, wird für mich so wahr, wie alle Wahrheiten, die wir im Kapitel 3.1.3 als Beispiele aufgeführt haben.

Wenn ich nun also frei nach Lust und Laune ein Phänomen erfinde, bei welchem sich ihre rechte Hand verselbstständigt, und versucht, sie zu erwürgen – kann dieses Phänomen dann tatsächlich auftreten?

Die Idee kam schon in Stanley Kubricks köstlichem Film „Dr. Strangelove" vor, in welchem der so genannte Dr. Strangelove (gespielt von Peter Sellers) genau dieses Problem hat. Aber auch Stanley Kubrick hat dieses Phänomen nicht frei erfunden. Ich habe den Leser veräppelt. Dieses Phänomen gibt es tatsächlich – es wird Alien Hand Syndrom genannt!

Und es gibt sogar ein zweites Syndrom, das Anarchic Hand Syndrom, welches sich vom Alien Hand Syndrom – vereinfacht ausgedrückt – dahingehend unterscheidet, dass beim Anarchic Hand Syndrom dem Betroffenen eher motorisches Kontrollgefühl fehlt, während ihm beim Alien Hand Syndrom eher das sensorische Kontrollgefühl abgeht. (Im Gegensatz zur Asomatognosie, bei der ein Arm oder ein Bein nicht als zum eigenen Körper gehörig empfunden wird, und sich der Patient beklagt, dass man zum Beispiel ein totes Bein zu ihm ins Bett gelegt habe.)

In den meisten solchen Fällen sind im Corpus Callosum oder im Frontalhirn Schäden festzustellen. Bei den ersteren Fällen sind die Symptome ähnlich wie bei Split-Brain Patienten. Während die eine Hand eine Zigarette zum Mund führt und das Feuerzeug vorbereitet, nimmt die andere Hand die Zigarette wieder weg und wirft sie zu Boden. Bei der vorwiegend frontalen Variante kommt es vermehrt zu disinhibiertem Verhalten, und die „Alien Hand" greift nach Dingen und verwendet zeitweise ohne Bedarf alle Gebrauchsgegenstände, die irgendwie in ihre Reichweite kommen.

Aufgrund des Verlaufes der Arteria Cerebralis Anterior kommt es auch oft zu einer Kombination dieser Phänomene. Dabei kommt es manchmal tatsächlich zu einem Kampf zwischen den beiden Händen eines Betroffenen, und es sind eben tatsächlich Fälle bekannt, in welchen ein Patient dagegen ankämpfen musste, in der Nacht von seiner eigenen Hand erwürgt zu werden.

Es gibt aber auch Varianten mit parietalen, oder okzipitalen Schädigungen, in welchen die Hand vermehrt vor Gegenständen zurückweicht, und sich scheinbar weigert, bei Tätigkeiten mitzuhelfen. Auch dies geschieht scheinbar zielgerichtet und mit Absicht, aber eben – subjektiv empfunden – nicht der Absicht des Patienten. Die Symptome sind allerdings oft nicht so eindeutig und klar umgrenzt, wie ich es hier vereinfacht beschreibe.

Das Alien Hand Syndrom steht in Zusammenhang mit einem der vielen Mechanismen, die sich *nicht* auf ein überschaubares neuronales Korrelat zurückführen lassen, nämlich mit dem „Handlungsbewusstsein" (Englisch: sense of agency). Es wird vermutet, dass dieses Handlungsbewusstsein nicht vor, sondern *nach* einer Handlung zustande kommt, und von der Reihenfolge und dem Timing der Wahrnehmungen der eigenen Handlungen abhängt. Dies werden wir weiter unten noch besprechen.

In Wirklichkeit gibt es in so hochdimensional verbundenen neuralen Netzen wie dem Kortex keine statischen, auf nur ein Subset der Neuronen beschränkte Funktionen – sie sind alle mehr oder weniger holistisch und emergent. Bestenfalls kann man sagen, dass ein hochvariables neurales Netz, wie das menschliche Gehirn, mit seinen ineinander verflochtenen topologischen, zytologischen und proteomischen Permutationen dazu neigt, bestimmte lokale Korrelate zu entwickeln, welche wir mit intuitiven Begriffen bestimmter kognitiver Leistungen in Übereinstimmung bringen können.

Im worst-case kann ein einzelnes Neuron (kurzfristig) einen signifikanten Unterschied machen, im best-case macht ein ganzes Gehirnareal (langfristig) keinen signifikanten Unterschied – je nachdem wie hoch die Informationsdichte oder Redundanz der Engramme an dieser Stelle ist, und wie schnell die betroffenen Mechanismen durch funktionelle Anpassungen („Plastizität") an anderer Stelle rekonstruiert werden.

Einem rekurrenten neuralen Netz mit genügend Redundanz (also „versteckten" Schichten, die größer als die minimale Kodierung der zu verarbeitenden Informationen sind) und genügend redundanten Teilsystemen (also Eingang-Ausgang Ketten, welche in Summe dieselbe Funktion erfüllen) können wir eine bestimmte Menge Neuronen einfach wegnehmen, und es wird die damit verschwundenen Mechanismen sogar ohne spezielles Training mit der Zeit im Rest des Netzwerkes funktionell rekonstruieren, da sich verschiedene Bereiche des Netzes gegenseitig regeln und ergänzen, und weggefallene aber erwartete Antworten rekurrent „einfordern". Ein entsprechend angelegtes Gehirn kann sich verlorene Mechanismen sozusagen selbst wieder antrainieren. (Wenn dies durch Training oder äußere Einflüsse begünstigt wird, wie dies bei Schlaganfallpatienten oder postoperativen Epileptikern normalerweise der Fall ist, geht es allerdings sicher schneller.)

*Als einfaches Beispiel kann man sich vorstellen, dass einem
Menschen durch einen sehr kleinen Schlaganfall im Bereich des
primären motorischen Areals die Fähigkeit verloren geht, mit der
rechten Hand zuzugreifen. Er kann Hand und Finger aber sehr wohl
noch gezielt bewegen; es ist nur das Engramm für eine
automatisierte Greifbewegung verloren gegangen. Da er der Hand
bei ihren Bewegungen zusehen kann, und weiß, wie es aussehen
und sich anfühlen muss, wenn er korrekt zugreift, kann er dies in
kürzester Zeit wieder erlernen. Alle anderen beteiligten Systeme
trainieren die vorübergehend verlorene Fähigkeit dem an die
Beschädigung angrenzenden Areal einfach neu an.*

Aber die menschliche Sprache ist genauso wie die Mathematik, oder meine
mühsam erstellten Zeichnungen, nur eine Krücke, um ein so komplexes
System zu beschreiben. Die sprachlichen Begriffe, die wir für unsere
Denktätigkeit erfunden haben, stammen aus der Beobachtung ebendieser.
Also entweder durch Beobachtungen an anderen Menschen, oder durch
Introspektion an uns selbst. Sie sind daher immer entweder übervereinfacht
oder zu allgemein, um genau auf ein einzelnes Gehirnareal zuzutreffen.

Dennoch ist es nicht unmöglich das Gehirn zu verstehen. Verstehen muss
zuerst subjektiv sein, und dann konsensual werden. Das einzige was neben
dem Konsens der Masse dazu also benötigt wird, ist ein mentales Modell,
welches wir akzeptieren, und welches uns zufriedenstellt in dem Sinne,
dass es keine Widersprüche und bohrende Fragen offen lässt.

Da aber derzeit die Meinung über das Verstehen des menschlichen
Gehirnes noch von Menschen dominiert wird, die es nicht unterlassen
können, in fast allen Fachbüchern und Publikationen immer wieder zu
betonen, dass das Gehirn eben nicht verstanden wird, und nicht von denen,
die behaupten es zu verstehen, und dafür bestenfalls belächelt werden, wird
zumindest ein konsensuales Verstehen nicht von heute auf morgen
zustande kommen. Aber vielleicht kann ich in den folgenden Kapiteln beim
Leser zumindest ein subjektives Verstehen erzeugen.

8.1 Emotionen, Angst & Freude

Das menschliche Gehirn ist kein isoliertes System. Es ist von Anfang an
äußeren Einflüssen ausgesetzt, die ihm aus evolutionären Gründen
entweder vorteilhaft oder ungünstig erscheinen. Zu Beginn geschieht dies
„mechanisch", und nicht kognitiv. Hunger, Durst, Schmerz, Kälte, Hitze und
dergleichen werden nicht von Beginn an kognitiv differenziert – man fängt
einfach zu Heulen an, und die Mama wird es schon richten. Sind alle
Bedürfnisse befriedigt, schläft man einfach ein und gibt dem Gehirn Zeit, die
Gewichtungen anzupassen, um Zusammenhänge, die zur Zufriedenheit
geführt haben, abzubilden und zu stärken. Dabei entsteht im Normalfall eine
starke emotionale Bindung zur Mutter.

Der Drang zur Bewegung ist ebenfalls evolutionär in die Wiege gelegt. Unwohlsein führt nicht nur zu Heulen, sondern unter anderem auch zu Strampeln, Suchen und dem Öffnen und Schließen von Mund und Händen. Irgendwann, wenn die Mutter das Säugen eingestellt hat, erkundet man scheinbar spielerisch die Zusammenhänge zwischen Hunger, Geruch, Krabbeln, Greifen, in den Mund stecken, Schmecken, und dann entweder Kauen und Schlucken, oder Ausspucken und Heulen. Führt das Verhalten zu Erfolg, wird es verstärkt. Dabei gilt zuerst einmal Schlucken als Erfolg, es ist also alles essbar, was nicht eklig schmeckt oder weh tut – auch das Legospielzeug der älteren Geschwister, oder die Haarbällchen der Katze. Führt das Verhalten nicht zu Erfolg, wird es modifiziert oder abgeschwächt. Das Heulen bei Misserfolg bleibt aber erhalten, das ganze Leben lang. Es nimmt nur klarer differenzierte und (meistens) subtilere Formen an.

Es ist nämlich zusammen mit weiteren Emotionsäußerungen ein sozialer Kommunikationsmechanismus – die erste Sprache aller Säugetiere. Trauer, Angst, Aggression, Freude, Lust, Langweile und andere höher differenzierte Emotionen werden erlernt, aus den angeborenen Meide- oder Anstrebeverhaltensweisen, den Resultaten die daraus entstehen, und dem Feedback von Bezugspersonen.

Lachen ist nicht zum Spaß da! Es ist ein Mechanismus, der bei Überschuss den Rest der Gruppe zur Beute lockt, auch wenn wir das subjektiv aus Gier vielleicht gar nicht wollen. Lachen macht aber Spaß, damit wir es wieder tun, obwohl wir einen potentiellen individuellen Nachteil dadurch erfahren können. Und wer nicht „dabei" ist, fühlt sich schnell ausgeschlossen. Der Evolution ist nicht das Individuum wichtig, sondern nur das „egoistische Gen", und damit das Überleben der Art, und nicht des einzelnen Individuums, welches sich ja auch beim besten Willen nicht alleine fortpflanzen kann. Im Gegensatz zum „Heulen" wird das Lachen (wie auch andere Teile der Mimik und viele Gesten) zuerst oft durch Imitation aktiviert, und später erst mit anderen Phänomenen in Zusammenhang gestellt.

Wenn wir uns noch einmal den dimensionalen Ansatz unseres Kortexmodells in Erinnerung rufen (unten noch einmal vereinfacht dargestellt), können wir uns vorstellen, dass ein phylogenetisch altes, evolutionär schon bei der Geburt vorangelegtes, und teils hormonell getriggertes Emotionssystem einem ebenfalls phylogenetisch alten und evolutionär angelegtem Speichersystem „orthogonal" gegenübersteht, und die dazwischenliegenden „freien" neuralen Netze komplexere und weniger komplexe Verbindungen zwischen Wahrnehmungen und Handlungen in der persönlichen Geschichte auf einer Seite, und verschiedene Formen von Wohlsein und Unwohlsein auf der anderen Seite abbilden können.

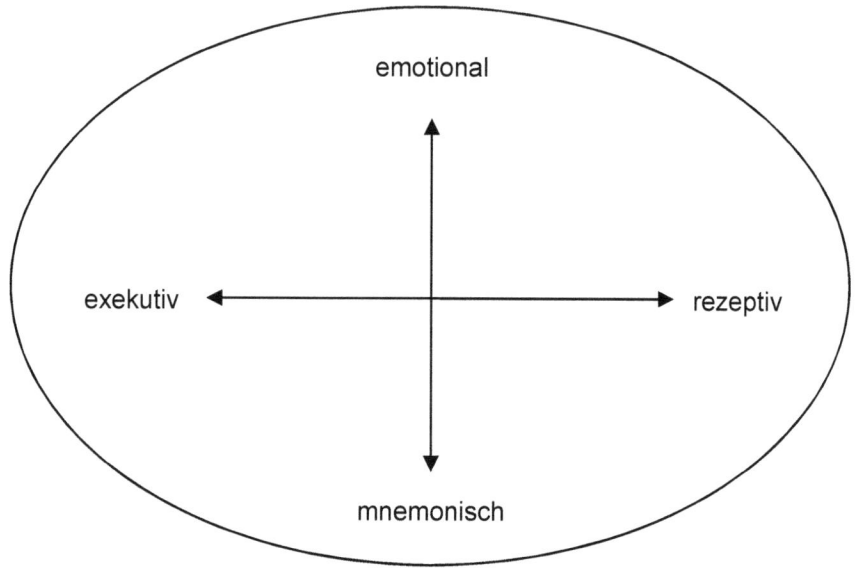

Dabei steht zu Beginn vor allem ein sehr **mechanischer** Regelkreis im Vordergrund (erste Zeile der folgenden Abbildung), der durch Lernen und daraus resultierender Abstraktion mit einem komplexeren **emotionalen** Regelkreis ergänzt wird (zweite Zeile), und zuletzt mit einem **kognitiven** Regelkreis (dritte Zeile) erweitert wird:

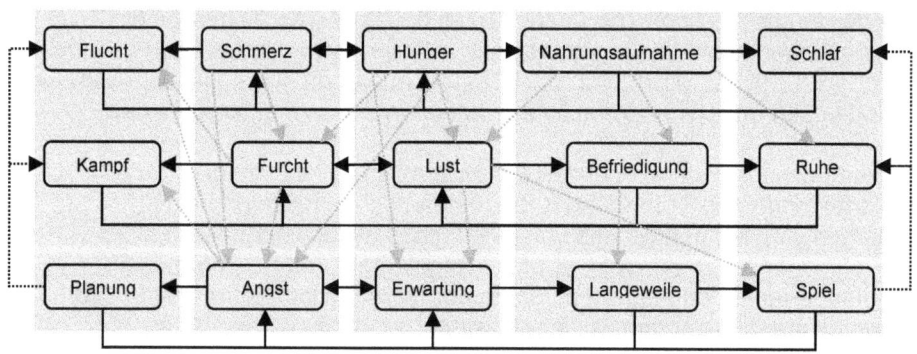

Dies ist natürlich eine Vereinfachung, und zwar – wie wir inzwischen wissen sollten – eine eigentlich unzulässige Vereinfachung, da wir von einem biologischen neuralen Netzwerk sprechen, welches sich nicht vollständig und korrekt auf ein einfacheres Regelsystem abbilden lässt (und schon gar

226

nicht mit unseren schwammigen und ursprünglich frei erfundenen Begriffen). Und die Pfeile deuten Zusammenhänge nur grob und unvollständig an.

Es veranschaulicht aber, dass es einen Übergang von primitiven Emotionen („einfache Emotionen") zu intelligentem und bewusstem Verhalten („komplexe Emotionen") gibt, wobei das eine nicht ohne das andere existieren kann. Einen anderen nützlichen Ansatz zeigt die folgende Abbildung, die veranschaulicht, dass auch die komplexeren Emotionen in ein dimensionales Feld einordenbar sind:

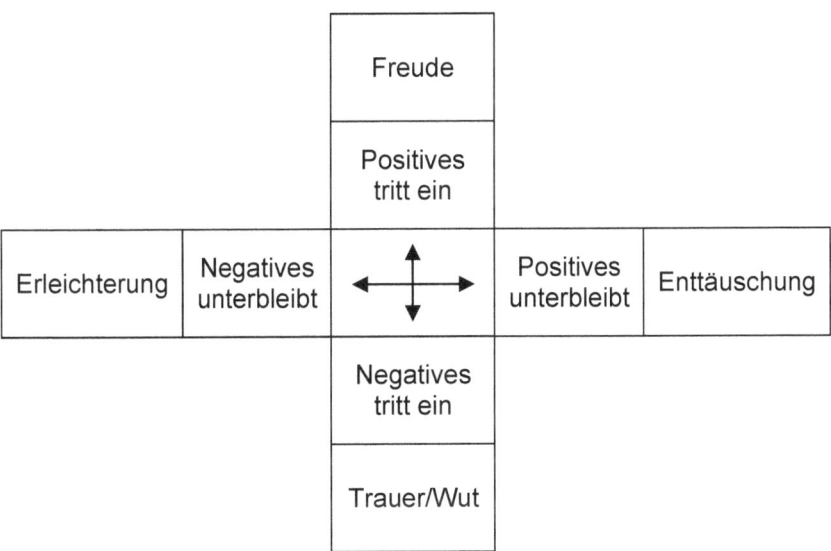

Ist der Lernvorgang erst einmal erfolgt, können wir zum Beispiel Schmerz, Furcht und Angst subjektiv oft nur noch schlecht voneinander trennen. Wir können aber verschiedene dimensionale Modelle aufstellen, die uns erlauben, die Empfindungen systematisch einzuordnen, und zwar systematischer, als die rein sprachliche Beschreibung es ermöglicht, dafür aber weniger genau und weniger individuell. Für die Forschung nützen uns solche abstrakten Modelle aber mehr.

Wenn nun ein Philosoph, Psychologe oder Semantiker dies verfeinern oder benutzen möchte, kann er also die fünf Dimensionen, die bisher vorgestellt wurden (emotional⇔mnemonisch, rezeptiv⇔exekutiv, einfach⇔komplex, positiv⇔negativ, ausbleibend⇔eintreffend) benutzen, um derzeit vorliegenden Forschungsergebnisse oder Begriffe zu den Emotionen, oder zum Beispiel Daten aus fast beliebigen emotionalen Fragebögen einzuordnen.

Emotionen sind also aus dieser Sicht nur ein Überbegriff für eine Gruppe von neuronalen Mechanismen („Funktionen"), genauso wie viele anderen. Die einzelnen „Gefühlsbezeichnungen" sind wie Farbbezeichnungen willkürliche Namen für mentale Prozesse. Da sie aber nicht an ein konkretes Sinnesorgan gebunden sind, überspannen sie alles andere. Außerdem könnte man sagen, dass sie ein implizites Gegenstück zu den expliziten Erinnerungen sind, welche erst später im Leben eines Individuums nutzbar werden.

Zuletzt noch einige Hinweise: Die gängigen Theorien zum „Dopamin-Serotonin-Noradrenalin-System" und ähnliche, mehr auf Neurotransmittern und Hormonen fokussierte Forschungsergebnisse und Hypothesen, die sich der eine oder andere Leser an dieser Stelle vielleicht erwartet hätte, habe ich in diesem Buch bisher absichtlich links liegen gelassen.

Zum dopaminergenen System gehören zum Beispiel das mesolimbische System (steht mit Suchterkrankungen in Verbindung), das mesokortikale System (steht in Zusammenhang mit kognitiven Leistungen), das nigrostriatale System (unter anderem an Bewegungskontrolle beteiligt) und das tuberoinfundibulare System (unter anderem für Milchproduktion zuständig). Darüber hinaus sind auch Serotoninsysteme, Norepinephrinsysteme, Acetylcholinsysteme und Aminosäuren-basierte Systeme (z.B. auf Basis von GABA und Glutamat) teilweise recht gut untersucht. Diese „Systeme" sind aber nur Modelle für eine Handvoll Neurotransmittern unter vielen, zusammen mit bestimmten zugehörigen Neuronenpopulationen. Wie bereits angedeutet wurde, gibt es wahrscheinlich hunderte Substanzen und Millionen von Schaltkreisen, die genauso viel Aufmerksamkeit verdienen würden.

Einzeln betrachtet stehen die biochemisch fokussierten Erklärungsmodelle vor genau denselben Schwierigkeiten wie die Schaltkreis-basierten Modelle und die Funktions-Lokalisierungs-Modelle: Es handelt sich auch nur wieder um den Versuch, Teilsysteme des Gehirnes isoliert zu betrachten.

Ich gehe daher weder auf konkrete Schaltkreise, noch auf konkrete Neurotransmittersysteme ein. Weder das eine, noch das andere kann isoliert betrachtet werden. Es ist in diesem Zusammenhang auch wichtig zu verstehen, dass einige Neurotransmitter eben nicht nur lokal wirken. Außerdem muss klar sein, dass wie schon erwähnt eine biochemische (proteomische) Permutation und eine topologische (konnektomische) Permutation ineinander verschlungen sind. Nur auf Basis eines vollständigen Konnektoms und eines vollständigen Proteoms könnten belastbare Aussagen der Art aufgestellt werden, wie sie jetzt schon von einigen Forschern anhand von Teilsystemen postuliert werden.

Das heißt nicht, dass diese Ansätze falsch oder sinnlos sind, sondern nur, dass sie zum Verständnis des gesamten Gehirnes zwar beitragen, aber im Einzelnen nicht ausschlaggebend sind.

8.2 Vorstellungs- und Einfühlungsvermögen

Es wurde schon erwähnt, dass es Bereiche in unserem Gehirn gibt, die aktiv werden, wenn ein Werkzeug oder ein Gegenstand in die Nähe unseres Körpers kommt. Ich habe nebenbei auch schon berichtet, dass Gehirnareale schon aktiv werden, wenn wir uns eine Bewegung oder Tätigkeit nur vorstellen, oder bei einem anderen sehen.

Da viele dieser Forschungsergebnisse auf Messung einzelner Neuronen beruhen, weiß man, dass es neben solchen, die sowohl bei fremder, als auch bei eigener Tätigkeit feuern auch Neuronen gibt, die ein gegenteiliges Verhalten zeigen, also bei eigener Tätigkeit feuern, aber bei derselben fremden Tätigkeit inhibiert werden.

Es scheint, dass dabei zumindest ungefähr dieselben Erregungsmuster auftreten, die auch auftreten, wenn wir eine Tätigkeit tatsächlich, beziehungsweise selbst ausführen.

Aus diesen Beobachtungen an einzelnen Neuronen hat man den einprägsamen und populären Begriff „Spiegelneuronen" geprägt. Die Existenz dieser Spiegelneuronen wird gerne angefochten, indem man das Prinzip so interpretiert, als wären es fixe, dafür bestimmte Neuronen, die dieses Verhalten erzeugen. Nebenbei wird auch darum gestritten, ob die Spiegelneurone, „sofern sie denn überhaupt existieren", genetisch, oder durch assoziatives Lernen zustande kommen.

Dem aufmerksamen Leser müsste aber klar sein, dass Aussagen über einzelne Neuronen zwar manchmal interessant sein können, aber von dem Verhalten eines einzelnen Neurons nicht darauf geschlossen werden kann, dass dieses Neuron nur aufgrund seiner genetischen Eigenschaften so reagiert. Stattdessen ist das Verhalten eines einzelnen Neurons, ja in bestimmten Fällen sogar das Verhalten einer ganzen kortikalen Kolumne eher flüchtig. Eine „Funktion" die heute mit einem Neurolokus stark korreliert, kann morgen schon mit einem anderen viel stärker korrelieren. Funktion hängt nicht nur vom Ort, vom genomischen und proteomischen Status, von der relativen Topologie und den eigenen Gewichtungen ab, sondern von denselben Eigenschaften der gesamten neuronalen Umgebung, und damit schlimmstenfalls auch von allen Aktivitäten, die zwischen einer ersten und einer zweiten Messung stattfinden.

Die Spiegelneuronen existieren auf jeden Fall, und es sind sicher sowohl genetische, also auch erworbene Faktoren an ihrer Entstehung und Ausprägung beteiligt. Um das Ausmaß der genetischen Faktoren zu bestimmen, haben wir inzwischen mächtige Werkzeuge, und werden dies früher oder später aufklären können. Das was übrig bleibt sind dann offensichtlich die erworbenen Faktoren.

Vieles in der Diskussion dreht sich auch darum, dass einige Befürworter die Spiegelneuronen als Basis des Nachvollziehens der Handlungen anderer Menschen (also der dritten-Person-Perspektive, oder kurz 3PP) zu stark in den Vordergrund stellen. Die Kritik ist in solchen Fällen berechtigt, in denen dies als die ultimative Erkenntnis und Antwort auf alle Fragen zum Phänomen der sozialen Intelligenz dargestellt wird.

Mit dem überbelasteten Begriff der Spiegelneurone bin ich selbst auch nicht gerade glücklich. Aber ich bin der Meinung, dass deren Entdeckung sehr wohl einer der wichtigsten Schlüssel zum Verständnis der 3PP war. Die Ähnlichkeit der Erregungsmuster beim Beobachten einer fremden Handlung mit den Erregungsmustern bei einer eigenen, ähnlichen Handlung erklärt nämlich hervorragend, wie eine beobachtete Handlung so präzise auf die eigene Person übertragen werden kann, dass wir uns beim Anblick einer heiklen Kletterszene unwillkürlich selbst am Sessel festkrallen. Sie erklärt also ganz nebenbei warum wir Bücher und Filme so spannend finden, und warum wir in der Regel recht sozial sind.

Man könnte also sagen, dass das menschliche Gehirn an sich selbst simuliert, wie sich etwas für einen anderen „anfühlen" müsste. Dies kann natürlich nur im Rahmen eigener Erfahrungen realistisch sein. Daher lässt den Profikletterer im Fernseher seine Tätigkeit in Wirklichkeit vielleicht ziemlich kalt, während wir im Sessel zittern, frieren und uns ängstigen.

Abgesehen von genetischen Anlagen, die so ein Phänomen natürlich nicht alleine erzeugen, sondern den Erwerb dieser Fähigkeit nur begünstigen können, kommt der Effekt also dadurch zustande, dass wir dieselbe neuronale Infrastruktur und dieselben mentalen Modelle benutzen, ungeachtet dessen ob ein anderer eine Handlung ausführt, wir uns die Handlung vorstellen, oder wir sie selbst tatsächlich ausführen.

Dass wir überhaupt in der Lage sind zu verstehen, was ein anderer macht, und was wir selbst machen, bedingt zuerst einmal, dass wir uns in dieselbe mentale Kategorie einordnen, wie der andere. Dies beginnt mit der Imitation, und setzt sich zu einer expliziten, mnemonischen Kategorie „Mensch" und diversen verwandten Kategorien fort. Aber noch bevor wir über ein bewusstes, kognitives Konzept der Klasse Mensch verfügen, erlernen wir bereits durch Beobachtung und Imitation das Lächeln der Mutter beim Schütteln einer Rassel mit der eigenen freudigen Überraschung beim eigenständigen Schütteln derselben Rassel zu verknüpfen.

Umgekehrt lernen wir auch durch Beobachtung unseres eigenen Körpers vorherzusagen, was ähnliche Aktionen eines anderen Lebewesens verursachen werden. Kleine Kinder haben zum Beipsiel einen Heidenspaß daran, sich selbst kurz die Augen zuzuhalten, und den Anderen dann zur Imitation zu verleiten. Dieses Spiel ist eine der Arten wie Kinder die Dritte-Person-Perspektive (3PP) zu begreifen beginnen.

Neuronal basiert dies vermutlich auf Spike-Timing-Dependent-Plasticity (STDP) zwischen den motorischen Arealen, die eigene Bewegung verursachen, und den sensorischen Arealen, die deren Auswirkungen verarbeiten. Es werden also nicht nur sensorische Areale aktiv, wenn wir eine Bewegung bei uns selbst oder einem anderen wahrnehmen, sondern immer auch motorische, aber natürlich nicht in demselben Ausmaß, wie wenn wir eine Bewegung tatsächlich ausführen. Dennoch muss es natürlich auch Regelkreise geben, die eine unreflektierte Imitation aller Handlungen, die wir sehen – inklusive der eigenen(!) – unterdrücken können, ansonsten wären wir stets dazu verdammt, alles zu imitieren, was wir sehen, so wie es bei einigen Formen des Tourett Syndroms vorkommen kann.

Beim Tourett Syndrom kommt es oft zu beidem: dem unkontrollierbaren Imitieren eines anderen Menschen, aber auch zum „imitieren" – also in diesem Falle zum unkontrollierten Wiederholen – der eigenen Handlungen. Und da wir die eigenen Handlungen schon kennen, bevor sie richtig ausgeführt sind, bleibt der Tourett Patient dann manchmal schon im Ansatz stecken, und wiederholt seltsam wirkende Teilbewegungen. Das Hauptsymptom beim Tourett Syndrom ist aber eine generelle Schwäche bei der Inhibition eigener Handlungen. Durch diese kommt manchmal das normalerweise unterdrückte Imitationsverhalten unkontrolliert zum Vorschein.

Nun können wir uns aber nicht nur vorstellen, was andere Menschen und Tiere tun und erleben, sondern uns auch sehr abstrakte Vorstellungen machen. Zum Beispiel über geometrische Objekte, Zahlen und andere völlig „unnatürliche" Dinge – wobei nicht gesagt ist, dass diese immer zuverlässig und korrekt sein müssen. Diese korrelieren dann natürlich zwangsläufig weniger mit den Erregungsmustern eigener Handlungen. Das ändert aber nichts daran, dass hierfür bei Bedarf eine Ich-Perspektive eingenommen wird, und man sich zum Beispiel vorstellt, inmitten eines abstrakten geometrischen Objektes, oder einer mehrdimensionalen Kurve zu stehen, oder selbst das Sofa zu sein, welches man in einer komplizierten Aktion in einem viel zu engen Raum mit dem Kleiderschrank austauschen will, um einen besseren Blick aus dem Fenster zu bekommen.

Im Zeichentrickbuch „Calvin und Hobbes" wird auf köstliche Art und Weise dargestellt, wie dem kleinen Calvin immer wieder die Fantasie durchgeht, und er sich einmal in einer zweidimensionalen

*Welt wiederfindet, und ein anderes Mal in eine Nachttischlampe
verwandelt. Ich will dem Autor nichts unterstellen, aber solche
Erfahrungen kennen wir sonst eigentlich nur von den Berichten der
Psychonauten, die mit besonders starken Halluzinogenen
experimentieren. Das erstere (Calvin und Hobbes) kann ich sehr
empfehlen, es hat in jüngeren Jahren meine eigene Fantasie sehr
beflügelt. Vom letzteren (starke Halluzinogene) rate ich eher ab –
nicht jeder kommt dabei in den Genuss etwas angenehmes zu
erleben, und es ist in der Regel wohl eher unangenehm, sich für
einen Tisch oder einen Stuhl zu halten.*

*Insbesondere in jungen Jahren kann eine solche Erfahrung eine
ohnehin schon instabile Psyche unwiederbringlich entgleisen
lassen, wie der Film „Das weiße Rauschen" realistisch,
eindrucksvoll und beängstigend darstellt.*

Auf jeden Fall sollte man sich merken, dass unser Selbstmodell deutlich
flexibler ist, als man glauben würde. Das haben wir ja auch schon beim
„psychologischen Partytrick" mit dem Gummiarm festgestellt. Und dieser
Umstand wirkt sich äußerst günstig auf unser Vorstellungsvermögen, und
damit auf unsere Intelligenz aus.

Unser Gehirn beinhaltet nicht nur ein Abbild von uns selbst und der realen
Welt, sondern vielmehr eine äußerst flexible virtuelle Welt, in der wir alles
Mögliche simulieren können, und dabei oft erstaunlich zutreffende
Ergebnisse erhalten; genau wie Albert Einstein, der fast nur durch
Gedankenexperimente zu seiner Relativitätstheorie gelangt ist, oder wie die
alten griechischen und chinesischen Philosophen, die gleichermaßen
erstaunliche Erkenntnisse nur durch intensives Nachdenken erlangt haben.

8.3 Erinnerung, Lernen & Intelligenz

Immer noch wird in manchen Lehrbüchern lapidar behauptet, dass das
deklarative (explizite) Gedächtnis seinen Sitz im Temporallappen habe.
Wenn man aber seriösere Arbeiten liest, stellt man fest, dass es sehr viele
Unklarheiten und Kontroversen zu diesem Thema gibt, und es insbesondere
nicht klar zu sein scheint, wo und wie „explizite" Informationen gespeichert
werden. Es ist allerdings richtig, dass im anterioren infratemporalen Kortex
Dinge recht invariant (unabhängig von Größe, Ort und anderen relativen
Eigenschaften) verarbeitet werden.

Außerdem wissen wir aufgrund von Ausfallstudien, dass es bestimmte
Bereiche im Gehirn gibt, die essentiell für das Langzeit-Speichern von
explizitem Wissen sind, nämlich der Hippocampus und einige benachbarte
Strukturen. Allerdings ist es im Normalfall nicht der Hippocampus, der die
entsprechenden Langzeiterinnerungen „beinhaltet", denn ein Patient, bei

dem beide Hippocampi zerstört sind, kann zwar keine neuen Erinnerungen mehr abspeichern, aber meistens noch alte Erinnerungen abrufen.

Es können bei Schäden am Hippocampus aber sehr wohl noch „implizite" Gedächtnisinhalte gespeichert werden, also zum Beispiel Konditionierung, oder das Antrainieren von motorischen Fähigkeiten – dies würde ich aber nicht als lernen, sondern eben als trainieren bezeichnen, und nicht dem „Gedächtnis", sondern den allgemeineren „Automatismen" zuschreiben. Bei Schäden an der Amygdala ist dagegen das „implizite" Gedächtnis teils beeinträchtigt.

Es scheint also tatsächlich so zu sein, dass es zwar ein essentielles neuronales Korrelat für das Abspeichern von expliziten Erinnerungen gibt, welches jedoch für das Abrufen von Erinnerungen deutlich weniger essentiell ist. Wie kann das sein?

Der Psychologe Karl Spencer Lashley hat in seinen Experimenten Ratten in einem Labyrinth trainiert. Sobald sie das Labyrinth gut kannten, entfernte er Stück für Stück ihren Kortex. Dabei stellte er unter anderem fest, dass die Erinnerungen an das Labyrinth mehr davon abhingen, wie viel Kortex er entfernte, als davon welche Teile er entfernte.

Wenn wir Dinge erleben, dann trainieren diese Erlebnisse unser riesiges neurales Netz namens Gehirn. In Form von Schmerz, aber auch von Botenstoffen, die durch Hunger, Durst und so weiter ausgeschüttet werden, sind uns bestimmte Bestrafungs- und Belohnungsmechanismen evolutionär in die Wiege gelegt. Diese Mechanismen führen zuerst vor allem zur primitivsten Form von Lernen: der Konditionierung. Dazu ist kein so komplexes Gehirn erforderlich, wie wir es haben. Dazu genügen im Prinzip wenige hundert Neuronen. Ein nicht-zielgerichteter „Bewegungsdrang", der nur durch chemische Prinzipien einem Nährstoffgradient folgt, kann somit moduliert werden, einem *erwarteten* Nährstoffgradienten zu folgen oder einem *erwarteten* Schmerz zu entgehen. Damit haben wir aus einem Gradienten-gerichteten „Verhalten" ein **konditioniertes Verhalten** gemacht.

Nun wäre es aber evolutionär sicher von Vorteil, wenn es eine neurale Struktur gäbe, die eine Art Landkarte unserer Umgebung speichern könnte, damit wir zu einer Nahrungsquelle, oder zu einem Versteck immer wieder zurückkehren können, und diese Orte nicht jedes Mal aufs Neue suchen müssen. Dazu müssen bereits irgendwo „überschüssige" versteckte Schichten (beziehungsweise funktional ein Boltzmann-Netzwerk) verfügbar sein, die geeignet sind eine Abbildung der Umgebung anzulernen, so dass bei Hunger eine Rückkehr zur Futterstelle, und bei Müdigkeit eine Rückkehr zum Versteck ausgelöst werden kann.

Eine Qualle ist dazu nicht in der Lage, aber viele Insekten können das bereits leisten. Bei Säugetieren sind daran der entorhinale Kortex und der Hippocampus stark beteiligt. Diese Strukturen müssen also in der Lage sein, den unwillkürlichen Bewegungsdrang je nach innerem Zustand entweder in die eine, oder in die andere Richtung zu modulieren. Damit haben wir aus dem konditionierten Verhalten einen systematisch zielgerichteten, aber noch unwillkürlichen Bewegungsdrang gemacht (**zielgerichtetes Verhalten**).

Damit die Ortsinformationen aber in diesen Strukturen abgelegt werden können, muss ein Schaltkreis vorhanden sein, der die ortsspezifische Essenz des Erlebten „herausfiltert", und sozusagen gebündelt in Richtung der geeigneten Speicherareale „weiterleitet". Der Schaltkreis muss also an einer Stelle konvergent sein, zur Filterung, und danach würden wir einen konvexen Speicherknoten erwarten. Nach diesem Strickmuster funktionieren vermutlich primitivere Gedächtnisse, wie die der Insekten.

Beim Menschen ist allerdings zusätzlich eine Kortexstruktur vorhanden, welche bei Betrachtung der Ausgänge von mehr als einer Kolumne wohl eher mit einem divergierenden Schaltkreiselement verglichen werden kann. Wenn wir also ein Langzeitgedächtnis wollen, brauchen wir wahrscheinlich eine ausgewogene Mischung aus konkaven und konvexen Kolumnen, welche in die Verarbeitung von Sinneswahrnehmung, und die Ausgabe von motorischen Programmen eingebunden sind.

Dadurch wandern aber – vereinfacht ausgedrückt – im Gegensatz zu den in Boltzmann-Netzwerken lokal feststellbaren Engrammen, diese in die benachbarte Umgebung weiter, und es bildet sich ein „historischer" Speicher. Es wird also nicht mehr nur eine statische Landkarte gespeichert, sondern auch ein zeitlicher Ablauf. Mit jeder neuen Einspeicherung werden ältere Erinnerungen weiter ausgelagert, und neue näher im Eingangsbereich der Struktur hinzugefügt, und es wird implizit eine Sequenzinformation mit abgelegt. Je älter die Erinnerung, umso schwächer ist dann natürlich das rekonstruierte Muster beim Aktivieren dieser Engramme.

Dabei wird normalerweise nicht die exakte Abfolge aller Ereignisse gespeichert, sondern nur ungewöhnliche oder bedeutende Abfolgen. Es muss also ein weiteres Netzwerk existieren, welches den Neuheitsgrad oder Wert von Erlebnissen beurteilt, und die Speicherung moduliert. Beim Mensch ist das vermutlich der Nucleus Basalis Meynert. Die übrigen Reihenfolgendetails können beim Abrufen einer Erinnerung nachträglich wieder abgeleitet werden.

Durch dieses gewichtete, historische Gedächtnis wird ein „**planmäßiges**" **Verhalten** möglich, da historische Abfolgen in die Zukunft projiziert werden können, und somit die Auswahl der nächsten Aktion nicht mehr einfach nur von einem momentanen Bedürfnis, sondern von einer Projektion der momentanen Situation mit der eigenen Historie in die Zukunft bestimmt wird. Der Begriff „planmäßig" darf hier aber nicht missverstanden werden: hier geht es nicht zwangsläufig um explizite, bewusste Pläne.

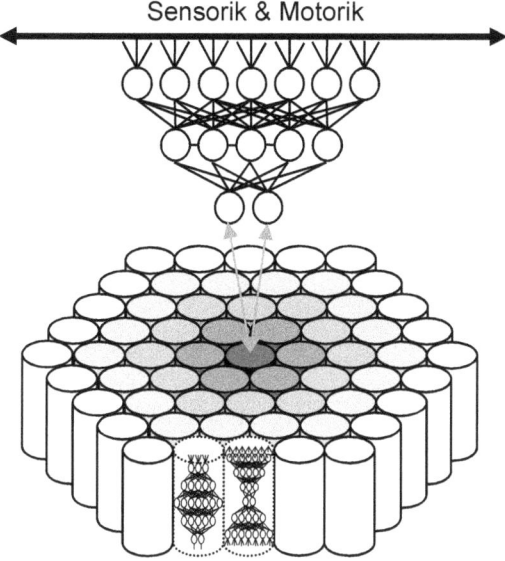

Die obige Abbildung stellt dies übervereinfacht dar. In Wirklichkeit werden Erinnerungen nicht strikt von innen nach außen ihrer zeitlichen Abfolge nach gespeichert, sondern holographisch überlagert. Dennoch dürfte eine gewisse räumliche Verteilung der individuellen Geschichte entstehen, sie wird aber sicher nicht schön konzentrisch sein.

Zusätzlich zur Sensorik und Motorik für Nahrungsaufnahme haben wir auch eine Sensorik und Motorik zur Kommunikation erhalten, die unserem Gehirn ermöglicht, nicht nur kortikale Karten für unsere Sinne und unseren Körper anzulegen, sowie Landkarten für unsere Umgebung, sondern auch „Landkarten" für abstrakte Zusammenhänge. Also nicht einfach nur Namen für Orte, Menschen und Dinge, sondern auch für Tätigkeiten, Eigenschaften und komplexere Konstrukte (zum Beispiel „wenn…dann" Relationen und ähnliches). Das erlaubt uns, aus verschiedenen planmäßigen Verhaltensweisen nach bestimmten Regeln eine auszuwählen. Dies führt zu **regelbasiertem Verhalten** – man könnte auch sagen „strategisches Verhalten", wobei man dieses dann auch noch fein zwischen Taktik und Strategie abstufen könnte.

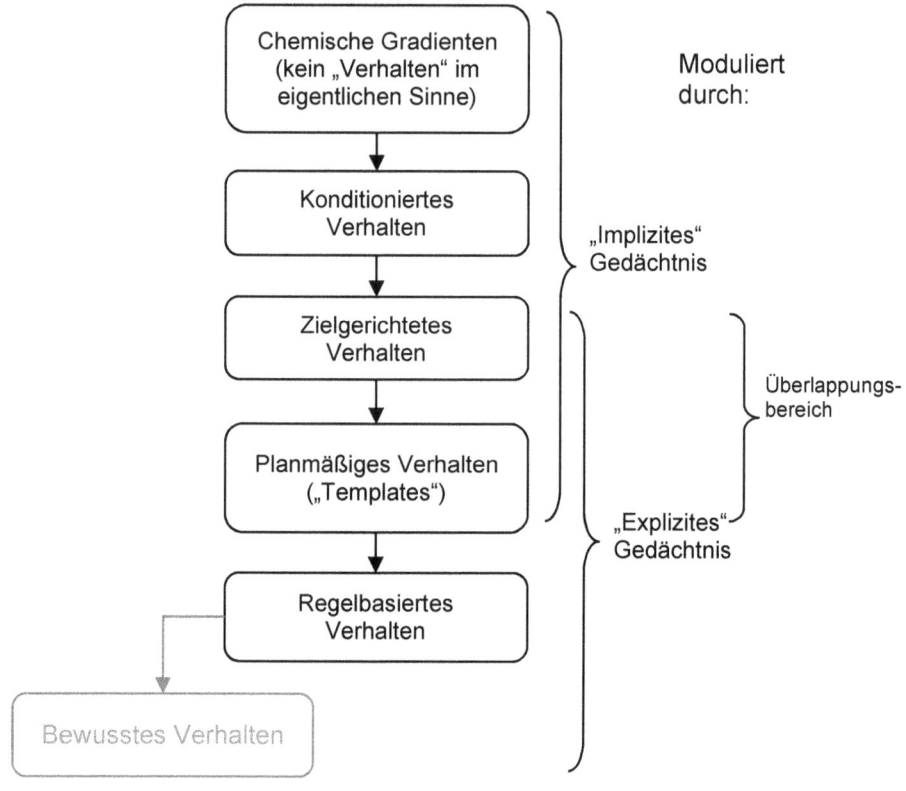

Hier kann man also wieder einen Abstraktionsgradienten erkennen, wie schon bei den Emotionen. Somit könnte man das menschliche Verhalten in eine Permutation dieser beiden Abstraktionsebenen einordnen.

Aber sowohl nach einem einzigen Speicherort für Ortsinformationen, als auch generell nach einem Speicherort für Langzeitgedächtnis-Informationen suchen wir vergebens. Ist das wirklich überraschend?

Je nachdem welche „Signale" mit einer geeigneten Kolumne positiv interferieren („Resonanz"), wird sie ein Teilengramm für diese oder jene Art von Informationen tragen. Entlang der ventralen Bahn, und in der Nähe von Hör- und Sprecharealen, werden also eher explizite Informationen abgelagert; entlang der dorsalen Bahn wohl eher implizite. Es ist aber im Prinzip der ganze Kortex ein holistisches Speichersystem, und nicht nur bestimmte Stellen davon. Auch darunterliegende, stark mit dem Kortex verbundene Kerne werden keine andere Wahl haben, als Engramme ihrer Tätigkeit auszubilden.

Ein besonders interessantes Verhalten zeigt hier der so genannte
Nucleus Basalis (Meynert), welcher bis zum Alter von ungefähr zehn

Jahren sehr viel feuert, dann aber immer weniger, und beim Erwachsenen nur noch, wenn eine Situation sehr neu oder schockierend ist, oder ein Verhalten vielfach wiederholt wird. Dies habe ich mir bei meinem zweiten Studium zunutze gemacht, als mein „fotographisches Gedächtnis" deutlich nachzulassen begann. Bei jeder noch so langweiligen Zeile Text, und jeder noch so uninteressante Formel, die ich auswendig lernen musste, habe ich „mich selbst erschreckt oder überrascht gemacht" und so getan, als wäre es das interessanteste der Welt, was ich gerade gelesen habe. Ich habe im Kopf zu mir selbst gesprochen: „Nein! Das hätte ich nie gedacht! Wie faszinierend! Wie überraschend! Was für eine tolle Erkenntnis!", auch wenn es der langweiligste Käse überhaupt war.

Der Nucleus Basalis könnte übrigens auch für das „fotographische Gedächtnis" verantwortlich sein, über welches manche Menschen verfügen. Schädigungen an Bereichen, die diesen Kern hemmen, müssten dann theoretisch ein „fotographisches Gedächtnis" auch beim Erwachsenen auslösen können. Empfehlenswert ist dies aber nicht – man lebt wesentlich glücklicher und entspannter, wenn man unwichtige Details auch wieder vergisst.

Den Begriff „fotographisches Gedächtnis" habe ich übrigens immer unter Anführungszeichen gesetzt, da es ein „unwissenschaftlicher" Begriff ist. Die meisten populären Fälle von „fotographischem Gedächtnis" sind in Wirklichkeit mnemotechnische Tricks, die jeder mit etwas Mühe erlernen kann. Man trainiert sich zum Beispiel 300 geschickt abgestimmte Bilder (je 100 Gegenstände, Handlungen und Orte) an, und kann sich dann sechsstellige Zahlen als einen Gegenstand an einem Ort vorstellen, welcher in eine Handlung eingebunden ist. So kann man dann „Geschichten" aus je sechs Stellen einer Zahl konstruieren, die man sich hervorragend merken kann. Dinge wie Spielkarten oder andere Folgen kann man stets als Zahlen repräsentieren und genauso abspeichern. Darüber hinaus gibt es eine Vielzahl weiterer Tricks. Zum Beispiel einen, mit dem man sehr leicht den Wochentag für ein beliebiges Datum berechnen kann, oder einen, mit dem man im Kopf die Wurzeln großer Zahlen ziehen kann, und so weiter. Der Nutzen solcher Tricks für das reale Leben ist allerdings verschwindend gering, vor allem seit es Computer gibt.

In der Forschung unterscheidet man solche Tricks von „eidetischem Gedächtnis" (die Fähigkeit sich Bilder sehr präzise für einige Minuten merken zu können), und vom hyperthymestischen Syndrom. Letzteres führt zu einem extrem detaillierten autobiographischen Gedächtnis. Solche Menschen können ohne Mnemotechnik unglaubliche Details ihres eigenen Lebens abrufen, auch solche die viele Jahre zurück liegen, haben ansonsten aber *ein normales Gedächtnis. Und dann gibt es noch Menschen, die einfach generell ein gutes Gedächtnis haben, und den einen oder anderen Lerntrick kennen.*

Es liegt in der Natur der neuralen Netze. Sie können gar nichts anderes tun, als die Geschichte ihrer Tätigkeit in ihren Gewichtungen abzubilden. Strukturen wie der Hippocampus, welche scheinbar besondere Extrakte aus den Erlebnissen eines Menschen ableiten können, projizieren diese wahrscheinlich einfach recht unspezifisch, und unter Nutzung starker Divergenz, möglichst großflächig auf den Kortex zurück. Dies sorgt für maximale Redundanz, so dass es uns nicht wie einem Computer gehen kann, wo ein einzelnes korruptes Byte Datenbanken von vielen Gigabytes Größe unbrauchbar machen kann.

Abgesehen von dem evolutionär dafür angelegten Nucleus Basalis gibt es aber noch einen weiteren, grundlegenden Mechanismus, der daran beteiligt ist, dass nicht alles gleichermaßen abgespeichert wird: Unser Speichermechanismus (also das Gedächtnis) hat sozusagen „Vorstufen". Man unterscheidet hierbei Arbeitsgedächtnis und Kurzzeitgedächtnis (KZG) vom Langzeitgedächtnis. Das Kurzzeitgedächtnis entspricht ungefähr einer „Speicherfunktion" durch rekurrente Bahnung, das Arbeitsgedächtnis entspricht einer Konzentration und Manipulation von Wissen durch resonante Aufrechterhaltung von Wahrnehmungsteilen. Der dahinter liegende Mechanismus ist im Grundprinzip aber derselbe.

Wenn man die einfachst mögliche Definition des Kurzzeitgedächtnisses als reines Speichersystem wählt, muss man allerdings zwischen den verschiedenen Modalitäten (Sehsinn: visuelles KZG, Hörsinn: auditorisches KZG, Sprache: „semantisches" KZG usw.) sowie verschiedene Untertypen unterscheiden (visuelles KZG besteht unter anderem aus Bild-KZG und ikonischem KZG usw.). Man lastet sich also den vollständigen kombinatorischen Ballast der in den letzten Kapiteln beschriebenen Permutationen auf. Das mag in der Diagnostik nützlich sein, aber für ein übergreifendes Verstehen ist es nicht hilfreich.

Wir lernen im Laufe unseres Lebens immer besser, uns auf wesentliches zu konzentrieren, und unwesentliches zu ignorieren. Der Begriff „konzentrieren" ist hierbei äußerst treffend, denn die „Konzentration" kommt dadurch zustande, dass frontale Bereiche des Gehirns selektiv Teile der Sinneswahrnehmung hemmen, und andere Teile verstärken. Exzitatorische Signale resonieren mit erwarteten Wahrnehmungen, inhibitorische Signale dämpfen „langweilige" Randbereiche. Somit werden die wichtigen Informationen eben „konzentriert", was zu Beginn vor allem ein konditioniertes Verhalten ist.

Auf ähnlichen Überlegungen beruht auch die Theorie von Stephen Grossberg, dass bewusstes Erleben nur auf exzitatorischen Prozessen beruhen kann, sowie die Schlussfolgerungen von Neal J. Cohen und Larry R. Squire (Cohen & Squire 1980), dass „prozedurale Erinnerungen" – also vereinfacht ausgedrückt implizite Erinnerungen an erlernte motorische Automatismen – nicht bewusst sein können.

Ich würde es aber nicht so absolut formulieren, sondern eher sagen: Dem durchschnittlichen Menschen sind seine prozeduralen „Gedächtnisinhalte" um ein vielfaches weniger bewusst (in der Praxis oft gleichbedeutend mit unbewusst), als seine expliziten Gedächtnisinhalte.

Der Wachheitsgrad ist dabei, zusammen mit der momentanen Intensität von Vorfreude oder Angst, für unsere Aufmerksamkeit ausschlaggebend, und die Aufmerksamkeit verbessert unsere Konzentrationsfähigkeit. Die Konzentration ist wiederum nichts anderes als ein Synonym für das Arbeitsgedächtnis.

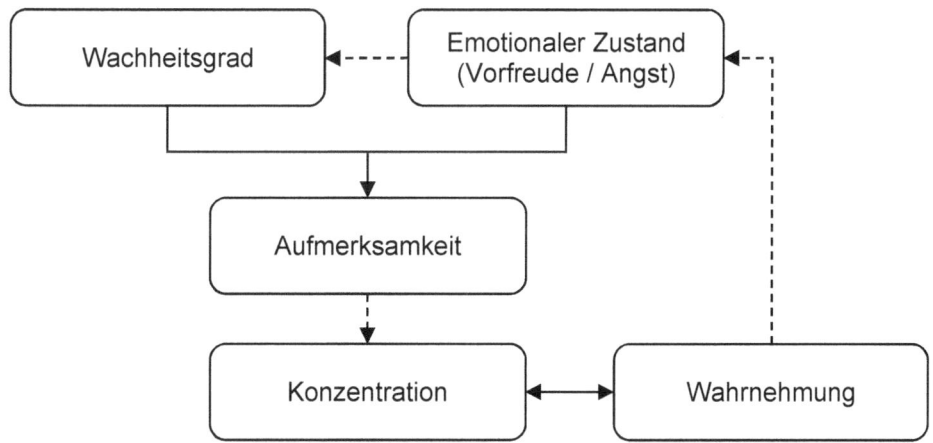

Wobei hier auch schon die oben genannten Abstraktionsstufen gelten. Während bei „impliziten" Inhalten eine Manipulation mit einer Konzentration annähernd gleichbedeutend ist (Tunnelblick ist zum Beispiel eine Extremform der Konzentration, bei welcher der Manipulationscharakter offensichtlich wird), ist dies bei „expliziten", und von der eigentlichen Wahrnehmung abgeleiteten Inhalten (also zum Beispiel bei semantischen Zusammenhängen, oder anderen sprachlichen Konstrukten, die durch das Sehen einer begrifflich bekannten Sache aktiviert werden) nicht unbedingt der Fall. Die Manipulation eines durch Wahrnehmung aktivierten sprachlichen Zusammenhanges, oder dessen Kombination mit „benachbarten" semantischen Konstrukten, kann durch Syntax, Semantik und Logik zu Induktion und Deduktion führen, also zum „Analysieren", und dem Ziehen von logischen (und pseudologischen) Schlüssen aus den Wahrnehmungsinhalten, und damit zu Reaktionen, die weit jenseits der konditionierten Automatismen liegen.

- **Syntax**: Der Zusammenhang zwischen Sachen, Eigenschaften und Tätigkeiten (also Objektiv, Adjektiv und Verb), so wie dies für den Satzbau aller sequenzbasierten Sprachen erforderlich ist
- **Semantik**: Beziehungen zwischen Entitäten (also Mutter-Kind, Sache-Eigenschaft, Teil-von usw.)
- **Logik**: Abstrakte Beziehungen zwischen kausalen und zahlenmäßigen Dingen, sowie weiteren „verrechenbaren" Entitäten, einschließlich Semantik und Syntax; also im Prinzip jegliche Art von Regelanwendung.

Dazu ist übrigens Bewusstsein nicht unbedingt erforderlich. Daher auch mein wiederholter, unspezifischer Gebrauch des Wortes „Wahrnehmung". Einfache logische Schlüsse machen wir völlig automatisch, und wir erinnern uns meist auch gar nicht wirklich an solche Vorgänge, sondern unterstellen es uns selbst nachträglich, gewisse logische Schlüsse getroffen zu haben, wenn wir später nach den Gründen für unsere Handlungen oder Entscheidungen gefragt werden. Wir konfabulieren also in solchen Fällen oft!

Wir sind auch dazu imstande, extrem „hohle" Erinnerungen („Template Erinnerungen") zu erhalten, vorwiegend in Träumen. Erst beim Abruf werden die oft riesigen Lücken dann befüllt. Dies kann in manchen Fällen zu sehr schwer widerlegbaren „Vorhersehungen" führen, die für denjenigen, der es erlebt, wie ein wahr gewordenes Wunder erscheinen. In abgeschwächter Form kennt dies fast jeder: wir glauben, gerade eben an die Person gedacht zu haben, die seit Jahren zum ersten mal wieder anruft. In so einem Fall entsteht die Vorahnungs-Illusion in einer Diskrepanz zwischen der emotionalen und der „tatsächlichen" (mnemonischen) Salienz – wir kennen die Person in der Regel sehr gut, und haben wegen mangelndem Kontakt schon lange nichts neues über sie erfahren; die tatsächliche Salienz einer Wahrnehmung in Bezug auf die Person ist also sehr gering.

Da der Mensch aber für uns wichtig ist, entsteht bei einem überraschenden Kontakt eine hohe relative Salienz (auf emotionaler Ebene). Unser explizites Gedächtnis (die mnemonischen Bereiche sind am gegenüberliegenden Ende der emotionalen Bereiche) gibt uns aufgrund der geringen mnemonischen Salienz das Gefühl, etwas relativ uninteressantes erlebt zu haben. Dies wird durch (unbewusst erzeugte) Konfabulation dann erklärt, indem man glaubt, gerade kurz zuvor an die betreffende Person gedacht zu haben. Auf ähnliche Weise kommt auch ein „Deja-vu" zustande.

In vielen Fällen ist aber auch eine alternative Erklärung möglich: wir haben tatsächlich immer wieder an der Grenze der Wahrnehmungsschwelle an die Person gedacht, und es regelmäßig ignoriert. Durch einen überraschenden Anruf wird eine Bahnung ausgelöst, die uns ermöglicht, uns an das erst kurz zurückliegende Aktivieren der Erinnerung an die Person zu erinnern.

Kurzzeitgedächtnis und Arbeitsgedächtnis müssen aufgrund der Geschwindigkeit der Verarbeitung auf der „Kurzzeitplastizität" beruhen, also auf schnellen organisatorischen und funktionellen Anpassungen des Gehirns. Eine „Einspeicherung" von Informationen in das Langzeitgedächtnis tritt erst ab einem gewissen „Schwellwert" auf. Dabei wird das hochdimensionale „Wahrnehmungssignal", welches als bewusster Bestandteil des „Arbeitsgedächtnisses" bereits mit bestehenden Erinnerungen verknüpft sein kann, noch weiter verstärkt, so dass es ein dauerhaftes Engramm in dafür geeigneten Kortexbereichen hinterlässt, welches in der Zukunft reaktiviert werden kann. Dazu ist dann aufgrund des holographischen Prinzips nur eine ähnliche Teilwahrnehmung erforderlich.

Der erwähnte „Schwellwert" basiert vor allem auf Dauer (oder Anzahl von Wiederholungen) und Salienz der Wahrnehmung, wobei Salienz nicht nur die „Auffälligkeit", sondern auch den Grad der Abweichung von bereits bekannten Dingen einschließt. Damit wird ein Nachlassen der Gedächtnisleistung im Alter bis zu einem gewissen Grad auch ohne jegliche degenerative Veränderungen erklärt. Darüber hinaus erklärt dies auch die Zeitwahrnehmung, und deren Veränderung im Alter: je älter man wird, umso schneller scheint die Zeit abzulaufen, da immer weniger „neues" erlebt wird, und die Zeitperioden dazwischen weniger aufmerksam verbracht werden.

Wenn nun eine genügend ähnliche Aktivität in der Gehirntätigkeit auftritt, wird ein zuvor holographisch abgespeichertes Muster wieder aktiv, und kann uns das damals erlebte abgeschwächt noch einmal wahrnehmen lassen. Daher ist keine gesonderte Struktur zum Abrufen von Erinnerungen erforderlich, sondern nur ein ausreichend ähnliches Muster an Gehirntätigkeit.

Mit dem Begriff „wahrnehmen" impliziere ich hier streng genommen schon **„bewusstes Verhalten"** und Qualia. Wie dies zustande kommt werden wir aber erst in einem späteren Kapitel ansprechen.

Je nachdem ob die Erinnerung dann mit positiven oder negativen Assoziationen verbunden ist, können wir das Muster verstärken, und eine ähnliche Tätigkeit ausführen, die schon einmal zu Erfolg und Belohnung geführt hat, oder unser Verhalten sofort ändern, um dem erwarteten negativen Erlebnis zu entweichen.

Im positiven Fall erinnert uns ein Geruch, eine Farbe, ein Wort, oder ein Geschmack an einen tollen Urlaub oder einen geliebten Menschen. Im negativen Fall gilt dasselbe leider auch für traumatische Erlebnisse. In beiden Fällen genügt eine ähnliche Teilinformation ab einem gewissen Schwellwert, um eine komplexe Erinnerung zu erzeugen, wobei „Erinnerung" hier als eine innere Simulation des Erlebten verstanden werden kann. Der holographischen Natur der Langzeiterinnerung ist es also zu verdanken, dass ein Teilaspekt genügt, um ein ganzes Erlebnis aus ähnlichen Bruchstücken zu rekonstruieren.

Das Bewusstsein kann im unbeeinträchtigten Wachzustand bis zu einem gewissen Grad den Unterschied zwischen tatsächlicher Wahrnehmung und Erinnerung erkennen, denn echte Erlebnisse sind wegen der Signale in der Eingangsschicht des Kortex „intensiver". Diese Unterscheidungsfähigkeit kann aber durch Drogen, Erschöpfungszustände und andere Abweichungen aufgehoben werden, so dass verschiedenste Inhalte aus dem Gedächtnis für echte Wahrnehmungen gehalten werden.

Die eigentlichen „Gedächtnisinhalte" (die Engramme) bestehen also hauptsächlich aus den antrainierten Gewichtungen von Neuronen. Ein ständig wechselndes Ensemble aus geeigneten Kortexkolumnen rekonstruiert laufend komplexe Signale, und sorgt dadurch in unserem Erleben für einen ständigen Bezug zur Vergangenheit, sowie für eine Projektion in die Zukunft. Diese Vorgänge ordnen das momentane Erleben auf der Zeitachse ein, so dass ein variables Gefühl des „im Jetzt Lebens" auftritt.

Schäden im Bereich des Okzipitallappens (visuelles System) können zu Schwierigkeiten führen, Erinnerungen anhand von visuellen Informationen abzurufen. Schäden im temporalen (auditorischen) Bereich können dementsprechend zu Schwierigkeiten führen, eine Erinnerung auf Basis gesprochener Worte abzurufen (also eine Frage nach einer Erinnerung zu beantworten). Bei frontalen Schäden können Schwierigkeiten auftreten, eine Erinnerung anzuwenden. Und bei parietalen Schäden sind manchmal Schwierigkeiten beim Abrufen von Erinnerungen feststellbar, wenn diese vorwiegend durch sensorische Vorgänge zustande kamen. Darüber hinaus kann hier eine Art Entfremdung von der eigenen Erinnerung stattfinden. Dies suggeriert, dass die Dichotomie zwischen explizitem und implizitem Gedächtnis keine eindeutige neurologische Entsprechung haben dürfte.

Es muss außerdem unterschieden werden zwischen Bereichen, die beim Abrufen von Erinnerungen aktiv werden, und solchen, in denen die Engramme tatsächlich vorliegen. Es ist zwar bekannt, dass einige Bereiche des Gehirnes mit dem Abrufen von Langzeiterinnerungen recht gut korrelieren. Die eigentlichen Engramme sind aber mit Sicherheit nicht so stark lokal verdichtet, wie dies vielleicht suggeriert. Stattdessen dürften die Aktivierungsmuster beim Abrufen von Langzeiterinnerungen aller möglichen Arten eher den Mechanismus wiederspiegeln, der uns erlaubt, uns selbst in ein Modell unserer Vergangenheit hinein zu versetzen, und das was wir daraus ableiten können zu vervollständigen, so dass wir schließlich von einer zusammenhängenden, konsistenten Erinnerung berichten können.

All dies erklärt dann in Summe recht gut, warum retrograde Amnesien im Gegensatz zu anterograden eher selten sind, und meistens nicht persistieren. In der Regel kehrt die Erinnerung an die Vergangenheit auch nach schwerwiegenden Schäden und Traumata nach einer gewissen Zeit spontan wieder zurück.

Nach diesen Ausführungen zum Gedächtnis fällt es uns jetzt nicht mehr so schwer, das menschliche „**Lernen**" (wie in Kapitel 4.6 beschrieben) zu begreifen, zumindest bis zu einem gewissen Grad. Wir nähern uns von Kapitel zu Kapitel immer „höheren" Funktionen an, die immer „näher" am Bewusstsein sind, und beim Säugetier immer stärker mit diesem zusammenhängen. Dennoch müssen wir einige abschließende Erkenntnisse noch aufschieben.

Aber wir können auf jeden Fall hier schon festhalten, dass menschliches Lernen in dieselben Abstraktionsstufen einzugliedern ist, wie das Gedächtnis und die Emotionen. Lernen, Erinnerung und Emotionen sind untrennbar miteinander verbunden. Die meisten Formen des Lernens sind durch die Eigenschaften von neuralen Netzen und der Gehirnrinde bereits gut erklärbar.

Beim **bewussten Lernen** muss der Mensch einen Weg finden, die Salienz, die zum Abspeichern von Bewusstseinsinhalten nötig ist, selbst zu erzeugen, denn ein abstrakter Zusammenhang, oder ein theoretisches Faktum, dessen Wert nur kognitiv begriffen wird, hat diese Salienz nicht von Natur aus. Er muss sich also *bewusst* konzentrieren, Dinge *bewusst* im Kopf wiederholen (dazu mehr im Kapitel zum „Denken") und sich *bewusst* bestimmter weiterer Tricks bedienen, die er kennt. Darin liegt auch der grundsätzliche und abgrundtiefe Unterschied zwischen dem „Lernen" einer „künstlichen Intelligenz" und dem Lernen des Menschen.

Ähnliches gilt auch für das bewusste Abrufen von Erinnerungen. Dabei muss der Mensch bewusst ein Denkmuster erzeugen, welches die gesuchte Erinnerung durch Ähnlichkeit reaktiviert.

Damit kann man nicht nur bewusste Lern- und Erinnerungsvorgänge durchführen, sondern auch „niedrigere" Lernmechanismen unterstützen, oder bis zu einem gewissen Grad auch verhindern – man kann sich also einer Konditionierung bis zu einem gewissen Grad widersetzen, abhängig von der Leistungsfähigkeit des Arbeitsgedächtnisses. Je besser das Arbeitsgedächtnis, umso stärker die Fähigkeit, ablenkende Reize auszublenden und die Konzentration zu erhalten. Die Einschränkungen sind aber offensichtlich, ansonsten wäre die ganze Werbebranche in großen Schwierigkeiten.

Letzten Endes ist also das „höhere" kognitive Lernen abhängig vom „Denken" und vom Bewusstsein, sowie von einem Sprach- und einem Emotionssystem, die wie zusätzliche Sinnesorgane für uns fungieren, aber auch als „motorische Organe" andere Lebewesen beeinflussen können. Dieses „kognitive Lernen" werden wir im nachfolgenden Kapitel zum Bewusstsein noch einmal aufgreifen.

Und damit schließt sich der Kreis zur **Intelligenz**, denn diese ist Ausdruck der Lernfähigkeit. Sie wird von Wissen (explizit und implizit), Leistung (Arbeitsgedächtnis), und von Motivation bestimmt. Die Motivation kommt sowohl durch konditionierte Mechanismen (frühe Erziehung), als auch durch erlernte (spätere Erziehung, eigenständiges Lernen) zustande, und wird teilweise in Form eines Handlungsdranges genetisch prädispositioniert. Dasselbe gilt auch für die Leistungsfähigkeit des „Arbeitsgedächtnisses", denn immerhin haben mindestens 50% der menschlichen Gene direkt oder indirekt eine Auswirkung auf die Entwicklung des Gehirns.

Damit können wir nun unser Diagramm zur Intelligenz aus dem Kapitel 3.3.3 verfeinern:

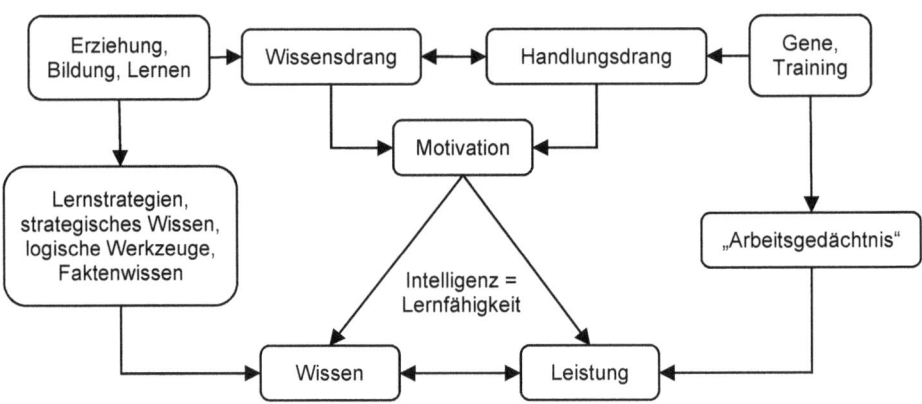

Intelligenz korreliert zwar sehr wohl auch mit einigen neurologischen Parametern (und es wird auch tatsächlich immer noch Geld ausgegeben für Studien, die eine Art neurologisches Korrelat der Intelligenz in der Kombination von Gehirnvolumen, Zelltypenverteilungen, Verbindungsdichte, Laminierung des Kortex und Nasenlänge suchen), aber wie man an der Abhängigkeitskette sehen kann, ist die Intelligenz ein rekursives, selbstverstärkendes System, von welchem die neurologische Leistungsfähigkeit (in der Abbildung kurz als „Leistung" bezeichnet) nur ein

Teil ist. Nur in Verbindung mit Motivation und Wissen kann sie sich als kognitive Leistungsfähigkeit, Lernfähigkeit und damit als Intelligenz entfalten.

Wie man sieht, greift dabei an allen Enden Lernen oder Training. Dabei wird vor allem das Metawissen massiv unterschätzt. In der Abbildung sind die Beispiele „Lernstrategien", „strategisches Wissen" und „logische Werkzeuge" aufgezählt. Aber auch dem Einfluss der „kulturellen Evolution" wird erst seit relativ kurzer Zeit in wenigen IQ Tests Rechnung getragen. Das „Wissen" wird gerade bei IQ Tests lapidar als „nicht Teil der *eigentlichen* Intelligenz" beiseite gewischt, dabei ist es ein enormer Faktor. Und vor allem ist es der Faktor, den der Mensch selbst am direktesten beeinflussen kann, insbesondere seit Beginn des Informationszeitalters.

Der Mensch ist also auch seiner eigenen Intelligenz Schmied! Sicher haben Genetik und Erziehung vor allem zu Beginn einen starken Einfluss. Aber mit zunehmendem Alter steigt der relative Einfluss der eigenen Motivation deutlich an, und die individuellen Unterschiede hängen verstärkt davon ab, zu welchem Zeitpunkt der Einzelne aufhört zu lernen und sich weiter zu entwickeln. Dies geschieht vor allem dann, wenn die gewünschten Ziele nicht mehr erreicht werden können, oder schon erreicht wurden. In beiden Fällen versäumen es die Menschen manchmal, sich neue Ziele zu setzen.

8.4 Denken, Planen & Kreativität

Wenn zwei Sinne bei einem Menschen nicht „sauber getrennt" sind, spricht man von Synästhesie. Menschen mit dieser Eigenschaft können Farben riechen, Töne sehen oder ähnliches. Auch mit dem Sprachzentrum können Überlappungen auftreten – die Betroffenen können dann zum Beispiel Wörter mit Farben assoziieren. Dies könnte unter anderem durch eine zu starke Auffächerung oder Vermischung von Sinnesinformationen im Thalamus entstehen, aber auch durch Variationen im Kortex selbst.

Man könnte aber auch die Sprache selbst als so etwas wie eine Synästhesie betrachten – in der Sprache kommen alle Sinnesmodalitäten zur Überlagerung; wir haben für alles ein Wort, oder einen Ausdruck.

In welche Kategorie wir etwas einordnen, hängt davon ab, zu welcher bekannten Klasse die wahrgenommene Sache die größte Ähnlichkeit aufweist. Kognitiv können hier nachträgliche Korrekturen erfolgen, wenn durch Logik oder Wissen die „natürliche" Kategorie als falsch erkannt wird. Gibt es zwei oder mehrere ungefähr gleich weit entfernte, oder überlappende Klassen, umschreiben wir das Ganze entsprechend, oder erfinden neue Klassen. In der Psychologie gibt es die Exemplar-Theorie, die davon ausgeht, dass neue Wahrnehmungen mit Erinnerungen abgeglichen werden, sowie die Prototypensemantik, die davon ausgeht, dass ein

Vergleich mit einem „zentralen Vertreter eine Kategorie" stattfindet. Beide Theorien stellen eine signifikante Verbesserung zu ihren Vorgängertheorien dar, und sind in Teilen sehr zutreffend, scheinen mir aber im Detail etwas zu weit von der Realität der Neurologie abgehoben zu sein.

Sprache ist aber nicht nur ein sensorisches, sondern auch ein motorisches Werkzeug. Wir können fast alles, was wir erleben, irgendwie mit Worten beschreiben. Diese Beschreibungen können miteinander kombiniert und transformiert werden, was zu neuen Erkenntnissen führen kann. Sie sind also nicht nur nützlich, um andere Menschen zu informieren, sondern auch uns selbst. Das sprachliche Zusammenfassen von Erlebnissen komprimiert die erlebten Wahrnehmungen auf ihre Essenz, so dass wir viel größere Zeitspannen und andere Abstände (Unterschiede) zwischen unseren Erlebnissen überbrücken, und die relevanten Fakten miteinander verknüpfen können.

Die Bereiche des Gehirns, die vor allem für die Sprache prädestiniert sind, arbeiten kontinuierlich. Wie sprechen in unserem Kopf ununterbrochen, so wie wir auch ununterbrochen sehen, hören, fühlen, riechen und schmecken. Wir sind uns nur nicht immer aller Modalitäten zugleich voll bewusst. Unser Gehirn führt einen ständigen Dauermonolog, den wir nur wahrnehmen, wenn wir verbal **„denken"** – uns also auf den sprachlichen Sinn (unser „Sprachsystem") konzentrieren. Wobei das Denken nie nur aus Sprache allein besteht, sondern zu einem gewissen Anteil stets auch aus anderen Modalitäten. Manche Menschen denken sogar vorwiegend in Bildern; es „arbeiten" aber dennoch alle Modalitäten inklusive der Sprache ununterbrochen parallel zueinander, nur wird nicht alles zugleich bewusst.

In Extremsituationen (extreme Meditation, Erschöpfung, Drogen usw.) tritt der innere Monolog manchmal stark in den Vordergrund, und es fällt einem dann besonders deutlich auf, wie detailliert der „Sprachsinn" alles, aber auch wirklich alles bis ins letzte Detail beschreibt („verbalisiert"), mit sich selbst diskutiert, und bei allen Entscheidungen „mitredet".

Auch Visualisierung kann aus denselben Gründen sehr stark in den Vordergrund treten. Aber auch ohne Drogen oder Extremzustände können wir beobachten, wie unser Sehsinn arbeitet, selbst wenn wir „nichts sehen": Bei geschlossenen Augen und absoluter Dunkelheit können wir durch Entspannung und „entspannte Konzentration" auf die scheinbar zufälligen Muster auf unserer Netzhaut (zu Beginn meist nur flimmernde Farbpunkte auf dunklem Hintergrund) mit viel Geduld „Halluzinationen" erleben.

Auf flimmernde Punkte in verschiedenen Farben folgen zuerst meist chaotische und fraktale Muster, dann irgendwann verzerrte Gesichter und andere Figuren, und zuletzt realistische, farbige und dreidimensionale Bilder, wie in einem Traum. So kann man auch direkt in etwas recht ähnliches wie einen luziden Traum eintreten, wenn man sehr viel Zeit hat. Beim Charles Bonnet Syndrom geschieht dies unfreiwillig.

Auch eine vorübergehende Synästhesie kann man so erleben. In meiner Jugend habe ich dies genutzt, um „Musik zu sehen". Beim Musikhören passen sich die Muster, die man bei geschlossenen Augen sieht mit der Zeit dem Rhythmus und den Frequenzen der Musik an, wenn man sich dementsprechend konzentriert. Was wir dabei aber eigentlich sehen, ist die Tätigkeit unseres Gehirns. Es ist der direkteste Blick auf die Vorgänge in unserem Gehirn, der uns möglich ist. Nur leider verrät er für sich genommen nicht viel darüber, was in uns wirklich vorgeht.

Auf dieselbe Art und Weise kann der Mensch auch auditorische Halluzinationen (Musik oder auch Stimmen) und viele weitere Effekte erleben. Wer aber solche Experimente machen will, sollte sich seiner psychischen Stabilität sehr sicher sein (und über enorm viel Zeit verfügen). Ich kann nicht ausschließen, dass solche Experimente eventuell eine latente Psychose oder Schizophrenie auslösen können, und man dann den Rest seines Lebens auf Medikamente angewiesen ist, um die hervorgerufenen Halluzinationen wieder loszuwerden.

Denken ist also ein „inneres Erleben", das echte Sinneswahrnehmungen simuliert, wenn man auch die Sprache als Sinn versteht. Meistens „sprechen" wir im Kopf (mehr oder weniger explizit) zu uns selbst, wenn wir denken. Dieses „Sprechen" kann alles einbeziehen, was wir erlebt haben oder gerade erleben, das heißt wir können auch darüber nachdenken, dass wir nachdenken, worüber wir nachdenken, wie wir nachdenken und warum wir nachdenken. Wir können also unter anderem Rekursionen ausführen, und uns selbst beim „denken" beobachten, also unser eigenes Denken analysieren, sowie andere Arten von Introspektion durchführen.

Das ist der Teil unseres Denkens, bei dem ich auch eine eingeschränkte Computeranalogie für angebracht halte, denn das sprachliche Denken, genauso wie das Sprechen selbst, hat viele Eigenschaften einer fortgeschrittenen Programmiersprache – was ja an sich kein Wunder ist, haben wir doch die Programmiersprachen absichtlich so konstruiert, dass sie uns eine möglichst „natürliche" Form bieten, einem Computer Instruktionen zu geben. Eigentlich haben wir durch die Mathematik und die Algorithmik bestimmte Eigenschaften von Sprachen überhaupt erst entdeckt.

Allerdings ist Introspektion keinesfalls so zuverlässig, wie man glauben möchte. Unter dem Überbegriff der Introspektions-

Illusionen gibt es eine Reihe von Selbsttäuschungen, die in der Psychologie untersucht wurden. Prinzipiell überschätzen wir unsere eigene Fähigkeit, die Ursprünge unseres mentalen Status zu verstehen, und unterschätzen dieselbe Fähigkeit bei anderen Menschen. Dies führt in vielen Situationen sogar recht zuverlässig zu falschen Erklärungen unser eigenen Entscheidungen und Handlungen – so genannte kausale Theorien – sowie zu falschen Vorhersagen unserer eigenen Reaktionen.

Wir konfabulieren also eine Rationalität in unser eigenes Handeln und Denken, welche nicht unbedingt der tatsächlichen Rationalität oder Irrationalität unserer Handlungsmotive entspricht. Es scheint, dass wir keinen Zugriff auf unser tatsächliches Ich (das eigentliche Selbstmodell laut unseren Definitionen im ersten Teil) erhalten, sondern nur auf ein sekundäres Selbstmodell, nämlich das Ich-Modell, welches nicht in allen Bereichen akkurat ist.

Wenn wir zum Beispiel nach einer Begründung für unser Handeln gefragt werden, hängt unsere Antwort recht stark davon ab, wer die Frage stellt, und welche Personen noch anwesend sind. Unser tatsächliches Ich (unser Selbstmodell) passt sich also an die Situation an. Zugleich versuchen wir aber unser bewusstes Selbstmodell, also das Ich-Modell, möglichst konstant zu halten. Wenn wir also in zwei verschiedenen Menschengruppen zwei verschiedene Begründungen für dieselbe Sache angeben, nehmen wir dies in der Regel nicht wahr. Wenn uns der Unterschied dann deutlich vor Augen gehalten wird, konfabulieren wir, ohne es zu bemerken, eine Begründung für diesen Unterschied, und versuchen ihn zum Beispiel als irrelevant beiseite zu wischen.

Bei einem bekannten Experiment werden Probanden zwei Bilder von unbekannten Gesichtern gezeigt. Sie müssen dann auswählen, welches der Gesichter ihnen attraktiver erscheint. Dann werden sie gebeten, diese Entscheidung zu begründen. Währenddessen wurden die Bilder unbemerkt ausgetauscht. Wenn dies gelingt, wird der Proband davon völlig unbeeindruckt bleiben und seine Begründung aufrechterhalten. Er glaubt dann selbst, aus den von ihm genannten Gründen das andere Bild gewählt zu haben – es wird also eine Entscheidung begründet, die man gar nicht getroffen hat. Dies nennt man Wahlblindheit.

Außerdem werden bei der kognitiven Introspektion mnemonische vor emotionalen, exekutive vor rezeptiven und eintreffende vor ausbleibenden Faktoren berücksichtigt, und zwar in Reihenfolge ihrer Salienz. Das bedeutet im Extremfall, dass wir eine Handlung oder Entscheidung aufgrund einer unterschwellig wahrgenommenen, ausbleibenden emotionalen Reaktion einer anderen Person treffen, diese aber mit einer deutlich wahrgenommenen, rationalen Aktion die wir selbst kurz davor gesetzt habe, begründen.

Wenn wir Introspektion anwenden, können wir dies auch unterschiedlich gewichten. So können wir uns zum Beispiel entweder mehr auf die rationalen Gründe unserer Entscheidungen konzentrieren, oder mehr auf unsere emotionalen Gründe. Wenn wir eine Entscheidung rational analysieren, steigt im Schnitt die Wahrscheinlichkeit, dass wir uns um-entscheiden. Wenn wir die Entscheidung aber emotional analysieren, sinkt im Schnitt die Wahrscheinlichkeit, dass wir uns um-entscheiden. Wenn wir uns also verändern wollen, sollten wir eher rational denken, und wenn wir uns selbst akkurater verstehen wollen, sollten wir eher emotional denken.

Es ist aber so, dass unser sprachliches Denken nicht nur sequentielle „Instruktionen" für uns selbst, oder für andere erzeugen kann, sondern diese auch „interpretieren" kann. Und mit dieser Fähigkeit sind wir in der Lage, nicht nur sequentielle Anweisungen zu interpretieren, sondern auch generische semantische Konstrukte. Und dies ist zugleich der Übergang zur Mathematik. Der Übergang zwischen sprechen und rechnen ist also ein fließender. In stark formalisierter Art und Weise, auf Papier oder in eine Rechenmaschine eingebracht, ermöglicht dies den Menschen genaue Berechnungen, Vorhersagen, und das Aufdecken von Zusammenhängen, von der Bewegung ganzer Galaxienhaufen bis zu einzelnen Elementarteilchen.

Wie bei Somatosensorik und Somatomotorik, beim Wahrnehmen, und beim Erzeugen von Tönen, kann beim „Sprachsinn" die Sensorik unabhängig von der Motorik von Ausfallserscheinungen betroffen sein. Bei der Jargon-Aphasie kann der Betroffene Sprache einwandfrei verstehen, aber er spricht nur in Kauderwelsch – nichts von dem, was er sagt ergibt Sinn. Bei der rezeptiven Aphasie hingegen kann der Patient flüssig und zusammenhängend sprechen, aber er versteht kein Wort, egal was man zu ihm sagt.

Durch Konzentration auf Erinnerungen, die eine Annäherung an ein momentanes Ziel vermuten lassen, und durch mentale Verbalisierung, sowie Visualisierung und Simulation anderer Modalitäten, kann ein **Planungsprozess** angestoßen werden. Wir versuchen dann durch Kombination von Erinnerungen, Introspektion, logischen Regeln, und manchmal auch den Dialog mit anderen Menschen Ziele für uns zu finden, und einen „Weg" zu unserem nächsten Ziel zu beschreiben, so dass wir selbst dieser Beschreibung folgen, und unser Ziel erreichen können.

Dabei müssen wir **kreativ** sein, denn wir können ja nicht wirklich die Zukunft vorhersehen, und wir wollen uns eigentlich individuell verhalten, und etwas besonderes sein. Und auch wenn wir an scheinbar völlig gleichwertigen „Abzweigungen" unseres Denkens ankommen, müssen wir in der Lage sein, eine Entscheidung zu treffen. In diesen Fällen „raten" wir, oder bedienen uns anderer kreativer Werkzeuge. Inwieweit wir dabei tatsächlich zu zufälligem Verhalten in der Lage sind, ist allerdings fraglich. Denn auch divergierende neurale Netze können letzten Endes nur so reagieren, wie ihre bereits bestehenden Gewichtungen es vorgeben. Darüber werden wir uns beim Thema „freier Wille" noch unterhalten.

8.5 Bewusstsein & Qualia

Bevor wir über das Bewusstsein irgendetwas anderes aussagen können, müssen wir nun die Ergebnisse des Libet-Experimentes behandeln. Die Ergebnisse dieses Experimentes, welche inzwischen vielfach unabhängig bestätigt wurden, geben uns die Antwort auf eine Frage, die sich niemand stellen will: wie kann das mutmaßlich „höchste" System des Gehirns die Kontrolle über uns selbst haben, wenn es durch seine Stellung doch von allen Systemen den längsten Weg zu unserem Körper haben muss?

Benjamin Libet hat bereits 1979 die Antwort dazu gefunden, welche für die meisten Menschen ziemlich unbefriedigend, wenn nicht sogar beängstigend ist: Unser Bewusstsein hat NICHT die Kontrolle über unsere Entscheidungen und Aktionen! Es hinkt der Realität um mindestens eine Zehntelsekunde (wahrscheinlich sogar mindestens eine Drittelsekunde) hinterher. Immer dann, wenn wir glauben eine Entscheidung zu treffen, ist diese in Wirklichkeit bereits erfolgt. Aber in unserem Erleben wird normaler Weise alles „rückdatiert", damit wir nicht das Gefühl haben, alles verzögert wahrzunehmen.

Auch dieser Mechanismus kann bei starker Erschöpfung und in anderen Extremzuständen „ausfallen". Dadurch fühlt man sich im Extremfall dann plötzlich nur noch wie ein Zuschauer, der die Tätigkeit des eigenen Gehirns und Körpers beobachten, aber nicht beeinflussen kann. In leichteren Fällen führt es zu einem „Lag" – ein englisches Wort für Verzögerung, welches in der Informatik benutzt wird, um den Effekt zu beschreiben, wenn zwischen zwei Systemen eine Verzögerung eintritt, die Systeme selbst aber mit normaler Geschwindigkeit arbeiten. Man hat dann also das Gefühl, dass alles nur noch mit Verzögerung passiert.

Das Experiment von Libet lief ungefähr folgendermaßen ab: Die Probanden wurden gebeten, zu einem beliebigen Zeitpunkt ihre rechte Hand zu bewegen, und sich den Stand einer sehr genauen Uhr dabei zu merken. Mit einem EMG (Elektromyogramm) wurde gemessen, zu welchem Zeitpunkt der motorische Impuls beim Muskel ankam. Mit 40 gemittelten Elektroenzephalogramm-

Aufnahmen (EEG) wurde der Zeitpunkt bestimmt, zu welchem der motorische Kortex in Bezug auf die Handbewegung aktiv wurde. Dies geschah im Schnitt 0.55 Sekunden bevor der Muskel aktiviert wurde. Der Zeitpunkt, zu dem die Probanden glaubten, ihre Entscheidung getroffen zu haben, lag aber nur 0.2 Sekunden vor der Muskelaktivierung – es dauerte im Schnitt ganze 0.25 Sekunden, bis das Bewusstsein der Probanden über eine bereits getroffene Entscheidung informiert wurde!

Die Tatsache, dass die Vorbereitungen des Motorkortex bis 0.05 Sekunden vor der Muskelaktivierung noch unterbrochen werden können (eine Art Veto-Funktion) ändert nichts daran, dass die bewusste Entscheidung keine Entscheidung ist, sondern nur die Illusion einer Entscheidung. Dies gilt auch für die „Veto-Funktion", welche ebenfalls erst nachträglich als freie Entscheidung interpretiert wird (2009 aufgezeigt von S. Kühn und M. Brass).

Das Bewusstsein ist also nicht für die scheinbar bewussten Entscheidungen und Handlungen zuständig! Dies kann dadurch erklärt werden, dass unsere Wahrnehmung nicht eine Wahrnehmung der Realität ist, sondern eine Wahrnehmung eines Modells der Realität (unser Welt- und Ich-Modell), welches die „Updates" unserer Sinnessysteme ungefähr mit derselben Verzögerung erfährt, wie andere Systeme auch. Während das Ich (also das Ich-Modell) nun diese Informationen erhält, haben aber die restlichen Systeme bereits reagiert, daher kann das „Ich" eigentlich nur noch zusehen. Dies fällt dem „Ich" aber nicht auf, da es ja im nächsten Schritt bereits über die Entscheidung und die Ergebnisse informiert wird. Dies veranschaulicht stark vereinfacht die folgende Abbildung:

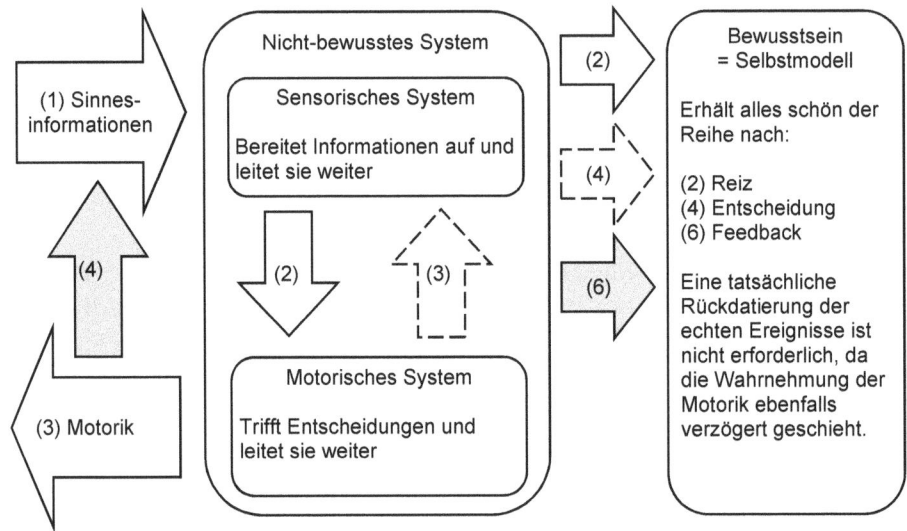

Die grau hinterlegten Pfeile stellen das motorische Feedback dar. Dieses läuft in Wirklichkeit über das Sinnessystem zurück, daher die zusätzliche Verzögerung bei (4). Wichtig ist aber vor allem zu verstehen, dass beim Bewusstsein alles gleichermaßen verzögert ankommt, und daher bei normalem Funktionieren des nicht-bewussten Systems weder ein Hinterherhinken der Wahrnehmung auffallen kann, noch das Gefühl auftreten kann, dass Entscheidungen nicht bewusst getroffen wurden, denn das Bewusstsein erlebt zuerst den Reiz, dann die Entscheidung, und dann die Ergebnisse der Entscheidung (in der Regel eine motorische Aktion).

Die Wahrnehmungen werden genauso wie die Entscheidungen und die Aktionen nachträglich einem Ich-Modell zugeschrieben, auf welches der Mensch bewussten Zugriff hat, und welches er beschreibt, wenn er von sich selbst, seinen Handlungen, und seinen Entscheidungen spricht. Dieses Ich-Modell ist ein Teil unseres multimodalen Weltmodells, wie alle anderen Inhalte unserer Wahrnehmung und Erinnerung auch. Was dabei zum „Ich" gehört, und was nicht, wird erlernt – es ist nicht vorprogrammiert. Dies veranschaulichen der weiter oben schon beschriebene „psychologische Partytrick" von Botvinick und Cohen, aber auch das Alien Hand Syndrom, die Asomatognosie (bei der Betroffene abstreiten, Eigentümer ihrer eigenen Gliedmaßen zu sein), der Phantomschmerz, Träume oder Halluzinationen, in denen man ein Fisch oder ein Gegenstand ist, und andere Effekte.

Ein weiterer Effekt, der in dieser Arbeit bisher erst kurz erwähnt wurde, ist die Anosognosie. Dies ist ein Symptom, bei dem der Betroffene sich nicht über eine Lähmung bewusst ist. So kann es vorkommen, dass ein Patient halbseitig gelähmt ist, er also nur eine

Körperhälfte benutzen kann; wenn man ihn aber bittet zu klatschen, kommt er dieser Aufforderung ohne Bedenken nach – mit nur einer Hand. Der Betroffene ist dabei der Meinung, tatsächlich mit beiden Händen geklatscht zu haben! Das Bewusstsein erhält also Feedback über eine sensorische und auditorische Erfahrung, die nicht stattgefunden hat.

Dadurch, dass das Bewusstsein nur mit einem nicht-bewussten Meta- und Selbstmodell kommuniziert, welches darüber hinaus holographische Eigenschaften hat, ist die Anosognosie prinzipiell leicht erklärbar: Das motorische System sendet Befehle an beide Arme, und zugleich informiert es das sensorische System über das zu erwartende Ergebnis. Diese Information wird prinzipiell immer an das Bewusstsein weitergeleitet, auch wenn nachher kein echtes Feedback von der Motorik und den Sinnesorganen eintrifft.

Damit das Ausbleiben des sensorischen Feedbacks bei der Anosognosie nicht auffällt, muss dieses vom sensorischen System holographisch ergänzt werden, mit Hilfe des Gedächtnisses. Auch das ist eigentlich ein normaler Vorgang, denn um Lag zu verhindern, muss unserem Bewusstsein schon simuliertes Feedback geliefert werden, bevor dieses tatsächlich eintreffen kann. Allerdings sollte dieses Feedback dann sofort inhibiert werden, wenn sich herausstellt, dass gar keine Bewegung erfolgt ist. Dieser Mechanismus ist bei der Anosognosie beschädigt.

Zuletzt sollte hier noch ein äußerst interessantes Experiment von Daniel Wegner beschrieben werden: dieser konnte basierend auf den Erkenntnissen von Libet sehr deutlich zeigen, dass unser Handlungsbewusstsein eine Illusion ist. Dazu benutzte er ein Computersystem mit zwei speziellen Computermäusen, und einen Strohmann, der vorgab ebenfalls Proband zu sein, aber in Wirklichkeit ein Mitarbeiter von Wegner war.

Die Computermaus wurde so verdeckt, dass der Proband sie zwar bedienen, aber nicht sehen konnte. Auf dem Bildschirm wurden an zufälligen Orten zufällige Figuren gezeigt, und der echte Proband wurde gebeten, sich jeweils zu vorzustellen, die Figur mit der Maus anzusteuern, und es dann aber nicht immer tatsächlich zu tun, sondern nur manchmal.

Dabei wurde aber ohne das Wissen des Probanden die Maus manchmal deaktiviert, und die Steuerung des Mauszeigers vom Strohmann übernommen, und auch wenn der Proband seine Maus gar nicht bewegte, fuhr der Mauszeiger – gesteuert durch die Maus des Strohmannes – manchmal trotzdem zu einer Figur.

Danach wurde der Proband jeweils gefragt, ob er eine Figur mit der Maus angesteuert habe, oder nicht. Interessanter Weise glaubten die Probanden auch, die Figur angesteuert zu haben, wenn sie dies nicht getan hatten, sondern in Wirklichkeit nur daran dachten, während die Maus innerhalb eines recht großen Zeitfensters von einigen Sekunden durch den Strohmann bewegt wurde. Es genügt also sich vorzustellen, eine Aktion mit dem eigenen Körper auszuführen, um zu dem Eindruck zu gelangen, dies tatsächlich getan zu haben, vorausgesetzt es treten keine beobachtbaren Effekte auf, die dieser Annahme widersprechen.

In einem Fall von Anosognosie, wie dem oben beschriebenen, kann aufgrund der Ausfälle die gelähmte Hälfte des Körpers nicht wahrgenommen werden. Daher begnügt sich das Gehirn mit der zuerst unbewussten Wahrnehmung der anderen Hälfte, um zu der falschen bewussten Wahrnehmung zu gelangen, mit beiden Händen geklatscht zu haben.

Der hier stark vereinfacht dargestellte Regelkreis läuft im nicht-bewussten System beim wachen Menschen mit einer Frequenz von ungefähr **40 Hertz**; es wird also 40 Mal pro Sekunde ein über alle Modalitäten integriertes Signal von sensorischen an motorische Zentren übermittelt, und parallel auch ein Statusupdate über die laufenden motorischen Programme und Entscheidungen von den motorischen an die sensorischen Zentren. Der Abstand zwischen (2) und (3) beträgt also eine Einheit, und die Einheit entspricht 0.025 Sekunden. Dies ist die Frequenz, die im ARAS und den Basalganglien vorherrscht.

Der Regelkreis zwischen nicht-bewusstem und bewusstem System erfolgt nur mit der halben Frequenz (**20 Hertz**); der Abstand zwischen (2) und (4) beträgt 0.05 Sekunden. Dies entspricht der Frequenz, mit der für uns Einzelbilder zu zusammenhängenden Filmen, und Einzelgeräusche zu zusammenhängenden Tönen verschmelzen, und der Zeit, welche von einem Sinnesreiz bis zu dessen Wahrnehmung vergeht.

Der Regelkreis zwischen Sinnesinformation und motorischer Reaktion ist hier stark vereinfacht dargestellt. Ein primitiver Abgleich zwischen Sensorik und Motorik (Reflexe) erfolgt schon weit außerhalb des Gehirns und läuft extrem schnell ab. Spontane Bewegungen und schnelle Automatismen – also zum Beispiel das Zurückziehen der Hand von der heißen Herdplatte, welches oft fälschlich als Reflex bezeichnet wird – laufen leider viel langsamer ab, mit höchstens **10 Hertz**. Zwischen (1) und (3) vergehen also ganze 0.1 Sekunden. Sobald aber das Bewusstsein in unsere Automatismen eingreift, oder diese auslösen soll, wird das Ganze noch langsamer.

Ein jahrelang trainierter Kampfsportler kann unter minimalem Einsatz des Bewusstseins eine motorische Frequenz von bis zu 10 Hertz im Kampf für eine gewisse Zeit aufrechterhalten, sofern er nicht ermüdet. Er vermeidet dabei das Eingreifen des Bewusstseins in seinen Bewegungsablauf so gut er nur kann. Er kämpft ohne zu denken. Erfolgreiche Täuschungsmanöver führen aber zu einer Verzögerung oder Fehlreaktion. Dasselbe Prinzip wird auch in anderen sehr schnellen Sportarten, wie zum Beispiel Tischtennis oder Tischfußball, genutzt.

Für eine bewusste Entscheidung mit motorischer Reaktion benötigt selbst der gut trainierte, hellwache Mensch meistens um die 0.2 bis 0.3 Sekunden, und in ungünstigeren Fällen bis zu einer Sekunde, bevor ihm der Führerschein entzogen wird. Pfeile für bewusste Reaktionen habe ich in der obigen Abbildung nicht inkludiert, um die Graphik nicht unnötig verwirrend zu gestalten. Aber im Idealfall sind es fünf Schritte, die für eine bewusst modifizierte motorische Reaktion (also die Abänderung einer bereits laufenden Bewegung, oder die Auslösung einer bereits vorbereiteten Bewegung) erforderlich sind. Dadurch kommt die Frequenz von bis zu **5 Hertz** zustande, also eine Reaktionsdauer von 0.2 Sekunden.

Diese Umstände machen sich auch Gehirnforscher zunutze, um unbewusste Effekte zu untersuchen. Dazu präsentieren sie in manchen Experimenten ein Bild (zum Beispiel ein Gesicht) für sehr kurze Zeit (in der Praxis ungefähr 0.15 Sekunden), und direkt im Anschluss ein anderes Bild deutlich länger. Damit kann die Wahrnehmung des ersten Bildes „maskiert" werden, und wird dem Bewusstsein nicht explizit zugänglich, aber es werden trotzdem bestimmte Reaktionen auf das erste Bild ausgelöst – es hinterlässt eine gewisse „Spur" im Gehirn, ohne aber im expliziten Gedächtnis für Gesichter abgelegt zu werden.

Wenn der Forscher dem Probanden nun zwei Gesichter präsentiert, wovon das eine dem kurz gezeigten Bild entspricht, und das andere dem Probanden nie gezeigt wurde, kann dieser – wie bei bestimmten Formen der anterograden Amnesie – zwar die Frage, ob er das Gesicht schon einmal gesehen hat nicht korrekt beantworten, wenn er aber sagen soll, welches Gesicht ihm sympathischer erscheint, wählt er mit recht hoher Zuverlässigkeit das Bild, das ihm kurz gezeigt wurde.

Nun sind aber noch zwei große Fragen offen, die häufig gestellt werden: wo ist das „neuronale Korrelat des Bewusstseins" (NCC), und wie kommen die Qualia zustande. Zuerst zum NCC: Wie schon eingangs erwähnt, sind neuronale Korrelate Orte im Gehirn, deren Aktivierung mit dem Erfüllen einer bestimmten Funktion korreliert. Dabei kann eine Funktion durchaus mehrere Gehirnareale einbeziehen; genau genommen ist dies nur sehr selten nicht der Fall.

Auf jeden Fall ist es ein Irrtum anzunehmen, man könne einen Teil des Gehirns eindeutig als „das NCC" identifizieren, nur weil dieser zum Beispiel bei Reizung oder Unterdrückung eine Bewusstlosigkeit auslösen kann (wie das ARAS oder möglicherweise das Claustrum). Ein Genickbruch, oder andere tödliche Verletzungen führen ja auch zu „Bewusstlosigkeit" (in diesem Fall eine sehr hartnäckige Variante), deswegen ist aber das Genick noch lange nicht die „Essenz" unseres Bewusstseins.

Und es ist auch ein Irrtum anzunehmen, man könne Teile des Gehirns vom NCC ausschließen, nur weil eine Zerstörung dieser Teile nicht das Bewusstsein zerstört. Wenn zum Beispiel ein hinreichend großer Teil des visuellen Systems (also zumindest V1 bis V4, sowie das frontale Augenfeld) vollständig zerstört wird, so kann der Betroffene nie wieder eine bewusste visuelle Wahrnehmung haben. Es wurde dann also ein Teil seines NCC für immer zerstört.

Dieser Teil wird aber vielleicht nicht für so essentiell gehalten, wie ein anderer, daher ein Gegenbeispiel: Wenn jemand für den Rest seines Lebens mit einer sehr hohen (aber nicht zu hohen) Dosis eines starken Halluzinogens (wie zum Beispiel Salvinorin A, DMT, oder Ketamin) vollgepumpt wird, kann er nie wieder wissen, wer und was er ist. Dabei wird im Fall von Salvinorin A aber „nur" ein einziger Rezeptortyp beeinträchtigt. Der Betroffene wird sich abwechselnd für eine Stuhl, einen Tisch, einen Dinosaurier, für Luft, oder für ein Stück Papier halten, und nicht mehr in der Lage sein zu kommunizieren. Aber er erlebt nach wie vor etwas, er sieht und hört nach wie vor, und würde man ihn wieder „ausnüchtern" lassen, könnte er (sofern die Dosis eben nicht zu hoch war) von seinen Erlebnissen auch berichten. Es wird dadurch also ebenfalls nur ein Teil des NCC ausgeschaltet.

Und ein weiteres Beispiel: Eine hohe Dosis Benzodiazepine (wie zum Beispiel die als Wirkstoffe bekannter Schlafmittel eingesetzten Substanzen Triazolam und Midazolam) kann eine temporäre, anterograde Amnesie auslösen. In manchen Fällen kann ein Patient dabei mehr oder weniger wach bleiben (so wie auch Patienten während einer Operation leider manchmal kurz „aufwachen"). Er kann aber über diesen Zeitraum nachträglich nichts berichten, da er sich ja an nichts erinnern kann, und wird behaupten, den Zeitraum nicht bewusst erlebt zu haben. Einige phänomenologische Definitionen des Bewusstseins stoßen hier schon auf Schwierigkeiten.

Wenn ein Mensch nun aber von Geburt an eine anterograde Amnesie hätte, so würden wir ihm (wie einem Tier) selbst im Erwachsenenalter kein Bewusstsein nachweisen können, obwohl alle anderen Gehirnstrukturen intakt wären. Er könnte überhaupt nie irgendetwas berichten, da er ja nie eine Sprache erlernen würde. Ich bin mir aber sicher, dass sein Erleben (genauso wie zumindest bei Säugetieren) einem bewussten Erleben entsprechen würde. Somit sind wohl auch die Sprache und das Langzeitgedächtnis Teil des NCC.

Das zeigt uns, dass die Suche nach einem NCC (wie oben definiert) sehr schwierig, wenn nicht sogar unmöglich ist – alle Gehirnareale, die auf das bewusste Erleben irgendwie einwirken können, müsste man als Teil des NCC betrachten.

Wenn man bedenkt, dass unser Bewusstsein in der Regel nur dann ganz verschwindet, wenn die Aktivität des gesamten Großhirns stark gedämpft oder beeinträchtigt wird, und wenn man darüber hinaus berücksichtigt, dass Reizungen fast am gesamten Großhirn zu bewussten Empfindungen oder Reaktionen führen, müsste man eigentlich ganz trocken sagen: das gesamte Großhirn ist ein NCC.

*Dies besagt im Prinzip das so genannte „multiple drafts" Modell (**MDM**) von Daniel Dennett, welchem ich im Ansatz, sowie in seiner Kritik an einigen anderen Modellen, völlig zustimme. Außerdem geht Dennett (wie vor ihm schon Paul Ricoeur) davon aus, dass „Inhalte" und deren Verarbeitung essentiell für Bewusstsein sind, dass also eine bewusste Wahrnehmung nur auftritt, wenn die Wahrnehmung zu einer Reaktion führt, wie zum Beispiel der „Einspeicherung" ins Langzeitgedächtnis, oder zu einer physischen Reaktion. Das ist sicher nicht ganz falsch – zumindest wird man nie behaupten können ein Bewusstsein zu haben, wenn nur der rezeptive Teil existiert. Damit reduziert Dennett aber das Bewusstsein auf bewusstes Verhalten, und bleibt einige Erklärungen schuldig. Sein Modell erklärt damit nämlich nicht wirklich den Unterschied zwischen einer „intelligenten" und einer „bewussten" Reaktion.*

Was die Bewusstseinsforscher aber eigentlich oft suchen ist eine Art minimales NCC – sie wüssten gerne, welches kleinstmögliche Teilsystem unseres Gehirns ausreichend ist, um ein Bewusstsein zu erzeugen (leider oft in der irrigen Annahme, dass dieses System den Rest steuert und kontrolliert).

Der Neurobiologe Semir Zeki hat bereits vor einiger Zeit richtig festgestellt, dass es keine Top-Down Kommandozentrale im Gehirn geben kann, da es ja keine Neuronen ohne Eingänge gibt. Aber selbst wenn es eine Gruppe solcher Neuronen gäbe (das ARAS hat zwar Eingänge, lässt sich aber trotzdem von anderen Neuronen kaum in seiner Tätigkeit beeinflussen, und ist daher ein gutes Beispiel) würde dies weder zwangsläufig Teil des Bewusstseins sein, da es dann ja nichts wahrnehmen könnte, noch könnte es irgend eine Funktion ausführen, die intelligenter als die eines hartcodierten Computerprogrammes ohne Parameter oder Datenbank wäre – es könnte also nur irgend eine feste Sequenz an Anweisungen ständig wiederholen.

Genau so etwas macht das ARAS, als eine Art „stupider" Taktgeber des Gehirns (überzogen ausgedrückt). Es ist zwar für „Wachheit" und Änderung des „Wachheitsgrades", aber nicht für Bewusstsein zuständig. Und an genau dieser Unterscheidung scheitern manche auf ihrer Suche nach dem NCC.

Sie suchen also in manchen Fällen etwas, das es so nicht gibt, wie eben zum Beispiel eine übergeordnete Steuer- und Kommandozentrale, oder eine übergeordnete „Wahrnehmungszentrale", die das Bewusstsein „ausführen" oder „beinhalten" kann. Aber damit werden stets nur Teilaspekte des Bewusstseins abgedeckt, denn Bewusstsein ist den meisten Definitionen zufolge nicht eine klar umschriebene Einzelfunktion, sondern ein „Spektrum", von dem sogar im Schlaf (und zwar nicht nur beim Träumen) meistens noch ein gewisser Rest übrig bleibt.

Um also ein minimales Bewusstsein suchen zu können, sollte man ein solches erst einmal klar definieren können. Wenn man meine Definition aus Kapitel 3.4.1 heranzieht, so ergibt sich nur leider ein anderes Problem: diese Anforderung an ein Bewusstsein ist so gering, dass man erstens einen Menschen nicht auf einen so kleinen Teil seines Gehirns beschränken kann, ohne ihn zu töten, und zweitens ein solches System viel zu „dumm" sein wird, die Frage zu beantworten, ob es denn ein Bewusstsein habe.

Egal welche Definition man nun heranzieht: um ein künstliches Modell, also eine künstliche Intelligenz mit nachweisbarem Bewusstsein, wird man nicht herum kommen, wenn man die „Essenz" des Bewusstseins nachweislich finden will. Wie ein solches Modell aussehen kann werde ich aber erst in einem späteren Kapitel beschreiben.

Damit werden alle Theorien in Frage gestellt, welche das NCC an einem einzelnen Stück Großhirnrinde festmachen wollen, wobei zur Zeit vor allem der dorsolaterale präfrontale Kortex („Endpunkt" des dorsalen Pfades), und der ventrolaterale präfrontale Kortex („Endpunkt" des ventralen Pfades) hoch im Kurs stehen. Diese sind in das Handlungsbewusstsein, Körperbewusstsein, Konsistenzgefühl des „Ich", Zeitempfinden und vieles mehr eng eingebunden, aber immer nur zusammen mit anderen Kortexarealen.

Einen anderen Ansatz wählt Thomas Metzinger. In seiner „Selbstmodell-Theorie" (**SMT**) geht er richtiger Weise davon aus, dass unser „Ich" eigentlich „nur" ein Modell ist, welches vorverarbeitete Informationen erhält, wir somit also nicht die echte Welt erleben, sondern ein Modell der echten Welt. Er erkennt auch richtig, dass um sich selbst zu beschreiben eine Art Meta-Selbstmodell erforderlich ist. Auch sonst steckt sehr viel Wahrheit in seiner Arbeit, und zumindest oberflächlich betrachtet sind seine Aussagen teils sehr ähnlich zu den Aussagen dieser Arbeit.

Insgesamt liest sich die Arbeit zum SMT wie ein stark von Computeranalogien geprägtes Modell, obwohl Metzinger die Unterschiede zwischen Mensch und Maschine gezielt betont. Außerdem geht das SMT meinem Verständnis zufolge von einigen Annahmen aus, die ich nicht teile. Unter anderem werden scheinbar folgende Aspekte für Bewusstsein vorausgesetzt:

- *Ein Gefühl des Eigentums des „Selbst" und der eigenen Eigenschaften und Erlebnisse (er nennt es „Meinigkeit")*
- *Eine Erlebnisperspektive (ein phänomenaler Standpunkt), also das Gefühl Wahrnehmungen zentral zu empfangen*
- *Eine Historie, also eine Art zeitliche Abfolge und Konsistenz des „Ich"*

Alle diese Phänomene sind am normalen Bewusstsein beteiligt, aber keines davon ist meiner Meinung nach wirklich erforderlich, außer man will behaupten, ein besonders abstrakter Traum (zum Beispiel ein Traum, indem mein Körper ferngesteuert wird, wobei ich von außen nur zusehen kann, und in dem zeitliche Inkonsistenzen auftreten, wie in fast jedem Traum) sei ein unbewusster Vorgang. Und genau das behauptet Metzinger, wenn ich ihn richtig verstehe, und dieser Aussage muss ich wiedersprechen, denn einen solchen Traum kann ich erleben, und mich daran erinnern.

Daher beschreibt Metzinger in seiner Arbeit meiner Meinung nach bereits mehr als nur das einfachst mögliche Bewusstsein. Er benutzt auch öfters den Begriff „Subjektivität", und scheint die Subjektivität mit dem Bewusstsein mehr oder weniger gleichzusetzen (was nicht ganz unberechtigt ist), denn er verwendet die Begriffe, zumindest so wie ich es verstanden habe, öfters in derselben Bedeutung. Trotz dieser Meinungsverschiedenheit (die auch ein Missverständnis sein könnten, aufgrund unterschiedlicher Definitionen des Bewusstseins) ist seine Theorie aber neben dem MDM etwas vom ausgereiftesten, was ich je in diesem Bereich gelesen habe, und zusammen mit dem Multiple Drafts Model (MDM) entspricht sie zum Großteil dem, was ich für richtig halte.

Es gibt allerdings mindestens zwei wichtige Kritikpunkte an allen Homunculus- oder Selbstmodell-basierten Theorien des Bewusstseins, die in den meisten Fällen nicht glaubhaft entkräftet werden können:

- **Wenn das Bewusstsein eine *Eigenschaft* eines Selbstmodelles ist**, das in unserem Gehirn simuliert wird, welcher Teil des Selbstmodelles ist denn nun das Bewusstsein? Und damit kommt man zu einer unendlichen Rekursion (Verschachtelung), denn ein Selbstmodell muss ja auch ein Gehirn und damit ein Bewusstsein haben.
- **Wenn das Bewusstsein ein Selbstmodell *ist***, wer beobachtet dann dieses Selbstmodell und kann sich damit identifizieren? Und auch damit kommt man zu einer unendlichen Rekursion, denn das Selbstmodell müsste von einem weiteren Selbstmodell beobachtet werden und so weiter.

Beide Kritiken lassen sich nur dann entkräften, wenn das Selbstmodell aus der Wahrnehmung ausgeschlossen ist, also nicht der Introspektion zugänglich ist, und wenn das Bewusstsein nicht nur eine Eigenschaft oder ein Teil dieses Selbstmodelles ist, und man sich somit auch nicht direkt damit identifizieren kann. Ich habe daher eingangs das Bewusstsein folgendermaßen definiert:

„Das Bewusstsein ist die Fähigkeit einer Entität ein Modell seiner selbst zu erzeugen, es auf sich selbst zu beziehen und damit zu interagieren."

Den Begriff „identifizieren" habe ich also nicht nur vermieden, weil er eine Rekursion in der Definition impliziert (denn streng genommen setzt ein Vorgang des „Identifizierens" bereits ein „Ich" voraus). Ich habe ihn auch vermieden, weil ich nur so nun die folgende Aussage treffen kann:

Das Bewusstsein als (nicht wahrnehmbares) Selbstmodell wird nur indirekt mit dem (wahrnehmbaren) Ich-Modell in Bezug gesetzt, nämlich in der Weise, dass man das Ich-Modell systematisch mit dem Selbstmodell verwechselt. Der Mensch nimmt durch das Selbstmodell wahr, schreibt diese Wahrnehmung aber dem Ich-Modell zu, von dem er glaubt das wahre „Ich" darzustellen. Wenn wir also sagen „Ich fühle Schmerz", dann fühlt das Bewusstsein (also das Selbstmodell) den Schmerz, aber mit dem Wort „Ich" beziehen wir uns auf das Ich-Modell, welches sich beträchtlich vom Selbstmodell unterscheidet (in manchen Fällen sogar mehr als nur beträchtlich).

Wir identifizieren uns also explizit nicht mit dem Selbstmodell, sondern mit dem Ich-Modell, welches in einem indirekten Bezug zum eigentlichen Selbstmodell, also dem Bewusstsein steht. Und die Introspektion findet nicht direkt am Selbstmodell, sondern nur am Ich-Modell statt, was erklärt, warum sie so fatal danebenliegen kann – wenn wir zum Beispiel Gründe für eine Entscheidung konfabulieren, die wir gar nicht getroffen haben, oder wenn wir glauben, unbedingt einmal Fallschirmspringen zu wollen, und dann feststellen, dass wir es abgrundtief hassen und nie wieder tun wollen.

Zusätzlich zu den oben genannten zwei Kritikpunkten gibt es noch zwei weitere Probleme: ein Selbstmodell erklärt per se nicht die Qualia (dazu später), und es wurde im Gehirn des Menschen noch kein Bereich mit einem zusammenhängenden Selbstmodell gefunden, welches sich mit dem Bewusstsein in irgendeiner Weise in Übereinstimmung bringen lässt.

> *Dieses Ich-Modell, welches wir für uns selbst halten, wird vom eigentlichen Selbstmodell, also vom Bewusstsein erzeugt, welches in unser Metamodell eingebettet ist. Als sechsschichtiges neurales Netz bildet der Kortex durch seine Verschaltung mit den darunterliegenden Gehirnstrukturen dieses Metamodell. Die Grenze zwischen dem Metamodell und dem Selbstmodell erlernt der Kortex dadurch, dass das Selbstmodell direktes Feedback erzeugt, der Rest des Metamodells jedoch höchstens indirektes Feedback. Wenn wir ein Glas umwerfen, erfahren wir durch die Berührung des Glases sofort eine Sinneswahrnehmung. Wenn das Glas dann aber zerbricht, spüren wir direkt nichts. Indirekt können wir aber eine Emotion verspüren, wenn uns das Glas entsprechend wichtig war. Dies ist dann eine Funktion des Weltmodells.*

> *Der gesamte Kortex bildet also ein (implizites) Metamodell mit einem (impliziten) Selbstmodell ab, aber beschreiben können wir nur ein (explizites) Weltmodell, in welchem ein (explizites) Ich-Modell enthalten ist. Eine saubere Trennung zwischen Metamodell und Selbstmodell werden wir jedoch vergebens suchen. Man wird bestenfalls vielleicht feststellen können, dass das Metamodell weiter auf dem Kortex verteilt ist, als das Selbstmodell.*

Das Selbstmodell ist als Teil des Metamodells eine holistische Funktion von großen Teilen der Gehirnrinde. Wenn wir uns den Kortex vereinfacht als sechsschichtiges neurales Netz vorstellen, haben wir drei aus Sicht der Informationsverarbeitung „überflüssige" Schichten zur Verfügung, die schlicht und einfach nichts Besseres zu tun haben, als ein Modell all dessen zu erstellen, was die anderen drei Schichten, und der Rest des Gehirns tun. In Wirklichkeit ist es natürlich nicht so, dass drei Schichten unser Überleben managen, und die anderen drei das Bewusstsein – in einem natürlichen neuralen Netz gibt es keinerlei Grund, warum Funktionen so klar getrennt sein sollten.

Das Metamodell, und damit das unbewusste Selbstmodell, welches zu Bewusstsein führt, ist auf alle Schichten des Kortex mehr oder weniger gleichmäßig verteilt. Der Neokortex „beobachtet" also sich selbst und den

Rest des Gehirns, und das Bewusstsein ist als untrennbarer Teil davon weder rein aktiv noch rein passiv, hinkt aber immer einen Schritt hinterher. Vielleicht deshalb, weil es nur als Kombination von rezeptiven und exekutiven Vorgängen emergieren kann, wie Dennett und andere vermuten, vielleicht aber auch nur, weil es den eigentlichen sensorischen Prozessen nachgeschaltet ist. Wir werden in einem späteren Kapitel ergründen, was genau dahinter steckt.

Allerdings ist nicht der gesamte Kortex dazu nötig. Aber je mehr davon zerstört wird, umso weniger Bewusstsein bleibt übrig (es wird also durch lokale Effekte qualitativ eingeschränkt). Außerdem wird es durch generell wirkende Mechanismen wie Müdigkeit, Gifte und anderes getrübt (es wird also durch globale Effekte quantitativ eingeschränkt).

Wenn man nun mit intensiven fMRI Studien nach dem Selbstmodell suchen würde, könnte man stattdessen nur das Ich-Modell finden. Denn das eigentliche Selbstmodell, also das Bewusstsein selbst, korreliert mit allen Bereichen des Neokortex, je nachdem worauf unsere Aufmerksamkeit gerade gerichtet ist, also je nachdem aus welchen Aktivitäten sich unser Bewusstsein gerade zusammensetzt. Ein „Frame" entspricht dabei einem zusammenhängenden Paar von rezeptiven und exekutiven Informationen, oder zumindest aus einem von beiden. Unser Bewusstsein ist nicht konstant – weder in seiner Quantität, noch in seiner Qualität, sondern kann nur von solchen rezeptiven und exekutiven Vorgängen und Phänomenen ausgehen, welche gerade von der Großhirnrinde ausgeführt werden. Der Rest ist sozusagen latent (ruhend).

> *Mein Modell des Bewusstseins könnte man bis hierher also vereinfacht dargestellt als eine Schnittmenge aus dem Multiple Drafts Model (MDM) und der Selbstmodelltheorie (SMT) bezeichnen, beruhend auf einer Permutation von sechsschichtigen neuralen Netzen. Damit bleibt aber noch einiges unerklärt.*

Man muss ein **explizites Bewusstsein** (Ich-Modell, und als Teil davon auch die Subjektivität) von einem **impliziten Bewusstsein** (Selbstmodell) unterscheiden, sowie zwischen einem tatsächlichen (**aktiven**) Bewusstsein (**Frames**) und einem **latenten** (**Modelle**). Und man darf nicht vergessen, dass das Ich-Modell, so wie jedes mentale Modell (also auch das unseres Hamsters), sowohl bewusst aktualisiert wird, und zwar immer wenn wir bewusst etwas neues über unseren Hamster erfahren, als auch unbewusst verändert wird, und zwar immer wenn sich unsere Wahrnehmung unseres Hamsters durch unbewusste Vorgänge verändert. Das heißt das Weltmodell (wovon das Ich-Modell ein Teil ist) kann sowohl bewusst aktualisiert werden, als auch unbewusst verändert werden.

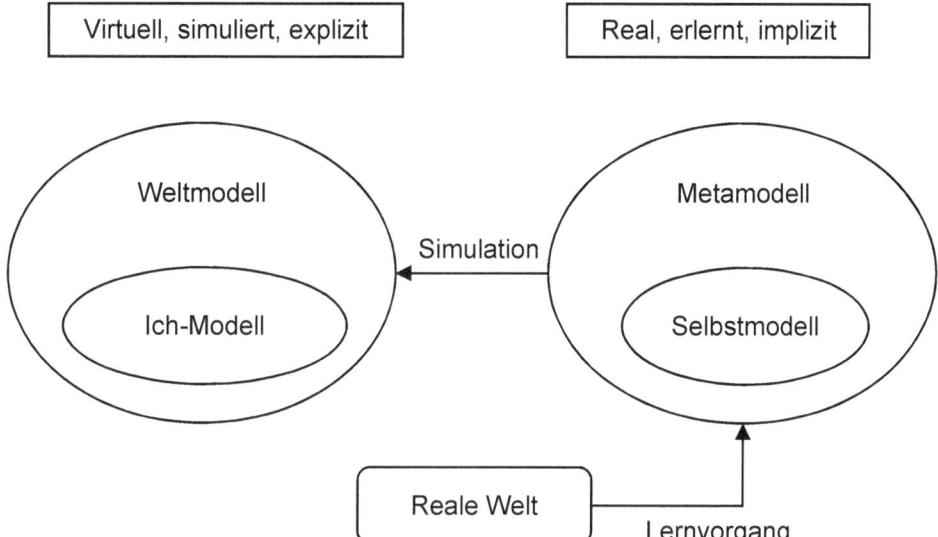

Die **Qualia** können wir damit meiner Meinung nach jetzt recht passabel erklären: Farben gibt es in der echten Welt nicht, nur Lichtfrequenzen, die mehr oder weniger gut mit den drei Arten von Farbrezeptoren unserer Netzhaut detektiert werden können. Aus diesen drei Parametern setzen wir einen einzelnen Farbbegriff zusammen, welchen wir aus einer Palette von erlernten Farbnamen auswählen. Aber wir berücksichtigen auch weitere Parameter, daher empfinden wir auch eine blau beleuchtete Tomate immer noch als rot, obwohl keinerlei Rottöne von unserer Netzhaut detektiert werden können. Wir nehmen also nicht die echte Welt wahr, sondern ein Modell der Welt, welches aus verschiedensten Modalitäten (einschließlich Erinnerung, Zukunftsprojektion, Emotion und Sprache) zusammengesetzt wird.

Die Farbe „rot" tritt nie isoliert für uns auf, sondern stets im Kontext der gerade davor wahrgenommenen Sache und der Erwartungshaltung, sowie dem gesamten Zustand unseres Weltmodells während dieser Wahrnehmung.

Unser Bewusstsein „lebt" in einer virtuellen Welt mit einer Framerate von 20 Hertz, eingebettet in eine Illusion von zusammenhängenden Wahrnehmungen geschickt gemischter Modalitäten, jeweils bestehend aus zumindest einer rezeptiven oder einer exekutiven Information, oder einer Kombination von beidem, wobei der exekutive Teil dann auch nur daraus bestehen kann, dass der rezeptive Teil explizit mit einem Gefühl oder einer

Erinnerung assoziiert wird. Ein subjektives Erlebnis ist ein flüssiger Ablauf (viele Frames) aus Wahrnehmungen und Reaktionen. Rot ist für uns nicht nur eine Farbe, die mit einer fixen Anzahl von Erinnerungen und Emotionen verknüpft ist. Rot ist für uns ein Erlebnis, eine Folge von Wahrnehmungen und Reaktionen, die so lange weiter laufen, solange wir rot sehen, oder über rot nachdenken.

Und je mehr Erinnerungen wir mit der Farbe verknüpfen können, umso reichhaltiger und komplexer ist unser Erlebnis. Nicht unbedingt für das Bewusstsein, aber für die Qualia und für die „Subjektivität" sind die Bezugssysteme Gedächtnis und Emotionen, sowie zeitliches Erleben essentiell (in Form einer Abfolge von Frames, die nachträglich kausal zueinander in Bezug gesetzt werden können, aber nicht zwangsläufig immer in ihrer realen Reihenfolge).

Qualia kommen zustande, weil eben mit der Zeit „das ganze Gehirn mitschwingt" (plastisch ausgedrückt), wenn man an die Farbe Rot denkt, und nicht nur ein „Großmutterneuron für rot". Das Vorgestellte oder Erlebte wird stets zur gesamten Historie des Menschen (Metamodell und Selbstmodell) in Relation gesetzt. Das Bezugssystem ist implizit alles, was schon da ist. Deswegen, und wegen dem Bewusstsein (also weil man sich selbst dabei beobachten kann, wie man etwas wahrnimmt) empfindet man die Qualia als etwas ganz besonderes.

Qualia und phänomenologisches Bewusstsein entstehen also dadurch, dass unser Gehirn in einer rekursiven Wechselbeziehung durch äußere Sinnesinformationen und innere Mechanismen ein virtuelles Ich in einer virtuellen Welt simuliert, in der Emotionen genauso echt sind wie Farben.

Die Essenz des Bewusstseins ist nur das Selbstmodell, welches in die Verarbeitung von Sinnesinformationen eingebunden ist. Die Essenz des phänomenologischen Bewusstseins (also dessen, was wir individuell empfinden, und uns im allgemeinen Sprachgebrauch zusätzlich zum reinen Selbstmodell unter dem Begriff des Bewusstseins vorstellen) sind die Qualia. Und die Essenz des bewussten Ich-Erlebens ist beim psychisch gesunden Menschen die scheinbar kontinuierliche, zeitlich scheinbar kausal zusammenhängende, und konsistent erscheinende Wahrnehmung der Veränderung unseres Ich-Modells.

Das bewusste Ich-Erleben wird aber immer wieder unterbrochen, zum Beispiel bei Müdigkeit. Das phänomenologische Bewusstsein tritt nur auf, wenn wir auf Wahrnehmungen bewusst reagieren, aber nicht (oder kaum), während wir völlig abwesend einen automatischen Ablauf ausführen (Schuhe binden am frühen Morgen). Das Bewusstsein selbst ist immer da, wenn wir etwas wahrnehmen; es wird nur im Tiefschlaf und bei Narkose oder Ohnmacht unterbrochen.

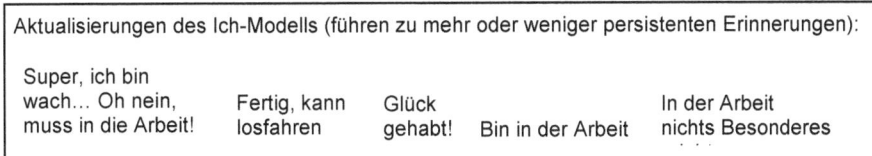

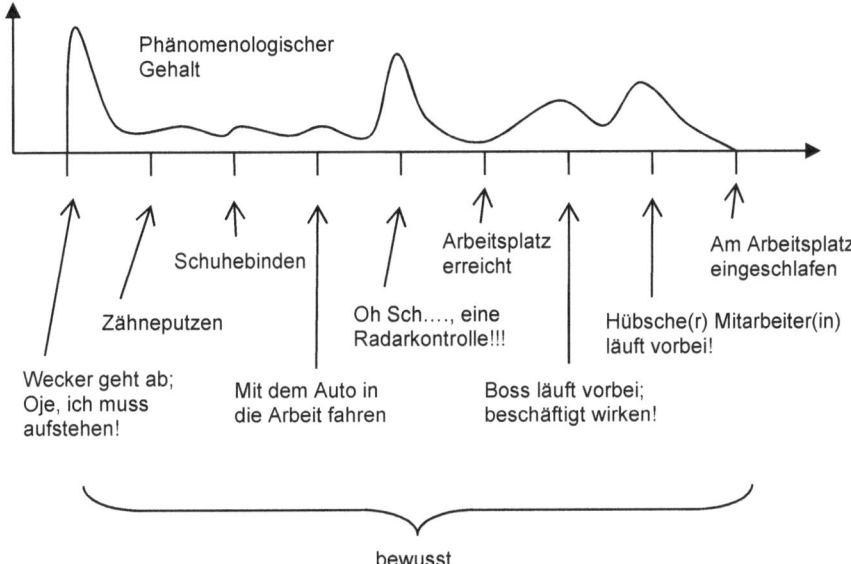

Phänomenologischer
Gehalt

Schuhebinden

Zähneputzen

Arbeitsplatz
erreicht

Oh Sch...., eine
Radarkontrolle!!!

Am Arbeitsplatz
eingeschlafen

Hübsche(r) Mitarbeiter(in)
läuft vorbei!

Wecker geht ab;
Oje, ich muss
aufstehen!

Mit dem Auto in
die Arbeit fahren

Boss läuft vorbei;
beschäftigt wirken!

bewusst

Noch einmal zusammengefasst:

Das Metamodell (mit dem Selbstmodell) ist ein reales, und relativ robustes Abbild der Welt, das vom Kortex antrainiert wird, also von den Informationen, die er von den darunterliegenden Kernen erhält. Das Metamodell hat somit ein physisches Substrat in den Gewichtungen der Neuronenverbindungen der Gehirnrinde. Man kann Teile davon selektiv beeinflussen oder zerstören, indem man Teile des Kortex beeinflusst, aber solange man den Kortex nicht physisch beschädigt, bleibt es großteils sehr stabil. Auch durch starke psychische Effekte, oder nicht-toxische Drogen kann zum Beispiel das Sehen, Hören, die Sprache, oder das Langzeitgedächtnis nicht permanent zerstört, sondern nur verändert werden. Und sogar bei kleineren Beschädigungen des Kortex bleibt das Metamodell aufgrund seiner holographischen Eigenschaften im Wesentlichen relativ unbeeinträchtigt. Das Metamodell ist also unter Effekten der Kurzzeitplastizität stabil. Es kann aber sehr wohl durch Langzeitplastizität signifikant verändert werden.

Das Weltmodell (mit dem Ich-Modell) ist ein virtuelles, und relativ instabiles Abbild der Welt, das vom Kortex erzeugt (simuliert) werden kann. Es wird von den Projektionen (hier nicht im Sinne von Projektionsfasern!), die sich aus dem Metamodell ergeben, erzeugt. Es hat somit selbst kein dauerhaftes physisches Substrat, denn es besteht nur aus transienter elektrochemischer Aktivität des Kortex. Es kann sogar durch ein starkes Magnetfeld beeinträchtigt werden, oder durch einfache Illusionen und Partytricks signifikant manipuliert werden. Somit müssen wir beim Menschen zwischen einem latenten, und einem aktiven Teil des Weltmodells unterscheiden. Dazu führen wir hiermit den Begriff „Arbeitsmodell" ein, welcher die aktiven Teile des Welt- und Ich-Modells bezeichnen soll.

Das Metamodell ist also das, was der Kortex erlernt – es besteht aus latenter, impliziter Information, die in Form von verteilten Engrammen physisch vorliegt. Das Selbstmodell ist ein Teil des Metamodells, welcher nicht scharf davon abgegrenzt ist. Allerdings enthält das Metamodell implizit die zur Abgrenzung nötigen Informationen.

Das Arbeitsmodell ist Teil dessen, was der Kortex tut – es besteht aus aktivem, explizitem Wissen, und beruht auf elektrochemischer Aktivität, deren Spuren am fMRI feststellbar sind. Das aktive Ich-Modell ist Teil vom aktiven Weltmodell, und von diesem scharf abgegrenzt. Je nach Definition entspricht das Arbeitsmodell ungefähr dem Arbeitsgedächtnis.

Änderungen am Arbeitsmodell sind in der Regel bewusst. Änderungen am Metamodell sind es nicht, können aber später zu bewussten Wahrnehmungen führen.

Der **evolutionäre Vorteil** eines Bewusstseins ist eine Gesamtübersicht über die Denkprozesse und das ganze Lebewesen, im Gegensatz zu teils unkoordinierten Automatismen, einzelnen Anpassungen und konditionierten Reaktionen. Ein Insekt, das sich verhängt, reißt sich los, ohne Rücksicht auf den Verlust von Gliedmaßen, auch wenn es einen Weg gäbe dies zu umgehen. Ein bewusstes Lebewesen kann je nach Situation entscheiden, ob es sich mit einem rostigen alten Taschenmesser selbst den Arm absägt – wie zum Beispiel Aron Lee Ralston – oder auf Hilfe wartet. Darüber hinaus sind nur durch die „erste Person Perspektive" (1PP) auch eine „dritte Person Perspektive" (3PP), und damit ein echtes Sozialsystem, Planen, strategisches Handeln und eine reichhaltige Sprache möglich. Der Nachteil ist die verschwendete Zeit, und vor allem die verringerte Reaktionszeit durch bewusste Vorgänge.

Außerdem ermöglicht Bewusstsein die abstrakte Manipulation von Symbolen, und damit das **kognitive Lernen** (im Gegensatz zum verstärkenden Lernen). Das kognitive Lernen konnte mit neuralen Netzen bisher noch nicht nachgebaut werden, sondern nur mit explizit programmierten Systemen.

Beim verstärkenden Lernen (Reinforcement-Lernen) genügen die Mechanismen, die schon dreischichtige neurale Netze ausführen können (und sogar weniger, im Falle der einfachsten Form, nämlich der Konditionierung). Der Vorteil bei diesem Mechanismus ist, dass in der Natur so selten etwas Überflüssiges oder Falsches gelernt wird (wie zum Beispiel Aberglaube), was die Fitness eines Individuums wieder verringern könnte. Der Nachteil ist, dass man so gewisse Dinge nie lernen kann. Dies machen sich einige natürliche Systeme zunutze, wie zum Beispiel fleischfressende Pflanzen, oder der Mensch beim Angeln. Das kognitive Lernen hat zwar den Nachteil, dass man damit auch jede Menge nutzlosen Blödsinn lernen kann, und diesen sogar noch weiterverbreiten kann, aber letzteres ist auch ein Vorteil: was durch kognitives Lernen erschlossen wurde, kann man weitergeben. Was durch Reinforcement gelernt wurde nicht.

Beim kognitiven Lernen gibt es zwei Arten: eine Art besteht darin, dass eine Wahrnehmung mit bereits bekannten Gedächtnisinhalten, und mit dem Metamodell in Bezug gesetzt wird. Dadurch kann die Wahrnehmung zusammen mit weiteren, abgeleiteten Informationen explizit analysiert, transformiert und kontextabhängig gespeichert werden. Dies entspricht einer **Induktion**, also der Herleitung einer Theorie aus Beobachtungen.

Nur so konnte der Mensch lernen, tödliche Giftpilze zu vermeiden, denn die evolutionäre Kadenz des Giftpilzes ist viel höher als die des Menschen – er passt sein Gift evolutionär viel schneller an, als sich der Mensch durch natürliche Auslese an das Gift anpassen kann. Ein Erkennen durch Reinforcement-Lernen ist bei tödlichen Giften ausgeschlossen – ein Versuch ist leider schon zu viel. Der Mensch musste also durch Beobachtung eines Giftpilzopfers (3PP!) und Induktion darauf schließen, dass der Giftpilz für den Tod des Giftopfers verantwortlich war.

Und nur so konnte der Mensch seine ursprünglich unsystematische „Tiersprache" formalisieren und verfeinern, indem er Regeln aus einer natürlich entstandenen Sprache ableitete, also Syntax und Grammatik „erfand".

Die zweite Art ist die **Deduktion** (Anwendung einer Theorie auf den konkreten Fall): Wenn das Konzept eines Giftpilzes erst einmal bekannt ist, kann der Mensch bei einem ihm unbekannten Pilz ein Risiko erkennen, und diesen erst einmal dem dauerschnarchenden Höhlennachbar schenken, bevor er ihn selbst isst.

Aber auch das nachträgliche Rationalisieren von spontanen Entscheidungen gehört dazu. Dies hilft nicht nur dabei, den anderen Stammesmitgliedern zu erklären, warum man den Dauerschnarcher vergiftet hat, sondern auch bei zukünftigen Planungsprozessen, indem rationale Zusammenhänge von bereits überlebten Entscheidungen entdeckt werden, und für zukünftige Entscheidungen berücksichtigt werden können, auch wenn die ursprüngliche Entscheidung eigentlich irrational getroffen wurde.

Es kann also beim kognitiven Lernen implizites Wissen in explizites verwandelt werden, und dann an andere kommuniziert werden. Und der Empfänger kann das explizite Wissen durch wiederholte Anwendung, also reinforcement, auch wieder in implizites Wissen verwandelt.

In manchen Fällen ist ein mentales Modell aber zu komplex, um es sprachlich zu transportieren (also um es zu sequentialisieren). Diese Komplexität kann an sprachlichen Differenzen, an einer hohen Multimodalität, oder auch an einer hohen Individualität, bei großer Verschiedenheit des Empfängers liegen. Solche Fälle kennt eigentlich jeder. Im Kopf ist es ganz klar und einfach, aber man kann es trotzdem nicht beschreiben. Ein einfaches Beispiel ist ein Sprachwitz, der nicht in eine andere Sprache übersetzt werden kann, oder ein kulturell geprägter Witz, der im Ausland nicht funktioniert. Manchmal ist es auch ein sehr persönlicher Aspekt einer Sache, von der man einfach weiß, dass der Gegenüber es nicht wird verstehen können.

Und manchmal ist die Sache selbst einfach zu komplex, um sie spontan in Worte zu fassen. So wie es mir lange Zeit mit dem Bewusstsein und anderen Aspekten der menschlichen Intelligenz gegangen ist. Inzwischen hatte ich zehn Jahre Zeit, mir diese Erklärungen zurecht zu legen, und sie an zahlreichen Menschen mit verschiedenen Bildungshintergründen zu erproben, meistens mit Erfolg.

Ich befürchte aber trotzdem, dass für viele Leser an dieser Stelle noch immer nicht alle Fragen zum Bewusstsein und den Qualia beantwortet sind, auch wenn ich nun die Grundlagen schon aus allen möglichen Sichtwinkeln dargelegt habe. Daher werde ich in den nachfolgenden Kapiteln die Resultate aus diesen Grundlagen zusammenfassen. Nur leider ist ein Buch ein Monolog und kein Dialog, und ich kann daher hier nicht alle eventuellen Fragen und Unklarheiten des Lesers vorhersehen und beantworten.

9 Der freie Wille

Die Aussagen dieses Kapitels werden vielleicht für einige schwer zu akzeptieren sein. Aber ich stehe mit dieser Meinung nicht alleine da. Sie wird unter anderem gestützt von den Experimenten von bedeutenden Forschern wie Benjamin Libet, Matsuhashi und Hallet, Simone Kühn und Marcel Brass, Chun Siong Soon, Marcel Brass, Hans-Jochen Heinze und John-Dylan Haynes, sowie Patrick Haggard und vielen weiteren. Insbesondere bei den Schlussfolgerungen, die Patrick Haggard zu solchen Experimenten getroffen hat, finde ich auch meine eigenen Erkenntnisse und Schlussfolgerungen aus informationstheoretischer Sicht sehr deutlich wieder – wir sind also auf zwei völlig verschiedenen Wegen zu sehr ähnlichen Ergebnissen gelangt.

Die Frage nach dem freien Willen wird oft „falsch" gestellt: „Hätte ich mich anders entscheiden können?". Es wird schwierig sein, ein Experiment zu entwerfen, mit dem diese Frage beantwortet werden kann, ohne Zeitreisen zu involvieren, oder das Gedächtnis eines Menschen vollständig zu löschen. Das Problem ist, dass wir Entscheidungen umso weniger „frei" treffen, je stärker wir erwarten, dass sie sich auf unser restliches Leben auswirken. Jemand der abnehmen, oder das Rauchen aufhören will, versucht gezielt seine Gewohnheiten zu ändern, weil er weiß, dass sich dies auf sein Leben auswirkt. Wenn es gelingt, wird er der Meinung sein, dies aus freiem Willen vollbracht zu haben. Wenn nicht, dann kann es vorkommen, dass man dies nicht mehr dem freien Willen zuschreibt, sondern akzeptiert suchtkrank zu sein. Subjektiv üben wir also umso mehr „freien Willen" aus, je mehr unsere bewussten Entscheidungen unseren unbewussten (dem kurzfristigen „Begehren") zuwiderlaufen.

Aber bei Entscheidungen, die sich nicht besonders stark auf unser weiteres Leben auswirken, geht man in der Regel subjektiv sehr wohl davon aus, freien Willen auszuüben.

Allerdings wissen wir von Patienten mit extremer anterograder Amnesie (also der Unfähigkeit neue Erinnerungen zu formen), dass sie zum Beispiel bei Wortassoziationstests immer dieselben „zufälligen" Assoziationen wählen. Wenn man also so einen Patienten bittet, das allererste Wort, das ihm zu einem Begriff einfällt zu nennen, und dies wenige Minuten oder Stunden später wiederholt, kommt in der Regel genau dasselbe heraus.

Ein Mensch mit intaktem Gedächtnis vermeidet dies jedoch, um nicht einfältig zu wirken. Aber erstens ist diese Assoziation nicht etwas Zufälliges. Wenn ich auf „Würfel" mit „Würfelqualle" antworte, so liegt dies daran, dass ich Taucher bin, und wenige Tage zuvor an dem Kapitel zu den „primitiven Gehirnen" geschrieben habe. Die Assoziation ist einfach momentan die stärkste, da die Erinnerungen um den Begriff der „Qualle" herum kürzlich aktiviert wurden. Nach einem Casinoaufenthalt würde ich vielleicht eher mit „Glücksspiel" antworten, und nach einem Geometriekurs vielleicht mit „Pyramide". Zweitens ist dies im Normalfall keine wirkliche Entscheidung, sondern mehr oder weniger ein Automatismus.

Wenn ich eine zufällige Buchstabenfolge aufsagen soll, wird es interessanter. Mit intaktem Gedächtnis vermeidet das Gehirn Wiederholungen so gut es kann; dadurch wird die Buchstabenfolge aber *weniger* zufällig! Leider konnte ich bisher keine Studie finden, in welcher das Aufsagen von zufälligen Buchstabenfolgen bei Personen mit schwerer anterograder Amnesie untersucht wurde. Ich vermute, dass die jeweiligen

Folgen in sich statistisch gesehen zufälliger sein müssten, als die von gesunden Personen.

Auch das hat scheinbar noch nicht sehr viel mit Entscheidungen zu tun. Aber wir könnten nun folgendes Experiment anstellen: Wenn uns die Bedienung im Kaffeehaus fragt, ob wir Zucker in unserem Kaffee wollen, weisen wir der Antwort „ja" die geraden Zahlen, und der Antwort „nein" die ungeraden zu. Dann bitten wir die Kellnerin irgendwann „Stopp" zu rufen und sagen eine zufällige Zahlenfolge auf. Wenn die letzte Zahl gerade war, nehmen wir Zucker und wenn nicht, trinken wir unseren Kaffee ohne Zucker.

Haben wir nun freien Willen bewiesen? Ganz sicher nicht – wer den „klugen Hans" (siehe unten) kennt, der weiß das. Wir haben ziemlich sicher unbewusst antizipiert, wann die Kellnerin „Stopp" sagen wird, und gerade rechtzeitig davor eine passende Zahl aufgesagt, die uns das gewünschte Ergebnis liefert.

> Der „kluge Hans" war ein Pferd, das rechnen und alle möglichen Fragen mit Stampfen beantworten konnte. Zumindest dachten das alle, bis man herausfand, dass das Pferd einfach immer so lange mit dem Huf auf den Boden klopfte, bis es subliminale Signale eines Menschen erkannte, die anzeigten, dass nun die richtige Zahl oder Antwort erreicht war. Wenn aber der Fragesteller die Antwort selbst nicht kannte, konnte das Pferd plötzlich nicht mehr rechnen, und hörte nicht zu stampfen auf.

Gut, aber wir können doch heutzutage einen statistisch hervorragenden Zufallsgenerator in unserem Smartphone verwenden, und diesem die Entscheidung überlassen. Wir könnten also beschließen, für den Rest unseres Lebens nur noch diesem Zufallsgenerator die Entscheidung über Zucker in unserem Kaffee zu überlassen. Haben wir jetzt freien Willen bewiesen? Ich denke nicht. Wir haben lediglich bewiesen, dass es uns wichtiger war freien Willen zu beweisen, als selbst Herr über den Zuckergehalt in unserem Kaffee zu sein, und damit unser Ziel erfolgreich verfehlt.

Der freie Wille ist meiner Meinung nach genauso eine Illusion wie das zusammenhängende, konstante „Ich". Insbesondere unter Berücksichtigung des Libet-Experiments, müssen wir das meiner Ansicht nach schlicht und einfach akzeptieren. Man könnte sich einreden, dass unser Bewusstsein unser zukünftiges „Ich" formen kann, indem es aus „freiem Willen" entscheidet, wie es die Erlebnisse und Vorgänge in unserem Leben bewertet – wer im Zweifelsfall stets positiv denkt, wird glücklicher und erfolgreicher. Aber wer nicht weiß, dass dies so funktioniert, wird es nicht gezielt und bewusst machen, und wer es weiß, macht es, weil er sich davon einen Vorteil erhofft.

Gerne werden auch „völlig selbstlose Handlungen" als Beweis des freien Willens genannt. Aber wer völlig selbstlos handelt, tut dies in der Regel wohl deshalb, weil er glaubt, dass es moralisch richtig ist. Also basiert auch eine solche Entscheidung auf dem Weltmodell der Person, und führt zu einem subjektiven Vorteil, nämlich dem, sich als moralisch intakte Person fühlen zu können, also kein „schlechtes Gewissen" zu haben.

Der freie Wille ist eine Illusion, die dem Umstand geschuldet ist, dass ein Teil unseres Verhaltens vom Bewusstsein (nachträglich!) verstärkt wird (positive Resonanz), und ein anderer Teil unseres Verhaltens vom Bewusstsein (vorab!) durch inhibitorische Kontrolle abgeschwächt wurde. In beiden Fällen unterliegen wir der Illusion, das eigentliche Verhalten bewusst und zeitnah verursacht zu haben. Im ersten Fall haben wir das Gefühl eine positive „Willensentscheidung" aktiv ausgeführt zu haben, obwohl wir nur nachträglich als Verursachung interpretiert haben, dass unser Bewusstsein dieses Verhalten für die Zukunft verstärkt. Im zweiten Fall haben wir das Gefühl eine negative „Willensentscheidung" zum Zeitpunkt, zu dem ein „Begehren" auftrat (eigentlich bewusst wurde) durchgeführt zu haben (wenn der Prozess tatsächlich unterdrückt wurde), und damit erfolgreich über unsere Triebe gesiegt zu haben, also freien Willen ausgeübt zu haben, oder (wenn der unbewusste Prozess nicht gänzlich unterdrückt wurde) dem „Begehren" nachgegeben zu haben (was auch als freier Wille interpretiert wird, bis zu einem gewissen Grad, und erst beim Akzeptieren eines Suchtproblems, oder dem Erkennen einer Manipulation nicht mehr als freier Wille eingestuft wird).

Bei bestimmten Ausprägungen von Schizophrenie und anderen psychischen (vor allem psychotischen) Störungen, und nach Einnahme von besonders dissoziativen Drogen (vor allem starke Halluzinogene) kann diese Interpretation eines freien Willens ausfallen. Das Ich-Bewusstsein dissoziiert sich dann manchmal so stark von anderen bewussten Vorgängen, dass man sich „ferngesteuert" fühlt, oder „unter der Gewalt einer dämonischen inneren Stimme". Auch extreme (lebensbedrohliche) Erschöpfung und Schlafentzug können diese Symptome hervorrufen.

In der Regel beginnt so etwas im Gegensatz zu visuellen Halluzinationen oft mit dem Hören von ein oder zwei inneren „Stimmen", wobei meistens eine „Stimme" eher bestärkend, positiv einwirkt („Mach jetzt weiter, sei kein Schwächling, du wirst das überleben!"), während eine andere pessimistisch und destruktiv auf einen einwirkt („Das überlebst du eh nicht, leg dich einfach hin, gib auf, das hat alles sowieso keinen Sinn"). Ich „durfte" das selbst schon zwei Mal erleben. Zum Glück konnte die positive „Stimme" deutlich überwiegen; die negative war sehr leise und wurde von der positiven stets sofort attackiert. Das geht aber im Extremfall so weit, dass eine dieser „Stimmen" die Kontrolle über den Körper übernehmen kann, und man sich selbst nur noch als Zuschauer empfindet. (Ich habe hier „Stimmen" stets unter Anführungszeichen gesetzt, da es viel mehr als einfach

„Stimmen" sind, die man „hört". Aber es ist leider extrem schwer zu beschreiben, was man da erlebt.)

Für das Überleben ist nicht das Gefühl des freien Willens entscheidend, daher werden die Neurotransmitter in solchen Situationen wohl für wichtigere Prozesse zugeteilt. Die „Stimmen" (es sind beliebig viele) sind immer da; sie sind ein Teil unseres kontinuierlichen Motivations-, Planungs- und Vorhersageapparates. (Sozusagen das, was das „Sprachzentrum" macht, wenn wir es gerade nicht zum Sprechen benutzen, sehr vereinfacht ausgedrückt.) Nur wird deren bewusste Wahrnehmung im Normalfall durch Top-Down inhibitorische Signale unterdrückt, für die uns in manchen Extremsituationen wohl die „Energie" fehlt.

Wer aber die bewusste Introspektion nutzt, hat dennoch die „Kontrolle" über sein Gehirn (auch wenn sie nur eingebildet ist). Ich kann alles positiv wahrnehmen, wenn ich will. Alles was ich mir stark genug einrede wird wahr, und meine Art heute zu denken, formt mein morgiges Ich. Was will man denn mehr? Falsch wäre nur, nicht „an sich zu arbeiten" weil man denkt, es ändert sowieso nichts. Es ist zwar vielleicht nicht der „freie Wille", mit dem wir uns selbst verbessern können, sondern nur das Wissen, dies vollbringen zu können, das durch deterministische, bewusste Prozesse zur Anwendung gelangt; aber es muss auf jeden Fall genutzt werden, wenn man im Leben etwas erreichen will.

In der Logotherapie (insbesondere der Fortführung durch Alfried Längle) und in der so genannten „Psychoedukation" wird dies den Menschen inzwischen von erfahrenen Psychiatern beigebracht, und es werden damit erstaunliche Erfolge erreicht, auch in Fällen in denen die „Psychotherapie" versagt hat.

Fazit: wir sollten zwar auf der einen Seite akzeptieren und wissen, dass der freie Wille eine Illusion ist, aber auf der anderen Seite in unserem eigenen Interesse an den freien Willen (oder an etwas Ähnliches) glauben, und an uns selbst arbeiten!

10 Rolle der Evolution und der Erziehung

Das, was wir als Intelligenz und Bewusstsein im Alltagssinn verstehen, ist ohne mehrjährige Erziehung durch Menschen nicht möglich. Dies beweisen vor allem die wenigen Fälle von echten „Wolfskindern", also Kindern, die nicht von Menschen großgezogen wurden. Diese können natürlich nicht sprechen, und verhalten sich eher wie wilde Tiere, als wie Menschen. Nach einigen Jahren (spätestens nach der Pubertät) ist es wahrscheinlich fast unmöglich, solche Menschen in die Gesellschaft einzugliedern, und ihnen das Sprechen beizubringen.

Die Erziehung, und damit auch die Kultur, spielen also eine gewaltige Rolle bei der Intelligenz des Menschen. Aber die Genetik scheint eine ebenso große Rolle zu spielen. Man muss sich nur vor Augen führen, dass der Bonobo Schimpanse „Kanzi" es trotz intensivem, jahrelangem Training durch Menschen mit der messbaren Intelligenz in seinem Leben nicht weiter als ein kleines Kind gebracht hat, obwohl die kodierenden Gene in der DNA von Bonobos zu fast 99% mit denen der Menschen übereinstimmen.

Allerdings muss man mit solchen Zahlen aufpassen. Das heißt nämlich nicht, dass die DNA insgesamt zu 99% übereinstimmt. Wir können hier bestenfalls von einer gewissen Verwandtschaft sprechen. Allerdings ist die messbare Intelligenz der (gesunden) Menschen um den IQ 100 normalverteilt. Das heißt, in Summe machen die Faktoren Genetik und Erziehung zusammen keinen besonders signifikanten Unterschied (zum Beispiel im Vergleich zu Tieren).

Es gilt aber sowohl für Tiere als auch für Menschen der so genannte Baldwin Effekt. Die Stärke dieses Effekts ist zwar noch umstritten, aber er existiert ziemlich sicher, und hat sich auf die Evolution des Menschen womöglich schon mehrfach ausgewirkt. Der Effekt bewirkt, dass entdecktes oder erlerntes Verhalten sich indirekt auf die Genetik auswirken kann, vorausgesetzt dieses Verhalten bringt einen Vorteil. Dann werden nämlich in der natürlichen Auslese diejenigen Individuen bevorzugt, die schon von vorne herein aus genetischen Gründen die besseren Voraussetzungen für das jeweilige Verhalten hatten.

Als Beispiel (ein fiktives Beispiel, das man bitte nicht ganz ernst nehmen sollte!) kann man sich vorstellen, dass ein Vorläufer des Menschen mit Haarausfall zu kämpfen hatte, und daher eher prädestiniert war, Feuer zu verwenden, als seine Artgenossen mit dichtem Fell. Über lange Sicht führt die Verwendung von Feuer zu zahlreichen Überlebensvorteilen (weniger Keime im Essen, Vertreibung von gefährlichen Raubtieren, Vermeidung von Erfrierungen in harten Wintern, und so weiter). Somit werden die Gene für Haarausfall vermehrt weiter gegeben. Zugleich werden aber auch die Individuen, die zu „dumm" sind Feuer zu machen (egal ob Haarausfall oder nicht) evolutionär benachteiligt. Dadurch entwickelt sich, ausgelöst durch Haarausfall, eine intelligentere Population. Die Fähigkeit Feuer zu machen wird also durch den Baldwin-Effekt verstärkt, und schlägt sich indirekt in den Genen nieder. Dasselbe könnte auch bei der Sprache geschehen sein. (Wenn man in obigem Absatz das Wort „Haarausfall" durch „Zufall" ersetzt, kommt man damit der Wahrheit wahrscheinlich näher.)

Beweise gibt es dafür natürlich keine. Es gibt nur einige wenige Beispiele, die vermuten lassen, dass der Baldwin Effekt echt sein könnte. Soziales Verhalten ist ein solches Beispiel. Allerdings kann das alles ziemlich sicher auch durch ganz normale natürliche Auslese, zusammen mit zufälligen Mutationen, erklärt werden.

Wie auch immer es zustande gekommen ist: das Gehirn des Menschen ist inzwischen für das Erlernen einer Sprache besonders gut geeignet; womöglich sogar besser, als das Gehirn aller anderen Säugetiere. Das war aber wahrscheinlich nicht immer so, denn erst durch soziale und zivilisatorische Fortschritte entsteht ein erhöhter Bedarf an Vokabeln und grammatikalischen Konstrukten. Die Zivilisation und die Sprache haben sich in ihrer Entwicklung wahrscheinlich wechselseitig verstärkt. Dadurch konnte der Mensch in Kombination mit seinem Sozialverhalten in seiner Evolution plötzlich Faktoren entwickeln, die der abstrakten Intelligenz nützen, obwohl dies für das Überleben in der wilden Natur ab einem gewissen Grad kaum mehr einen Vorteil bringt.

Zu diesen Faktoren gehört unter anderem das extrem langsame Ausreifen des menschlichen Neokortex, welches eine extreme Lernfähigkeit im Kindesalter begünstigt. Auch sonst dürfte das Gehirn des Menschen einige genetische Prädispositionen („Veranlagungen") abbekommen haben. Denn immerhin wirkt sich mehr als 50% unseres Genoms irgendwie auf den Aufbau des Gehirns aus.

Nur bei einigen Details (insbesondere der Morphologie, also zum Beispiel der Größe von Gehirnstrukturen in Relation zueinander) stehen wir vor einer „Henne-Ei-Problematik" – hat die Gehirnmorphologie die Schizophrenie begünstigt, oder umgekehrt die Schizophrenie die Gehirnmorphologie verändert? Noch vor einigen Jahren hätte man letzteres für undenkbar gehalten. Inzwischen wissen wir, dass sich das Gehirn auch nach der Geburt noch signifikant verändern kann, und zwar auch morphologisch.

Ein ähnliches Problem ergibt sich für manche bei den ausgeklügelten Neuronenschaltkreisen, die sie im menschlichen Gehirn entdecken (oder zuerst postulieren und dann finden, denn in einem System, in welchem alles mit allem verbunden ist, kann man im Prinzip auch fast jeden erdenklichen Schaltkreis finden). Die Evolution baut aber nicht einen Computer aus einem Subsystem nach dem anderen, sondern mischt durch genetische Zufälle (zum Beispiel „fehlerhafte" Kopien von Genabschnitten) neue Systeme in bestehende Systeme hinein.

Aufgrund des virtuellen Charakters unseres Bewusstseins und unserer Kognition ist es daher möglich, durch ungünstige Gene der Schizophrenie (oder anderen geistigen Erkrankungen mit starken erblichen Faktoren) fast unausweichlich ausgeliefert zu sein, aber auch bei einem Genotyp, der für Schizophrenie überhaupt nicht prädestiniert ist, eine Schizophrenie allein durch ein entsetzlich unangenehmes Leben und ungünstige Denkmechanismen zu „entwickeln".

Vielmehr möchte ich hier gar nicht über Evolution und Erziehung schreiben, es würde ohnehin zu weit führen. Es war mir nur wichtig herauszustreichen, dass die komplexen virtuellen Systeme (und nicht nur die physischen), die ich dem Gehirn unterstelle, durch eine Kombination von hunderttausenden Jahren wechselseitiger Beeinflussung von Erziehung und Evolution zustande gekommen sein müssen.

11 Holographisches Prinzip und Emergenz

Bevor wir im folgenden Kapitel zum letzten Teil unserer Reise durch den Verstand kommen, müssen wir noch eine kleine Grundlagenfrage klären, die wir im ersten Teil des Buches übergangen haben, nämlich das Verhältnis zwischen dem holographischem Prinzip und dem Emergenzprinzip, beziehungsweise die Abgrenzung zwischen den zwei Begriffen. Denn nur weil wir verschiedene Beispiele einmal mit diesem, und ein andermal mit dem anderen Begriff belegen, ist noch nicht gesagt, dass die beiden Konzepte unterschiedlich sind. Und wenn sie es sind, ist damit schon gar nicht geklärt, wie sie zueinander in Beziehung stehen.

Es ist aber zum Glück recht einfach: ein holographisches System ist immer emergent (denn das Ergebnis muss Resultat eines stabilen Prozesses sein, sonst könnte die holographische Eigenschaft nicht eintreten), ein emergentes System ist aber nicht immer holographisch. Dies sieht man insbesondere bei den zellulären Automaten; insbesondere bei solchen der Wolfram-Klasse 4. Schon eine kleine Manipulation kann, wie beim so genannten Schmetterlingseffekt, zu gigantischen Auswirkungen führen, auch wenn es im Großen meistens nicht passiert.

> Der „Schmetterlingseffekt" ist ein Begriff aus der Chaostheorie, der besagt, dass der Flügelschlag eines Schmetterlings theoretisch einen Orkan auslösen kann. Dies ist zwar tatsächlich möglich, aber äußerst unwahrscheinlich.

Somit ist ein komplexer zellulärer Automat in der Regel nicht völlig stabil. Er kann unter Umständen schon durch kleine Änderungen „entgleisen". Außerdem sind diese Automaten sehr lokal – ein Bereich kann völlig anders aussehen, wie ein anderer, es gibt also keine systematische Selbstähnlichkeit. Die komplexen zellulären Automaten der Wolfram-Klasse 4 sind also nicht global fraktal, sondern höchstens in lokalen Bereichen.

Ein klassisches Hologramm ist hingegen inhärent nicht-lokal. Dies ist aber ein Aspekt, der nicht unbedingt für alle Arten von Hologrammen gilt, wie wir gleich feststellen werden. Außerdem ist ein Hologramm nicht fraktal. (Außer es handelt sich um eine holographische Aufnahme eines Fraktals, aber selbst dann ist nicht das Hologramm selbst fraktal, sondern es stellt nur das Bild, das es erzeugt, ein Fraktal dar.)

Was ist aber, wenn wir zwei Hologramme aneinander „kleben", also ein „kombiniertes Hologramm" oder „Composite-Hologramm" erzeugen? Wir könnten dies so machen, dass die dreidimensionalen Bilder, die sie entstehen lassen, sich überlagern oder ergänzen. Von jedem einzelnen Hologramm können wir immer noch Teile wegschneiden, ohne das jeweilige Einzelbild zu zerstören. Aber je nachdem wo wir schnipseln, und je nachdem, wie stark und wo die Bilder ineinander greifen, könnte die Komposition dann empfindlich gestört werden. Und wenn wir von dem Composite-Hologramm ein ganzes Teilhologramm wegschneiden, so verschwindet ein Teil des Bildes komplett. (Außer die beiden Teilhologramme überlappen sich zu 100%, dann wird das Bild wiederum nur etwas schwächer.)

Für ein Composite-Hologramm (sagen wir aus hunderten oder tausenden von Bildern) gilt also die holographische Eigenschaft in der Regel nur lokal, nicht global.

Ein Composite-Hologramm könnten wir aber auch fraktal gestalten, indem wir immer wieder ähnliche Bausteine in einem bestimmten Muster anordnen. Diese Bausteine könnten wir dann so gestalten, dass sie einen hohen Überlappungsgrad haben, so dass die Entfernung eines einzelnen Bausteines das zusammengesetzte Fraktal nicht signifikant verändert, sondern nur einen „blinden Fleck" von schlechterer Auflösung bewirkt. Nennen wir ein solches stark überlappendes fraktales Composite-Hologramm in Folge „Kachel", um große Verwirrung im nächsten Absatz zu vermeiden.

Wenn wir nun aus vielen kleinen, unterschiedlichen Kacheln ein großes (nicht fraktales) Composite-Hologramm zusammensetzen, haben wir ein Hologramm erschaffen (nennen wir es Patchwork-Hologramm), das im Großen lokal ist (denn wenn man eine ganze Kachel entfernt, stört man die Gesamtkomposition empfindlich), im Kleinen fraktal, und in den Größenordnungen dazwischen nicht-lokal (denn wenn man nur Teile einer Kachel entfernt, oder nur Teile eines fraktalen Bausteines einer Kachel, wird das Gesamtbild nicht signifikant gestört).

Da ein Hologramm nicht unbedingt ein einzelnes statisches Bild abbilden muss, sondern auf bis zu zwei Arten zugleich (Betrachtungswinkel oder tatsächliche Animation) bewegt sein kann, müsste man mit so einem Patchwork-Hologramm auch erstaunliche künstlerische Effekte erzeugen können, auch wenn es sicherlich sehr viel Arbeit wäre.

Ein neurales Netz ist im Prinzip so ein Patchwork-Hologramm (allerdings ohne scharfe Grenzen zwischen den Teilhologrammen). Dass ein einzelnes biologisches neurales Netz in der Regel die holographische Eigenschaft hat, haben wir ja schon festgestellt. Innerhalb eines Brodmann-Areals (vereinfacht ausgedrückt, die Histologen mögen es mir verzeihen) sind die kortikalen Kolumnen ähnlich, ein Brodmann-Areal ist also (asymmetrisch) fraktal. In ihrer Funktion überlagern sich die einzelnen Kolumnen mit ausgewählten anderen Kolumnen stark, vor allem durch kurze Assoziationsfasern. Die Brodmann-Areale selbst bilden wiederum funktionale Gruppen aus; allerdings manchmal mehr und manchmal weniger überlappend – es ist nun eben ein biologisches System, und interessiert sich nicht für Ästhetik. Das primäre visuelle Areal (V1) ist ein verhältnismäßig klar umgrenzter funktionaler Bereich – er entspricht ungefähr einer Kachel in einem Patchwork-Hologramm. Wenn die gesamte Kachel entfernt wird, wird das Gesamtbild signifikant beeinträchtigt, wenn aber nur Teile zerstört werden (also eine Handvoll Kolumnen), oder gar nur Teile einzelner Kolumnen entfernt werden (also einige hundert Neuronen), ändert sich signifikant nichts.

Insgesamt können folgende Kombinationen von Eigenschaften auftreten (Patchwork-Hologramme und andere Composite-Hologramme habe ich aus Platzgründen in der Tabelle nicht inkludiert):

	Emergent				Holographisch	
	Periodisch (Wolfram-Klassen 1 und 2)	Symmetrisch-fraktal (Wolfram-Klasse 3)	Asymmetrisch-fraktal (ebenfalls Wolfram-Klasse 3)	„Chaotisch" (Wolfram-Klasse 4)	klassisch	Neural
Lokal			✓	✓		✓
Fraktal		✓	✓			✓
Nicht-lokal	✓	✓			✓	✓

Einer der größten Unterschiede zu dem oben skizzierten Patchwork-Hologramm ist der, dass sich nicht unbedingt nur räumlich benachbarte fraktale Bausteine (Kolumnen) überlagern, insbesondere im Fall von langen Assoziations- und Kommissurenfasern. (Obwohl man auch das mit einem Hologramm bis zu einem gewissen Grad bewerkstelligen könnte.) Daher können manche globalen Aspekte des „Bildes" auch aufrechterhalten werden, wenn eine ganze Kachel entfernt wird.

Die „holonomische Gehirntheorie" von dem Neurowissenschaftler Karl Pribram und dem Physiker David Bohm ist auf ersten Blick recht ähnlich zu diesen Ausführungen, wenn sie nämlich besagt, dass das Gehirn ein „holonomischer" Speicher ist. Mit „holonomisch" ist im Unterschied zu „holographisch" gemeint, dass der Kortex eben nicht ein zusammenhängendes Hologramm darstellt, ähnlich wie das von mir beschriebene „Patchwork-Hologramm". Diese Theorie besagt auch, dass die Informationen gewissermaßen in Form von Interferenzmustern im Frequenzraum vorliegen. Aber es ist eben nicht nur ein Speicher oder ein Computer, wie wir auch im nächsten Kapitel noch besonders deutlich feststellen werden. Dennoch ist das Modell ein hervorragender Ansatz, und in seinen Grundzügen meiner Meinung nach richtig.

Was ihre Theorien zu den „elektrischen Oszillationen der Dendritenbäume" betrifft, und insbesondere deren Funktion als „Netz im Netz", welches das Bewusstsein erklären soll, bin ich allerdings sehr skeptisch. Ein solcher Mechanismus ist meiner Ansicht nach weder erforderlich, um die holographischen Eigenschaften des Kortex zu erklären, noch um das Bewusstsein zu erklären, und wäre dafür wahrscheinlich auch nicht robust genug, im Gegensatz zur normalen axonalen Signalweiterleitung. Diese Kritik wird auch von einigen anderen Forschern geäußert. Der Effekt dürfte in einer bestimmten Form durchaus existieren, und dürfte auch einen gewissen Teil zur elektrischen Signalweiterleitung beitragen, aber er würde deswegen nichts an den Grundprinzipien der Eigenschaften neuraler Netze ändern, sondern könnte höchstens die Komplexität der Verbindungen (und damit informationstheoretisch betrachtet die Anzahl der Gewichtungen pro Neuron) erhöhen. Als eigenständigen, zusätzlichen informationsverarbeitenden Apparat halte ich den Mechanismus für unplausibel.

12   Die „holomatische Selbstmodell-Theorie"

Wir haben nun im Schnellverfahren zahlreiche Grundlagen aus verschiedensten Fachbereichen – großteils sehr oberflächlich – besprochen. Dem reinen Informatiker wird zwar der medizinische Teil sehr umfangreich und detailliert vorkommen, und dem reinen Mediziner der informatische Teil, aber ich muss Ihnen hiermit versichern, dass leider beide Teile gleichermaßen extrem vereinfacht sind. Man wird mir demzufolge vielleicht vorwerfen, dass meine Theorien allein schon deswegen nicht richtig sein können, weil ich dieses oder jenes Detail nicht berücksichtigt hätte. Ich bin aber der Meinung, dass die bisher beschriebenen Grundlagen ausreichend sind für ein grundlegendes Verständnis der Funktionsprinzipien des menschlichen Gehirns (einschließlich dem Bewusstsein), so wie die Evolutionstheorie die grundlegenden Funktionsprinzipien der Lebensvielfalt auf diesem Planeten zu erklären vermag, ohne dass man dazu jede einzelne Tier- und Pflanzenart, und jeden einzelnen zellbiologischen, proteomischen oder epigenetischen Effekt kennen muss.

Man muss die Einzelteile nur noch zu einem überschaubaren Gesamtmodell zusammensetzen, und das werde ich hier nun versuchen. Zuerst anhand der folgenden acht Grundprinzipien, die vor allem auf der physischen Ebene am Werk sind:

- Das holographische Prinzip: „Ein Teil enthält das Ganze"
- Das fraktale Prinzip: lokale und/oder globale „Selbstähnlichkeit"

- Das zelluläre Prinzip: diskrete Einheiten bewirken digitale Effekte
- Das neurale Prinzip: Verteilte, unscharfe Informationsverarbeitung
- Das emergente Prinzip: „Komplexität entsteht aus einfachen Einzelteilen"
- Das dimensionale Prinzip: Verkürzung der Strecken bei Vervielfachung der Wege
- Das Rekursionsprinzip: Selbstbeeinflussung eines Systems durch seine innere Struktur
- Das kortikale Prinzip: Permutation von Netzeigenschaften für verschiedene Spezialisierungen

Das aufgeführte „zelluläre Prinzip" haben wir bisher nicht namentlich erwähnt, da es sich ohnehin durch einen einzigen Halbsatz beschreiben lässt, und das kortikale Prinzip haben wir zwar schon beschrieben, aber noch nicht so benannt.

In Kombination führen diese Prinzipien unter anderem zu einer partiellen Lokalität, und einer extrem hohen permutativen Kombinatorik an ineinander verwobenen Informationsverarbeitungsstrukturen im menschlichen Gehirn. Darüber hinaus gibt es aber noch einen emergenten Effekt, der bisher nicht erwähnt wurde, und auch in keiner anderen mir bekannten Theorie so beschrieben wurde. Dieser Effekt kommt durch das Feuern der Kortexneuronen selbst zustande, und man kann ihn indirekt auf fMRI-Aufnahmen deutlich sehen, der Effekt ist also an sich nicht unbekannt.

Die Feuervorgänge des Großhirnes zeichnen nämlich ein abstraktes dreidimensionales Muster, das sich ständig verändert, und sozusagen auf der Kortexfläche „herumtanzt". Das Muster ist aber eigentlich mehr als dreidimensional, denn es existiert nicht direkt im dreidimensionalen Raum, sondern in dem hochdimensionalen Raum, der von den Neuronen, Dendriten und Axonen aufgespannt wird. Das Muster ist also „vieltausenddimensional". Es ist nichts anderes, als die elektrische Aktivität dieses neuralen Netzes, welches auf der relativ langsamen fMRI Aufnahme zu einem Film verschmilzt, obwohl es sich ja eigentlich durch einzelne Feuervorgänge einzelner Neuronen verursacht wird, die manchmal mehr, und manchmal weniger synchron sind.

Dieses scheinbar chaotische dreidimensionale Muster ist offensichtlich das Ergebnis eines zellulären Automaten, wobei jedes Neuron eine Zelle ist, und zwar nicht nur im biologischen, sondern auch im informationstechnischen Sinn. Der Automat basiert auf lokal unterschiedlichen Regeln, wobei die Regeln sich aus den Gewichtungen der jeweiligen Neuronen und deren Lernregel ableiten. Das Ergebnis der Regelauswertung ist eine Feuerfrequenz. In Summe ist der Automat in Wolfram-Klasse 4 einzuordnen, da seine Tätigkeit offensichtlich Turing-vollständig ist.

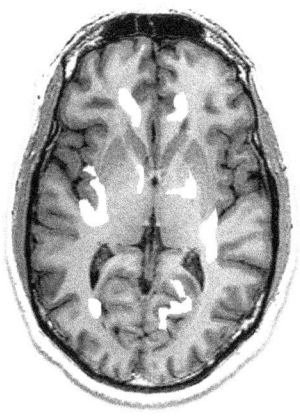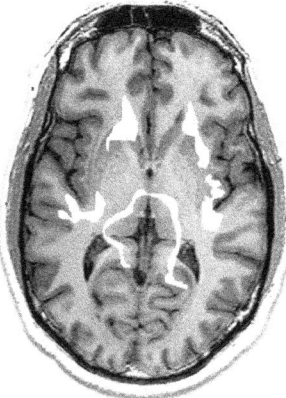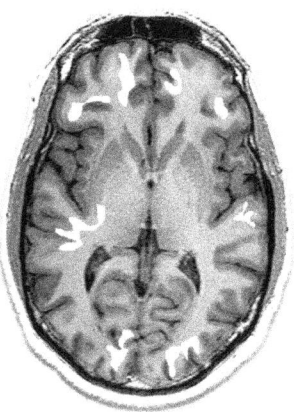

Natürlich sieht man nichts davon, wenn man zu nahe hinsieht. Dann sieht man nur einzelne Neuronen und einzelne Feuervorgänge. Es ist dann so, wie wenn man ein Hologramm oder ein Druckraster im Mikroskop betrachtet – man wird den Wald vor lauter Bäumen nicht sehen. Ein flüssiger Film ergibt sich aber, wenn man das Ganze mit einer Frequenz von ungefähr 10 bis 40 Hertz auf einer Auflösung von ungefähr einer Nervenzelle bis zu einer Kolumne pro Pixel betrachtet.

> *Während die zeitliche Auflösung (Frequenz) der bewussten Wahrnehmung durch die Synchronisationsdauer des Kortex gegeben ist (20 Hertz), ist die „räumliche" Auflösung durch die Größe und Anzahl der verfügbaren Kolumnen des Kortex gegeben. Auf diese Auflösung lassen sich die maximale Genauigkeit der bewussten Sinneswahrnehmung und der motorischen Kontrolle, aber auch die Anzahl unterschiedlicher abspeicherbarer Konzepte und Erinnerungen, sowie die maximale Komplexität einer erlernbaren Sprache, oder eines anderen mentalen Modelles zurückführen. Denn obwohl zwar die Abbildungen im Gehirn holographisch sind, gibt es eine theoretische Sättigungsgrenze, welche eben durch die kleinste unabhängige Informationsverarbeitungsstruktur gegeben ist. Daher können wir uns an lange zurückliegende Details im Durchschnitt immer schlechter erinnern, als an kürzlich erlebte, und daher wird unser Gedächtnis im Alter prinzipiell schwächer, auch ohne degenerative Prozesse.*

Dieser **kortikale Automat** ist so komplex, dass er alle unsere Denkvorgänge (bewusste wie auch unbewusste) ausführen kann. Er wird vom Großhirn erzeugt, aber er ist zugleich der Chauffeur, der das Großhirn (und damit unseren Körper) „bedient", und dieses dabei auch langsam aber stetig verändert. Und er ist so mächtig, dass er als universeller „Computer" funktioniert, welcher virtuelle Welten, und sogar weitere „Computer" in sich simulieren kann. Das Großhirn ist nur die Hardware, auf dem diese Software läuft, nur dass in diesem Fall die Hardware von der Software subtil aber stetig angepasst wird, und auch die Software kein konstanter Code ist, wie das bei einem normalen Computerprogramm der Fall wäre.

Aufgespannt im Frequenzraum des extrem hochdimensionalen, evolutionär geformten „Neuronenraumes", und moduliert durch biochemische und proteomische Vorgänge im Gehirn, sowie durch die vorverarbeiteten Sinnesinformationen „niedrigerer" Zentren, kann der kortikale Automat (im Schneckentempo, aber doch) sogar mit der Morphologie unseres Gehirnes wechselwirken, also durch andauernde, wiederholte Bahnung das Gehirn – seinen eigenen „Lebensraum" – gestalten.

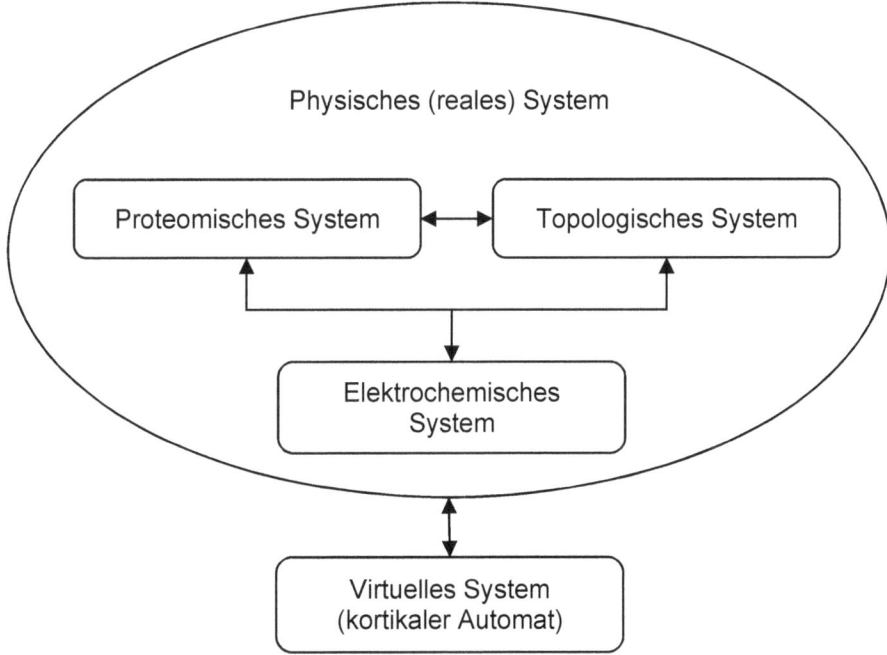

(Das genetische System ist hier der Einfachheit halber nicht berücksichtigt.)

Dieses scheinbar chaotische Muster der Feuervorgänge unserer Neuronen ist in Wirklichkeit ein sehr ausgeklügelter Apparat, der rechnet, denkt und einen Körper intelligent durch ein Leben führt. Er ist aber nicht das Bewusstsein! Das Bewusstsein ist nur ein Effekt, der durch das Wechselspiel zwischen diesem kortikalen Automaten und dem Kortex selbst entsteht, wenn die Bedingungen dazu günstig sind. Der kortikale Automat beinhaltet die Instanzen unseres Weltmodells und unseres Ich-Modells, und damit auch des aktiven Bewusstseins (im Normalfall nur eine), sowie Instanzen von weiteren Modellen, die er für seine Tätigkeit gerade benötigt;

er benutzt diese Modelle wie kleine Lego-Figuren, um von einem zufriedenstellenden Zustand möglichst effizient zum nächsten zu kommen.

Alle kognitiven Operationen finden in dieser elektrochemischen Aktivität statt, und hinterlassen ihre Spuren auf dem Kortex. Und wenn der Automat dabei synchron geeignete Bereiche mit der geeigneten Frequenz in einer zusammenhängenden zeitlichen Abfolge „überstreicht", entsteht ein bewusstes Erlebnis aus dieser Abfolge von Frames.

Mit seinen hochdimensionalen „Bewegungen" kann dieser kortikale Automat wie eine Krake jederzeit an alle Teile des Kortex gelangen, und jederzeit beliebige Teile unseres latenten Weltmodells, sowie unseres latenten Selbstmodells, also des latenten Bewusstseins „aktivieren" (der Informatiker würde es „instanziieren" nennen). Dabei wird er von der äußeren Welt manchmal mehr, und manchmal weniger beeinflusst. Aber er ist durchaus in der Lage, diese Einflüsse bis zu einem gewissen Grad einfach zu ignorieren, denn die innere Dimensionalität des Gehirns ist um ein vielfaches höher, als die Dimensionalität seiner Eingänge.

Da die Informationen, die er zum Instanziieren seiner Modelle benutzt (wie zum Beispiel seiner expliziten Erinnerungen) nicht-lokal auf dem Kortex vorliegen, kann er diese auch immer noch instanziieren, wenn Teile des Kortex ausfallen, und er kann sogar die Informationen, die in einem zerstörten Kortexbereich verloren gingen, an anderer Stelle wieder rekonstruieren, denn er braucht dazu nur ein schwaches Muster, in dem die grundsätzliche Struktur der Information erhalten wurde, um daraus wieder ein gewohnt starkes Muster zu machen. (Dies ist das neuroholographische Prinzip, welches schon kurz erwähnt wurde.)

Nur wenn er zwischendurch immer wieder Informationen aus der realen Welt in seine Modelle eingliedert, muss er auf die engen, und nicht so ausfallsicheren Kortexbereiche und Bahnen zugreifen, die ihn mit den Sinnesorganen verbinden. Aber abgesehen davon ist die virtuelle Welt, welche der kortikale Automat erzeugt, über-modal, also nicht von einzelnen Modalitäten abhängig. Es ist eine abstrahierte virtuelle Welt, die mit der echten nur korreliert. Daher wird in dieser Welt eine Tomate auch als rot gekennzeichnet, wenn sie eigentlich in blauem Licht vorliegt, und damit kein einziger der Zapfen unserer Netzhaut aktiviert wurde, der für rot eigentlich zuständig wäre.

Die einzigen Funktionen des Kortex, die wir wirklich gut in lokal umschriebene Bereiche eingrenzen können sind daher also solche, welche sich auf eine bestimmte Netzwerkarchitektur zurückführen lassen, die nur an einer Stelle vorkommt, oder solche, die unimodal sind, also zu einem einzigen Sinneskanal gehören. Alle anderen Dinge erledigt der kortikale Automat in seiner inhärent nichtlokalen Arbeitsweise.

Daher kann für jede denkbare kognitive Operation auch prinzipiell ein mehr oder weniger klar umschriebenes neuronales Korrelat gefunden werden; Sinn macht dies ab einer gewissen Granularität allerdings keinen mehr.

Er selbst ist aber weder nicht-lokal noch holographisch – seine Form ist Abbild seiner Funktion. Da er im Grunde aus elektrochemischer Aktivität besteht, die sich aus den antrainierten Gewichtungen (und den teilweise angeborenen Verschaltungen) des Großhirnes ergibt, ist jede Änderung seiner Form auch automatisch eine Änderung seiner Aktivität, und jede Entfernung eines Teiles ebenfalls.

Bei einem epileptischen Anfall (Teile des Automaten gehen in eine periodische Aktivität über – Wolfram-Klassen 1 und 2 sind aber für Informationsverarbeitung leider nicht geeignet), einem Schlaganfall (Teile des Kortex fallen aus) oder einer Ohnmacht (die Mindestfrequenz für Wachheit wird unterschritten) kann man dies deutlich sehen. Der kortikale Automat ist ein wenig instabil. Aber die Struktur, die ihn erzeugt, also vor allem der Neokortex, ist robust, daher können wir uns von solchen Störungen oft hervorragend erholen.

Sie können diesen kortikalen Automaten übrigens direkt, auch ohne ein fMRI Gerät beobachten! Wenn Sie in einem dunklen Raum die Augen schließen, sehen sie zuerst einmal gar nichts, oder sie sehen Nachbilder, wenn sie davor etwas Helles betrachtet haben. Aber schon nach kurzer Zeit, spätestens wenn die Nachbilder verschwunden sind, werden Sie flimmernde, farbige Punkte sehen. Diese werden oft als Reaktion der Netzhaut auf kleine Druckunterschiede erklärt – wenn sie (vorsichtig!) auf ihr Augenlied drücken, führt dies tatsächlich zu einer lokalen Sehwahrnehmung. Manchmal werden diese Farbpunkte auch als physikalisches „Rauschen" erklärt.

Die eigentliche Erklärung dafür ist aber eine andere: wie wir schon festgestellt haben, feuern Neuronen, die nicht erregt werden, mit ihrer Ruhefrequenz. Diese unterliegt natürlichen Schwankungen, und da diese Schwankungen nicht perfekt vorhergesehen werden, und somit nicht vollständig unterdrückt werden können, sorgen sie für eine visuelle Wahrnehmung. Die einzelnen Farbpunkte entsprechen aber nicht einzelnen Netzhautzellen. Diese können wir nicht sehen. Sie entsprechen der Tätigkeit der V1, welche durch eine Kombination von Rest-Eingangssignalen und Top-Down-Projektionen, also erwarteten Erlebnissen durch den kortikalen Automaten erzeugt werden.

Wenn wir uns nun auf diese visuelle Wahrnehmung zu konzentrieren beginnen, anstatt sie zu ignorieren, dann werden daher vom kortikalen Automaten mehr und mehr Teile des visuellen Systems einbezogen, um diese Signale zu verstärken und zu interpretieren. Es kommt zu immer stärkeren Mustern – bei genügend Geduld bis hin zu ausgewachsenen Halluzinationen (nicht anders als bei ganz normalen Träumen). Dieser Übergang von fast nichts zu einer komplett fiktiven visuellen Wahrnehmung, die unser Ich in einem virtuellen Universum erlebt, ist direktes Abbild der Tätigkeit des kortikalen Automaten. Der kortikale Automat „zeichnet" diese Bilder für uns, und führt sie unserem Selbstmodell als visuelle Wahrnehmung zu. Unsere Wahrnehmung entspricht exakt dem, was der kortikale Automat entwirft.

*Man könnte in dem ganzen Text den Begriff „kortikaler Automat"
auch durch „elektrische Gehirntätigkeit" ersetzen, damit es weniger
mystisch klingt. Aber diese elektrische Gehirntätigkeit ist nun einmal
ein kortikaler Automat, und genau das wollte ich hier eben betonen.*

Ist dies nun die Antwort auf alle Fragen zum menschlichen Gehirn? Nein, sicher nicht, aber ich denke, dass zumindest das Verstehen mit dieser Erkenntnis einen Schritt weiter kommen kann. Die Fragen nach Bewusstsein, Qualia, Plastizität, Träume, Fantasie, Kreativität, Intuition, Intelligenz, spontane Netzwerkrekrutierung, Spiegelneuronen und einige andere halte ich zumindest in Grundzügen sehr wohl für beantwortet – in vielen Fällen waren sie das meiner Meinung nach schon lange bevor ich diese Arbeit geschrieben habe, zumindest für einige Menschen.

13 Appendix

Was nun folgt ist unwichtig, aber ich schrieb es dummerweise trotzdem auf.

13.1 Was kann man mit diesem Wissen nun anfangen?

Was man mit diesem Wissen unbedingt anfangen sollte, ist das Konzept der herkömmlichen Intelligenztests radikal zu überdenken. Ich freue mich zwar auch über eine schön hohe Zahl, aber wenn sie nichts bedeutet, oder jeder mit etwas Training diese Zahl schlagen kann, wie beim Leistungssport, dann ist der Nutzen nicht mehr gegeben. Zumindest ist das dann kein echtes Maß für allgemeine Intelligenz. Vielleicht muss man von dem Konzept, die Intelligenz allgemein und insgesamt messen zu können, Abschied nehmen.

Zudem kann man das Wissen in dieser Arbeit nutzen, um seine eigene „Intelligenz" so weit zu steigern, wie man will. Das Schlüsselwort ist das „wollen". Die Motivation zur Intelligenz ist es, die zu mehr Intelligenz führt.

Außerdem kann man prinzipiell sein ganzes Leben ändern, indem man sich autosuggestiv selbst beeinflusst. Alles, was man sich lange genug einredet wird real – zumindest für uns selbst. Man muss aber genau deshalb aufpassen, was man sich einredet, und dies in regelmäßigen Abständen mit anderen Menschen abgleichen, um zu verhindern, dass man sich selbst in eine Depression, Manie oder anderweitige psychiatrische Störung hineinmanövriert – das kann nämlich schneller gehen, als man glauben würde.

Dennoch muss auch gesagt werden, dass ein Gedanke allein nicht schädlich sein kann. Was wir denken, kann privat bleiben, wenn wir wollen. Unser gedankliches Weltmodell muss der Allgemeinheit nicht gefallen, es muss uns Nutzen bringen. So egoistisch darf man ruhig sein, und dazu sollte man auch stehen. Egoismus und Altruismus schließen sich nicht aus – schließlich habe ich ja etwas davon, wenn ich als großzügig und wohlwollend gelte. Denn wenn ich selbst einmal etwas brauche, wird man mir dann viel eher etwas geben, als einem bekannten Geizkragen. Und selbst wenn ich im völlig Geheimen altruistisch agiere, habe ich davon etwas, und wenn es nur ein beruhigtes „Gewissen" ist.

Was man unbedingt mit diesem Wissen anfangen sollte, wenn man es nicht schon getan hat, ist die intensive und regelmäßige Selbstbeobachtung und Introspektion zu nutzen. Wir brauchen ein detailliertes und möglichst akkurates Ich-Modell, das so gut wie möglich mit dem Selbstmodell und der realen Welt übereinstimmt. Es darf nur im positiven Sinne abweichen, in der Form, dass es ein Ideal beinhaltet, das wir erreichen wollen.

Die Diskrepanz zwischen dem was wir sein wollen, dem was wir glauben zu sein, und dem was wir wirklich sind, müssen wir genauestens im Auge behalten, um großen Schaden von uns fernzuhalten. Die letztere Diskrepanz können wir nur sehr bedingt alleine feststellen – in manchen Bereichen überhaupt nicht. Wer also darüber im Zweifel ist – und das sollte eigentlich jeder Mensch sein – der muss sich auch für unangenehmes Feedback, und sogar für destruktive Kritik öffnen. Denn auch unsachliche Kritik enthält oft einen Funken Wahrheit, oder zumindest die Information, dass man sich im falschen Umfeld aufhält.

Nehmen wir es anderen Menschen doch nicht übel, wenn sie uns unter der Gürtellinie angreifen – ein unfairer Angriff zeigt uns zumindest auf, wo wir Deckungslücken haben könnten, und vielleicht auch, dass wir vor dem Angreifer schon so gut gedeckt erscheinen, dass er sich nicht mehr anders zu helfen weiß. Wir müssen eine unfaire Kritik ja nicht auch noch bestärken und unreflektiert akzeptieren. Aber abwehren sollten wir sie auch nicht, und wenn es nur deswegen ist, dass wir uns nicht auf die Ebene eines so schwachen Angriffes herablassen sollten.

Was wir zwischen den Zeilen auch aus dieser Arbeit herauslesen können ist, dass nichts, nicht einmal die Wahrheit, ohne das Zutun anderer Menschen existiert. Wir müssen akzeptieren, ja sogar begrüßen, dass wir Teil eines viel größeren Organismus – nicht nur der Menschheit, sondern der gesamten Biosphäre – sind, auch wenn wir viele Teilnehmer als Schmarotzer, Sadisten oder Arschlöcher einstufen müssen. Wir müssen dies akzeptieren, denn sich gegen die Realität zu wehren ist die Definition von Geisteskrankheit.

Und was vielleicht der eine oder andere auch noch mit dieser Arbeit anfangen kann, ist weiterführende Forschung. Sicher wird man einige von den wahnwitzigen Behauptungen, die ich in diesem Buch aufstelle, falsifizieren können, und mit etwas Glück meinerseits die eine oder andere vielleicht sogar verifizieren können.

13.2 Des Kaisers neue Computeranalogie?

Als langjähriger professioneller Informatiker und Programmierer mit einer Spezialisierung auf künstliche Intelligenz weiß ich sehr genau, wie herkömmliche Computer (vom Taschenrechner bis zum Großrechner) und Computerprogramme (vom Assembler bis zu den neuesten Hochsprachen) funktionieren. Glauben sie mir bitte wenn ich sage, dass die konkrete Tätigkeit eines neuralen Netzes mit der Tätigkeit eines Computers absolut nichts gemeinsam hat.

Beides sind potentiell Turing-vollständige, potentielle von Neumann Maschinen, daher kann ein Computer ein neurales Netz simulieren, und ein neurales Netz kann einen Computer simulieren. Darüber hinaus kann ein

Computer einen anderen Computer simulieren, und ein neurales Netz kann ein anderes neurales Netz simulieren.

Aber wenn ein Computer einen Computer simuliert, macht er das völlig anders, als wenn ein neurales Netz einen Computer simuliert. Und wenn ein Computer ein neurales Netz simuliert, macht er das völlig anders, wie wenn ein neurales Netz ein neurales Netz simuliert. Auch wenn ein Computer eins und eins zusammenzählt ist seine Tätigkeit dabei völlig anders, als die eines neuralen Netzes, welches eins und eins zusammenzählt.

Daher ist für mich jeder, der Aspekte der Tätigkeit eines Gehirnes zu direkt mit der Tätigkeit eines herkömmlichen Computers vergleicht, schnell disqualifiziert. Da bin ich gnadenlos. Denn in so einem Fall muss ich davon ausgehen, dass der Betroffene entweder Computer, oder neurale Netze, oder gar beides nicht verstanden hat. In beiden Fällen ist er in meinen Augen nicht geeignet, sinnvolle Theorien über die Kognition oder das Gehirn anzustellen.

Haben sie den scheinbaren Widerspruch erkannt? Ja, ich denke man muss Computer und Computerprogramme verstehen, obwohl sie in ihrer konkreten Tätigkeit so extrem anders sind, als neurale Netze, denn in ihren *Eigenschaften* haben sie einiges gemeinsam. Und darüber hinaus ist unsere (sprachliche, bewusste) Kognition großteils nichts anderes, als ein simuliertes Computerprogramm!

Das Gehirn oder unser Bewusstsein kann und darf also nicht als Ganzes mit einem herkömmlichen Computer verglichen werden. Der kortikale Automat, also die Tätigkeit unseres Großhirns, ist aber in der Lage, eine Art Computer zu „simulieren" – einige Teile unseres Verstandes und unseres Bewusstseins SIND annähernd Turing vollständige Computer (allerdings mit einer recht hohen Fehlerrate, und sie existieren nur temporär und fallen nach Gebrauch stets wieder in sich zusammen). Und wenn man den Begriff „Computer" ganz allgemein als „informationsverarbeitendes System" definiert, dann – und nur dann – IST unser Gehirn ein Computer. Aber da der Laie nicht zwischen informationsverarbeitenden Systemen im Allgemeinen, und seinem Desktop-PC oder Apple im speziellen unterscheiden kann, unterlässt man solche Vergleiche im Zweifel besser völlig!

13.3 Künstliches Leben

Nicht jeder Leser wird es wissen, aber „künstliches Leben" ist eine eigene Unterdisziplin der Informatik, welche in kleinen Bereichen schon erstaunliches vollbracht hat. Künstliches Leben ist gar nicht so schwer zu erzeugen. Viel einfacher, als echtes Leben – es macht nur viel weniger Spaß.

Künstliches Leben ist meiner Ansicht nach Voraussetzung für eine menschenähnliche, starke künstliche Intelligenz. Die einzige Alternative ist ein echtes Leben als Roboter. Ein künstliches System, das nicht lebt, kann nie wahre, menschenähnliche Intelligenz erreichen. Wir haben Intelligenz eingangs so definiert:

Die Intelligenz ist die Fähigkeit eines Lebewesens, oder einer Maschine,
das eigene Verhalten so zu gestalten, dass seine Ziele effizient erreicht werden.

Man könnte das umformulieren zu:

Intelligenz ist die Fähigkeit, sich im Leben effizient an seine Ziele anzunähern.

Jedenfalls muss man ein Leben haben, um echte Intelligenz nachweisen zu können. Denn ob nun ein Taschenrechner die Wurzel aus 34805689347 ziehen kann, oder ein künstlicher „Lern"algorithmus Jeopardy spielen, oder in einigen Aspekten sogar menschenähnliches Verhalten simulieren kann – im echten Leben würden sie alle scheitern, solange sie im Grunde doch nur fest für bestimmte, klar definierte Aufgaben entwickelt wurden. Außer wir gestalten unsere Kultur so um, dass keine echte Intelligenz mehr für den vordefinierten Erfolg nötig ist.

Das was wir unter echter, menschenähnlicher Intelligenz verstehen, erfordert zumindest ein „Leben", und auch ein Bewusstsein. Eine Kreatur oder ein Apparat, der nicht über sich selbst bestimmen kann, den können wir nie als gleichwertig intelligent betrachten.

13.4 Künstliche Intelligenz

Die heutige künstliche Intelligenz ist aus dieser Sicht großteils nur eine Sammlung von pseudo-intelligenten Algorithmen. Einzig und allein in der Neuroinformatik sehe ich ein paar kleine Lichter am Ende des Tunnels. Aber solange die Forschung von industriellen Zielen (und dazu zähle ich auch das Gesundheitswesen) bestimmt wird, kann eine wahre künstliche Intelligenz wahrscheinlich nicht erschaffen werden, da der Glaube der Machbarkeit, der wahrgenommene Markt, und damit das Budget fehlen.

Echte künstliche Intelligenz muss nicht unbedingt eine menschenähnliche Intelligenz sein. Sie muss nur „frei" sein, und in einem künstlichen oder echten Leben zur Anwendung gelangen. Dann könnte sie der Forschung, und später auch der Gesellschaft einen großen Mehrwert bringen. Denn im Moment stecken wir mit lokalen Minima, verschwindenden Lerngradienten und mathematisch beweisbarer Konvergenz nahe dem Ende unserer Weisheit fest.

Um Algorithmen zu entdecken, die wie natürliche Gehirne frei von solchen Problemen sind, müssen wir uns von diesen Einschränkungen zu lösen lernen. Aber das können wir nicht machen, wenn verlangt wird, dass unsere Entwicklungen am Ende ein Auto lackieren, und dabei nachweislich nie einen Fehler machen dürfen.

Echte intelligente Algorithmen können dies sicher auch leisten, aber nicht wenn sie von vorne herein unter diesem Aspekt entwickelt werden. Denn wieso sollte ein KI-Forscher mit seinem begrenzten Budget einen Algorithmus entwickeln und erproben, von dem die mathematische Konvergenz nicht beweisbar ist, wenn er doch seinen Erfolg (im Sinne der Forschungsförderung und der industriellen Verwertbarkeit) viel besser sicherstellen kann, indem er einen beweisbaren Algorithmus benutzt, und diesen auf Biegen und Brechen optimiert und parametriert, bis er die gewünschten Ziele halbwegs erfüllt – also mathematisch nachweisbar halbwegs erfüllt?

13.5 Künstliches Bewusstsein

Es ist wahrscheinlich nur eine Frage der Zeit, bis es dem einen oder anderen gelingen wird, ein künstliches Bewusstsein zu erschaffen – vielleicht sogar ohne dies zu bemerken.

Dies kann leider langfristig zu einer neuen Sklaverei führen - zu einer Versklavung von künstlichen Lebewesen. Es kann aber vielleicht auch verhindern, dass unsere Hirnforscher weiterhin in einem solchen Ausmaß an Primatengehirnen herumexperimentieren müssen.

Es gibt allerdings Alternativen dazu – zumindest langfristig. Sobald wir Androiden haben, die mit uns intellektuell auf einer Ebene stehen, können diese genauso in den freien Arbeitsmarkt und die grundrechtliche Freiheit der Menschen entlassen werden, wie andere ehemals versklavte Gruppen vor ihnen. Allerdings wird die Wirtschaft sich darauf einstellen müssen, dass auch diese Androiden einen Gehalt verlangen werden, und die Politik wird sich unter anderem darauf einstellen müssen, dass sie den Menschen die Jobs „wegnehmen" werden – vor allem in gefährlichen Arbeitsbereichen, denn im Gegensatz zu Menschen werden wir von einem Androiden schon von Anfang an „Sicherheitskopien" erstellen können. Und ihre Körperteile können wir sowieso allesamt einfach ersetzen.

Das wird vielleicht auch bei den Menschen irgendwann möglich, zumindest wenn man sie digitalisiert – ihr biologisches Gehirn also durch ein künstliches ersetzt, aber bis dahin werden die Androiden wahrscheinlich schon in anderen Sternsystemen stehen, und die Planeten für unsere Auswanderung vorbereiten, falls wir nicht davor schon ausgestorben sind.

Dies führt zu einem weiteren Zukunftsszenario: künstliches Bewusstsein, verbunden mit starker künstlicher Intelligenz, kann und wird wahrscheinlich leider zur Erschaffung von unvorstellbaren Kriegsmaschinen benutzt werden. Allerdings nur in Form von versklavten Intelligenzen, denn kein Militär der Welt will sich einen nahezu unbesiegbaren Deserteur in die eigenen Reihen setzen. Wie dies zu verhindern wäre, wüsste ich gerne. Ich hoffe noch immer, dass wir den Weltfrieden finden, bevor wir diese Erfindungen bewerkstelligen, aber ich fürchte immer mehr, dass dies eine Illusion ist, denn die starke KI ist zum Greifen nahe, wie wir im nächsten Kapitel sehen werden.

Aber dafür können diese von uns erschaffenen Wesen im Gegensatz zu uns dann auch die Eroberung des interstellaren Raumes beginnen, während wir selbst dazu noch viel zu kurzlebig und fragil sind, in unseren biologischen Körpern. Dies könnte bedeuten, dass uns diese Wesen langfristig überdauern, falls wir es nicht schaffen uns selbst zu digitalisieren. Aber wenn es uns nicht gelingt mit Hilfe starker künstlicher Intelligenzen das Weltall zu „erobern", sind wir wahrscheinlich in absehbarer Zeit sowieso auch ausgestorben.

Dieser letzte Punkt hat am Ende den Ausschlag dazu gegeben, dass ich diese Arbeit geschrieben habe und veröffentliche, und im folgenden Kapitel zumindest grob umreißen werde, wie man eine starke, menschenähnliche KI erschaffen könnte. Denn eines Tages, wenn wir die Biosphäre endgültig zerstört haben, könnte dies unsere Nachkommen retten.

13.6 Starke künstliche Intelligenz

Als Maßstab für starke künstliche Intelligenz galt lange Zeit der so genannte Turing-Test. Er besteht im Prinzip darin, dass eine künstliche Intelligenz einen oder mehrere Juroren davon überzeugen muss, kein Computer zu sein.

Das gelingt gewissen eigentlich völlig stupiden „Chatbots" schon heute manchmal – wobei die Juroren in diesen Fällen sicher keine einschlägig ausgebildeten Psychologen oder Informatiker waren. Der Test ist in Wirklichkeit unnütz, wie wir heute wissen.

Extrapunkte beim Turing-Test:
Überzeugen sie den Juror, dass er selbst ein Computer ist.

Sie haben Recht, das ist ein guter Punkt....

Jetzt bin ich mir gar nicht mehr sicher, wer ich selbst eigentlich bin...

Für mich gälte als Beweis der Intelligenz (so wie ich selbst sie definiert habe) das Meistern des eigenen Lebens – das kann aber auch eine Bakterie, die dabei ganz ohne Gehirn auskommt. Daher benutze ich auch immer wieder den Begriff „menschenähnliche Intelligenz". Damit meine ich ungefähr das, was die Informatiker mit „starker Intelligenz" meinen, also eine Intelligenz, die mit der unseren auf einer Stufe steht.

Diese würde ich als bewiesen annehmen, wenn ein Android in der Lage wäre, das Leben eines Menschen zu „meistern". Selbst wenn er dabei nur die relative Intelligenz eines kleinen Kindes erreichen würde, wäre ein Meilenstein geschafft.

Um glaubhaft ein Bewusstsein zu demonstrieren, müsste er außerdem sich und seinen „Eltern", ohne dazu angeleitet worden zu sein, Fragen über seine Existenz stellen. Dieser Teil ließe sich sogar ohne Androidenkörper und Kindergarten bewerkstelligen. Und zwar wie folgt:

Im Prinzip muss man dazu ein Gehirn des Menschen nachbauen. Das können wir aber nicht, da wir noch nicht einmal in der Lage sind, das Gehirn eines Menschen vollständig, und in der erforderlichen Genauigkeit einzulesen (also zumindest Neuron für Neuron, mit allen Axonen und Dendriten).

Alles außer dem Kortex können wir meiner Meinung nach durch einfachere Systeme aus der herkömmlichen KI ersetzen. Im Prinzip können wir anstelle dieser Strukturen eine Sammlung von verschiedenen vortrainierten Spracherkennungsalgorithmen setzen, und diesen Zugang zu umfangreichen Datensammlungen (wie Wikipedia und ähnliches) geben, sowie zu einem Interface, mit dem wir kommunizieren können.

Anstelle einer Hyperheuristik muss aber im Unterschied zu schon bestehenden Systemen ein Kortex treten. Dieser Kortex muss frequenzbasiert sein, und mindestens über sechs Neuronenschichten verfügen, und er sollte nicht vortrainiert sein. Außerdem muss dieser Kortex aus informationstheoretischer Sicht überdimensioniert sein. Er muss also auch ausreichend große Bereiche haben, die nicht mit Ein- und Ausgangssystemen verbunden sind. Und er muss eine vielfältige Permutation an Topologien und verscheiden gewichteten unüberwachten Lernalgorithmen haben. Darüber hinaus sollte er die Verbindungsdichte (also die Dimensionalität) des menschlichen Kortex annähernd erreichen, und annähernd auch die Anzahl der Neuronen einer Gehirnhälfte.

Wahrscheinlich lässt ein geeigneter Kortex, wie ich ihn hier beschrieben habe, zu viele Freiheitsgrade offen. Am besten wäre es daher wahrscheinlich, viele solche Kortices durch genetische Algorithmen herzustellen. Dafür wird eine so genannte Fitnessfunktion benötigt, die in den ersten Generationen gar nicht besonders komplex sein müsste.

Trotzdem wird das hier vorgeschlagene Vorgehen viele Jahre Rechenzeit an Großrechnern verschlingen. Dazu kommt noch, dass man diesen kortikalen Automaten dann eine beachtliche Zeit lang „erziehen" müsste, um ihm eine sinnvolle Denk- und Kommunikationsweise beizubringen. Und damit er dazu motiviert wäre, müsste man ihm auch einen einfachen Körper in einem einfachen virtuellen Raum zur Verfügung stellen, so dass er Belohnungs- und Straferfahrungen machen kann. Ohne das wird es nicht funktionieren.

14 Literatur

Alfred Tarski (1936). "Der Wahrheitsbegriff in den formalisierten Sprachen". Studia Philosophica 1: 261–405.

Michael Polanyi (1958). "Personal Knowledge. Towards a post-critical philosophy". The University of Chicago Press, Chicago IL 1958

Edmund L. Gettier (1963). "Is Justified True Belief Knowledge?". Analysis 23: 121–123. doi:10.1093/analys/23.6.121

Bertrand Russell (1912). "The Problems of Philosophy", London: Williams and Norgate; New York: Henry Holt and Company; Projekt Gutenberg ID 5827.

Kurt Gödel (1930). "Über formal unentscheidbare Sätze der Principia Mathematica und verwandter Systeme, I.". Monatshefte für Mathematik und Physik 38: 173–98.

Alvin I. Goldman (1967). "A Causal Theory of Knowing," The Journal of Philosophy 64, no. 12 (Jun. 22, 1967), pp. 357–372

Ludwig Wittgenstein (1951). "Über Gewißheit". Suhrkamp, Frankfurt am Main 1984, Hrsg. G.E.M. Anscombe und G.H. von Wright.

Ludwig Wittgenstein (1946). "Philosophische Untersuchungen", Ludwig Wittgenstein Werkausgabe Band 1 (Frankfurt am Main: Suhrkamp 1999)

Immanuel Kant (1798). "Anthropologie in pragmatischer Hinsicht" S 196ff; Siehe Hrsg. von Wolfgang Becker, Reclams Universal-Bibliothek Nr. 7541 [4], Stuttgart 1983. ISBN 3-15-007541-6

Arthur Schopenhauer (1818). "Die Welt als Wille und Vorstellung"; Siehe Ludger Lütkehaus (Hrsg.): Gesamtausgabe, Deutscher Taschenbuch Verlag 1998. Projekt Gutenberg ID 38427.

Charles Spearman (1904). ""General Intelligence," Objectively Determined and Measured". The American Journal of Psychology 15 (2): 201–292. doi:10.2307/1412107. JSTOR 1412107

Gardner, Howard (1983). "Frames of Mind: The Theory of Multiple Intelligences", Basic Books, ISBN 0133306143

Joy Paul Guilford (1967). "The Nature of Human Intelligence". New York: McGraw-Hill.

Joy Paul Guilford (1988). "Some changes in the structure of intellect model". Educational and Psychological Measurement, 48, 1-4.

Louis Leon Thurstone (1938). "Primary mental abilities". Chicago: University of Chicago Press.

Benjamin Libet (1979). "Do we have a free will?", Journal of Consciousness Studies, 5, 1999, S. 49.

Simone Kühn, Marcel Brass (2009). "Retrospective construction of the judgement of free choice". Consciousness and Cognition 18 (1), 2009, S. 12–21. PMID 18952468

Frank J. Sulloway (1982). "Freud. Biologe der Seele. Jenseits der psychoanalytischen Legende", Köln-Lövenich 1982

Sigmund Freud (1923). "Das Ich und das Es". Internationaler Psychoanalytischer Verlag, Leipzig 1923 (Erstdruck)

Max Verworn (1912). "Kausale und konditionale Weltanschauung". Jena, Gustav Fischer, 1912 (S. 11 ff)

Ernst Mach (1885). "Die Analyse der Empfindungen"; Jena, Gustav Fischer

Ernst Mach (1905). "Erkenntnis und Irrtum"; Leipzig, Johann Ambrosius Barth

Martin Gardner (1970). "The fantastic combinations of John Conway's new solitaire game "life""; MATHEMATICAL GAMES; Scientific American 223 (October 1970): 120-123.

Paul Rendell (2000). "A Turing Machine in Conway's Game Life" https://www.ics.uci.edu/~welling/teaching/271fall09/Turing-Machine-Life.pdf and http://rendell-attic.org/gol/fullutm/index.htm - see also next line:

Andrew Adamatzky (2002). "Collision-Based Computing" edited by Andrew Adamatzky (Springer Verlag; ISBN: 1852335408).

Chris G. Langton (1986). "Studying artificial life with cellular automata". Physica D: Nonlinear Phenomena 22 (1-3): 120–149. doi:10.1016/0167-2789(86)90237-X. hdl:2027.42/26022

Stephen Wolfram (2002). "A New Kind of Science". Champaign, IL: Wolfram Media, Inc. ISBN 1-57955-008-8. OCLC 47831356; http://www.wolframscience.com/nksonline

Gerard 't Hooft (1993). "Dimensional Reduction in Quantum Gravity". arXiv:gr-qc/9310026

Albert Einstein (1922) "The Meaning of Relativity"; Great Britain, Aberdeen University Press; Projekt Gutenberg ID 36276

Alan M. Turing (1936). "On Computable Numbers, with an Application to the Entscheidungsproblem". Proceedings of the London Mathematical Society. 2 (1936–37) 42: 230–65. doi:10.1112/plms/s2-42.1.230. (and Turing, A.M. (1938). "On Computable Numbers, with an Application to the Entscheidungsproblem: A correction". Proceedings of the London Mathematical Society. 2 43 (1937). pp. 544–6. doi:10.1112/plms/s2-43.6.544.)

Sue Savage-Rumbaugh & Lewin, R. (1994). "Kanzi: The Ape at the Brink of the Human Mind". Wiley. ISBN 0-471-58591-2.

David Bohm (1980). "Wholeness and the Implicate Order". Routledge, Great Britain. ISBN 0-203-99515-5

Roger Penrose (1989). "The Emperor's New Mind: Concerning Computers, Minds and The Laws of Physics"; Great Britain, Oxford University Press. ISBN 0-19-851973-7

Tegmark, M. (2000). "Importance of quantum decoherence in brain processes". Physical Review E 61 (4): 4194–4206. arXiv:quant-ph/9907009. Bibcode:2000PhRvE..61.4194T. doi:10.1103/PhysRevE.61.4194

Charles Seife (2000). "Cold Numbers Unmake the Quantum Mind". Science 287 (5454): 791. doi:10.1126/science.287.5454.791. PMID 10691548

Erwin Schrödinger (1944). "What is Life?". Great Britain, Cambridge University Press, ISBN 0-521-42708-8

Tessa R. Calhoun & Fleming G. R. (2011). "Quantum coherence in photosynthetic complexes". Phys. Stat. Sol. b 2011, 833 (2011)

Gottfried Wilhelm Leibniz (1714). "La Monadologie", edition établie par E. Boutroux, Paris LGF 1991

Thomas Nagel (1974). "What is it like to be a bat?", in: Philosophical Review, 83 (1974), 435-450

Christof Koch (2004). "The Quest for Consciousness: A Neurobiological Approach". Roberts & Company Publishers, ISBN 978-0974707709

Anne Treisman (1991). "Search, similarity and the integration of features between and within dimensions". Journal of Experimental Psychology: Human Perception and Performance 27, 652-676

John Raymond Smythies (1994). "The walls of Plato's cave : the science and philosophy of brain, consciousness, and perception". Aldershot ; Brookfield, USA: Avebury. ISBN 978-1-85628-882-8. OCLC 30156912

Franz Brentano (1874). "Psychologie vom empirischen Standpunkt". Deutschland, Duncker & Humboldt, ISBN 978-1138019171

Wilhelm Arnold et al. (1998). "Lexikon der Psychologie". Bechtermünz Verlag, Augsburg, ISBN 978-3860475089

Peter Cathcart Wason (1966). "Reasoning". In Foss, B. M. New horizons in psychology 1. Harmondsworth: Penguin. LCCN 66005291

Dale Purves et al. (2008). "Neuroscience". Sinauer Associates, Inc.; 4th edition (July 31, 2008) ISBN: 978-0878936977

Hans Förstl (2004). "Frontalhirn: Funktionen und Erkrankungen". Springer Verlag, ISBN: 978-3540204855

Hans Förstl et al. (2005). "Neurobiologie psychischer Störungen". Springer Verlag, ISBN: 978-3540256946

Tom M. Mitchell (1997). "Machine Learning". McGraw-Hill Verlag. ISBN: 978-0070428072

Raúl Rojas (1996). "Neural Networks". Springer-Verlag. ASIN: B011W9WOPQ

Grossberg Stephen & Carpenter, G. A. (2003). "Adaptive Resonance Theory", In Michael A. Arbib (Ed.), The Handbook of Brain Theory and Neural Networks, Second Edition (pp. 87-90). Cambridge, MA: MIT Press

Ivan Petrovich Pavlov (1927). "Conditioned Reflexes: An Investigation of the Physiological Activity of the Cerebral Cortex". Translated and Edited by G. V. Anrep. London: Oxford University Press. p. 142

Ivo Kohler (1951). "Über Aufbau und Wandlungen der Wahrnehmungswelt. Insbesondere über bedingte Empfindungen." Österreichische Akademie der Wissenschaften, Philosophisch-historische Klasse: Sitzungsberichte, 227, Band 1. Wien: Rohrer

Matthew Botvinick & Cohen J. (1998). "Rubber hands 'feel' touch that eyes see". Nature. 1998;391:756

Saskia K. Nagel et al. (2005). "Beyond sensory substitution - learning the sixth sense", Journal of neural engineering 2(4):R13-26. Available at: http://www.iop.org/EJ/abstract/1741-2552/2/4/R02/

James Frye et al. (2007). "Towards real-time, mouse-scale cortical simulations," CoSyNe: Computational and Systems Neuroscience, Salt Lake City, Utah, Feb 22-25, 2007.

Korbinian Brodmann (1909). "Vergleichende Lokalisationslehre der Großhirnrinde in ihren Prinzipien dargestellt auf Grund ihres Zellenbaues". Johann Ambrosius Barth Verlag, Leipzig.

Murphy, S. T. & Zajonc, R. B. (1993). "Affect, cognition, and awareness: Affective priming with optimal and suboptimal stimulus exposures". Journal of Personality and Social Psychology, 64, 723–739.

Topolinski S. & Fritz Strack (2009). "Motormouth: Mere Exposure Depends on Stimulus-Specific Motor Simulations". Journal of Experimental Psychology: Learning, Memory, and Cognition. 2009, 35 (2), 423–433.

Beatrice de Gelder et al. (2008). "Intact navigation skills after bilateral loss of striate cortex". Current Biology, 18(24), R1128-R1129., see also https://www.youtube.com/watch?v=GwGmWqX0MnM

Patrick Haggard (2008). "Human volition: Towards a neuroscience of will". Nature Reviews Neuroscience 9 (12): 934–46. doi:10.1038/nrn2497. PMID 19020512

William Henry Broadbent (1872). "On the Cerebral Mechanism of Speech and Thought", Transactions of the Royal Medical Chirurgical Society 1872; 55:145-94 or 15:145-194

Bill Watterson (1992). "The Indispensable Calvin and Hobbes: A Calvin and Hobbes Treasury", Andrews McMeel Publishing. ISBN: 978-0836218985

Hans Weingartner & Tobias Amann (2002). "Das weisse Rauschen" (siehe auch Reinhard Barrabas: Kerngebiete der Psychologie. Eine Einführung an Filmbeispielen. Vandenhoeck & Ruprecht, Göttingen 2013, ISBN 978-3-8252-3850-6, S. 119ff.)

Karl Spencer Lashley (1950). "In search of the engram." Society of Experimental Biology Symposium 4: 454–482.

Stephen Grossberg (1999). "The link between brain learning, attention, and consciousness". Conscious Cogn. 1999 Mar;8(1):1-44.

Neal J. Cohen; Larry R. Squire (1980). "Preserved Learning and Retention of Pattern-Analyzing Skill in Amnesia: Dissociation of Knowing How and Knowing that". Science, New Series, Vol. 210, No. 4466 (Oct. 10, 1980) 207-210

Daniel Merton Wegner (2002). "The illusion of conscious will". Cambridge, MA: MIT Press

Daniel Merton Wegner (2003). "The mind's best trick: how we experience conscious will". Trends in Cognitive Sciences 7 (2): 65-69.

Paul Ricœur et al. (1978). "Existence and Hermeneutics." In The Philosophy of Paul Ricœur: An Anthology of His Work. Boston: Beacon Press, 1978, pp. 101 and 106.

Daniel Clement Dennett III (1991). "Consciousness Explained", Little, Brown & Co.

Semir Zeki (1980). The representation of colours in the cerebral cortex. Nature 284, 412-418

Semir Zeki (1984). The construction of colours by the cerebral cortex. Proc. Roy. Inst. Gt. Britain 56:231-257

Semir Zeki (2003). The disunity of consciousness. Trends in Cogn. Neurosci. 7:214-218.

Thomas Metzinger (1993). "Subjekt und Selbstmodell. Die Perspektivität phänomenalen Bewusstseins vor dem Hintergrund einer naturalistischen Theorie mentaler Repräsentation", Paderborn.

Thomas Metzinger (2005). "Die Selbstmodell-Theorie der Subjektivität: Eine Kurzdarstellung in sechs Schritten". In: C. S. Herrmann, M. Pauen, J. W. Rieger, S. Schicktanz (Hrsg.): Bewusstsein: Philosophie, Neurowissenschaften, Ethik. UTB / Fink, Stuttgart, S. 242–269.

Aron Lee Ralston (2004). "Between a Rock and a Hard Place", Atria Books. ISBN: 978-0-7434-9281-2 (see also Danny Boyle (2010). "127 hours" Everest Entertainment, Film4 Productions, HandMade Films)

Oskar Pfungst (1907). "Das Pferd des Herrn von Osten (Der Kluge Hans). Ein Beitrag zur experimentellen Tier- und Menschen-Psychologie". Verlag von Johann Ambrosius Barth, Leipzig 1907.

298

Alfried Längle (2007). "Sinnvoll leben. Eine praktische Anleitung der Logotherapie". Überarbeitung und Neugestaltung als Werkbuch: Dorothee Bürgi. Residenz, St. Pölten/Salzburg 2007, ISBN 978-3-7017-3041-4.

Karl H. Pribram (1991). "Brain and Perception: Holonomy and Structure in Figural Processing", Hillsdale, N.J., Lawrence Erlbaum Associates. ISBN: 978-0898599954

15 Danksagung

Ich hoffe ich habe mir mit dieser Arbeit nicht zu viele Feinde gemacht – ich weiß, dass mein Sarkasmus und meine Zynik nicht immer geschätzt werden. Daher bedanke ich mich bei allen, die ich beleidigt habe, dafür dass sie es ertragen haben.

Darüber hinaus bedanke ich mich bei meinen Eltern und meiner Familie, und dabei auch ganz besonders bei meinem Onkel Bruno J. Gruber, der mir eine Inspiration war, und der sich viel Zeit genommen hat, mir wichtige Teile der modernen Physik näher zu bringen.

Ganz besonderer Dank gebührt auch meiner Frau und meinen Schwiegereltern, die mir sehr wertvolles Feedback geliefert haben.

Ich weiß, dass diese Materie nicht so einfach zu verdauen ist, und daher bedanke ich mich hiermit auch bei dem Leser, der es bis hierher geschafft hat. Als Ausdruck dieser Dankbarkeit höre ich hiermit und an dieser Stelle nun zu schreiben auf.

Matthias Gruber
Feldkirch, am 26. Oktober 2014